코리안 스탠다드에서 **글로벌 스탠다드로**

- 한국 건설의 미래 창조 -

코리안 스탠다드에서 글로벌 스탠다드로

– 한국 건설의 미래 창조 –

1판 1쇄 발행 2006년 1월 31일
1판 2쇄 인쇄 2008년 5월 21일
1판 2쇄 발행 2008년 5월 26일

지은이 | 이상호 · 한미파슨스
발행인 | 김병계
발행처 | 도서출판 보문당
등록 | 1990년 6월 15일(제1-1066호)
주소 | 서울시 마포구 신수동 448-6 우) 121-110
전화 | 704-7025 / 704-0635
팩스 | 704-2324
전자우편 | bmdpub@empal.com

값 17,000원

ISBN 978-89-8413-111-8(93530)

코리안 스탠다드에서 **글로벌 스탠다드로**

- 한국 건설의 미래 창조 -

이상호 · 한미파슨스 공저

普文堂

코리안 스탠다드가 죽어야 건설 산업이 산다

한국의 건설 산업이 안고 있는 문제는 너무나 많고 심각하다. 아직까지도 근절되지 않고 있는 각종 부정부패, 300여개가 넘는 전근대적인 법체계, 글로벌 스탠드와는 동떨어진 발주 방식, 설계 엔지니어링 산업의 낙후, 각종 법과 제도를 집행하는 과정에서의 편법과 왜곡, 발주자의 역할과 기능에 대한 열악한 인식, 발주자의 경쟁력 부족, 건설 행정조직의 난맥상, Professionalism의 상실, 업역 분쟁과 집단 이기주의, 중소기업의 생존문제 등등 그 수를 헤아리기 힘들 정도로 많은 부정적인 이슈들이 난마처럼 얽혀있다.

한미파슨스는 지금부터 5년 전인 2001년부터 우리나라 건설산업의 선진화 방안에 대한 연구에 착수한 바 있다. 건설 산업의 미래를 정부나 학계에만 맡길 것이 아니라, 민간기업의 힘으로, 그리고 모든 이해관계를 배제한 객관적인 시각에서 위에서 언급한 우리 건설 산업의 각종 문제점들을 조사, 분석하고 그 결과를 정부 및 업계에 제안함으로서, 건설 산업의 변화와 혁신을 위한 단초를 제공하는 것이 주목적이었다.

그 첫 번째 연구는 「선진 건설 산업의 효율성과 생산성 향상 전략」이라는 주제로 세종대 김한수 교수와 공동으로 수행되었다. 이 연구는 영국 건설 산업의 비용 효과성(Cost Effectiveness)에 관한 것으로서, 영국의 건설산업 혁신운동을 벤치마킹한 것이었다. 그 후 2002년에는 각종 연구 성과를 모아 「미국 건설 산업 왜 강한가?」, 「영국 건설 산업의 혁신전략과 성공사례」, 「한국 건설 산업의 대해부」등 3권의 책을 발간하였고, 2003년과 2004년에는 「싱가폴 건설 산업의 벤치마킹 연구」, 「선진 건설교육제도의 벤치마킹 연구」, 「발주자 혁신 전략 벤치마킹 연구」, 「한국 건설제도와 Global Standard」, 「미국 CM 벤치마킹 연구」라는 주제로 연구를 하고, 그 결과를 정리하여 「미국의 설계 경쟁력 어디서오나?」라는 책을 펴낸 바 있다.

2005년에는 「주요국의 건설 산업 정책 및 조직의 벤치마킹을 통한 한국의 건설정책 및 조직의 통합화 방안 연구」, 「주요국의 건설조달제도 벤치마킹을 통한 한국 건설조달제도의 혁신방안 연구」, 「한국 건설관련 법, 제도의 개선방안에 관한 연구」, 「중국 건설 산업의 현황과 발전 전략에 관한 연구」, 「일본 건설 산업의 생존 전략」을 연구하고 있고, 대부분은 마무리 단계에 있다.

또한, 곧 다가올 2006년에는 5년에 걸친 연구를 총 망라하여 「국가 건설 산업의 미래 발전전략」이라는 주제로 각계각층의 전문가와 종합적인 마무리 연구를 진행하려는 계획을 가지고 있기도 하다.

한미파슨스의 연구 방향은 다소 특이하다. 선진국의 건설 정책, 법제도, 혁신방법론을 벤치마킹하면 우리 건설 산업의 가야할 길이 투영되리라는 믿음으로 선진국들의 사례와 우리의 현실과 문제점을 비교하며 대안을 강구하는 방식이다. 즉 선진국이라는 거울에 우리 모습을 비추어보는 것이다. 연구업무의 수행 방법 또한 독특하여, 주관 연구자가 특정주제에 대하여 연구를 진행하되, 약 10여명의 연구진 및 자문단이 매달 연구 결과를 리뷰하고 조언하고 분석하며, 필요시에는 별도의 Workshop을 진행하는 과정을 되풀이하고 있다.

본인에게 한국의 건설산업이 안고 있는 가장 큰 문제가 무엇이라고 묻는다면, 스스럼없이 「비효율적인 법과 제도」를 거론할 수밖에 없다. 이 책의 본문에서도 상세하게 분석하고 있지만, 우리나라의 건설 관련법과 제도의 많은 부분이 글로벌 스탠다드에서 벗어나게 되기까지는 일본의 영향이 가장 컸다고 생각된다. 각종 제도 도입 시 일본의 법과 제도를 무분별하게 모방하다 보니 오늘의 상황에 이르게 된 것이라고 생각되며, 도입시 왜곡이나 각색현상이 많았던 것은 주지의 사실이다.

법과 제도가 전근대적이고, 비효율적이며, 경쟁적이지 못할 때 해당 산업이 좋은 성과를 발휘하기란 불가능할 수밖에 없다. 이는 건설 산업과 유사한 조선업을 비교해서 살펴보면 자명해진다. 조선업도 건설업과 마찬가지로 철저한 주문 산업이고, 배라는 큰 집을 짓는다. 한

국 조선업은 경쟁력이나 수주물량 측면에서 세계 1위를 하고 있는데 비해, 건설 산업은 수많은 모순과 문제점들을 안은 채 해가 갈수록 경쟁력이 퇴보되어 가는 이유를 어떻게 설명하여야 할까? 본인은 조선업은 글로벌 스탠다드에 지배되고 있고 건설 산업은 아직껏 코리안 스탠다드를 극복하지 못했기 때문이라고 생각한다. 다시 말해, 조선업에는 조선기술관리법, 조선산업기본법, 조선설계법 등과 같은 전근대적인 법이나 제도가 없기 때문이라고 단언한다.

코리안 스탠다드를 글로벌 스탠다드로 고쳐야만 하는 이유가 바로 여기에 있다. 또한, 여러 건설산업 관련 주체들 중 정부와 공공 부문, 그리고 발주자의 리더쉽이 왜 더 중요한지, 어떤 문제아가 있을 때 그 문제아만 탓할 것이 아니라, 부모와 가정의 문제를 동시에 짚어 보아야 한다.

본서는 한미파슨스가 건설 산업 연구를 시작한 이래 5번째로 발간되는 책이다. 건설 산업을 글로벌 스탠다드화(化) 한다는 것은 그저 '건설 산업을 국제화하자' 라는 피상적인 개념이 아니라, 건설 산업의 생존의 문제이다. 이같은 사실을 인식하는데 본서가 조금이라도 도움이 되었으면 하는 마음 간절하다.

이 책에서 제시된 바대로, 코리안 스탠다드의 여러 문제점을 인식하고 글로벌 스탠다드를 하루 빨리 수용해야만 건설 산업의 진정한 미래가 있다고 생각한다.

하루빨리 건설 산업의 잘못된 코리안 스탠다드가 글로벌 스탠다드로 변화되는 날을 기대하면서, 연구진과 자문진 및 이 책의 발간에 도움을 주신 모든 분들께 감사드린다.

2006년 1월 한미파슨스 사장 김 종훈

약 2년전에 한미파슨스와 공동으로 「한국 건설산업 大解剖」라는 책을 출판했다. 한국 건설산업의 선진화와 혁신을 논의하기에 앞서, 한국 건설산업의 현황과 문제점에 대한 종합적인 진단부터 먼저 해보자는 생각에서였다. 현황과 문제점에 대한 진단이 정확하면, 개선의 필요성이나 방향도 저절로 드러날 수 있다고 보았다.

이 책은 2년 전의 작업과 연장선상에 있다. 한국 건설산업의 후진성을 초래하고 있는 원인은 후진적인 법 · 제도에 있고, 법 · 제도의 혁신방향은 글로벌 스탠다드를 도입하는 것이라고 생각했다. 그렇다면 글로벌 스탠다드는 무엇이고, 한국의 건설제도와 어떻게 다른가? 이 물음이 이 책의 주제다.

전세계 각국에 법률처럼 강제 적용되는 강행규범을 글로벌 스탠다드로 본다면, 그런 의미의 글로벌 스탠다드는 유럽연합지침(EU Directives)이나 세계무역기구(WTO)의 정부조달협정(Government Procurement Agreement: GPA) 정도가 있다. 하지만 유럽연합지침이나 정부조달협정은 실현되어야 할 결과나 기본적인 조달원칙과 절차를 제시하고 있는 국제규범이기 때문에 한국의 건설제도와 비교하기 어렵다. 그렇다고 해서 비경제적인 요소에 대한 고려 없이 경제적 요소만을 중시하는 세계은행(World Bank)같은 국제기구의 조달제도를 한국의 건설제도와 비교하기도 어렵다. 또한 국제규범의 대부분은 조달정책(procurement policy)을 중심으로 형성되어 있기 때문에 건설업 면허제도나 생산체계, 보증제도 등 건설제도의 여러 가지 측면이 반영되어 있지 않다.

이 책에서는 한국의 건설제도를 글로벌 스탠다드에 가장 가까운 것으로 평가되는 미국이나 영국의 제도와 비교하는데 초점을 맞추었다. 미국이건 영국이건, 건설제도의 궁극적인 목표는 '투자효율성(value for money)' 내지 '최고 가치(best value)'의 달성을 지향하고 있다. 따라서 건설제도의 글로벌 스탠다드는 '투자효율성'이나 '최고 가치'를 달성하는데 전세계적으로 가장 효과적일 것으로 판단되어 널리 활용되는 제도로 정의할 수 있다.

한국에도 글로벌 스탠다드를 지향한다는 명분으로 도입한 건설제도가 많다. 건설사업관리(CM)제도, 설계 · 시공 일괄입찰(Design-Build)제도, 최저가 낙찰제도, 실적공사비제도,

공사이행보증제도 등을 대표적으로 꼽을 수 있다. 하지만 그와 같은 제도가 탄생되고 활성화된 미국이나 영국의 실제 사례와 비교해 보면, 한국의 제도는 한국에나 있는 독특한 제도일 뿐이다. '한국적 현실과 문화'를 감안한다는 명분으로 글로벌 스탠다드와 무관한, 왜곡된 제도가 운용되고 있는 것이다. 세계건설시장에서 국제경쟁력을 갖기 위해 글로벌 스탠다드를 도입한다고 해놓고, 정작 제도의 내용은 한국에서만 볼 수 있는 독특한 것으로 변질되어 있다. 이런 「한국식 법 · 제도(=코리안 스탠다드)」가 지배하는 한, 한국 건설산업의 선진화는 기대하기 어렵다.

그런데, 한국의 건설제도를 글로벌 스탠다드로 전환하자는 주장에 대해서는 반감을 갖는 사람들이 많다. 특히 글로벌 스탠다드에 가장 가깝다고 하는 미국이나 영국의 건설제도를 제대로 수용해 보자는 주장에 대해서는 더더욱 반감이 큰 것 같다. 한국적 현실과 문화에 뿌리박은 한국식 제도면 어떠냐는 '신토불이론자(身土不二論者)'들도 있고, 미국이나 영국이 아니라 일본의 건설제도를 본받아야 한다는 생각을 가진 사람들도 있다. 하지만 '우리 것'이라고 할만한 건설제도가 얼마나 있는가? 그리고 '우리 것'이라고 하는 건설제도가 21세기의 한국 건설산업 발전에 얼마나 기여할 수 있는가?

선진국 중 유일하게 일본의 건설제도는 한국 건설제도와 대단히 유사하다. 그 이유는 한국이 36년간에 걸쳐 일본의 식민지배를 받았기 때문이라고 본다. 만약 한국이 미국이나 영국의 식민지배를 받았더라면, 미국이나 영국의 건설제도와 유사했을 것이라고 본다. 식민지배의 경험이 있는 나라에서 보편적으로 볼 수 있는 현상이다.

한국의 건설제도와 관행의 뿌리가 일본에 있다는 것은 한국인들도 인정하는 사람들이 많다. 실제로 일본의 건설제도를 봐도 그렇다. 일본의 건설제도 또한 일본적 현실과 문화의 특수성에 기반한 것이다. 하지만 일본은 지금도 100여년전에 「탈아입구(脫亞入嘔)」를 외치던 때처럼, 끊임없이 미국이나 유럽연합 각국의 건설시장 동향과 건설제도에 대한 정보를 수집하고, 글로벌 스탠다드를 수용하고자 하는 자세를 보여주고 있다. 한국에 전수된 일본의 독자적인 건설제도는 한국보다 더 세밀하고 정교하게 다듬어져 있고, 그 위에 미국이나 유럽연합의 최신 제도를 접목시키고자 하는 노력들을 곳곳에서 발견할 수 있다. 이런 사실을 알게 된다면, 한국이 어떤 건설제도를 본받아야 할 것인지 명확하다. 즉, 일본 제도나 일본에 전수되어 변형된 글로벌 스탠다드를 도입할 것이 아니라, 곧바로 글로벌 스탠다드를 도입하는 것이 바람직하다.

건설제도의 글로벌 스탠다드를 도입하기 위해서는 발주자 혁신이 앞서야 된다. 건설업체는 어차피 '생존과 성장'을 위해서 시장환경의 변화나 수요변화에 따라 변할 수밖에 없다. 그 결과 한국의 건설업체중에는 세계적인 건설업체도 있고, 세계건설역사상 기념비적인 공사도 여러 건을 수행했다. 하지만 한국에 세계적인 발주자는 없다. 문제는 건설업체가 아니라 발주자다. 한국 건설제도의 혁신을 위해서는 법 · 제도를 만들고 운영하는 발주자 혁신부터 시작해야 한다. 영국을 비롯한 유럽의 건설제도 혁신과정도 발주자 혁신에서 출발했다. 건설산업의 혁신을 위한 발주자 혁신은 정부조달제도의 혁신과 동일한 의미다. 다음에는 정부조달제도의 혁신이란 주제에 도전해 볼 계획이다.

이 책을 쓰는 도중에 미국, 영국, 프랑스, 벨기에, 일본 등 여러 나라의 공공기관을 방문했다. 책이나 웹사이트를 통해서 보는 것만으로 불충분하고, 직접 현지에 가서 제도 운영의 실상을 듣게 된 것이 이 책을 쓰는데 큰 도움이 되었다. 혼자만 방문한 것이 아니라 정부 공무원, 대한건설협회와 건설공제조합 및 건설업체 임직원들도 동행했다. 가능하면 많은 사람들이 글로벌 스탠다드가 무엇인지, 외국의 건설제도가 어떻게 운영되는 것인지에 대한 인식을 공유하고, 국내에 돌아와서 널리 전파하기 위한 취지였다. 10명 내지 20여명에 가까운 팀을 구성해서 다니다 보니 재미있는 에피소드도 많았다. 그리고 글로벌 스탠다드의 도입과 정착이 얼마나 어려운 일인지는 해외출장을 다니면서도 느끼곤 했다. 한국의 건설제도를 잣대로 외국 제도를 평가하는 사람도 있고, 한 가지 제도를 다른 시각에서 다르게 해석하는 사람들도 많았다. 문화적인 측면은 말할 것도 없다. 외국에 나가서 그 많은 와인과 양주에는 눈길도 주지 않으면서 오로지 소주만 찾고, 한식만 고집하는 사람들도 있다. 제도의 변화도 어렵지만, 의식구조나 문화의 변화는 확실히 더 힘든 과제임이 틀림없다. 하지만 모든 일이 그렇듯이,

어디 한꺼번에 변할 수야 있겠는가. 해외생활도 오래되면 될수록 익숙해지듯이, 처음에 어색하게 느껴지던 글로벌 스탠다드라도 자꾸 반복해서 활용하면 할수록 익숙해질 것이다. 중요한 것은 혁신하고자 하는 마음자세다. 지금까지 해오던 방식과 다른 방식으로 한번 해보자. 그리고 그 결과가 좋다면, 그 방식을 계속 활용하자.

2006년 1월

이상호

2006년에는 경기가 되살아날 것이라는 전망이 나오고 있지만 건설은 먹구름이 예상된다는 비관적인 관측이 나오고 있다. 다만 해외 건설수주가 IMF 이후 처음으로 100억불을 돌파했다는 소식이 위안이 된다. 하지만 해외 수주공사의 75% 이상을 플랜트 분야가 차지하고 있으며, 과거 세계 2위의 건설대국의 기반이 되었던 전통적인 건설분야인 토목 · 건축은 각각 8%와 12% 대에 머무르고 있다. 따라서 일부에서는 이미 건설산업이 국제경쟁력을 상실했다는 비판의 목소리가 나오고 있지만 아직 우리는 이에 대한 해결책을 찾지 못하고 있는 실정이다.

건설산업비전포럼은 창립 이래 건설산업의 선진화를 위하여 다양한 노력을 하고 있다. 2003년 해외건설 활성화를 위한 大討論會를 개최하였으며, 창립 1주년인 2004년에는 「한국건설산업의 혁신의 조건」이란 주제 하에 영국 혁신센타의 회장을 초청한 국제세미나를 개최하여 국가 건설산업의 선진화방안을 제시하였다. 또한 한미파슨스의 지원으로 포럼의 회원이 주축이 되어 '건설산업 선진화 방안 연구'를 수행하고 있으며, 이러한 연구 결과를 토대로 '건설산업비전포럼 총서 1,2,3,4'를 발간하였으며 금번 「코리안 스탠다드에서 글로벌 스탠다드로」라는 제목의 5번째 총서를 발간하게 되었다.

본 서는 한국의 건설제도와 미국, 유럽에서 적용되고 있는 글로벌 스탠다드를 비교하여 국가 건설산업의 선진화를 위해 나아갈 방향을 제시하고 있다. 특히 면허제도, 예산편성제도, 입 · 낙찰제도 및 보증제도 등에 대하여 한국의 제도와 글로벌 스탠다드의 차이점을 심도 있게 분석, 제시하고 있다. 또한 한국의 건설제도에 가장 큰 영향을 미치고 있는 일본 제도의 비교, 분석을 통하여 유사점, 차이점 및 문제점을 도출하고 개선방안을 제시하고 있다.

한국의 독특한 건설정책과 제도는 그 나름대로 지난 수십년간 산업과 건설기업의 발전과정에 기여를 했다고 판단된다. 그러나 현재와 같이 핵심기술이 시장을 지배하고 국경이 사라진 개방경제체제 하에서 코리안 스탠다드의 긍정적인 역할은 기대하기 어려울 뿐만 아니라 그 자체의 존속 가능성조차 의문시 되고 있다.

국내에서는 GDP 대비 건설투자의 지속적인 하락, 인력의 부족 및 낙후된 기술력으로 건설산업이 국가경제의 누(累)가 될 수 있다는 위기감이 점점 커지고 있다. 또한 도하개발아젠다(DDA), 자유무역협정(FTA)의 체결로 선진국은 물론 중국을 중심으로 한 개발도상국의 위협도 날로 증대되고 있다.

이러한 국내 · 외의 위협 속에서 국가 건설산업이 생존하기 위한 방안은 코리안 스탠다드에서 과감히 탈피하고 글로벌 스탠다드로 이행하는 길이라고 생각된다. 지속적인 혁신을 통하여 국제경쟁력의 제고와 산업의 선진화를 추구하는 포럼의 노력으로 발간되는 이 책이 국가 건설산업의 제 2의 도약을 위한 밑거름이 되기를 바란다.

2006년 1월

사단법인 건설산업비전포럼 공동대표

김건호 · 이건영

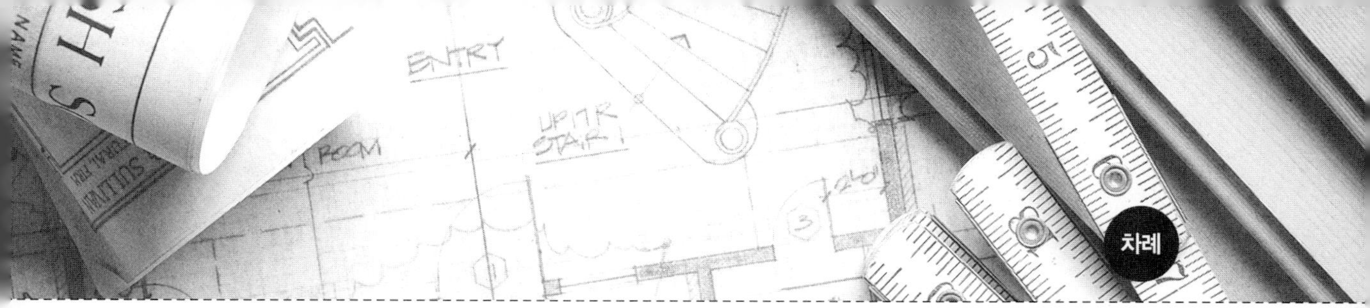

차례

제1장

한국 건설제도와 글로벌 스탠다드

01 건설제도의 「코리안 스탠다드」 vs. 「글로벌 스탠다드」

"코리안 타임(Korean Time)"이란 용어가 있다. 약속시간에 제때 나타나지 않거나, 기차건 버스건 제 시각에 출발하지 않는 경우를 당했을 때, 우리는 오랫동안 "코리안 타임"이란 용어로 해명하곤 했다. 정확한 약속시간, 정확한 출발시간을 지키지 못한 데 대해 변명할 때, 시간엄수를 못한 사람이나 상황에 대해서 관용의 의사표시를 할 때도 "코리안 타임"이란 용어를 활용해 왔다. 그런데 어느 새 우리 주변에서 "코리안 타임"을 들먹거리는 경우를 보기 어렵게 되었다. 기차건 버스건 제 시각에 정확하게 출발하고 있다. 심지어 2004년에 개통된 고속철도(KTX)는 제 시간에 도착하지 못했을 때 요금의 일부나 전부를 반환해 주어야 한다. 이제는 더 이상 약속장소에 늦게 도착하는 것이 미덕이 아니다. 공식적인 행사나 회의뿐만 아니라, 비공식적인 모임도 정해진 시각에 시작하는 것이 보편적 관행으로 정착되고 있다. "코리안 타임"의 약화는 국가경제 성장이나 소득증가, 선진외국과의 교류 확대 등에 따라 그만큼 한국이 산업화 · 선진화되었다는 것을 의미하는 징표로 볼 수 있다[1].

건설제도의 경우는 어떨까? 정부조달협정(Government Procurement Agreement: GPA) 체결에 따라 1997년부터 국내 건설시장이 개방되었다. 그 시점을 전후해서 후진적인

1) 미래학자인 앨빈 토플러(Alvin Toffler)는 자신의 저서 「제3의 물결」에서 산업사회의 특성중 하나로 "동시화(同時化)"를 들고 있다. 농경사회에서는 시간관념이 별로 없었지만, 산업사회에서는 공장생산이 보급됨에 따라 비싼 기계비용과 노동의 밀접한 상호의존성으로 인하여 동시화가 이루어졌다는 것이다. 우리나라의 "코리안 타임"도 농경사회의 시간개념이었지만, 급속한 산업화가 이루어지면서 사라지게 되었다고 볼 수 있다.

한국 건설제도를 전세계적으로 널리 활용되고 있는 표준적인 건설제도, 즉 "글로벌 스탠다드(Global Standard)"로 전환하고자 하는 작업이 추진되었다. 따지고 보면 1995년에 「국가를 당사자로 하는 계약에 관한 법률」을 제정한 배경이나, 1996년에 「건설산업기본법」을 제정한 배경도 1997년의 건설시장 개방에 대비하여 한국 건설제도를 글로벌 스탠다드로 전환하고자 한 노력의 일환이었다. 건설사업관리(Construction Management: CM)제도의 도입이나 설계 · 시공 일괄입찰(Design-Build) 방식의 활성화, 2001년의 최저가 낙찰제 도입 배경도 한국의 건설제도를 글로벌 스탠다드로 전환한다는 명분아래 추진된 것이다.

하지만, 글로벌 스탠다드 도입이라는 명분으로 도입한 건설제도의 대부분은 전세계 어느 나라에서도 찾아보기 어려운, 한국에만 있는 독특한 제도로 변질되기도 했다. 건설사업관리(CM)나 흔히 "턴키"라고 부르는 설계 · 시공 일괄입찰(Design-Build)제도, 입찰참가자격 사전심사(Prequalification: PQ)제도, 최저가 낙찰제도, 공사이행보증제도 등은 외국에도 있지만, 대부분 (영어로 표기된) "이름"만 같을 뿐, 구체적인 내용은 한국과 큰 차이가 있다.

다른 한편, 외국에서 찾아볼 수 없는 한국에만 있는 독특한 건설제도들은 여전히 끈질긴 생명력을 자랑하고 있다. 일반건설업과 전문건설업이라는 이원적인 면허제도에 기반한 겸업제한 및 각종 하도급규제, 장기계속계약제도, 적격심사제도, 시공연대보증제도 등 그 예는 대단히 많다. 이처럼 한국에만 있는 독특한 건설제도들을 역사적 유물이나 문화유산처럼 앞으로도 계승 · 발전시켜야 할 가치가 있는지 의문이다.

물론 이런 시각에 대해서는 반론이 있을 수 있다. 반론의 내용은 아마도 다음과 같이 요약할 수 있을 것이다.

> 건설제도는 특정한 나라의 역사적 · 사회경제적 · 정치적 산물이다. 그렇기 때문에 특정한 나라의 건설제도가 다른 나라의 건설제도와 같아야 할 이유는 없다. 오히려 우리 나름대로 독특한 건설제도를 발전시켜 나가야 한다. '우리 몸에 우리 농산물이 좋듯이(身土不二)', 우리나라 사람들에겐 우리나라 고유의 제도가 좋은 것이다. 외국 제도는 외국의 역사나 문화적 토양에서 자란 것이기 때문에 우리나라에 도입하고자 할 때는 우리 체질에 맞게 변형해서 도입해야지, 결코 외국 제도를 그대로 도입해서는 안 된다.

이처럼 개인 · 국가 · 민족의 주체성을 강조하고, 역사나 문화 및 제도의 특수성과 상대성을 인정하는 듯한 주장은 언제 어디서나 상당한 호소력을 지니고 있는 법이다. 건설산업에서도 마찬가지다. 한국의 건설제도를 글로벌 스탠다드로 전환하자고 하면, “현실”을 모르고 탁상공론(卓上空論)이나 남발하고 있는 몽상가 취급을 받기 일쑤다. 심지어 글로벌 스탠다드를 운운하면서 도입한 제도들이야말로 한국 건설산업의 발전은 커녕, 혼란만 야기했다는 비판을 하기도 한다. 따라서 외국 제도를 맹목적으로 추종해서 안 되고, “선별적 수용” 내지 “창조적 변형”을 해야 한다는 주장도 많다. 한국의 건설제도를 근간으로 하되, 필요한 영역에서 필요한 만큼만 외국 제도를 적절하게 변형시켜 수용해야 한다는 입장이다. 이 같은 생각은 사실상 한국의 건설제도를 암암리에 외국 제도를 평가하는 잣대(Standard)로 삼고 있다.

이 책에서는 과거의 “코리안 타임”과 같이, 한국에서 관행적으로 오랫동안 당연한 것으로 통용되어 왔고, 외국 제도와 구별되는 한국 특유의 건설제도를 「코리안 스탠다드(Korean Standard)」로 부르기로 한다. 코리안 스탠다드에 속하는 것은 한국 특유의 제도이거나, 이름은 외국 제도인 것처럼 보이지만 구체적인 내용은 외국 어디에서도 찾아보기 어려운 ‘한국식으로’ 바뀐 제도들이다.

02 국내 건설산업 - 코리안 스탠다드의 지배와 점진적 와해

한국의 독특한 건설정책과 제도를 의미하는 코리안 스탠다드는 그 나름대로 지난 수 십년간 건설산업 및 건설기업의 성장과 발전과정에 상당한 기여를 했다는 평가를 할 수도 있다. 기술력, 자본력, 건설사업관리능력 등 무엇 하나 제대로 갖춘 것이 없던 상황에서 코리안 스탠다드는 외국 건설업체의 국내 시장진입을 막는 대신, 중상주의(重商主義)적인 수출산업 육성정책을 펴는 것이 가능했던 폐쇄경제체제에서 긍정적인 역할을 수행했다고 볼 수 있는 면이 많다. 하지만 개방경제체제에서는 코리안 스탠다드의 긍정적 역할을 기대하기 어려울 뿐만 아니라, 그 자체의 존속 가능성부터 의문시된다. 실제로 코리안 스탠다드는 대부분 1990년대 후반부터 와해되고 있는 모습을 보여주고 있다.

코리안 스탠다드의 근간 - 공사물량 조절정책, 면허제도, 물량배분제도, 낙찰률 보장제도 -

코리안 스탠다드의 근간을 이루고 있는 건설정책 및 제도의 핵심은 ① 공사물량 조절정책, ② 면허제도, ③ 물량배분제도, ④ 낙찰률 보장제도 등 4가지로 요약하고 싶다. 여기서는 단순히 이들 정책이나 제도의 내용만 소개할 것이 아니라, 지난 수 십년간에 걸친 한국 건설산업의 환경변화도 함께 연계시켜 기술하고자 한다. 그렇게 함으로써 코리안 스탠다드가 긍정적인 역할을 수행할 수 있었던 과거의 환경과, 글로벌 스탠다드로 바꾸지 않으면 안 되는 현재나 미래의 환경이 무엇인지를 보여주고자 한다.

공사물량 조절정책 – 경제개발과 경기부양 수단

한국 정부는 경제개발과정에서 지속적으로 건설투자를 확대했다. 그리고 국내 경제가 침체국면에 들어갈 때마다 건설 및 주택 · 부동산 경기를 부양시키는 방법으로 공사물량을 조절해 왔다. 건설산업은 그 자체가 독자적인 산업으로서의 위치를 갖고 있었다기보다, 국내 경기를 조절하는 '수단적 · 보조적 산업' 이란 의미가 더 강했던 것 같다. 그동안의 경과를 간략하게 요약해 보자.

주택 200만호 건설정책이 추진되기 시작한 1988년 이전까지만 해도 한국 건설시장에서 차지하는 수주실적 비중은 민간공사보다 공공공사가 더 컸다. 정부주도로 경제성장과정에서 필요한 사회기반시설의 확충이 계속되었기 때문이다. 1988년 이후부터 공공공사 수주비중이 좀 줄어들긴 했지만, 발주금액은 계속 증가하였고, 그 비중도 전체 건설시장의 약 40% 수준을 차지해 왔다. 외환위기 때는 민간공사 수주실적의 급감과 공공투자 확대정책으로 1998년 한때 공공공사 수주실적이 전체 건설공사 수주실적의 약 62%를 기록하기도 했다. 하지만 IMF 관리체제 극복을 위한 민간주택 · 부동산 경기 부양의 효과가 1999년 이후부터 가시화되면서, 2000년 이후부터는 다시 민간주택부문이 크게 활성화되었다. 최근 2~3년간 민간공사 수주비중은 60%를 넘어 70% 수준에 육박하고 있다. 그 결과 집값 상승 등 많은 부작용이 초래되자 정부는 규제강화를 통해 주택 등 민간건설경기를 진정시키는 대신, 내수(內需) 부진을 만회하기 위한 수단으로 공공건설투자 및 민간투자사업 확대를 핵심으로 하는 「건설경기 연착륙 대책(2004.7)」과 「종합투자계획(2004.12)」을 발표하였다.

공공건설투자 확대와 주택 · 부동산 경기 부양을 통한 경제활성화 정책은 한국 건설업체나 건설산업의 성장과 발전에 큰 기여를 했다. 한국의 건설산업은 경제개발과정에서 국가기

표 1-1 일반건설업체의 공사수주 실적 변화추이(1985~2004)

단위: 조원, ( ) %

구분	1985	1988	1990	1995	1997	1998	2000	2001	2002	2003	2004
공공	3.8 (58.7)	4.1 (41.0)	10.5 (40.1)	20.4 (35.5)	30.9 (41.3)	26.8 (56.9)	24.6 (41.0)	29.9 (44.1)	30.9 (37.1)	32.2 (31.5)	33.8 (35.7)
민간	2.7 (41.3)	5.9 (59.0)	15.8 (59.9)	37.2 (64.5)	44.0 (58.7)	20.3 (43.1)	35.5 (59.0)	37.9 (55.9)	52.3 (62.9)	70.2 (68.7)	60.8 (64.3)
합계	6.5 (100.0)	10.0 (100.0)	26.4 (100.0)	57.6 (100.0)	74.9 (100.0)	47.1 (100.0)	60.2 (100.0)	67.8 (100.0)	83.1 (100.0)	102.4 (100.0)	94.6 (100.0)

자료: 대한건설협회

간산업 역할을 수행해 왔는데, 1990년대 초반에는 한때 건설투자가 국내총생산(GDP)에서 차지하는 비중이 23% 수준에 달했다. 지속적으로 팽창하는 건설시장에서 한국 건설업체들은 기술능력과 건설사업관리역량을 배양할 수 있었고, 기업규모의 지속적인 확대도 이루어졌다.

지금도 한국 정부는 건설산업을 "경기 조절용"으로 인식하고 있는 것 같다. 건설업계는 건설업계대로 오랫동안 정부에 공사 물량을 '구걸'하는 듯한 모습을 보여 왔다. 예컨대, 민간건설경기가 위축될 때면 언제나 공공건설투자를 확대해 달라는 요구를 정부에 '강력하게' 건의해 왔다. 국내총생산(GDP)에서 차지하는 건설투자 비중이 17.5%나 되고(2003년), 선진국과 비교해 볼 때 인프라 격차가 아직도 크며, 연간 200여만명이 종사하고 있는 국내 최대산업이 건설산업이기 때문에 경제성장과 고용증대를 위해서는 건설투자를 지속적으로 확대해야 한다는 식의 논리다. 비교적 최근까지 이 같은 건설업계의 요구가 있을 때, 정부도 외면하지 않고 '화답(和答)' 해 왔던 것 같다.

여기서 잠깐, 미국의 저명한 경제학자 폴 크루그만(Paul Krugman)이 "아시아 기적의 신화(*The Myth of Asian Miracles*, 1994)"라는 논문에서 지적했던 내용을 다시 한번 눈여겨보자. 크루그만은 한국을 비롯한 아시아의 경제성장은 요소 생산성(기술 진보)의 향상이 아니라 요소 투입량(노동과 자본 등)의 증가에 의해 이루어진 것이라고 보았다. 문제는 요소 투입량은 무한정 늘릴 수 없기 때문에 아시아의 성장도 곧 한계에 도달할 것이라는 점이다. 이 같은 크루그만의 지적을 건설산업과 연계시켜 생각해 보면, 비록 한국 건설산업이 건설투자(요소 투입량)의 지속적인 확대에 힘입어 성장했더라도, 생산성 향상이나 기술혁신이 수반되지 않는다면 지속적인 성장이 이루어질 수 없다는 뜻으로 해석할 수 있다.

한국의 건설시장 규모는 이미 세계 10위권 이내에 속해 있다. 그런데 계속 늘어날 것만 같았던 건설시장 규모가 외환위기로 인하여 1998년에 한번 크게 줄어들었다. 점차 성장세를 보이던 건설시장은 2004년 이후부터 정부의 강력한 투기억제대책 시행으로 또다시 민간건설시장 규모가 위축되는 시기를 맞이하게 되었다. 앞으로는 정부 재정의 한계로 공공공사를 크게 늘릴 수도 없다. 설사 공공공사 투자금액을 조금 더 늘리더라도, 전체 건설시장의 65~70%를 차지하고 있는 민간건설시장의 활성화가 이루어지지 않는 한 건설경기 활성화는 어렵다.

정부가 건설공사 물량을 더 이상 확대해 줄 재정여력이 없는 상황에서 건설산업의 지속적인 성장과 발전을 이루고자 한다면, 건설산업 전반의 생산성 혁신을 통한 「고부가가치화(高附加價値化)」를 달성해야 한다. 국내 건설시장 규모의 성장이 한계를 맞이했다면, 적극적으로 해외건설시장 진출을 모색해야 한다. 이를 위해서는 해외건설시장에서 국제경쟁력을 배양하고, 고부가가치화를 달성할 수 있는 글로벌 스탠다드를 적극 도입해야 한다.

건설업 면허제도 – 시장진입 장벽을 통한 업체 수 조정

한국 건설산업과 건설기업의 성장 및 발전에 기여해 온 제도 가운데 가장 중요한 것 중 하나는 건설업 면허제도다. 「건설산업기본법」의 전신(前身)인 「건설업법」의 제정(1957) 배경부터가 한국전쟁 이후 난립된 건설업자들을 면허제도를 도입해 정비하기 위한 취지였다. 건설업 면허제도를 통해 '엄선된 소수의 능력 있는 업자' 들에게만 건설시장 진입을 허용함으로써 이른바 '과당경쟁(過當競爭)' 을 방지하고, 건설시장에 진입한 초창기 영세 건설업체들은 경제개발과정에서 지속적으로 폭증하였던 건설공사를 수행하면서 기술력과 자본력 및 건설사업관리능력을 키워나갈 수 있었다. 건설업 자체가 "황금알을 낳는 거위"로 인식되면서 또다시 건설업체 난립문제가 심각한 과제로 등장하게 되자, 정부는 1975년부터 1988년까지 약 13년간에 걸쳐서 신규 건설업 면허 발급을 동결하는 '희귀한' 조치를 취했다. 이처럼 시장진입 자체를 불가능하게 만들어 놓은 상태에서 건설시장 규모는 계속 증가하다 보니, 건설업체의 부도사례[2]는 미미했다. 시장에서의 경쟁보다는 면허업체간의 물량배분이 더 중요한 정책과제였다. 아마 세계무역기구(World Trade Organization: WTO)의 출범과 정부조달협정(GPA)의 타결이 이루어지지 않았더라면, 건설업 면허개방은 좀더 많은 세월이 흐른 뒤에야 가능했을 것이다.

정부조달협정에 따라 1997년으로 예정된 건설시장 개방을 앞두고 한국에서도 건설제도의 글로벌 스탠다드를 도입하고자 하는 시도가 본격적으로 이루어졌다. 그중 가장 먼저, 그리고 가장 큰 성과[3]를 거둔 것이 건설업 면허개방이다. 건설시장 개방을 앞두고 외국에서도 건설업 면허개방을 요구했고, 국내적으로는 13년간에 걸친 신규 건설업 면허 발급 중단으로 인하여 계속되는 시장참가 요구를 억누르기 어려웠기 때문이다. 마침내 1988년 12월말에 1차 건설업 면허개방이 이루어졌고, 처음에는 매 3년마다 신규 건설업 면허를 발급하도록 하였다[4]. 1994

2) 일반건설업체와 전문건설업체의 부도율은 1990년 이전까지만 해도 1%미만이었다. 건설업 면허개방과 더불어 1991년부터 다소 상승하여 외환위기 이후 1998년에는 7%까지 다다랐으나, 1999년부터 다시 1%대로 떨어졌다. 건설경기가 회복된 2002년부터는 또다시 1%미만 수준으로 줄어들었다(건설교통부 건설경제국, 2003).

3) 건설업계의 일반적인 정서는 건설업 면허개방을 '성과' 로 인정하지 않는다. 오히려 잘못된 정책의 대표적인 사례로 꼽기도 한다. 여기서 말하는 '성과' 의 의미는 건설산업 발전에 도움이 되었다거나 해를 끼쳤다는 식의 평가 의미를 담고 있는 것이 아니고, 건설시장 진입장벽의 실질적인 완화를 통해 건설업체 수가 크게 늘어났다는 뜻에 국한된 것이다.

년부터는 매년마다 발급하게 되었고, 건설시장 개방이 이루어진 1997년부터 수시면허 발급이 이루어졌다. 이에 따라 건설업체 수는 1997년부터 증가하다가, 건설업 면허제의 등록제 전환과 등록기준의 완화(1999), 특히 건설공제조합 가입의무제도의 폐지(2000.7) 등을 계기로 급증했다.

표 1-2 건설업체 수의 변화추이

구분	1997	1998	2000	2002	2003	2004	2005.5
일반건설업체(사)	3,896	4,207	7,978	12,643	12,996	12,988	13,329
전문건설업체(사)	24,167	25,432	31,823	36,665	37,120	38,328	40,958
주택건설업체(사)	3,567	3,017	3,744	4,757	5,879	6,253	6,425
합계	31,630	32,656	43,545	54,065	55,995	57,569	60,712
전년대비증감율(%)	8.2	3.2	13.6	5.1	3.6	2.8	5.5
'97년 대비(%)	100.0	103.2	137.7	170.9	177.0	182.0	191.9

자료: 한국건설산업연구원

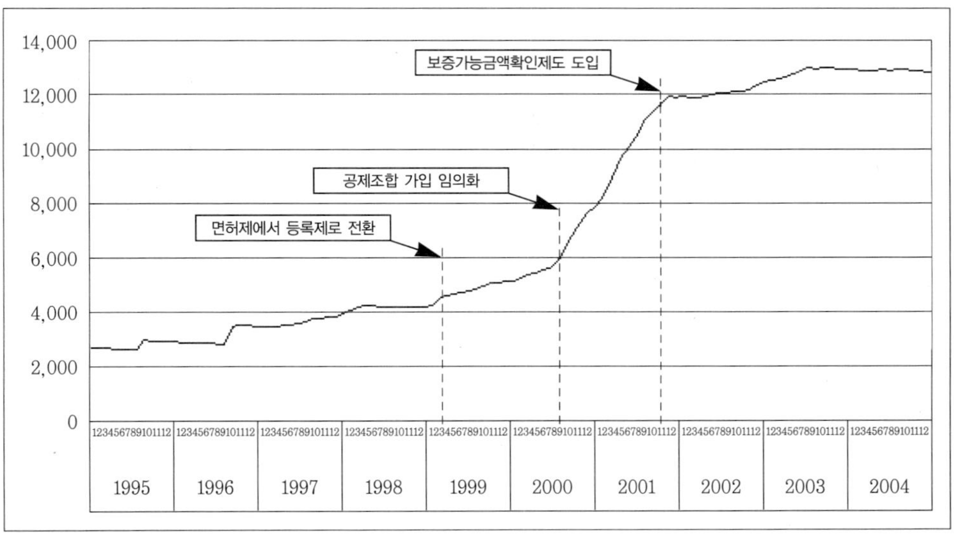

그림 1-1 건설업 면허제도의 변화와 일반건설업체 수의 증가 추이

자료: 이상호 · 이홍일(2005). "부실건설업체 수 추정 및 퇴출시 개선효과". 「건설산업동향」. 한국건설산업연구원.

4) 1989년과 3년뒤인 1992년에 건설업 신규 면허 발급이 이루어졌다.

건설업 면허개방이 이루어지던 1988년 이전까지만 해도, 신규 건설업 면허는 발급 자체가 동결되거나 제한되었기 때문에 큰 이권(利權)이었다. 만약 누군가가 그 이권(利權)을 획득한다는 것은, 경제개발과정에서 쏟아지는 엄청난 공사물량 시장에 참가할 수 있는 자격을 취득하는 것과 동일한 의미였다. 이런 역사적 과정을 거치다 보니 지금까지도 신규 건설업 면허 취득은 "건설업을 영위할 수 있는 자격"을 획득했다는 의미가 아니라, "건설업으로 먹고 살 수 있는 자격"을 획득했다는 의미로 해석하는 건설업자들이 수두룩하다. 건설업 면허를 일종의 "식권(食券)"으로 생각하고 있는 것이다. 그리고 신규 건설업 면허 발급이 이루어지던 1988년말이나 지금이나 "업체 수는 많고, 공사 물량이 적은 게 문제"이고, "정부가 건설업 면허를 발급해 줬으면, 건설업으로 먹고 살 수 있도록 보장해 줘야" 한다는 목소리가 건설업계에 만연되어 있다. 한걸음 더 나가서 "지금 건설업체 수가 너무 많으니까, 당분간 신규 건설업 면허 발급을 중단하자"는 극단적인 요구를 하기도 한다. 비록 만원버스긴 하지만, 이미 내 몸은 실어 놓았으니 더 이상 남이 올라타지 못하도록 하자는 기득권(旣得權) 보호 주장이다.

건설업 면허개방은 정부조달협정에 따라 건설시장을 개방해야 할 상황에서 불가피했다. 또 그 자체가 잘못된 정책이라고 보기도 어렵다. 문제의 핵심은 건설업 면허개방이 아니다[5]. 면허개방과 함께 정비했어야 할 관련 건설제도의 정비가 이루어지지 않았다는 것이 문제다.

아무튼 한국의 건설업 면허제도는 건설시장에 높은 진입장벽을 만들어 주었다. 면허를 취득한 소수의 건설업체들은 안정적인 성장을 통해 국제적인 경쟁력을 갖추는데 필요한 시간과 기회를 제공받을 수 있었다. 하지만 건설시장이 개방된 1997년 이후부터는 더 이상 건설업 면허제도를 통한 건설업체 수의 조정이 어렵게 되었다. 건설업 면허제의 등록제 전환과 등록기준의 하향조정으로 건설업체 수가 급증하게 되자, 일시적으로 등록기준을 조금 상향조정한 적이 있긴 하다[6]. 하지만 그 정도의 등록기준 상향조정만으로는 건설업체 수의 증가 추세에 제동을 걸 수 없었다. 이제 다시 건설업 면허제도를 도입하거나, 등록기준을 대폭 강화해서 건설업체 수를 줄이는 것은 사실상 불가능해 보인다. 1988년까지의 코리안 스탠다드가 "시장진입은 어렵게, 수주물량 확보는 쉽게"되어 있었다면, 건설업 면허개방으로 업체 수가 급증

5) 외국 사례를 보더라도 사실상 일본 외에 건설업 면허를 요구하는 나라는 별로 없다. 또한 일본의 건설업 허가기준만 해도 한국보다 훨씬 미약하다. 건설업체 수도 대단히 많지만, 한국에서와 같은 문제는 심각하지 않다. 그 이유는 건설정책 및 제도 전체와 연관된다. 뒤에서 상세하게 논의할 것이다.

6) 2001년에 등록기준으로 사무실 보유 및 기술자 1명을 추가 보유하도록 하였고, 2003년에는 자본금 1~2억원 및 기술자 1명을 추가 보유하도록 한 정도에 그쳤다.

한 상황에서는 미국, 유럽 등 선진국에서 활용되는 글로벌 스탠다드와 같이 "시장진입은 쉽게, 수주물량 확보는 힘들게"하는 방향으로 전환할 수 밖에 없다.

물량배분제도 – 면허업체간 공사물량의 균형배분

건설업 면허제도를 통해서 시장에 진입하는 업체 수를 소수로 제한한 가운데, 건설공사 물량은 경제개발과정에서 지속적으로 폭증했다. 이런 상황에서 건설업 면허업체간의 물량배분이 이루어졌다. 건설업계는 건설업계대로 "자율조정"이란 이름 하에 공공공사 물량의 배분을 추진했고, 정부는 정부대로 "지역업체 보호", "중소업체 보호"를 위해 면허업체간 물량배분제도를 시행했다.

법 · 제도를 통한 건설업 면허업체간 공사물량 배분제도는 대단히 많았다. 예컨대, 중소업체 보호차원에서 대기업인 건설업체가 소규모 공사를 도급받을 수 없도록 한 도급하한제도, 1건 공사의 최대 도급한도액을 정하여 큰 공사는 대기업이 수주하고 작은 공사는 중소기업이 수주할 수 있도록 한 도급한도액제도, 건설업체를 시공능력공시 금액기준으로 등급화하여 해당 등급공사는 해당 등급업체만 대표사가 될 수 있는 등급제한 입찰제도, 대기업과 중소건설업체간의 사실상 의무적인 공동도급제도 등을 들 수 있다. 또한 1975년에 신설된 전문건설업에 대해서도 「일반건설업체=대기업, 전문건설업체=중소기업」이란 암묵적인 등식을 전제로 의무하도급제도니 부대입찰제도니 하는 수많은 제도적 장치를 통해 하도급 물량과 금액을 배분해 왔다.

지역업체 보호차원에서는 16개 광역자치단체(특별시, 광역시, 도)를 기준으로 일정규모 미만 공사에 대해서는 공사발주가 이루어지는 당해 지역에 본사를 둔 업체만 입찰참가를 허용하는 지역제한 입찰제도, 일정규모 미만 공사에 대해서는 당해 지역업체와의 공동도급을 의무화한 지역의무공동도급제도, 지자체의 의무적인 지역업체 공동도급 비율 설정제도, PQ 심사기준에서 지역업체와의 공동도급에 따른 가산점 부여제도 등을 통해 물량배분을 지원해 왔다.

이처럼 수 십년간에 걸쳐 형성된 건설공사 물량배분구조는 건설업 면허를 취득하기만 하면, 건설시장에서 생존이 가능한 제도적 기반을 제공해 주었다. "자율조정"을 주도하던 대기업은 대기업대로 어느 정도 안정적이고 예측 가능한 공공공사 수주물량의 확보가 이루어졌다. 중소기업은 중소기업대로 기업규모별 물량배분제도의 혜택을 보거나, 대기업의 공동도급사로서 공공공사 물량의 안정적인 확보가 가능했다.

긍정적인 측면에서 본다면, 대기업과 중소건설업체간 물량배분의 형평화를 통해 대 · 중소 건설업체의 균형 성장에 기여했다는 평가도 가능하다. 하지만 이 같은 물량배분제도의 긍정적인 효과는「공사물량의 지속적인 증대」와「건설업 면허제도를 통한 시장진입 업체 수 제한」이라는 2대 전제가 유지되던 선상에서나 가능했다. 공사물량이 급감하거나, 건설업 면허 장벽의 와해로 시장진입 업체 수가 급증하는 상황에서 제도를 통한 인위적인 공공공사 물량의 배분은 존속되기 어렵다. 건설업계 내부에서도 이해관계 상충으로 합의를 보기 어렵다. 실제 상황을 보자.

1997년말의 외환위기로 인하여 1998년의 일반건설업체 수주실적은 전년대비 약 37%나 급감한 47조원을 기록했다. 특히 민간공사 수주실적은 전년대비 54%나 급감한 20조원 수준이었고, 공공공사 수주실적은 전년대비 13% 가량 감소한 27조원 수준이었다. 이런 상황에서 모든 건설업체들의 경영전략은 공공공사 수주확대에 초점을 두었다. 그런데 1998년에 일반건설업체 수는 시장규모의 축소에도 불구하고 전년대비 311개사나 늘어났다. 공공공사 수주실적이 간신히 외환위기 이전인 1997년 수준을 회복한 시기는 2002년인데, 이때의 일반건설업체 수는 1997년에 비하여 324%나 증가한 12,637개사였다. 건설공사 물량이 급감한 1998년의 경우, 대기업은 대기업대로, 중소기업은 중소기업대로 생존을 위해 더 많은 공공공사 물량을 수주해야 할 처지인지라 기존의 물량배분구조로는 어떤 건설업체도 만족시킬 수 없었다. 게다가 1998년 8월 이후에는 대기업이 주도해 왔던 건설업계 내부의 "자율조정"을 통한 공사물량 배분구조가 정부의 강력한 입찰담합 방지대책 추진으로 와해되었다(이상호, 2000). 그 결과 공공공사 물량배분은 건설업체간의 "자율조정"이 아니라 입낙찰제도와 지역 · 중소건설업체 보호제도에 따라 이루어지게 되었다. 이런 상황에서 대기업과 중소기업간에 수주물량배분을 둘러싼 "제도개선"이란 이름의 "제도변경" 투쟁이 치열하게 벌어졌다. 2000년을 전후해서는 건설업체 수 급증으로 인하여 신규 등록업체들과 기존 중소건설업체들간의 공사물량 배분을 둘러싼 갈등도 심화되었다.

이제 법 · 제도를 통한 인위적인 공사물량 배분정책은 근본적으로 재검토해야 할 시점에 도달했다. 글로벌 스탠다드에 따라 경쟁 메카니즘이 작동할 수 있도록 하는 건설제도의 혁신이 필요하다.

낙찰률 보장제도 – 낙찰하한율을 통한 저가 낙찰 방지

산업이든 기업이든, 수익성의 창출 정도가 그 산업과 기업의 미래를 좌우한다. 고부가가치화를 통해 높은 수익을 창출하는 산업이나 기업에서 임직원들에게 고임금을 지급해 준다면, 당연히 인재(人才)가 몰리게 되고 성장산업 내지 유망기업이 될 수 있다. 오늘날 한국 경제를 이끌고 있는 반도체 산업과 「삼성전자」나 「LG전자」같은 기업의 경우가 여기에 해당될 것이다. 반면에 수익성이 없는 산업이나 적자를 보고 있는 기업은 임직원들에게 고임금을 지급할 수 없고, 신규 인력의 유입도 제대로 이루어질 수 없다. 인재(人才)가 대거 떠나면서 사양산업(斜陽産業) 내지 부실기업(不實企業) 대열에 들어서게 된다.

한국에서 건설산업의 수익성은 흔히 낙찰률의 높낮이에 따라 평가하는 경향이 강하다. 낙찰률은 발주기관이 정한 예정가격 대비 낙찰금액을 의미한다. 낙찰률이 높으면 그만큼 수익성이 높고, 낙찰률이 낮으면 수익성이 낮다고 볼 수 있다. 1995년에 도입된 적격심사제도는 공사규모별로 일정한 낙찰하한율이 설정되어 있고, 사실상 제도적으로 일정한 낙찰률을 보장해 주고 있는 셈이다. 물론 공공건설시장에는 낙찰제도 외에 수익성에 영향을 미치는 다른 요소들도 많다. 예컨대, 공공건설시장에서는 발주자인 정부의 부도를 걱정할 이유가 없다. 현금으로 공사대금이 지급된다. 특히 계약금액의 20~50%에 달하는 선금도 매력적이다. 이런 점은 지금도 동일하다. 게다가 1998년 8월경까지만 해도 건설업계에서 말하는 "자율조정[7]"이 이루어졌기 때문에 대형공사의 대부분이 높은 낙찰률(=낙찰금액/예정가격)에서 수주되었다. 실제로 최저가 낙찰제가 적용되던 100억원 이상 공사만을 대상으로 하여 자율조정이 이루어지던 시기의 평균 낙찰률(1993.3~1995.6)을 조사해 본 적이 있다. 조사 결과, 약 70%의 공사가 90%가 넘는 낙찰률을 보였다는 사실을 확인할 수 있었다. 이 같은 결과는 모든 공공공사가 건설업체간의 자율조정을 통해 수주된 것은 아니지만, 적어도 100억원 이상 대형공사의 약 70%이상은 자율조정으로 수주가 이루어졌을 것이라는 추정을 가능하게 한다.

7) 건설업계에서는 오랫동안 관행적으로 이루어진 "자율조정"을 담합으로 인정하지 않으려는 경향이 여전히 팽배해 있다. 담합은 입찰자간에 공모하여 특정인을 발주자가 정한 예정가격보다 높은 금액에 낙찰되도록 하는 경우를 말하고, 건설업계의 "자율조정"은 발주자가 정한 예정가격 범위 내에서 이른바 "연고권(緣故權)" 등을 기준으로 업체간에 물량을 배분하는 것이기 때문에 다르다고 한다. 이 같은 건설업계의 해석을 따르면, 담합 여부는 낙찰률이 예정가격보다 높으냐에 따라 결정되는 셈이다. 하지만 입찰담합에 관한 건설산업기본법, 국가계약법, 공정거래법, 형법 등 어느 법률에도 낙찰률을 담합의 성립요건으로 정하고 있는 것이 아니라 경쟁을 실질적으로 제한하거나, 공정한 가격의 성립을 저해하거나, 서로 상의하여 미리 입찰가격을 협정하는 등 입찰자간의 사전 공모(共謀) 여부를 담합의 판정기준으로 삼고 있다. 건설업계의 입찰담합과 관련해서는 이상호(1998) 및 이재우(1997) 등의 연구결과를 참조하기 바란다.

표 1-3 **자율조정 시기 조달청 100억원 이상 최저가 낙찰제 공사의 낙찰률 분포**

90%이상	90%미만–80%이상	80%미만–70%이상	70%미만–60%이상	60%미만–50%이상	50%미만–40%이상	40%미만	합계
230건	24건	35건	25건	6건	7건	1건	328건
70.1%	7.3%	10.7%	7.6%	1.8%	2.1%	0.03%	100.0%

자료: 1993년 3월부터 1995년 6월까지 「일간건설신문」에 게재된 낙찰결과를 취합하여 작성.

자율조정 구조가 무너진 뒤, 2001년부터 새로 도입된 최저가 낙찰제 공사의 평균 낙찰률(2001~2004)은 예정가격의 60% 수준에 불과했다. 자율조정이 이루어지던 시기에 비하면 약 20~30%나 낙찰률이 떨어졌다. 동일한 최저가 낙찰제가 시행되었어도 자율조정이 이루어질 때와는 이처럼 큰 차이를 보여주고 있다.

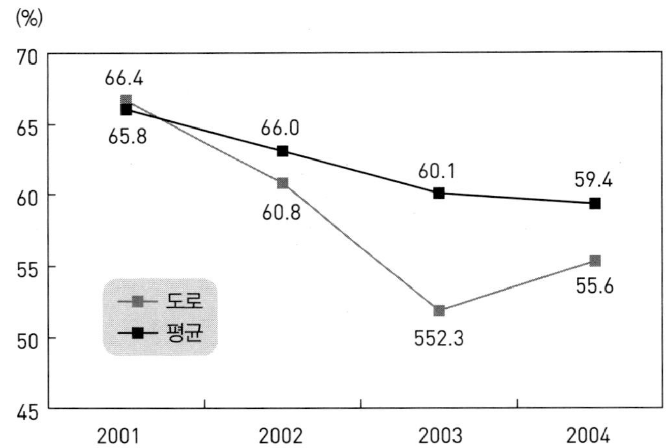

그림 1-2 **조달청의 최저가 낙찰제 공사 낙찰률 변화추이(2001~2004)**

자료: 조달청

2001년 이후 도입된 최저가 낙찰제 공사의 낙찰률을 공사원가로 보기는 어렵다. 안정적인 포트폴리오 구성이나 토목사업본부의 유지를 위한 공공공사 수주물량 확보 차원에서, 중장기적으로 필요한 공사실적 확보를 위해서 등 여러 가지 이유로 저가 낙찰이 이루어진다. 자율조정이 이루어지던 시기에 90%이상의 높은 낙찰률로 수주한 공사는 2001년 이후 최저가 낙찰제 공사의 평균낙찰률 수준(60%)과 비교해 볼 때 30%이상의 고수익을 올렸다[8]고 볼 수는 없지만, 상당한 수익이 발생했을 거라는 짐작은 충분히 할 수 있다. 게다가 공사수주 이후의 물가변동이나 설계변경에 따른 계약금액 증액도 공공공사의 큰 장점이었다. 따라서 공공공사는 「저위험, 고수익(low risk, high return)」 사업영역으로 인식되는 경향이 많았고, 공공공사 수주물량이 많으면 많을수록 건전한 건설업체로 자본시장에서 평가받기도 했다. 특히 경기에 따라 부침이 심한 민간공사나 해외건설공사 수주비중이 높을수록, 사업구조의 안정성을 확보하고 일정한 현금흐름을 유지하기 위한 수단으로 공공공사 수주확대가 요구되었다. 외환위기를 거치면서 주택전문업체는 대부분 도산하였지만, 공공공사 수주비중이 높았던 회사의 대다수가 여전히 건재하다는 것만 보더라도 건설업체의 안정적인 성장기반 구축에 공공공사가 큰 기여를 했다는 사실을 알 수 있다.

한국 건설사에서 지난 50여년간 수십차례에 걸쳐 입찰계약제도를 바꾸어 봤다지만, 실질적인 한국의 입찰계약제도 역사는 자율조정 구조가 와해된 1998년 8월 이후부터 시작되었다고 보아야 할 것이다.

자율조정 구조가 와해되면서 1999년 9월부터 모든 공공공사에 적격심사제도가 적용되었는데, 두 가지 근본적인 문제가 제기되었다. 하나는 변별력 부족으로 인한 "요행에 의한 복권당첨식 낙찰" 문제였고, 다른 하나는 제도적으로 설정된 낙찰하한율이 너무 낮다는 문제였다. 이들 두 가지 문제 가운데 "요행에 의한 복권당첨식 낙찰" 문제는 지금도 여전하지만, 낙찰하한율 만큼은 2000년 5월에 대폭 상향조정되었다. 그 결과 1,000억원 이상 적격심사공사의 낙찰하한율은 75~78% 수준이지만, 2001년부터 최저가 낙찰제가 적용된 1,000억원 이상 입찰참가자격 사전심사(PQ)공사의 평균 낙찰률은 60%미만으로 약 20%에 가까운 격차를 보여주고 있다. 게다가 적격심사제도는 중소건설업체 보호 차원에서 공사규모가 작으면 작을수록 낙찰하한율을 높게 보장해 주고 있다.

정부가 제도적으로 설정해 둔 낙찰하한율에 수주할 경우, 어느 정도 수익을 창출할 수 있는 지는 개별 공사마다 차이가 있다. 예컨대, 공공건축공사는 적격심사공사라도 낙찰하한율에 수주해서는 수익을 창출하기 어렵다는 것이 건설업계의 일반적인 평가다. 낙찰하한율을 설정해서 저가 낙찰을 방지하고자 하는 제도 자체는 시민단체나 일반국민들로부터 비난의 대상이 되기 쉽다. 특히 2001년부터 최저가 낙찰제를 도입하면서 적격심사공사의 낙찰률과 큰

8) 일부 시민단체에서는 낙찰률만을 기준으로 이 같은 주장을 하기도 한다. 그 주장이 타당하다면, 2001년 이후의 최저가 낙찰제 공사 평균낙찰률이 공사원가라는 전제가 성립되어야 한다. 하지만 최저가 낙찰제 공사의 평균낙찰률이 공사원가라는 사실적 근거는 찾아볼 수 없다. 모두가 공사원가보다는 수주를 위한 전략적 금액으로 입찰하기 때문이다.

표 1-4 적격심사공사의 규모별 낙찰하한율

공사규모별	적격심사 통과점수	낙찰하한율	실제 낙찰하한율
1,000억이상	85점	72.995%	75~78%
1,000억~300억	90점	77.995%	80~82.5%
300억~100억	95점	82.995%	84~86%
100억~50억	95점	85.495%	85.8~86.5%
50억~10억	95점	86.745%	86.8%
10억미만	95점	87.745%	87.8%

주 1) "낙찰하한율"은 적격심사시 비가격요소 평점이 만점인 경우 낙찰자가 될 수 있는 예정가격 대비 최소 낙찰금액의 비율을 의미함.
2) 50억원 이상 공사의 경우 "실제 낙찰하한율"이 "낙찰하한율"보다 다소 높은 것은 공사유형별로 사전에 결정되어 있는 "자재 · 인력조달가격의 적정성"이란 적격심사기준상의 평가항목 때문에 낙찰률이 다소 높아지기 때문임.

격차를 보이게 되자, 적격심사제도는 예산낭비를 초래하는 제도이자 건설업체의 수익성을 보장해 주고 있는 제도로 비판을 받고 있다. 재정경제부도 장기적으로 적격심사제도를 축소 내지 폐지하는 대신 최저가 낙찰제를 확대하겠다는 방침을 표명하기도 했다.

「낙찰률의 제도적 보장」은 더 이상 공공건설시장에서 기대하기 어려운 국면으로 치닫고 있다. 정부 정책은 최저가 낙찰제를 확대하는 방향으로 움직이고 있다. 당장 2006년부터 최저가 낙찰제 적용대상공사는 300억원 이상의 공사로 확대된다. 참여정부의 임기가 종료되는 2008년 이전까지는 100억원 이상 공사로 확대할 계획이다. 설계 · 시공 일괄입찰이나 대안입찰공사는 지금까지 상대적으로 높은 '낙찰률(=예산금액 대비 낙찰금액)'[9]에 수주해 왔다고 하지만, 앞으로는 수주경쟁의 심화와 제도변화에 따라 '낙찰률'이 떨어질 가능성이 높다. 민간건설시장에서도 아파트 분양원가 공개, 원가연동제, 택지채권입찰제, 재건축개발이익환수제 등으로 인하여 수익성의 저하가 불가피하다. 민자 SOC사업에서도 운영수입 보장제도는 축소 내지 폐지하는 방향으로 움직이고 있다. 앞으로 건설산업은 공사물량의 축소보다 "수익성 상실"이란 문제에 부닥치게 될 것이다.

공공이건 민간이건 가릴 것 없이 수익성을 낮추는 방향으로 건설정책과 제도가 움직인 이유는 건설산업에 대한 부정적인 이미지와 연관된다. 부실공사, 부정 · 부패라는 건설산업의

9) 설계 · 시공일괄입찰이나 대안입찰공사는 최저가 낙찰제 공사, 혹은 적격심사공사와 달리 발주자의 설계도면에 기초한 예정가격 산출이 이루어지지 않기 때문에 "예정가격 대비 낙찰금액"을 의미하는 일반적인 "낙찰률" 개념과 동일시 할 수 없다. 대신 입찰시 발주자는 개략적으로 산정한 예산금액을 제시하고 있는데, 이 "예산금액 대비 낙찰금액"을 일반적으로 일괄 및 대안입찰공사의 '낙찰률'로 부르고 있다. 대개 일괄입찰공사는 이같은 의미의 '낙찰률'이 90%를 상회하고, 대안입찰공사는 입찰가격 평가제도 때문에 80%에 고착되어 있다. 하지만, 실제로 낙찰된 업체의 설계도면에 기초하여 예정가격을 산정하고, 그 예정가격 대비 낙찰금액을 계산해 보면, 일괄 및 대안입찰공사의 낙찰률은 76% 수준에 불과하다는 연구결과도 있다(이유섭, 2005).

전통적인 부정적 이미지에 더하여, 최근에는 시민단체가 제기한 아파트 가격 "폭리(暴利)" 논쟁에 휩쓸려 들어갔기 때문이다. 그 결과 삼성전자의 2004년도 매출액 순이익률이 10조원을 돌파하여 일본의 토요타 자동차 등 전세계적으로 몇 안 되는 매출액 순이익률 100억달러 클럽에 든 것에 대해서는 환호하는 국민들이, 4~5조원의 매출액을 기록하고 있는 세계적인 한국 건설업체가 1~2천억원에 불과한 순이익을 남겨도 돌팔매질을 하는 모순된 상황을 연출하고 있다. 이 같은 상황을 초래하게 된 데에는 시민단체나 일반국민의 이해부족과 오해도 있고, 정부의 책임도 있지만, 건설업계의 책임도 크다. 앞으로도 계속 국민으로부터 지탄의 대상이 되는 데다 수익성마저 기대하기 어렵게 되면, 건설산업은 국가기간산업(國家基幹産業)에서 사양산업(斜陽産業)내지 기피산업(忌避産業)으로 전락하게 될 것이다.

법 · 제도를 통한 낙찰률의 보장은 앞으로 더 이상 가능할 것 같지 않다. 낙찰률의 저하로 수익이 발생하지 않으면 기업의 생존이 불가능하고, 기술개발이 이루어질 수 없다. 우수한 인재(人才)를 건설산업에 유치할 수도 없다. 품질이나 안전 확보도 어렵게 되고, 환경친화적이고 지속가능한 건설도 기대하기 어렵다. 지금은 「수익성의 제도적 보장」에서 「수익성의 제도적 하락」으로 정책방향이 거꾸로 뒤집어 진 시점이기 때문에 건설정책과 제도의 재정비를 통해 건설사업의 수익성을 높일 수 있는 방안을 모색해야 한다. 글로벌 스탠다드의 도입을 통하여, 낙찰률의 보장이 아니라 건설업체의 능력에 따라 차등적인 수익창출이 가능할 수 있는 시스템을 만들어야 한다. 능력 없는 건설업체는 아예 공사수주를 못하게 만들어 시장에서 퇴출시켜야 할 것이다. 공기 단축이나 공사비 절감을 위한 대안의 제출기회를 건설업체들에게 활짝 열어 놓고, 실제로 성과가 발생하면 적정한 인센티브를 제공함으로써 발주자는 공기 단축과 공사비 절감, 건설업체는 인센티브 획득을 통한 수익성 제고가 이루어지도록 하는 것이 글로벌 스탠다드다.

03 해외건설산업 - 글로벌 스탠다드 지배

한국의 해외건설산업은 1970년대 초반의 오일쇼크로 인한 국가경제 위기를 극복하는데 큰 기여를 했고, 중동과 동남아에 기념비적인 시설물을 건설함으로써 전세계에 한국의 건설기술과 건설업체, 한국인의 우수성을 알리는데 결정적인 역할을 수행했다[10].

해외건설산업이 크게 성장하게 된 데에는 건설업체 경영자들의 기업가 정신과 우수한 기능인력의 역할도 컸지만, 정부의 정책적 · 제도적 지원도 상당한 기여를 했다[11].

초창기 해외건설정책과 제도의 핵심을 들여다보면, 이 또한 국내 건설정책 및 제도와 놀라울 정도로 유사하다. 핵심은 ① 해외건설업 면허제도를 통한 업자 엄선, ② 도급허가권 등을 통한 정부주도의 자율조정, ③ 국가적인 금융 · 보증지원, ④ 기업규모별 · 지역별 물량배분제도 등 네 가지로 요약할 수 있다.

1975년말에 「해외건설촉진법」을 제정하면서 해외건설업 면허제도를 처음 실시할 때, 건설부에서는 20개 정도의 건설업체에게만 종합건설업 면허를 발급하였다. 그것은 은행으로부터 무조건적인 지급보증을 받는데 대한 보안장치였다. 해외진출을 하기만 하면 정부에서 금

10) 물론 1980년대 들어서 해외건설업체들의 부실화가 국가경제에 큰 부담을 안겨주는 바람에 정부주도의 산업구조조정이 행해지기도 했지만, 그래도 국내 건설산업과 비교해 보면 해외건설산업에 대한 국민적 이미지는 긍정적인 것 같다.

11) 해외건설산업을 전략적 수출산업으로 지정하고, 광범위한 정책적 · 제도적 지원방안을 강구하게 된 배경과 지원방안의 구체적인 내용 등에 대해서는 "이상호(1995)-「한국 정부의 해외건설정책 추진과정에 관한 연구」-서울대학교 대학원 행정학박사학위 논문"에서 상세하게 기술하고 있다.

융 · 세제 · 보험 · 외환관리 등 거의 모든 측면에서 파격적인 지원을 해 주고, 만약 문제가 발생하면 정부가 직접 나서서 해결해야 하는 상황이었기 때문에 면허제도를 통해 "건실한" 업자에게만 해외건설업을 할 수 있는 자격을 부여하고자 했던 것이다. 그러나 점차 해외건설이 "황금알을 낳는 거위"로 인식되면서 신규 진출을 희망하는 건설업체들이 늘어나게 되었다. 이에 따른 정치적 압력의 증대로 1978년에 정부는 기존 20개사의 3배에 가까운 58개사에게 신규 해외건설업 면허(종합건설업 면허)를 발급하게 되었다. 그 결과 한국 건설업체들간의 과당경쟁으로 인한 출혈입찰 등이 원인이 되어 1980년대 해외건설산업의 부실화를 가져오게 되었다는 평가도 있다(김정렴, 1991).

해외건설업 면허개방으로 인한 신규 해외진출업체 수의 증대만이 해외건설산업의 부실화를 초래한 원인은 아니다. 초창기 해외건설정책의 또 다른 축을 형성하였던, 도급허가제도를 통한 해외건설업체간의 자율조정 구조가 와해된 것도 큰 원인이었다. 일단 면허제도를 통해 시장진입 장벽을 높게 세워 놓고, 면허를 취득한 자격 있는 업체들이 입찰에 나설 때, 정부로부터 도급허가를 받은 업체만 낙찰될 수 있도록 하고 나머지 업체들은 들러리로 입찰하도록 한 제도가 도급허가제도였다. 말하자면 국내 건설산업에서 건설업체들간에 횡행하던 이른바 "자율조정"을, 해외건설산업에서는 정부가 직접 주도하였던 것이다. 이 제도는 한국 업체간의 무리한 경쟁을 사전에 방지하고, 공사의 수익성을 높여 외화가득률을 제고하면서, 해외건설업체의 국제경쟁력을 높이는데 기여했다는 긍정적인 평가를 받기도 했다. 하지만 해외건설업체 수가 지속적으로 늘어나고, 시장이 위축되면서 이 제도는 더 이상 존속하기 어려웠다. 정부의 도급허가를 받지 못한 업체들이 이 제도의 존재를 사우디 정부에 알려 줌으로써 크게 항의를 받게 되자, 단수(單數) 도급허가제도를 2개 이상의 업체들에게 도급허가를 주는 복수(複數) 도급허가제도로 바꾸었다. 이후 1982년에는 해외건설협회로 도급허가권한을 이관하였고, 해외건설협회에서 「자율조정규정」을 제정하여 유명무실한 상태에서 운영해 오다가 결국은 1998년에 규제개혁 차원에서 폐지되고 말았다.

초창기 해외건설에서 공사수주를 위해 가장 중요했던 요소는 금융 · 보증지원이었다. 특히 정부는 해외건설 활성화를 위해 1976년에 한국외환은행과 5개 시중은행으로 공동지급보증단을 구성하였다. 이들 금융기관에 의한 "선별지원"이 아니라 "건설부장관이 허가한 해외건설업자에 대하여", "건설부장관의 도급허가만 있으면", 담보 없이 무조건(無條件) 공사입찰 및 시공계약에 필요한 지급보증을 해주도록 하는 조치를 취했다[12]. 지급보증 외에 현지금융,

국내금융, 외환, 세제, 보험 등 해외건설과 관련된 금융 · 보증 측면에서 파격적인 정부지원이 해외건설공사의 수주 확대에 큰 기여를 한 것은 사실이다. 하지만 금융기관에 의한 자율적인 수익성 심사기능 배제는 중동시장의 위축과 부실공사 및 부실업체 누적으로 인하여 막대한 부실채권을 유발하였고, 그 결과 1980년대 중반에 정부주도로 해외건설산업에 대한 대대적인 구조조정이 단행되는 계기를 제공하였다.

해외건설업체간 "과당경쟁"을 피하고, 규모별 · 지역별 물량배분을 위한 제도 또한 많았다. 예컨대, 해외건설업체가 자신의 능력에 적합한 공사를 도급받을 수 있도록 하기 위한 도급한도액제도, 해외건설업체간 수주 경합 시 조정제도, 진출지역 지정제도, 진출업자를 원도급자와 하도급자로 구분지정할 수 있도록 한 진출업자의 구분지정제도, 대리시공제도, 합작수주 및 시공 권고제도 등을 꼽을 수 있다.

이상과 같은 초창기 해외건설정책이나 제도 가운데 지금까지 남아있는 것은 거의 없다. 해외건설업 면허제도는 현재 신고제에 불과하다. 다시금 해외건설협회에서 "자율조정"을 할 수 있도록 해야 한다는 목소리도 간간히 나오긴 하지만, 시대착오적인 주장으로 비쳐진다. 정부가 금융기관에게 강제로 해외건설사업에 대해 무조건 금융 · 보증지원을 하도록 할 의사도 없거니와, 정책수단도 없다. 해외건설업체들은 외환위기를 거치면서 그룹 중심의 "선단식(船團式)" 경영체제가 붕괴되었고, 수주물량 증대보다는 수익성 위주의 선별수주를 추구하게 되었다.

결국 1970년대 중반부터 1980년대 초반까지 해외건설산업에 적용되던 국내 건설산업의 코리안 스탠다드와 유사한 건설정책과 제도는 10년도 채 못가서 모조리 소멸되었다. 대신 한국 건설업체들은 글로벌 스탠다드 속에서 해외건설사업을 수행하고 있다. 하지만 국내에서는 지금까지도 코리안 스탠다드가 건설시장을 지배하고 있다. 그러니 건설업체들로서는 국내와 해외시장을 구분하여 대응할 수밖에 없다. 국내사업본부와 해외사업본부로 조직을 구분하고 있을 뿐만 아니라, 건설기술자나 관리인력도 "국내용"과 "해외용"으로 구분하여 활용하고 있다. 이 같은 이원적인 구조를 계속 유지하는 것이 바람직할까? 또 국내와 해외라는 구분이 앞으로도 계속 지속될 수 있을까? 국내 건설시장을 지배하고 있는 코리안 스탠다드와 해외건설시장에 적용되는 글로벌 스탠다드중 어느 쪽을 선택해야 할 것인가?

12) 이 조치는 해외건설업체들이 본격적인 부실화의 징후를 보이기 시작하던 1982년에야 폐지되었다.

04 글로벌 스탠다드를 선택해야 하는 이유

상반된 시각

최근 들어 한국 사회에서는 이념 논쟁이 활발하다. 그런데 건설산업은 정치경제체제의 변화에 따라 직접적인 영향을 받는 산업임에도 불구하고, 아파트 분양원가 공개나 원가연동제 등을 중심으로 하는 주택정책 분야를 제외한 나머지 영역에서는 별다른 논쟁이 없다. 정부는 국내 경기 침체를 극복하기 위한 수단으로 주택가격은 안정시키되, 건설공사 물량은 확대하겠다고 한다. 건설업계는 더 많은 공사물량을 창출해 주기를 바란다. 건설산업의 혁신이나 선진화를 도모하자는 목소리가 정부나 건설업계에서 조금씩 나오고 있긴 하지만, 아직도 미약하고 뚜렷한 쟁점으로 부각된 것도 없다. 적어도 건설산업에서는, 정부나 건설업계 양쪽 모두에서 보수적 목소리가 압도하고 있는 것처럼 보인다.

건설산업에서 보수적인 목소리는 앞서 제시했던 「한국식 건설제도(=코리안 스탠다드)」를 존속시키고자 하는 목소리로 개념화할 수 있다. 정부나 건설업계 종사자의 대다수는 아직도 공사물량 증대, 수익성 보장, 대 · 중 · 소 건설업체간 균형발전, 건설업 등록기준 강화를 통한 건설업체 수 축소와 같은 수 십년 묵은 유행가 가사들을 읊조리고 있다. 이 같은 요구는 건설시장이 개방되던 1997년 이전까지라면 몰라도, 현재와 미래에 당면하게 될 새로운 환경에서는 수용가능성이 희박하고, 긍정적인 성과를 기대할 수 없다. 그렇기 때문에 한국 건설산업 내부에서도 건설정책과 제도를 미래지향적인 시각에서 과거와 다른 방향으로 획기적인 전환을 해야 한다는 주장이 나오고 있다. 그 방편중 하나가 코리안 스탠다드를 대신하여 글로벌 스탠다드를 도입하자는 것이다.

이 책에서 건설산업의 보 · 혁(保革) 논쟁을 할 생각은 없다. 정치적인 수사(修辭)로 포장된 성급한 이분법은 현실을 왜곡시키고, 분열을 조장하게 된다. 여기서는 한국 건설산업의 발전방향과 관련하여 현실에서 관찰할 수 있는 상반된 두 가지 시각을 코리안 스탠다드와 글로벌 스탠다드로 양분하여 그 차이를 보여 주고자 한다. 코리안 스탠다드를 지향하고 있는 사람들은 한국 건설산업이 급성장하던 시대의 여러 가지 여건들을 "기준(standard)"으로 삼아, 과거와 같은 건설정책과 제도의 재도입을 주창하는 시각을 말한다. 반면에 글로벌 스탠다드를 지향하고 있는 사람들은 이미 건설산업의 환경변화로 인해 더 이상 과거로의 회귀가 불가능하거나 어렵다는 인식을 깔고 있다. 그렇기 때문에 더 이상 과거의 건설정책이나 제도에 집착할 것이 아니라, 한국보다 앞선 미국이나 유럽 등 선진외국의 건설산업 구조로 전환할 수 있는 미래지향적인 정책대안을 모색하자고 주장한다.

한국 건설산업이 당면한 위기의 원인에 대한 진단부터 시작해 보자. 코리안 스탠다드를 지향하는 사람들은 "(과거에 비해) 건설업체 수는 급증했는데, 공사물량이 적은" 것이 위기의 근본원인이라고 본다. 현상은 맞다. 기본적으로 과거에는 건설업체 수가 적었다. 건설업 면허개방이 이루어지던 1988년만 해도 일반건설업체 수는 468개사에 불과했다. 그러던 것이 건

표 1-5 한국 건설산업의 발전방향에 대한 상반된 시각의 차이 비교

구분	코리안 스탠다드 지향	글로벌 스탠다드 지향
당면위기의 원인	건설업체 수 급증과 공사물량 부족	건설산업 구조 및 건설정책과 제도의 후진성에 기인한 고비용 저효율 구조
당면위기의 대책	건설업체 수 축소와 건설투자 확대	건설산업 구조 및 건설정책과 제도의 선진화
정부의 역할	법 · 제도를 통한 정부의 적극적인 시장 개입과 관리 옹호	법 · 제도를 통한 정부개입 축소와 규제완화 강조
보호 · 육성책의 필요성	건설투자 확대, 면허업체별 물량배분의 형평성을 통한 균형발전 및 수익성의 제도적 보장을 통한 건설업체의 보호 · 육성 필요성 강조	보호 · 육성책보다는 시장경제체제 확립을 통한 경쟁 강화가 중요하며, 능력있는 업체의 선별과 능력발휘를 위한 여건 조성이 중요
건설산업 후진성의 원인제공자와 혁신대상	공급자인 건설업계	수요자인 발주자(=정부)

설업 면허개방으로 인해 일반건설업체 수만 해도 1만 3천여개사로 증가했다. 건설공사 수주 실적은 2002년에야 간신히 외환위기 직전인 1997년도 수주실적을 넘어섰는데, 건설업체 수는 그 5년 동안 3배 이상 늘어났다.

글로벌 스탠다드를 지향하는 사람들은 건설업체 수의 증가와 국내총생산(GDP)에서 차지하는 건설투자 비중의 축소를 당연한 것으로 받아들이기도 한다. 우리는 지금 1970년대가 아니라 2000년대에 살고 있고, 1인당 국민소득은 1만 4천불(2004)에 달한다. 국가경제의 성장과 국민소득 증가에 따라 선진외국의 사례처럼 국내총생산(GDP)에서 차지하는 건설산업의 비중도 자연스럽게 줄어 들 가능성이 높다. 정부주도 경제는 민간주도 경제로 바뀌게 되며, 전반적인 규제완화 흐름 속에서 시장진입 장벽은 무너지게 되고, 정상이윤을 넘어서 초과이윤이 발생하는 산업에는 시장진입 업체 수가 늘어나기 마련이다. 그럼에도 불구하고, 건설산업의 구조나 건설정책 및 제도가 1960년대나 1970년대와 같은 「개발연대(開發年代)」의 틀을 탈피하지 못한 것이 당면한 건설산업 위기의 진짜 원인이라고 본다.

위기의 원인에 대한 진단이 다른 만큼 처방도 다르다. 코리안 스탠다드를 지향하는 사람들은 정부가 나서서 등록기준을 대폭 강화하거나, 무자격 부실건설업체에 대한 실태조사를 통해 시장에서 강제로 퇴출시킴으로써 건설업체 수를 줄여 주고, 선진국 대열에 들어갈 때 까지 정부가 지속적으로 건설투자를 확대해야 한다고 주장한다. 특히 국내 경제가 침체국면에 있을 때는 실업난 해소와 경기부양을 위해 건설경기를 적극적으로 활성화시켜야 한다고 주장한다.

글로벌 스탠다드를 지향하는 사람들은 건설산업 구조와 건설정책 및 제도의 선진화를 주장한다. 미국이건, 유럽이건, 심지어 일본만 해도 건설시장 대비 건설업체 수는 한국보다 많다. 그렇다고 해서 이들 국가에서 건설업체 수가 많은 게 그렇게 심각한 문제는 아니다. 건설업체 수가 수십만개~수백만개라도 1건 공사 입찰자 수는 한국처럼 수십개~수천개에 달하는 것이 아니고, 10개사 이내에 불과하다. 세계적인 대기업도 있고, 수많은 중소기업은 중소기업대로 나름대로 전문화된 영역에서 생존하고 있다. 따라서 한국도 건설업체 수의 급증을 문제시 할 것이 아니라 선진국형 건설산업 구조의 형성을 도모해야 한다. 이를 위해 필요한 건설정책 및 제도의 틀을 재편하는 작업이 중요하다. 선진국 대열에 들기 위해서는, 개발연대처럼 건설투자를 확대해야 한다는 것보다 국민의 삶의 질을 제고하고, 선진국과의 인프라 격차를 해소하기 위해 사회경제적 수요에 부응하는 적정한 건설투자의 유도가 바람직하다.

코리안 스탠다드를 지향하는 사람들은 거의 언제나 정부의 적극적인 역할을 주창하는 경향이 있다. 과거 수 십년간에 걸쳐 정부주도 경제개발시대를 겪어 왔기 때문에 습관화되어 있는 것 같기도 하다. 그러다 보니 공사물량의 확대뿐만 아니라 공사수주나 건설업역간 이해갈등의 조정역할도 정부가 해 주기를 바란다. 수익성도 정부가 보장해 주기를 바란다. 품질 · 안전 · 환경 문제도 정부의 법 · 제도를 통해서 해결해 주기를 바라고, 건설시장 진입과 퇴출도 정부가 규제해 주기를 요구한다.

글로벌 스탠다드를 지향하는 사람들은 대체로 정부의 역할보다는 민간부문의 역할을 더 강조한다. 외환위기 직후의 2~3년간을 제외하고, 1980년대 후반부터 한국 건설시장에서 민간건설시장이 차지하는 비중은 대개 전체 건설시장의 60%를 상회하였다. 선진외국의 경우도 민간건설시장이 전체 건설시장의 70~80%를 상회하고 있으며, 토목공사가 아니라 건축공사가 건설시장을 주도하고 있다. 한국에서도 이미 민간건설시장이 전체 시장의 60% 수준을 넘어서 70%에 달하고 있다. 이런 상황에서 정부가 직접 공공토목투자를 대폭 확대하는 것보다, 민간건설시장을 활성화하기 위한 과감한 규제완화가 더욱 중요한 과제라고 생각한다. 시장진입 여부, 사업영역의 선택, 가격결정 등과 같은 경제행위는 기업가의 몫이기 때문에 법 · 제도를 통해서 규제하는 것은 잘못된 것이라고 본다. 정부의 역할은 시장경제체제를 정착시키고, 품질 · 안전 · 보건 · 환경이나 삶의 질과 같은 사회적 가치를 확보하기 위한 최소한의 규제자 역할에 만족해야 한다는 입장이다.

코리안 스탠다드를 지향하는 사람들은 아직도 건설업체를 “보호 · 육성”해야 할 대상으로 생각하는 경향이 강하다. 기업규모가 작고, 자금력도 취약하며, 변변한 기술도 없었던 시대에는 정부의 적극적인 보호 · 육성 정책이 필요했다. 하지만 21세기에 접어든 지금도 건설경기 침체로 공사수주가 어려울 때마다 정부의 보호 · 육성책을 요구한다. 정부 공무원들도 역시 같은 시각을 가진 사람들이 많다. 면허업체별 물량배분 정책이나 수익성의 제도적 보장은 전형적인 보호 · 육성 정책이다. 시간이 흐를수록 건설업체의 보호 · 육성을 위한 정책이나 제도가 줄어 든 것도 아니다. 건설업 면허를 취득하기만 하면, 정부가 지역별 · 규모별로 보호 · 육성해 주어야 한다는 주장도 여전하다. 정부가 보호 · 육성해 주지 않는다면, 왜 건설업 면허를 발급했느냐고 항의하기도 한다.

글로벌 스탠다드를 지향하는 사람들은 정부의 보호 · 육성보다는 “경쟁(competition)”을 강조한다. 건설업 면허개방 이후 이미 건설시장에는 수만개의 신규 건설업체들이 진입해 있다. 이런 상황에서 과거처럼 업체별 물량배분을 통한 보호 · 육성책으로 건설시장에 진입한 수만개의 건설업체들 모두가 다같이 성장할 수 있다는 주장은 허구라고 본다. 보호 · 육성책만 강구되다 보니 건설시장에 진입하는 업체 수는 갈수록 늘어나는 반면, 퇴출되는 업체는 별로 없다. 그러다 보니 건설시장은 일종의 "고인 저수지"가 되었다. 보호 · 육성책의 결과, 시장에서 퇴출되어야 할 부실업체가 오랫동안 존속하면서 건실한 업체의 수주기반을 갉아 먹는 사례도 많다. 설사 발주자인 정부가 공공공사 물량을 업체별로 적당히 배분해 줄 수 있다고 해도, 이제는 민간건설시장이 전체 건설시장의 70%를 차지하다 보니 공공공사 물량배분의 형평성을 기하는 조치만으로는 본질적으로 건설업체간 수주물량의 균등배분이 불가능하다. 그리고 부실건설업체들을 정부의 공권력을 동원한 실태조사나 등록기준 강화를 통해 시장에서 강제로 퇴출시키기란 쉽지 않다. 발주자인 정부 스스로가 능력 있는 건설업체를 선별할 수 있는 제도적 장치를 갖추고, 능력 있는 업체가 역량을 발휘할 수 있는 여건을 조성해야 한다. 이 같은 제도적 틀 속에서 업체간 경쟁을 통해 부실업체가 자연스럽게 시장에서 퇴출되도록 하는 방식이 바람직하다.

건설기술 수준이 낮고, 설계 등 엔지니어링 역량이나 건설사업관리 역량이 선진국에 비해 현저하게 뒤떨어지는 등 건설산업의 후진성을 초래한 원인에 대해서 코리안 스탠다드를 지향하는 사람들은 건설업계에 그 책임을 돌리는 경향이 많다. 건설업체들이 이윤추구만 하다 보니 기술개발을 등한시 했다는 식이다. 그렇기 때문에 한국 건설산업의 선진화를 위해서는 건설업계부터 "대오각성(大悟覺醒)"하여 기술개발을 위한 연구개발(R&D) 투자를 대폭 확대하고, 엔지니어링이나 건설사업관리 역량을 키워야 한다는 것이다. 건설정책이나 제도의 후진성을 인정하는 경우에도, 건설업체가 후진적이기 때문에 제도 수준을 업체 수준에 맞춘 결과라고 주장하기도 한다. 선진화된 건설정책이나 제도는 먼저 건설업계의 선진화가 이루어져야 도입할 수 있다는 시각을 갖고 있기도 하다. 이런 시각에서는 건설산업 발전을 위하여 정부가 적극적으로 건설산업에 개입해야 한다는 결론을 내리는 경향이 있다.

글로벌 스탠다드를 지향하는 사람들은 건설산업 후진성의 원인제공자가 공급자인 건설업계보다 수요자인 정부(=발주자)라고 본다. 기본적으로 수주산업에서는 수요자인 발주자의 요구조건을 공급자가 충족시켜야 한다. 발주자가 원하는 수준의 품질과 기술을 제공하는 것이 수주산업의 본질적인 특성이기 때문이다. 한국 건설산업이 후진적인 이유는 발주자가 후진적이기 때문이라고 본다. 한국의 건설업체들은 중동과 동남아에서 수많은 기념비적인 시설물을 건설하였고, 국내에서와는 달리 부실공사 문제도 크게 제기된 바가 없었다. 최근에는 중동의 두바이(Dubai)에서 발주한 세계 최고층 빌딩을 외국 경쟁사보다 높은 입찰가격을 제시했음에도 불구하고 수주에 성공했다. 이 같은 사실은 한국 건설업체들이 후진적이어서 선진화된 건설정책이나 제도를 도입할 수 없다는 주장에 대한 강력한 반론이 될 수 있다. 한국에 세계적인 건설업체는 있어도, 세계적인 발주자는 없다. 그런데 영국을 비롯한 선진외국에서 추진하고 있는 건설산업 혁신운동은 공공발주자의 조달시스템 혁신에서부터 출발했다. 한국에서도 건설산업의 혁신과 선진화를 위해서는 발주자부터 먼저 바뀌어야 한다고 본다.

이상과 같은 코리안 스탠다드와 글로벌 스탠다드의 인식 차이 비교는 극단적이고, 현실에서는 두 가지 시각이 혼재되어 있을 것이다. 하지만 오늘날 한국 건설업계의 현실은 여전히 코리안 스탠다드가 우세를 점하고 있는 듯 하다. 여기서 한 가지 분명히 하고 싶은 것은, 코리안 스탠다드 자체가 근본적으로 잘못된 것이 아니라는 점이다. 국가경제 성장, 국민소득 증대, 건설산업과 기업의 성장, 건설업 면허개방, 건설시장 개방 등과 같은 변화된 건설산업 환경에 기존의 한국식 건설정책과 제도를 내용으로 하는 코리안 스탠다드가 적합하지 않다는 문제를 제기하고 싶은 것이다. 새로운 환경은 새로운 정책과 제도를 필요로 한다. 현재 당면한, 그리고 미래에 당면하게 될 환경이 과거와 다른 데도 불구하고 코리안 스탠다드가 계속 유지되고 있는 것이 문제다. 코리안 스탠다드 대신 글로벌 스탠다드를 선택해야 할 이유를 좀 더 상세하게 살펴보자.

글로벌 스탠다드를 선택해야 하는 이유

선진국형 경제 및 건설시장 구조에 적합한 건설제도의 도입과 운영

글로벌 스탠다드를 선택해야 할 첫 번째 이유는 우리도 선진국형 경제구조와 건설시장 구조에 걸맞는 건설제도를 형성해야 한다는 것이다. 한국은 1960년대나 1970년대와 달리 세계 10위권에 달하는 무역대국이고, 1인당 국민소득도 1만 4천불에 달한다. 개발도상국가 시절에는 건설산업이 국가기간산업의 역할을 수행했지만, 최근 들어 한국 경제를 선도하고 있는 산업은 세계 시장에서 수위를 기록하고 있는 조선, 반도체, 자동차 및 전자산업 등이다. 경제구조가 선진화되더라도 새로운 사회경제적 수요를 충족시키기 위한 건설수요가 지속적으로 발생할 것이기 때문에 건설산업의 절대적인 시장규모는 줄어들 것 같지 않다. 하지만, 개발연대(開發年代) 만큼 국가경제 전체에서 차지하는 건설산업의 비중이 클 수는 없다. 선진국의 국내총생산(GDP) 대비 건설투자 비중은 10%내외이고, 건설투자 비중이 높다고 하는 일본도 마찬가지다. 대체로 개발도상국으로 갈수록 건설투자 비중이 큰데, 아직도 한국의 건설투자 비중은 개발도상국 수준으로 보인다.

표 1-6 주요 국가의 국내총생산(GDP) 대비 건설투자 비중(2001)

(단위: %)

미국	서구 15개국	동구 4개국	대만	일본	태국	인도	한국	중국
8.4	5.6	7.8	11.6	12.1	14.0	14.0	16.4	19.5

자료: 鈴木 一(2004).

특히 건설시장에서 신규 공공 · 토목공사 부문의 비중이 한국만큼(약 40%) 되는 선진국은 찾아보기 어렵다. 신규 공공 · 토목공사 부문의 비중이 크면 클수록 대체로 개발도상국에 가깝다. 서구 15개국의 경우(2001년), 전체 건설시장에서 유지보수 시장이 44%, 신규 토목 시장이 14%, 신규 주택 · 건축 시장이 42%를 차지하고 있다(鈴木一. 2004). 미국도 유지보수 시장이 약 40%를 차지하고 있는 것으로 평가되며, 신규 건설공사의 경우(1999) 공공부문은 22%, 민간주거부문은 45%, 민간비주거부문은 33%를 차지하고 있다(김예상 · 한미파슨스. 2003).

한국의 국내총생산(GDP) 대비 건설투자 비중은 2003년에 17.5%에 달했지만, 2005년 이후에는 점점 낮아져서 13~14%대로 떨어질 전망이다. 기획예산처의 중기재정운용계획에서도 SOC예산 비중은 줄어드는 것으로 되어 있다.

한국의 건설시장에서도 이미 다른 선진국과 마찬가지로 민간부문 비중이 크게 증가했다. 외환위기로 인하여 1998년에는 일시적으로 민간공사 수주비중이 38.4%에 불과했던 적도 있지만, 2002년 이후에는 다시 민간공사 수주비중이 60%를 상회하여 2005년에는 70% 수준에 달한다. 민간공사 비중이 압도적으로 높은 추세가 지속된다면, 정부의 공공건설투자 증감을 통한 경기조절 기능은 장기적으로 약화될 수밖에 없다.

경제성장에 따른 경제구조 및 건설시장의 구조변화는 건설정책이나 제도의 변화를 필요로 한다. 중국처럼 급속한 개발과정을 겪고 있는 나라들은 기본적인 인프라시설이나 주거시설을 단기간에 갖추기 위해 건설투자의 대폭적인 확대가 요구된다. 하지만 어느 정도 필요한 인프라 및 주거시설을 구축하고 나면, 건설투자 확대보다 "부가가치"의 창출이나 "삶의 질",

표 1-7 중장기(2005-2014) 건설투자 전망

(단위 : 10억원 %)

구분	건설투자	증감율	대 GDP비중
2005	114,112	-2.9%	17.0%
2006	115,665	1.4%	15.7%
2007	118,564	2.5%	15.1%
2008	120,887	2.0%	14.7%
2009	126,319	4.5%	14.4%
2010	132,221	4.7%	14.5%
2011	137,284	3.8%	14.5%
2012	139,099	1.3%	14.1%
2013	140,559	1.0%	13.7%
2014	140,846	0.2%	13.2%

주: 2000년 불변가격기준.
자료: 국토연구원(2004).

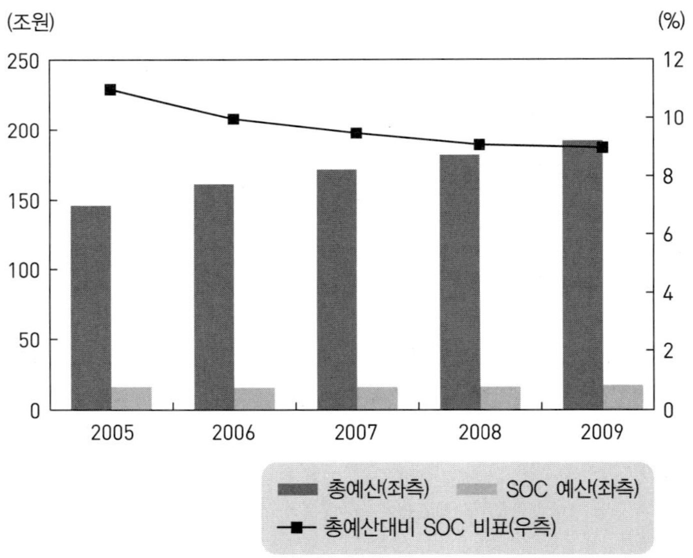

그림 1-3 총예산 대비 SOC예산 비중의 추이 전망(2005~2009)

자료: 기획예산처(2005). 「국가재정운용계획시안」.

혹은 환경이나 안전 등이 더 중요한 가치로 평가된다. 여기에 덧붙여 정부건 기업이건 재정적인 한계에 봉착하게 되면, 건설사업 수행과정의 효율성(efficiency)이 중요해진다. 한국의 건설산업도 이미 같은 상황에 직면해 있다. 결국 선진국에서 보편적으로 활용되고 있는 글로벌

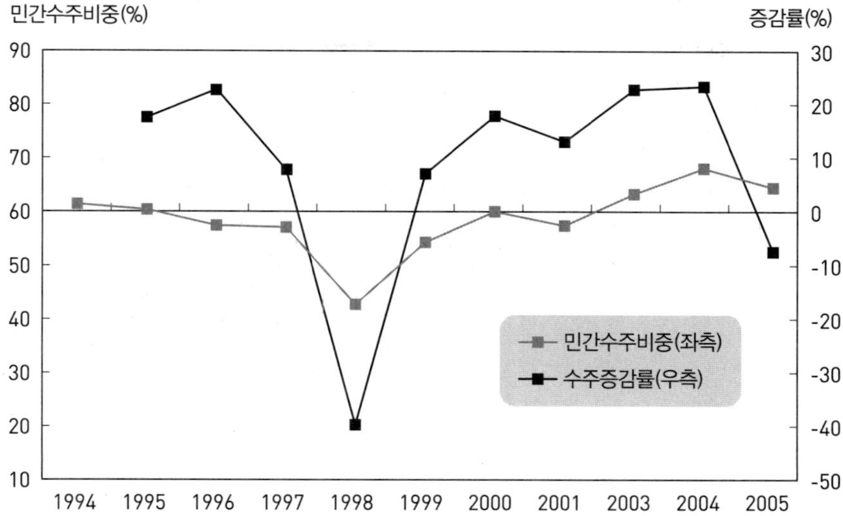

그림 1-4 일반건설업체의 수주실적 증감률 및 민간수주실적의 변화 추이

자료: 한국건설산업연구원.

스탠다드 도입은 시간문제이겠지만, 건설시장 개방 확대 등에 따른 외국의 압력이 아니라 스스로의 필요성에 따라 시행착오를 줄이면서 좀더 빨리 코리안 스탠다드를 탈피하는 것이 바람직하다. 최근 들어 한국 경제를 선도하고 있는 조선, 반도체, 자동차 및 전자산업은 글로벌 스탠다드의 도입은 물론 글로벌 스탠다드를 선도하고 있으며, 세계 최고 또는 세계 수준의 기술력과 경쟁력을 보유하고 있다. 글로벌 스탠다드의 적극적인 도입을 통한 건설산업의 기술력과 경쟁력의 제고는 선택사항이 아니라 필수적인 과제다.

건설산업의 국제경쟁력 제고

한국의 건설산업은 국제경쟁력을 갖춘 산업이라는 시각을 가진 사람들도 있다. 예컨대, 일본의 저명한 경제평론가 오마에 겐이치가 한-일 FTA 체결시 거의 유일하게 일본에 비해 경쟁력을 가졌다고 평가하고 있는 산업이 건설산업이다.

가장 최근에 실시된 해외건설협회의 설문조사 결과를 보면(2004), 한국의 해외건설업체들이 인식하고 있는 토목, 건축, 플랜트건설의 엔지니어링, 구매조달, 시공부문 등을 합한 종합 기술경쟁력은 선진국을 10으로 하였을 때 8.1 수준인 것으로 평가되었다. 최근 들어 한국의 해외건설 수주실적 가운데 플랜트 공사가 전체 수주실적의 약 75%를 상회하고 있는데, 이

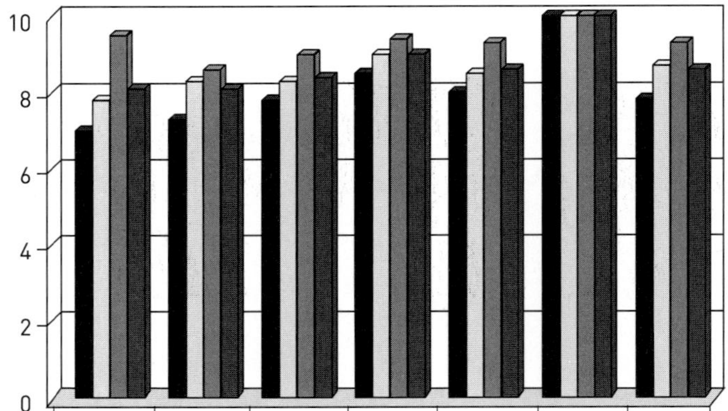

	가스처리	정유공장	기계설치	발전소	석유화학	담수화	계
■ 설계	7.0	7.3	7.8	8.5	8.0	10.0	7.8
□ 시공	7.8	8.3	8.3	9.0	8.5	10.0	8.7
■ 구매	9.5	8.6	9.0	9.4	9.3	10.0	9.3
■ 계	8.1	8.1	8.4	9.0	8.6	10.0	8.6

그림 1-5 플랜트 부문별 경쟁력 수준

자료: 해외건설협회 설문조사 결과(2004).

중 담수화 플랜트부문의 기술력은 세계 최고 수준으로 평가되고 있다. 가스처리 · 발전소 등의 기술력도 선진국 수준에 근접해 있다.

그런데 한국의 플랜트 산업은 어떻게 국제경쟁력을 보유하게 되었을까? 그 이유는 플랜트 부문의 경우 토목 · 건축부문과 달리 설계나 시공에 있어서 국내 법 · 제도를 통한 규제가 별로 없다. 그러다보니 처음부터 글로벌 스탠다드를 수용해서 설계와 시공을 해 왔기 때문에 해외에 나가서도 국내와 별반 차이가 없었다고 한다. 한국의 원자력 발전소 건설기술만 해도 전 세계에 수출하고 있는 수준인데, 이 또한 처음부터 글로벌 스탠다드를 수용했기 때문에 가능했다고 평가하는 사람들이 많다[13].

1970년대의 해외건설시장에서 한국의 토목 · 건축공사가 국제경쟁력을 갖게 된 원인도 양질의 저임금 기능인력 활용이라는 요인 외에 글로벌 스탠다드의 체험이란 또 다른 중요한 요

13) 1950년대부터 1970년대에 걸쳐 완공된 주요 비료공장, 화력발전소, 원자력발전소 등 플랜트 공사는 대부분 독일이나 미국의 기술지도를 받아가며 한국 건설업체들이 시공에 참여하였다. 그 과정에서 국내 법과 제도의 영향을 받지 않고 글로벌 스탠다드의 자연스런 도입이 이루어졌던 것이다.

인이 있었다. 그 체험은 한국전쟁 이후의 미군 공사 경험 및 월남전에서의 공사경험이다[14]. 본격적인 해외건설시장 진출에 앞서 미군 공사 등을 통해 글로벌 스탠다드에 적응하기 위한 준비기간을 거쳤기 때문에 중동 특수(特需)가 가능했다는 것이다.

하지만 1980년대 이후 중동 해외건설시장의 침체와 더불어 전통적인 토목 · 건축공사는 국내 경기조절이나 지역업체 · 중소업체 보호를 위해, 부실공사 방지 등과 같은 그때 그때의 정책목표나 상황논리가 덧칠해지면서 점점 더 법 · 제도를 통한 규제강화가 이루어졌다. 한때 한국은 토목 · 건축공사 중심의 수주로 미국에 이어 세계 제2의 해외건설 수출국으로 부상했던 때(1981년)도 있었다. 그러나 지금은 한국의 해외건설 전체 수주실적에서 토목 · 건축공사가 차지하는 비중이 겨우 20%내외에 불과하여 한국건설업의 국제경쟁력을 상실했다는 것이 보편적인 평가다.

한국 건설산업의 부문별 국제경쟁력 가운데 가장 취약한 것은 설계를 비롯한 건설엔지니어링 부문으로 평가된다. 해외건설협회의 설문조사 결과(2004)에서도 토목 · 건축 · 플랜트를 가릴 것 없이 설계 등 건설엔지니어링 부문의 국제경쟁력은 시공부문에 비해 낮은 것으로 평가되었다. 한국의 전체 해외건설 수주실적에서 엔지니어링 수주실적이 차지하는 비중은 1~2%에 불과하다. 매년 미국에서 발간되는 건설저널인 ENR(Engineering News Record)에서 선정하는 세계 225대 건설업체에 포함되는 한국 건설업체 수는 7~8개사지만, 세계 200대 엔지니어링 업체로는 간신히 150위권에 1개사만 포함(2002)되어 있을 뿐이다. 이처럼 건설엔지니어링산업의 국제경쟁력이 취약한 원인은 국내 법 · 제도를 통한 과도한 업역(業域) 보호와 글로벌 스탠다드에 노출될 기회가 상대적으로 적었기 때문이라고 본다.

1997년부터 건설시장은 개방되었다. 도하개발아젠다(DDA) 협상의 진전과 자유무역협정(FTA)의 체결 건수가 증가될수록 건설시장 개방 폭은 확대될 것이다. 유럽연합(EU)이나 WTO체제의 출범에서 경험하고 있듯이, 전세계는 시간이 흐를수록 각국의 독자적인 법 · 제도보다 글로벌 스탠다드의 지배력이 강화되고 있다. 이런 시점에서 한국 건설산업의 국제경쟁력을 강화하기 위해 자발적으로 글로벌 스탠다드의 도입과 확산을 추진할 필요가 있다.

---

14) 현대건설의 고(故) 정주영 회장은 자신의 회고록 「이 땅에 태어나서」(1998)에서 다음과 같이 말하고 있다.

> 미군 공사는 그저 최저 금액만 써내면 됐던 우리 정부의 최저 낙찰제와는 달랐다. 전체 금액은 물론 하나하나 내역에 대한 견적서도 일일이 다 작성해서 넣어야 했다. - (중략) - 미군 공사 초기 시절에는 그들이 내놓는 시방서와 설계도면을 해독할 능력도 없어서 미국인 감독의 통역관을 통한 지시에 따라 공사를 했고, - (중략) - 그 후 모든 설계를 미국식 시방에 의해서 작성하고, 품질관리에 보다 엄격해지고 하는 것 등등, 이런 것들은 모두 미군 공사를 하면서 그들에게 배운 것이다.

초일류 글로벌 건설기업의 탄생과 중소건설업체의 전문화 유도

개발도상국의 경제성장 과정에서는 정부 역할이 중요하다. 하지만 선진국일수록 정부 역할보다는 기업의 역할이 더 중요하다. 또한 경쟁력 있는 산업일수록 초일류 글로벌 기업이 존재하고 있다. 예컨대, 한국의 경제를 이끌고 있는 전자산업만 보더라도 「삼성전자」나 「LG전자」와 같은 초일류 글로벌 기업이 있다. 선진국의 건설산업에서도 마찬가지다.

ENR에서 매출액을 기준으로 매년 선정하고 있는 세계 225대 건설업체를 국가별로 살펴보면, 상위 10위권은 미국, 영국, 프랑스, 독일기업들이 석권하고 있다. 특히 미국의 경우는 최근 3년간(2003~2005) 상위 225대 업체 중 평균 65개사가 포함되었고, 일본은 17개사인데 반하여 한국은 6개사에 불과하다. 이중 프랑스는 225대 건설업체에 포함된 기업 수가 한국과 거의 같으면서도, 2002년 해외건설 매출액은 180억불로 미국(189억불)에 이어 세계 2위를 차지하는 놀라운 실적을 보여 주기도 했다. 프랑스에서는 Vinci, Technip, Bouygues와 같은 극소수 초일류 글로벌 건설기업들이 해외건설을 주도해 왔기 때문이다[15].

표 1-8 ENR 선정 국가별 세계 225대 건설업체 수(2003~2005)

	미국	프랑스	일본	이탈리아	한국
225위권 기준	65.3	6.3	17.0	12.3	6.0
100위권 기준	16.7	4.3	13.7	6.0	3.3

자료: ENR. 각년호.

미국, 영국, 독일, 프랑스, 스웨덴 등의 선진국들은 각각 그 나라를 대표할 만한 초일류 글로벌 건설기업을 보유하고 있다[16]. 최근에는 이들 초일류 글로벌 건설기업들도 적극적인 인수합병(M&A)을 통해 세계 최고수준의 기술력 확보와 함께 기업 규모를 더 크게 키워 나가고 있다(이복남 · 이영환, 2004). 한국의 대표적 건설업체인 현대건설의 해외매출액은 2004년에 세계 23위로 평가받았지만, 1위인 SKANSKA 해외매출액(115억 달러)의 13.9%(16억 달러) 수준에 불과했다(ENR. August 23, 2004). 초일류 글로벌 기업과 비교해 볼 때, 아직도 한국 건설업체의 매출규모는 미약하기 짝이 없음을 알 수 있다.

15) 최근 3년간(2003~2005) 해외 매출 실적에서도 이들 3개사는 모두 세계 10위권에 들어 있다.

16) 미국의 BECHTEL, KBR, FLUOR, 영국의 AMEC, BOVIS LEND LEASE, 독일의 HOCHTIEF, BILFINGER, 프랑스의 VINCI, 스웨덴의 SKANSKA 등을 들 수 있다.

극소수의 초일류 글로벌 건설기업의 존재와 함께 절대다수의 전문화된, 특화된 중소건설업체가 존재하는 것이 일반적인 선진국의 건설산업 구조다. 초일류 글로벌 건설기업의 탄생과 전문화된 절대다수의 중소건설업체로 이원화된 구조를 갖게 된 데에는 건설정책이나 제도의 영향이 대단히 크다. 특히 유럽연합(EU) 각국의 경우는 아예 지역 · 중소건설업체, 혹은 자국 건설업체의 보호제도 자체가 소멸된 것으로 보인다[17]. 미국의 경우도 전통적인 보호주의 정책들이 NAFTA 및 WTO체제의 출범과 정부조달협정(GPA)의 발효 등으로 인하여 와해되고 있다[18]. 특히 미국의 400대 일반건설업체(General Contractors)들의 전문화 정도에 대한 ENR 조사자료를 보면(유진근 외, 2001), 1992년부터 1999년까지 하나의 상품분야에서 50%이상의 매출 실적을 올린 업체가 87%에 달하였고, 매출 상위업체보다 하위업체일수록 전문화 정도가 높게 나타났다고 한다. 다시 말해서 미국에는 초일류 글로벌 건설기업도 많지만, 기업규모가 작을수록 전문화 정도 또한 높다는 것이다.

한국에서도 초일류 글로벌 건설기업의 탄생이 가능할까? 한국에서도 중소건설업체들의 전문화가 이루어지고 있는가? 불행하게도 선뜻 "그렇다"고 대답하기 어렵다. 선진국에서 초일류 글로벌 건설기업과 전문화된 중소건설업체라는 양극화된 건설산업 구조가 형성된 배경은 복합적이겠지만, 건설정책과 제도는 그중에서도 중요한 역할을 수행해 왔을 것이다. 한국 건설산업의 혁신을 위해서는 글로벌 스탠다드를 도입하여 초일류 글로벌 건설기업의 탄생을 위한 여건을 조성하고, 중소건설업체의 전문화를 유도할 필요가 있다.

건설사업의 효율성 제고

건설산업의 국제경쟁력은 건설사업을 수행하는데 있어서 공기(工期), 품질, 공사비로 표현된다. 동일한 품질의 공사를 수행하는데 공기가 단축되거나, 공사비가 절감된다면 경쟁력이 있는 것이다. 또한 동일한 공기나 공사비가 소요되었어도 공사품질이 좋으면 경쟁력이 있는 것이다[19].

17) 2004년 11월에 영국과 프랑스의 공공발주기관 및 벨기에의 공공건설연맹(FIEC)을 방문하여 유럽에 지역 · 중소건설업체 보호제도가 있는 지를 물어 보았다. 방문기관의 담당자들은 모두가 한결같이 "보호주의 정책은 개인적인 성향에 따라 선호할 수도 있겠지만, 지역 · 중소건설업체 보호를 위한 법 · 제도는 유럽에 없다"고 잘라 말하였다.

18) 미국의 37개 주지사들은 정부조달협정을 준수하기로 했고, 이에 따라 주 소재업체 우대나 미국산 우선구매조건을 협정서약국 입찰자들에게는 적용하기 어렵다. 지방업체 우대정책도 "납세자들의 부담을 가중시키는 보조금의 하나"로 보고 폐지되어야 한다는 목소리가 높다(조달청, 2004).

19) 건설사업의 효율성도 이처럼 투입(공기, 공사비 등) 대비 산출(시설물의 품질 등)을 의미한다.

한국의 건설공사 공기나 공사비는 유럽과 미국 같은 선진국은 물론, 경쟁상대국인 대만이나 싱가폴보다 경쟁력이 없다는 지적들이 여러 차례에 걸쳐 이루어졌다(이상호 · 한미파슨스. 2003). 정부도 「공공공사 효율화 종합대책(1998)」에서 당초 계획보다 주요 대형국책사업의 공기는 2배, 공사비는 3배 가량 증가한 사례가 많았다는 사실을 실토하기도 했다. 한국의 경부고속철도는 설계착수부터 제1단계 준공에 소요된 기간이 154개월(1991.6~2004.4)이었는데 반하여, 대만고속철도는 그 절반도 안 되는 70개월이었다.

어느 나라를 막론하고, 건설사업을 수행하는데 있어서 공기 지연이나 공사비 증액은 일상적인 일인 것 같다. 하지만 그 정도는 나라마다 큰 차이가 있고, 대처하는 방식도 다르다. 특히 미국이나 유럽 등 선진국은 과도한 복지지출로 인한 재정위기를 타개하기 위한 방편으로 공사비 절감이나 공기 단축 등을 통한 공공조달 및 건설사업의 효율성 제고를 지속적으로 추진해 왔다. 나라마다 공기, 공사비, 품질의 차이는 철저한 기획, 타당성 조사 여부에 따라 차이가 나기도 하고, 예산제도나 입찰계약제도를 비롯한 건설제도의 차이에서 비롯되는 경우도 많다.

공기 측면에서 보면, 한국은 세계 어느 나라에서도 찾아보기 어려운 「장기계속계약제도」[20]를 사업기간이 2년 이상 소요되는 대부분의 장기대형사업에 적용하고 있다. 이 제도는 해마다 발주기관이 확보한 예산금액 만큼만 공사를 하도록 만들어 놓은 계약제도다. 건설업체로서는 전체 공기를 생각할 필요가 없다. 예산이 많으면 많은 대로, 적으면 적은 대로, 그저 해마다 발주자의 예산금액 만큼만 공사할 뿐이다. 물론 해마다 예산을 많이 주는 경우보다 적게 주는 경우가 더 많다. 그러다 보니 장기대형사업의 대부분은 공기 지연이 일상화된다. 공기가 지연되면 공사비 증액도 불가피하다. 미국, 영국, 일본을 가릴 것 없이 대부분의 국가에서는 한국식의 장기계속계약제도가 아니라 미국에서 말하는 이른바 「총액예산편성정책(Full Funding Policy)」을 적용하고 있다. 해마다 확보한 예산금액 만큼을 계약금액으로 하는 것이 아니라, 계약을 체결하는 시점에서 한꺼번에 총액으로 전체 공사예산을 확보해 주고, 매년 정해진 연부액(年賦額)을 배정하는 방식이다. 한국의 계속비 제도와 유사하다. 아울러 건설업체에게는 공기 단축을 제안할 수 있는 기회를 주고, 실제 공기 단축이 이루어질 경우는 그에 상응한 인센티브를 주고 있다. 미국이나 유럽만이 아니라 한국 건설업체들이 진출해 있는 중

20) 이 제도의 내용과 문제점 등에 대해서는 이상호(1997), 옥동석(1995) 등의 연구보고서에 상세하게 소개되어 있다.

동이나 동남아 국가에서도 이 같은 제도를 활용하고 있다.

공사비에 대해서는 가격규제가 공공과 민간을 가릴 것 없이 만연해 있다. 민간공사의 경우, 1999년 이래 폐지했던 아파트 분양가 규제를 2005년부터 다시 부분적으로 재도입하였다. 공공공사의 경우, 3분의 2 이상을 차지해 온 적격심사공사는 공사규모별로 낙찰하한율을 설정해 두었다. 전통적으로 경제학에서는 시장경제체제가 "보이지 않는 손(invisible hand)"에 의해 움직인다고 하는데, 그 핵심은 가격메카니즘의 작동이다. 하지만 한국에서는 정부규제라고 하는 잘 "보이는 손(visible hand)"을 통해 한편에서는 가격상한제, 다른 한편에서는 가격하한제(=낙찰하한율)를 운용하고 있다. 한마디로 「시장가격과 정부의 가격규제로 인한 이중가격체계」가 한국 건설산업의 현실적인 가격구조다. 미국, 유럽, 일본 등 어느 나라에서도 이 같은 이중가격체계를 찾아보기 어렵다. 외국에서도 지나친 저가 낙찰을 방지하기 위해서 저가심의제를 시행하는 것은 일반적이지만, 발주기관이 시장가격과 입찰자의 기술력 및 사업관리능력에 따른 절감가능성 등을 종합적으로 심의하여 개별 건별로 낙찰 여부를 결정한다. 획일적으로 정한 금액비율이나 공종별 입찰 평균금액을 기준으로 한 한국식의 저가심의제는 없다. 적격심사제도처럼 언제나 낙찰하한율을 보장해 주는 제도에서는 기술혁신을 통한 원가절감 노력을 유도하기 어렵다. 이런 제도에서 예산절감은 예정가격의 삭감을 통해서만 가능하며, 건설업체의 견적능력이나 가격경쟁력을 배양할 수도 없다. "공사비"에 관한 한, 한국의 건설산업은 아직까지도 원시시대를 못 벗어난 것 같다.

공사품질과 관련해서는 1980년대 중반부터 잇달아 발생했던 부실공사로 인한 대형참사를 떠올리게 된다. 그러다 보니 부실공사를 방지한다는 명분으로 온갖 규제 장치를 양산해 왔고, 심지어 공사비가 높거나 공기가 과다하게 소요되더라도 부실공사 방지라는 명분으로 정당화하기도 한다. 예컨대, 경부고속철도 건설사례에서 보듯이, 콘크리트 구조물의 품질이나 안전과 무관한 실오라기 같은 균열(hair crack)이 보이기만 해도 전국이 떠들썩하게 난리를 쳐왔다. 정작 공사기간이 당초 계획보다 몇 년이나 지연되고, 공사비는 몇 배나 더 들어갔다는 문제에 대해서는 침묵하고 있는 것이 한국의 실상이다.

부실공사 방지는 필요하고, 대단히 중요한 과제다. 하지만 지금까지 양산된 부실공사 방지대책이 실제로 얼마만큼 기대했던 성과를 나타냈는지에 대해서는 어느 누구도 이야기하지 않는다. 부실공사 방지대책으로 인하여 공사비가 얼마나 증가했고, 공기가 얼마나 지연되었는지는 논의해 본 적이 없다. 「부실공사 방지대책의 부실」에 대해서는 모두가 눈감고 있다.

건설사업의 효율성을 희생하더라도, 그 결과 국제경쟁력의 상실을 감수하더라도 부실공사를 방지해야 한다고 생각할 수도 있다. 하지만 그런 생각을 가졌다고 할지라도 과연 부실공사 방지대책의 성과가 무엇이고, 그 부작용이 무엇이며, 그로 인한 사회적 손실과 국제경쟁력 저하가 용인될 만한 수준인지에 대해서는 점검해 볼 필요가 있다. 특히 선진국에는 한국과 같은 부실공사 방지대책이 그다지 많지 않다. 그럼에도 불구하고 품질문제가 큰 사회적 이슈로 대두된 경우는 별로 없다. 왜 그런지에 대해서도 깊이 생각해 볼 필요가 있다.

부실공사 방지대책과 함께 최근에 등장한 또 다른 이슈는 부패방지 대책이다. 건설산업이 부패산업이라는 전(全) 국민적인 공감대(?)를 형성하게 된 원인의 상당부분은 분명히 건설업계에 있다. 공사수주와 관련된 전통적인 정경유착(政經癒着) 사례, 인허가 과정이나 수의계약 및 "턴키"공사 설계심의 등과 관련한 뇌물수수 사례는 잊을 만 하면 언론에 심심찮게 보도된다. 이러니 건설산업 분야의 부패방지 대책을 수립한다고 해도 뭐라고 할 말이 없다. 그런데 부실공사 방지대책과 마찬가지로, 부패방지 대책이 부패만 방지하는 것이 아니다. "건설산업의 투명화, 공정화와 부패방지"라는 "대의명분(大義名分)"으로 포장한 시민단체나 사정(司正) 기관 성격의 정부기관에 있는 비전문가들이 기상천외한 대책을 양산하고 있다는 게 문제다. 예컨대, 건설업체들이 부패행위와 관련된 비자금(秘資金) 조성을 못하도록 입찰가격만으로 낙찰자를 선정하는 이른바 "순수 최저가 낙찰제"를 도입하자든가, 하도급대금 직불제도를 전면 확대하자는 식의 주장들이다. 대개 이들이 내놓는 부패방지 대책의 내용은, "건설사업 수행과정에 정부가 미주알고주알 개입하자"는 것들이다. 물론 부패방지 대책 가운데 수긍할 만한 대책이 없는 것은 아니다. 하지만 한국의 건설부패가 건설사업과정에서 과도한 정부 개입, 과도한 법 · 제도로 인해 발생하고 있는데도 불구하고, "건설사업 수행과정에 정부가 미주알고주알 개입하자"는 식의 부패방지 대책은 부패를 더 양산할 가능성도 있다. 부실방지나 부패방지를 위해 정부개입을 강화하면 강화할수록 공사비 · 공기 · 품질로 표현되는 건설사업의 효율성은 저하되고, 국제경쟁력도 떨어지게 된다.

부실방지나 부패방지는 선진국이 되기 위해 반드시 달성해야 할 목표다. 다만, 그 대책은 기본적으로 "선진국형"이 되어야지 "후진국형"이 되어서는 곤란하다. 정부개입의 강화는 "후진국형"이다. "선진국형"은 대개 정부개입의 축소, 투입(input)이 아니라 산출이나 결과물(output 혹은 outcome)에 대한 평가(evaluation)와 부실 · 부패행위에 대한 엄정한 처벌(punishment), 보증(bond) · 보험(insurance)과 같은 시장메카니즘 활용, 가격(price) 메카니즘 활용 등을 포함한다. 한국도 정부개입 강화라는 "후진국형"의 부실 · 부패방지 대책을 양산할 것이 아니라, 선진국에서 보편적으로 활용되고 있는 글로벌 스탠다드 도입을 통해 당면한 문제 해결을 도모해야 한다.

건설제도의 선진화

코리안 스탠다드는 외국기업의 진입이 봉쇄되어 있고, 정부주도 경제성장과정에서 건설업체의 보호 · 육성이 필요했던 시대의 산물이다. 하지만 앞으로는 정부주도가 아니라 민간주도의 안정적인 경제성장이 불가피하다. 국내총생산에서 차지하는 건설투자 비중은 떨어질 전망이다. 게다가 정부조달협정의 타결로 1997년부터 국내 건설시장이 개방되면서, 형식적이나마 건설제도의 글로벌 스탠다드를 도입하는 모양새를 취하지 않을 수 없었다. 그 와중에 한국 건설산업에 가장 큰 영향을 미쳤던 것은 건설업 면허개방과 면허기준 완화로 인한 건설업체 수의 폭발적인 증가였다.

걱정했던 것과 달리, 건설시장 개방에도 불구하고 외국건설업체의 한국 시장 잠식은 별로 이루어지지 않았다[21]. 외국건설업체가 한국 건설시장에 진입한 사례가 많지 않은 것은 한국의 건설산업 선진화와 혁신을 이루는데 시장 개방이 큰 역할을 못했다는 의미이기도 하다. 아무래도 외국건설업체의 시장진입이 늘어나고, 한국 특유의 법 · 제도 개선에 대한 요구나 클레임이 증대했더라면 한국의 건설산업과 제도는 좀더 빨리 글로벌 스탠다드로 다가설 수 있었을 것이다.

도하개발아젠다(DDA) 협상이나 자유무역협정(FTA)의 체결이 확산되면 건설시장의 개방폭은 좀더 늘어나게 될 것이다. 특히 중국을 비롯하여 시공부문에서 가격경쟁력을 가진 개발도상국가들이 한국 건설시장에 진입하지 않으리라고 장담하기는 어렵다. 선진국 건설업체들의 국내 시장 진입도 늘어날 가능성이 높다. 한국 건설업체들도 적극적으로 해외건설시장 개척에 나서야 한다. 한국의 건설제도를 글로벌 스탠다드로 전환하는 일은 한편으로는 국내 시장에서 외국기업과의 경쟁에 대비하는 전략이 되고, 다른 한편으로는 해외시장에서 경쟁력을 높일 수 있는 전략이기도 하다.

21) 그 이유도 복합적이다. 한국에는 이미 세계건설시장에 진출하여 많은 경험을 쌓은 건설업체들이 여럿 있기 때문에 외국건설업체들이 단순시공 시장에 진입하여 경쟁하기 어렵고, 처음부터 설계 등 엔지니어링분야나 건설사업관리(CM), 금융을 동반한 민간투자사업 위주의 수주를 계획했다는 설명도 있다. 시공에 필요한 하도급 관리도 어렵고, 복잡한 국내의 법 · 제도 또한 외국건설업체의 시장진입을 가로막는 원인으로 작용했으며, 자율조정 구조가 무너진 1998년 이후에는 공공공사의 수익성 확보가 용이하지 않았던 것도 원인이 될 수 있을 것이다.

건설업 면허개방 시점인 1988년에 468개사에 불과했던 일반건설업체는 2005년 들어 13,000여개사로 급증했다. 코리안 스탠다드의 핵심을 이루고 있는 시장 진입장벽이 무너졌기 때문이다. 코리안 스탠다드를 고수하고자 하는 과거지향적 시각에 사로잡힌 사람들은, 또다시 건설업 등록기준을 강화해서 건설업체 수를 강제로 줄여 달라고 요구한다. 하지만 1997년 이후 건설시장에 진입해서 이미 "기득권"을 획득한 수만 개의 신규 건설업체들에게 면허기준을 대폭 강화해서 신규 면허기준을 새로 갖추든지, 아니면 건설시장에서 나가든지 양자택일하라고 윽박지르는 것은 정치적인 면에서 보더라도 불가능한 일이다. 바람직한 것은, 시장진입은 자유롭지만 보증 · 보험, 입찰 · 계약 및 감리 · 감독에 이르는 건설사업 수행의 전과정에 걸쳐 건설제도를 선진화하는 길이다. 그 방법의 일환으로 코리안 스탠다드를 효과성이 검증된 글로벌 스탠다드로 전환하자는 것이다. 건설시장 진입을 제한하기 위한 면허장벽만 높게 세워놓고, 보증 · 보험이나 입찰 · 계약제도는 있으나 마나 한 상태로 내팽개쳐 두었던 코리안 스탠다드를 부여잡으려고 애쓸 일이 아니다.

제2장

건설제도의 글로벌 스탠다드란?

Global Standard

01 글로벌 스탠다드란?

글로벌 스탠다드(Global Standard)를 "미국과 같은 강대국이나 한국보다 앞선 선진국의 제도, 규범 및 기준"이라는 식으로만 정의한다면, 한국이 글로벌 스탠다드를 추구해야 하는 이유를 설명하기 어렵다. 미국과 동일한 제도, 규범 및 기준을 적용할 수 있는 사회경제체제와 문화가 형성되어 있지 않기 때문이다. 설사 미국과 동일한 제도를 도입한다 해도, 미국과 동일한 경로를 거쳐 강대국이나 선진국이 되리라고 장담하기 어렵다. 현재 시점에서 강대국이나 선진국이 활용하고 있는 제도, 규범 및 기준을 있는 그대로 도입하는 것만으로는 선진국과의 격차를 영원히 좁히지 못할 수도 있다[22].

그런데 1990년대 초반부터 "전세계적으로 널리 활용되는 제도, 규범 및 기준"이 생성되기 시작했다. 유럽 단일시장(Single Market)의 형성(1992)과 유럽연합(EU)의 탄생, WTO체제의 출범과 정부조달협정(GPA) 타결에 따른 정부조달시장 개방, 동구 공산국가의 민주화와 세계체제 편입, 자유무역협정(FTA)의 확산 등에 따라 전세계 각국의 제도나 규범 및 기준이 특

22) 한국 경제성장의 초창기에는 「코리안 스탠다드」가 상당한 기여를 했고, 서구의 주요 선진국들도 사실은 중상주의(Mercantilism)에 입각한 국가주도 보호주의 정책을 통해 산업화를 달성했다. 이 같은 역사적 사실을 감안하면, 적어도 산업화 초창기에는 「코리안 스탠다드」가 「글로벌 스탠다드」였다는 평가를 할 수도 있다. 하지만 「코리안 스탠다드」는 지금 이 순간 미국이나 서구 선진국가에서 널리 활용되고 있는 보편적인 제도나 규범 및 기준이 아니다. 한국의 외형적인 경제규모는, 예컨대 국내총생산(GDP)은, 세계 10위로 평가될 만큼 급성장하여 선진국 대열의 초입에 진입해 있다. 또한 글로벌 스탠다드 도입은 낙후되어 있는 현재의 건설생산 프로세스를 더 나은 시스템으로 전환하자는 것이다. 선진화된 시스템의 도입은 건설산업뿐만 아니라 국가 전체의 미래 창조를 위해서도 절실한 과제다.

정 방향으로 조금씩 수렴되고 있다. 세계시장에 편입되기 위해서는 세계시장에서 보편적으로 적용되는 제도나 규범 및 기준을 수용하지 않을 수 없다. 한국이 "전세계적으로 널리 활용되는 제도, 규범 및 기준"이라는 의미의 글로벌 스탠다드를 추구해야 하는 이유도 여기에 있다. 하지만 이 같은 의미의 글로벌 스탠다드에서도 기본적인 원칙이나 내용은 대체로 글로벌 스탠다드 제정을 주도하고 있는 미국이나 서구 선진국에서 활용되는 제도, 규범 및 기준들이다.

글로벌 스탠다드를 제정한다고 해도 국내법처럼 미주알고주알 구체적인 사항에 대해서 깨알같이 정의한다는 것 자체가 입법 기술적으로 불가능하다. 따라서 글로벌 스탠다드의 기본원칙이나 내용이 무엇인지를 구체적으로 파악하기 위해서는 불가피하게 미국이나 서구 선진국의 구체적인 제도, 규범 및 기준을 눈여겨보지 않을 수 없다.

글로벌 스탠다드의 핵심적인 내용은 "전세계적으로 효율성을 높이기 위해 널리 활용되는 제도나 규범 및 기준"으로 정의할 수 있다. 한국의 세계경영연구원(Institute of Global Management: IGM)에서 정의하고 있는 글로벌 스탠다드의 개념도 마찬가지다 (http://www.igm.or.kr).

누군가 "글로벌 스탠다드가 뭐예요?" 하고 물으면 어떻게 답해야 할까요?
단순히 세계적 표준이라고 답하는 것은 별로 도움이 되지 않겠지요.
글로벌 스탠다드라는 것은 한마디로 "세계에서 떡을 가장 빨리 키우는 방법"입니다.
"떡을 키운다"는 것은 한마디로 더 풍요해 진다는 것입니다.
세계의 모든 나라들은 "떡을 키우기"를 원합니다.
그런데 나라들마다 떡을 키우기 위해 접근하는 방법이 조금씩 다릅니다.
어떤 나라들은 이런 방식으로 어떤 나라는 저런 방식으로 접근합니다.
그 중 어떤 것은 매우 효과적이고 어떤 것은 덜 효과적입니다.
그 많은 방식중 세상에서 가장 효과적이라고 판명이 난 제도, 기법, 문화,
그런 것들만 모아 놓은 것이 바로 글로벌 스탠다드입니다.
세상살이의 모든 분야에 다 글로벌 스탠다드가 있습니다.
경제는 경제의 글로벌 스탠다드, 노동은 노동의 글로벌 스탠다드, 정치는 정치의
글로벌 스탠다드가 있는 것입니다.

세계경영연구원(IGM)에서는 글로벌 스탠다드의 구성요소로 시장성, 투명성, 다양성, 문화성 등 4가지를 제시하면서, 그 중 시장성을 가장 중요한 요소라고 지적하고 있다. 세계경영

연구원처럼 글로벌 스탠다드를 "세계에서 떡을 가장 빨리 키우는 방법 중 가장 효과적이라고 판명이 난 제도, 기법, 문화"라는 식으로 정의한다면, 한국이 글로벌 스탠다드를 추구해야 하는 이유는 명백하다. "전세계적으로 가장 효율성이 높은 제도나 규범 및 기준"을 채택하여 국가와 기업 및 개인의 발전을 추구해야 하기 때문이다.

이 책에서는 글로벌 스탠다드의 의미를 앞에서 언급한 사항을 종합하여 정의하고자 한다. 글로벌 스탠다드는 "국제규범이나 한국보다 앞선 미국과 서구 선진국에서 효율성을 높이기 위해 보편적으로 활용하고 있는 제도, 규범 및 기준"을 말한다.

02 글로벌 스탠다드의 3가지 유형

건설제도의 글로벌 스탠다드는 크게 3가지 유형으로 나누어 볼 수 있다.

첫째는 유럽연합지침(EU Directives)이나 정부조달협정(GPA)과 같이 유럽연합의 회원국이거나 정부조달협정의 가맹국들이 반드시 준수해야 할 국제규범이 있다. 이들 국제규범은 자국의 헌법보다 우선하며, 글로벌 스탠다드의 핵심적인 내용을 담고 있다. 하지만 이들 국제규범은 건설제도라기 보다는 주로 공공부문의 조달시장 개방을 전제로 한 입찰계약절차나 분쟁해결 등에 관한 사항들을 담고 있다. 국제규범의 특성상 각국 공공부문의 조달사업에 대해 하나하나 깨알같이 규정하기 어렵고, 기본적인 원칙과 절차를 제시하는데 그치고 있다. 이들 국제규범에서 정하고 있는 원칙과 절차를 구체적으로 어떻게 구현할 것인가는 각국의 몫이다.

둘째는 UN이나 세계은행(World Bank/IBRD), 유럽개발은행(EBRD), 아시아개발은행(ADB)과 같은 국제기구의 조달제도들이 있다. 국제기구에서 제시하는 기준을 각국이 따라야 할 의무는 없지만, 국제기구에서 발주하는 물품이나 용역 및 시설공사를 수주하기 위해서는 국제기구의 기준을 준수하지 않을 수 없다. 또한 이들 국제기구의 조달사업은 전세계 각국에서 이루어지기 때문에 전세계적으로 널리 활용되고 있는 보편적인 규범으로 볼 수 있다. 특히 국제기구의 입·낙찰절차를 비롯한 조달절차는 정치적인 고려가 상대적으로 희박한 대신, 경제적 효율성(economic efficiency)을 더 우선시 하고 있다는 점에서 글로벌 스탠다드 개념에 좀더 부합되는 것으로 평가되기도 한다. 특히 동구 공산국가들중 자본주의 경제체제로 전환한 나라들에 대해서 유엔무역법위원회(UNCITRAL)가 권고안으로 제시한 조달기본법(Model Law)은 동구권 국가들이 실제로 활용하고 있는 글로벌 스탠다드이다.

셋째는 세계경제를 주도하고 있는 미국이나 서구 선진국에서 보편적으로 활용되는 건설제도들이다. 유럽연합지침(EU Directives)이나 정부조달협정(GPA)과 같은 국제규범 및 국제기구의 기준들은 대개 공공부문 조달사업의 원칙이나 절차에 국한되어 있고, 특정 산업에 대한 규제나 육성방안을 담고 있는 것은 아니다. 건설정책이나 제도의 핵심이 정부조달제도이기는 하지만, 건설제도의 전부라고 볼 수는 없다. 건설정책이나 제도는 그보다 더 범위가 넓다. 따라서 실제로 어떤 건설정책과 제도가 전세계적으로 널리 활용되는지를 알기 위해서는 각국의 정책이나 제도에 대한 연구를 필요로 한다. 국제규범에서 제시하고 있는 기본원칙과 절차가 실제로 어떻게 구현되고 있는지를 알기 위해서도 각국의 구체적인 제도를 분석해 보아야 한다.

이 책에서는 이상과 같은 3가지 유형의 글로벌 스탠다드를 모두 연구의 대상으로 삼았다. 특히 우리나라 건설제도의 선진화를 통해 건설산업의 혁신을 도모하기 위해서는 국제규범이 제시하고 있는 보편적인 원칙이나 절차의 틀 속에서 세계건설시장에서 높은 국제경쟁력을 보유하고 있는 미국이나 서구 선진국의 구체적인 건설제도를 깊이 있게 연구할 필요가 있다.

국제규범: 유럽연합지침(EU Directives)과 정부조달협정(GPA)

유럽연합지침(EU Directives)

정부조달시장 개방을 전제로 각국 공공부문의 조달절차를 규율하고 있는 국제규범 가운데 가장 대표적이고, 일찍 제정된 것은 유럽연합[23]지침(EU Directives)이다[24]. 여기서는 유럽의 경제통합과정에서 탄생하게 된 지침(Directives)의 성격과 공공공사 조달지침의 주요 내용을 설명하고자 한다[25].

23) 유럽연합의 전신인 유럽공동체(EC) 가맹국은 12개국이었으나, 2005년 9월 현재 유럽연합 가맹국은 오스트리아, 벨기에, 키프러스, 체코, 덴마크, 에스토니아, 핀란드, 프랑스, 독일, 그리스, 헝가리, 아일랜드, 이탈리아, 라트비아, 리투아니아, 룩셈부르크, 말타, 폴란드, 포르투갈, 슬로바키아, 슬로베니아, 스페인, 스웨덴, 네덜란드, 영국 등 25개국으로 확대되었다(http://www.europa.eu.int).

24) 1993년의 유럽연합지침(EU Directives) 이전에도 낙찰절차를 규제하여 유럽 각국의 공공조달시장을 조화시키고자 한 지침은 1971년부터 있었다(Harvey Gordon et.al. 1998).

25) 유럽연합지침에 대한 이 책의 내용은 대부분 Christopher Bovis(1998). ***The Liberalization of Public Procurement and its Effects on the Common Market.*** Ashgate Publishing Ltd.에서 인용하였다.

유럽의 경제통합을 위해서는 새로운 초국가적 법률체계가 필요했다. 새로운 법률체계는 유럽연합 가맹국과 개인에게 권리와 의무를 부여하고, 자국 법률에 우선하는 것이었다. 특히 관세 및 비관세 장벽의 철폐와 유효 경쟁체제의 확립이 경제통합과정에서 필요했고, 이와 관련된 사항들을 유럽연합의 기관들이 법제화하여 가맹국 법률에서 수용하도록 하였다.

공공조달은 국가와 공공기관들이 필요로 하는 물품, 용역 및 시설공사를 획득하는 공급연쇄체계(supply chain system)로 정의된다. 공공조달은 유럽 각국들이 국내 정책목표 달성을 위해 활용하는 중요한 산업정책(industrial policy)으로서 가장 대표적인 비관세 장벽이었고, 유럽의 경제통합을 저해하는 영역으로 평가되었다. 유럽경제통합의 초기만 해도 공공조달시장에서는 경쟁보다는 보호주의와 지역업체 선호 정책이 만연해 있었다. 단기적으로는 이런 정책들이 특정 산업과 기업의 전문화(specialization), 국제화(internationalization)를 달성하는데 기여했다는 평가를 하기도 했다. 하지만 보호주의 정책은 유럽단일시장이 형성되던 1992년에 로마조약(Treaty of Rome)에 명문화된 '국적에 따른 무차별 원칙(principle of non-discrimination)'에 따라 폐기되었다. 지역업체 선호 정책은 유럽연합집행위원회(European Commission)에서 영향평가(impact assessment studies)를 통해 지역경제에 미치는 영향이 거의 없었다는 사실을 입증하였다[26]. 유치산업(infant industry) 보호정책도 보호기간 동안 후생손실(welfare loss)을 초래하고 있다는 평가를 받게 되었다. 이에 따라 지역업체 보호나 유치산업 보호제도는 1993년 이후 찾아보기 어렵게 되었다.

유럽연합집행위원회에서는 공공조달시장이야 말로 시급하게 다루어야 할 비관세 장벽으로 인식하였고, 물품과 용역의 자유로운 이동을 가로막는 각국 공공조달시장의 차별을 제거하기 위하여 두 가지 가정에 입각한 전략을 수립했다.

첫 번째 가정은 유럽연합 각국의 공공조달시장에 만연해 있는 차별을 해소하기 위해서 더 많은 투명성(transparency)과 공개성(openness)이 필요하다는 것이었다.

두 번째 가정은 유럽연합 각국의 공공조달시장을 효과적으로 규제하기 위한 유일한 방법은 기존 법령과 제도를 조화(harmonization)시키는 것이지, 기존 법령과 제도를 획일적 규

26) 이 사실은 대단히 중요하다. 아직도 한국에는 1960년대와 1970년대의 이른바 '정부주도 개발연대'에서 볼 수 있었던 보호·육성주의 시각이 만연해 있다. 특히나 한국 건설산업에서 지역·중소건설업체 보호·육성정책은 일종의 '성역(聖域)'과 다름없어 보인다. 유럽연합에서 지역업체 선호정책을 폐기한 이유는 지역업체 선호정책의 필요성이 없어서가 아니라, 성과가 없어서 폐지한 것으로 보아야 한다. 그렇다면 한국의 지역·중소건설업체 보호·육성정책은 실제로 어느 정도의 성과가 있었을까? 기득권 보유집단에서 아전인수(我田引水)격의 주장만 목청 높여 부르짖고 있을 뿐, 아직까지 그 성과를 객관적이고 공정한 시각에서 제대로 연구한 결과물은 단 한번도 본 적이 없다.

제(a uniform regulatory pattern)[27]로 대체하는 것이 아니라는 점이다. 이 같은 가정은 각국 공공조달시장에 대한 규제의 분권화를 간접적으로 인정하고 있음을 의미한다.

유럽연합의 각국 공공조달시장에 대한 가장 적합한 규제방안으로 획일적 규제 대신 조화가 채택되면서, 각국마다 특수성을 반영하여 융통성을 확보할 수 있도록 하기 위한 법률적 수단으로 선택한 것이 지침(Directives)[28]이었다.

유럽연합지침(EU Directives)의 기본적인 성격은 각국 법령과 제도를 조화시키기 위한 법률적 수단의 기본 틀(framework)에 해당한다. 서로 다른 유럽연합 가맹국의 법률을 일치시키고, 최소한의 공통분모에 기초한 법률체계를 형성하도록 하기 위한 기본 틀이 유럽연합지침(EU Directives)인 것이다. 공공조달 관련 지침의 목적은 공공지출의 투명성 제고, 시장정보 향상, 차별을 초래할 수 있는 기술기준 제거, 객관적인 입 · 낙찰 절차 적용 등을 통하여 공공조달시장의 자유화(liberalisation)를 달성하는데 있었다. 공공조달시장의 자유화는 궁극적으로 공공부문의 경쟁성 제고와 산업의 효율성을 높이고자 하는 시도로 평가된다.

유럽연합집행위원회(European Commission)에서는 1993년 11월 1일의 유럽연합(European Union)[29] 출범을 앞둔 1993년 6월에 기존 지침을 종합하여 새로운 지침을 제시하였다. 공공조달과 관련해서는 다음 5가지 지침이 중요하다(한국건설산업연구원 역, 1995).

① 공공공사 조달지침(Public Works Directive) 93/97/EEC

② 물품 조달지침(Public Supplies Directive) 93/36/EEC

③ 서비스 조달지침(Services Directive) 92/50/EEC

④ 구제 지침(Remedies Directive)[30] 89/665/EEC

⑤ 공익사업[31] 지침(Utilities Directive) 90/531/EEC, 93/38/EEC

공공공사 조달지침은 500만 ECU를 초과하는 공사에 적용되며, 물품이나 서비스 조달지

27) 유럽연합 각국에 대해 획일적 규제가 행해지는 영역이라면 반트러스트(anti-trust) 분야가 있다.

28) 유럽연합법에는 다음과 같은 형태가 있다(일본 건설경제연구소, 1995).
규제(Regulations): 가맹국에 직접 적용되며 구속력을 갖는다.
지침(Directives): 가맹국에 구속력을 갖지만, 실현되어야 할 결과만 규정되어 있을 뿐 구체적으로 어떤 수단을 통해 실현할 것인지는 가맹국에 맡겨져 있다,
결정(Decisions): 개인이나 기업에 직접 적용되며, 구속력이 있다. 주로 경쟁정책에서 사용된다.
권고 및 의견(Recommendation and Opinions): 법적 구속력은 없지만, 정치적 영향력은 있다.
통지(Notices): 지침을 시달하는 것과 관련되는데, 주로 경쟁정책 분야에서 활용된다.

29) 그 이전에는 유럽공동체(European Community)였다.

30) 유럽연합 조달지침의 위반을 방지하고, 위반 시 제재 수단을 포함하고 있다.

31) 수력, 에너지, 교통, 통신사업 등을 말한다.

침은 20만 ECU를 초과하는 경우에 적용된다. 공익사업(Utilities)의 경우 공사는 500만 ECU이상, 물품과 서비스는 40만 ECU를 초과하는 경우(단, 통신사업의 경우는 60만 ECU 이상)에 적용된다. 국가(state)[32]나 공공기관(organs)[33]의 조달사업 외에 사업에서 수익을 거둘 권리가 따르는 영업허가 계약(Concession Contracts)이나 50%이상을 공적 자금에 의존한 민간사업중 일부에 대해서도 적용된다.

유럽연합의 공공조달시장 통합노력은 수요측면에서 발주기관의 구매행태(purchasing behaviour)를 규제함으로써 달성하고자 하였다. 공급자의 행태는 공공조달법령의 대상이 아니었고, 경쟁법과 정책(competition law and policy)의 영역이었다. 발주기관으로 하여금 공개성(openness), 투명성(transparency), 무차별(non-discrimination) 원칙에 기초하여 조달행위를 하도록 강제한다면, 공급측면에서 산업의 구조조정이 뒤따라 올 것이고, 효율성과 공공부문의 절약을 얻을 수 있을 것으로 보았다(Christopher Bovis, 1998).

유럽연합의 공공조달 관련 지침은 현대적 조달 방법에 채택할 단순화된 법적 틀 및 best practice에 대한 요구가 부각되면서, 최종적으로 2004년 4월 30일에 새로운 조달지침을 공표하였다. 이 새로운 지침의 조항들은 2006년 1월 31일까지 각국 법률에 반영되어야 한다. 「새유럽연합지침(New EU Directives)」에서는 각기 별개로 구성되어 있는 공공공사(public works), 물품(public supply) 및 용역(public service) 지침을 하나로 통합하여 제시하고 있으며, 내용상 큰 변화는 없다. 공공공사 입 · 낙찰제도와 관련하여 특별히 언급할 만한 중요한 내용 중 하나는 "경쟁적 대화 절차(competitive dialogue procedure)"의 도입이다. 이것은 협상에 의한 계약체결 방식인데, 발주자가 초청한 후보자들과 대화를 통해 그들의 요구를 최대한 수용하는 최적의 안을 찾고, 결정된 안을 토대로 입찰을 받는 절차를 말한다. 미국에서 널리 활용되어 온 협상에 의한 계약(contracting by negotiation)을 유럽연합에서도 도입한 것이다. 미국과 유럽의 제도수렴 현상이라고 볼 수 있다.

정부조달협정(GPA)

세계무역기구(WTO)의 정부조달협정(GPA)[34]은 GATT체제의 도쿄라운드(1973~1979)에

32) 여기서 말하는 국가기관이란 중앙정부, 지방정부를 모두 통칭한다.

33) 공공기관이란 공익적인 기능을 수행하면서 공법(public law)의 적용을 받는 모든 기관을 말한다.

34) 정부조달협정 가입국은 1993년에 24개국이었으나, 2005년 4월 현재는 유럽연합 가맹국 25개국 외에 캐나다, 홍콩, 아이슬란드, 이스라엘, 일본, 한국, 리히텐슈타인, 아루바, 노르웨이, 싱가폴, 스위스, 미국 등 37개국으로 확대되었다 (http://www.wto.org).

서 타결되어 1981년부터 발효된 「정부조달에 관한 협정(Agreement on Government Procurement: AGP)」을 승계한 것이다. 초기의 정부조달에 관한 협정은 그 대상범위가 물품조달에 국한되었고(공사나 서비스는 제외), 중앙정부와 연방정부 조달(지방정부나 공공기관 제외)에 한해 적용되었다. 현재의 정부조달협정은 우루과이라운드(UR)에서 협상이 타결되었고, 1996년부터 발효되었다. 대상범위도 물품 외에 공사와 서비스, 중앙정부나 연방정부 외에 지방정부와 정부투자기관에까지 확대되었다. 당초 정부조달협정은 WTO 가맹국이 협정가입국이 될 것인지를 자유롭게 선택할 수 있는 다자간 협정이었지만, 현재의 정부조달협정은 중국, 러시아 및 사우디 아라비아와 같이 새로 WTO 가맹국이 되고자 하는 국가도 반드시 정부조달협정 가입국이 되도록 강제하고 있다(Harvey Gordon, et.al. 1998).

정부조달협정의 내용은 대체로 유럽연합지침과 유사하다. 시기적으로 보더라도 정부조달협정은 유럽연합지침의 영향을 많이 받았다. 유럽연합지침과 마찬가지로 차별을 금지하는 일반조항과 함께 구체적인 입·낙찰 절차를 규정하고 있다. 다만, 유럽연합지침이 가맹국 모두에게 동일하게 적용되는 공통규범인 반면, 정부조달협정은 각국 사정에 따라 서로 다르게 적용하는 것으로 부속서(annex)에서 규정하도록 하였다. 예컨대, 지방정부와 기타 공공기관의 정부조달 양허대상은 한국과 일본만 1,500만 SDR이상으로 되어 있다. 이처럼 정부조달협상의 양허내용이 각국마다 다른 것을 허용하는 대신, 각국은 「최혜국 대우(Most Favoured Nations: MFN)」 원칙을 채택하도록 하였다. 「최혜국 대우」란 정부조달협정의 가입국이 어떤 한 국가에 대해 베푸는 특전, 특권, 또는 면제가 여타 모든 가입국에 대해서도 즉시, 그리고 무조건 적용되어야 한다는 원칙으로서 국가간 차별대우 금지를 말한다. 또한 유럽연합지침과 동일하게 정부조달협정에서도 협정회피를 위하여 시장개방 대상금액 미만으로는 분할계약을 할 수 없도록 규정하고 있다.

「최혜국 대우(MFN)」와 함께 정부조달협정에서는 「내국민 대우(National Treatment)」와 「무차별(Non-Discrimination)」 원칙도 규정하고 있다. 내국민 대우 원칙이란 협정가입국의 공급자나 생산물에 대해 자국 공급자와 생산물과 동등하게 대우해야 한다는 원칙이다. 무차별 원칙은 외국인과의 제휴나 소유 여부 및 물품과 서비스의 생산지를 따지지 않고 자국 공급자나 서비스 제공자와 차별을 두어서는 안 된다는 원칙이다.

한국도 정부조달협정에 따라 1997년 1월부터 건설시장이 개방되었고, 정부조달협정을 반영하기 위하여 「건설산업기본법」과 국가계약법을 제정하는 등, 큰 틀의 건설제도 변화가 이

표 2-1 **주요 정부조달협정 가입국의 양허내용**

단위: 일만 SDR*

국가명	중앙정부			지방정부			기타 공공기관		
	물품	서비스	건설	물품	서비스	건설	물품	서비스	건설
한국	13	13	500	20	20	1,500	45	–	1,500
미국	13	13	500	35.5	35.5	500	40	40	500
EC	13	13	500	20	20	500	40	40	500
일본**	13	13(45)	450	20	20	1,500	13	13(45)	1,500
캐나다	13	13	500	35.5	35.5	500	35.5	35.5	500
스위스	13	13	500	20	20	500	40	40	500
오스트리아	13	13	500	20	20	500	40	40	500
스웨덴	13	13	500	20	20	500	40	40	500
핀란드	13	13	500	20	20	500	40	40	500
노르웨이	13	13	500	20	20	500	40	40	500
홍콩	13	13	500	20	20	500	40	40	500
이스라엘	13	13	850	25	25	850	35.5	35.5	850

주: *) 1 SDR은 약 1,100원(1994년 2월 현재)
**) 일본의 경우 서비스중 건축설계, 엔지니어링서비스는 ( )안의 양허하한 적용
자료: 대한건설협회(1994.3). 「시장개방과 건설산업」.

루어졌다.

우루과이라운드 협상의 최종타결시 농산물과 서비스 분야의 합의 내용이 미흡하다고 판단한 WTO회원국들은 2000년부터 추가적인 자유화 협상을 추진하기로 하였다. 이에 따라 2001년 11월 카타르의 수도 도하(Doha)에서 일련의 개발과제(Doha Development Agenda: DDA)를 중심으로 제4차 WTO 각료회의가 개최되었다. 하지만 2003년 9월 칸쿤에서 열린 제5차 WTO 각료회의에서도 뚜렷한 합의를 보지 못했다. DDA 협상과정에서는 농업이나 서비스 분야가 핵심적인 과제이지만, 건설시장의 추가적인 개방도 포함되어 있다. 예컨대, 외국(17개국)에서는 한국에 대해 미양허분야인 토공사업, 산업설비업중 발전시설업, 장비임대업 등에 대한 추가적인 양허요청을 했다. 뿐만 아니라 도급한도액제도, 면허발급 시기, 의무하도급제도, 전문건설업의 법인형태 제한(합작투자만 허용)제도 등은 폐지를 요청했다[35]. 2003년

35) DDA 협상과정에서 외국 정부가 요청한 건설제도 개선과제는 대부분 폐지되었거나 폐지하기로 결정한 제도들이다, 아마도 한국의 건설제도 현황을 아직까지 정확하게 파악하지 못한 탓일게다. 아직 한국 건설시장에 본격적인 진입이 이루어지지 않았기 때문에 제도개선 요구안도 우려할 만한 것이 없지만, 향후 건설시장 개방 폭이 더 커지고 외국 업체의 국내 건설시장 진입이 늘어날수록 제도개선 요구도 가속화될 것이다.

3월말에 제출된 한국의 1차 양허 안에서는 토공사업 및 건설장비 임대업(운전원 포함)을 새로이 개방하기로 했고, 신규면허의 연간 발급기간 설정이나 도급한도액제도 등은 폐지하기로 하였다. 다만, 의무하도급제도는 영세한 중소 전문건설업체의 보호를 위해 현행대로 유지하겠다고 했다[36](이상호 · 김혜원, 2004).

이처럼 DDA협상과정에서는 건설시장의 추가적인 개방과 함께 건설제도의 개선까지 요청을 받고 있다. 이미 세계건설시장에 편입된 한국에서 건설제도의 글로벌 스탠다드 추구가 불가피하다는 사실은 정부조달협정 가입국의 증대 추세나 DDA협상과정을 통해서도 알 수 있다.

국제기구의 조달기준

유엔무역법위원회(UNCITRAL)의 조달기본법(Model Law)

유엔무역법위원회(The United Nations Commission on International Trade Law: UNCITRAL)는 국제무역에 장애가 되는 요인을 줄이거나 없애는데 UN이 보다 적극적인 역할을 하기 위한 목적으로 1966년에 신설되었다. 이 위원회에서는 1989년에 「조달기본법(Model Law on Procurement of Goods, Construction and Services)」을 제정하였다. 조달기본법은 구속력있는 법률은 아니지만, 동구의 공산국가[37]들과 같이 조달법령이 없었거나 조달법령을 개혁하고자 하는 국가들에게 많은 영향을 미쳤다[38]. 조달기본법이 이처럼 전세계적으로 널리 수용된 것은 UN주관 하에 제정되었기 때문이라고 볼 수도 있지만, 기본적인 원인은 "좋은 조달"의 핵심적인 구성요소들이 반영되어 있었기 때문이다.

유엔무역법위원회의 조달기본법을 수용하여 자국의 조달법령을 개혁한 국가들은 몇 가지 이유가 있었다. 첫째, 많은 동구 공산국가들이 중앙집중적인 계획경제체제로부터 시장경제체제로 전환하게 되었다는 사실이다. 이에 따라 "경쟁에 기초한 조달체제(competition-based procurement system)"를 새롭게 형성할 필요가 있었다. 둘째, 새로운 시장경제체제에서 정

36) 하지만 한국의 의무하도급제도는 3년간 한시적인 유예기간을 둔 뒤 2008년에 전면폐지하는 것으로 2004년말에 「건설산업기본법」 개정이 이루어졌다.

37) 폴란드, 러시아, 라트비아, 알바니아와 같은 동구 공산국가들은 조달기본법을 모델로 자국 조달법령을 제정하였고, 카자흐스탄, 키르기즈, 타지키스탄, 우크라이나, 투르크메니스탄, 크로아티아, 우즈베키스탄, 슬로바키아, 파키스탄, 가나, 에쿠아도르, 탄자니아, 말라위 등의 조달법령 제정과 개혁과정에도 많은 영향을 준 것으로 평가되고 있다.

38) 유엔무역법위원회(UNCITRAL)의 조달기본법에 대해서는 Robert R. Hunja(1989). "The UNCITRAL Model Law on Procurement of Goods, Construction and Services and its Impact on Procurement Reform," Sue Arrow Smith & Arwel Davies ed.(1998). ***Public Procurement : Global Revolution***. Kluwer Law International Ltd.을 참조하였다.

부지출을 "근대화(modernise)"할 필요성도 컸다. 셋째, 아프리카 국가 등의 경우 식민지 시대의 조달제도를 혁신할 필요가 있었다. 또한 동구나 아프리카 국가들의 경우, WTO 정부조달협정과 자국 조달법령을 일치시키고자 하는 동기도 작용했는데, 유엔무역법위원회의 조달기본법에 따른 조달 관련 규정의 법제화는 정부조달협정과 일치했다. 게다가 동구권의 많은 국가들이 유럽연합(EU)에 가입했다. 이에 따라 자국 조달법령이 유럽연합지침과 조화를 이루도록 해야 하는데, 유엔무역법위원회의 조달기본법을 수용하여 투명성을 높이고 경쟁을 촉진하는 방향으로 자국 조달법령을 정비할 필요가 있었다.

유엔무역법위원회가 제정한 조달기본법의 목적은 경쟁과 효율의 극대화(maximising competition and efficiency), 모든 공급자와 계약자에 대한 동등한 대우(equal treatment), 조달절차의 투명성(transparency) 제고를 통한 조달과정의 공정성(fairness) 향상을 목적으로 하고 있기 때문에 유럽연합지침(EU Directives)이나 WTO 정부조달협정(GPA)과 동일한 원칙이나 유사한 내용을 담고 있는 것은 당연하다.

세계은행(World Bank) 등 국제기구의 조달기준

세계은행(World Bank), 유럽부흥은행(EBRD), 아시아개발은행(ADB) 등과 같은 국제기구의 시설공사 조달지침 또한 건설제도의 글로벌 스탠다드로 평가할 수 있다. 이들 국제기구들은 전세계 각국에 차관 자금 등을 융자해 주고, 효율성의 확보를 위해 일정한 조달지침에 따라 조달업무를 수행하도록 요구하고 있다.

세계은행(World Bank)에서는 "좋은 조달(Good Procurement)"의 기본원칙으로 다음 6가지를 들고 있다[39].

① 경제성(Economy): 투자효율성의 극대화(maximum value for money)가 조달의 궁극적인 목표이지만, 시공비의 최저가격이 아니라 품질의 강조 및 생애주기비용의 최저가격 획득 필요

② 효율성(Efficiency): 단순하고, 신속하며, 질질끄는 일 없이 긍정적인 결과 산출

③ 공정성(Fairness): 모든 참가자들에게 동일한 기회를 제공하여 조달기관의 기회 확대

④ 신뢰성(Reliability): 공정하고, 일관된 조달을 통해 신뢰성 제고

39) 세계은행의 조달원칙에 관해서는 World Bank(2003.1). *Bank-Financed Procurement Manual*을 참조하였다 (http://www.worldbank.org).

⑤ 투명성(Transparency): 접근가능하고 명확한 규칙과 절차 제정

⑥ 책임성과 윤리적 기준(Accountability and Ethical Standards): 규칙을 준수하고, 규칙 위반 시 제재하며, 담합과 부패 방지

세계은행이 관심을 갖고 있는 조달정책은 경제성 및 효율성 획득, 모든 자격 있는 입찰자들에게 동등한 기회 부여, 금융지원을 받는 지역의 계약자 지원, 조달과정의 투명성 확보 등으로 요약된다. 최근 들어서는 부정 · 부패방지 정책이 좀더 명시적으로 수용되고 있다.

세계은행의 조달지침도 엄격한 규칙(rigid rules)은 아니다. 조달책임은 기본적으로 세계은행이 아니라 실제 조달사업을 수행하는 각국에게 있다. 다만 세계은행은 조달지침을 통해, 조달사업을 보다 적절하게 수행할 수 있도록 지원하는 역할을 수행하고 있다.

유럽부흥은행(European Bank for Reconstruction and Development: EBRD)도 세계은행과 비슷한 지침을 제시하고 있다(http://www.ebrd.org). 유럽부흥은행의 조달정책과 규칙도 무차별(non-discrimination), 공정성(faireness) 및 투명성(transparency) 원칙에 기반하고 있다. 그 목적은 효율성(efficiency)과 효과성(effectiveness) 제고 및 리스크의 최소화(minimise risk)에 있다. 이를 위해 유럽부흥은행의 조달정책과 규칙은 각국의 조달시스템이 최고수준의 국제기준(highest international standard)에 기초하도록 권고하고 있다. 입찰방식은 공개경쟁입찰(open, competitive tendering)을 원칙으로 하고 있다.

아시아개발은행(ADB)의 조달지침도 다르지 않다(http://www.adb.org). 물품이나 시설물의 조달에 대한 궁극적인 책임은 아시아개발은행이 질 수 밖에 없지만, 경제성과 효율성(economy and efficiency)을 달성하기 위해서 일정한 지침을 준수하도록 요구하고 있다. 경제성과 효율성은 국제 경쟁(international competition)을 통해서 획득할 수 있다고 보며, 모든 회원국들에게 적절하고 공평한 절차를 제공해야 한다. 경제성과 효율성 확보 및 부정 · 비리를 제거하기 위해서는 투명성의 확보가 필수적이라고 본다.

이처럼 국제기구의 시설공사 조달지침은 공통적으로 경제성과 효율성, 공정성과 투명성을 확보하는데 초점을 두고 있다.

주요 선진국의 건설 및 조달제도

유럽연합지침(EU Directives)이나 정부조달협정(GPA), 혹은 국제기구의 조달지침은 기본적인 조달원칙과 입 · 낙찰절차 및 낙찰자 선정기준을 제시하고 있다. 정부조달의 기본원칙이

나 입 · 낙찰절차 및 낙찰자 선정기준에 관한 한, 전세계적으로 널리 활용될 뿐만 아니라 구속력 있는 글로벌 스탠다드가 현실적으로 존재하고 있는 셈이다. 한국도 정부조달협정의 내용을 반영하기 위하여 1995년에 「국가를 당사자로 하는 계약에 관한 법률」을 제정했다는 사실은 정부조달에 관한 한 글로벌 스탠다드의 수용이 불가피하다는 것을 의미한다.

하지만 국제규범에서 제시하고 있는 조달제도는 실현되어야 할 결과나 추구하는 원칙을 제시하고 있을 뿐이다. 구체적인 내용은 여전히 각국에서 독자적으로 정하고 있다. 그렇기 때문에 실제 시행되고 있는 구체적인 입 · 낙찰제도를 파악하기 위해서는 각국 제도를 깊이 있게 분석해야 할 필요가 있다.

건설제도의 글로벌 스탠다드를 입 · 낙찰절차나 낙찰자 선정기준에 국한시켜서는 곤란하다. 건설시장의 진입장벽 역할을 하는 면허제도, 사업기획이나 타당성조사에서부터 유지관리 및 폐기에 이르는 공공건설사업의 총생애주기(whole life cycle) 전체에 걸친 사업수행절차 규제, 공사예산편성제도나 원가산정제도, 건설보증제도, 입찰참가자격에 대한 사전심사(Pre-Qualification: PQ)제도, 하도급제도, 감리 · 감독제도, 부패방지제도, 지역 · 중소건설업체 보호제도 등 수많은 건설제도들이 현실적으로 존재하고 있기 때문이다. 이들 건설제도는 대부분 입 · 낙찰제도와 연계되어 있기 때문에 정부조달협상 과정에서 개선을 요구받기도 했고, 개선된 사례도 많다. 하지만, 아직까지 입 · 낙찰제도만큼 글로벌 스탠다드가 형성되지 못한 것은 사실이다.

이 책은 국제협정에서 규정하고 있는 입 · 낙찰제도에만 초점을 맞춘 것이 아니다. 한국 건설산업의 선진화를 위한 혁신방안을 찾고자 광범위한 건설제도 전반에 걸쳐 글로벌 스탠다드가 무엇이며, 한국 제도와 어떻게 다른 지를 보여주고자 한다.

각국마다 오랜 세월에 걸쳐 형성된 건설산업의 구조나 건설제도를 한 가지 틀에 맞추어 바꾸는 것은 현실적으로 어렵기도 하고, 바람직하지도 않다. 공사예산제도와 같이 정부 내부의 운영과 관련된 제도는 주권(主權)을 가진 각국별 정치 · 경제 구조의 차이를 반영하고 있기 때문에 국제규범의 제정을 통해 일거에 동일하게 바꿀 수 없다. 하지만 전세계적인 인력 교류 확대, 정보통신기술의 발전과 정보의 전세계적인 공유현상 심화, 그리고 시장의 글로벌화가 진전되면서 각국마다 효율적인 제도를 도입하고자 하는 노력은 가속되고 있다. 그 과정에서 국제경쟁력을 가진 국가의 제도를 벤치마킹(benchmarking) 하기 위한 연구도 활발하다. 이 같은 움직임은 유럽연합지침, 정부조달협정, 자유무역협정(FTA) 등과 같은 국제협정의 체결

확대와 결합하여 전세계적인 「제도 수렴」 현상을 보여주고 있다. 한국에도 비록 그 내용은 상당한 차이가 있지만, 명칭만큼은 입찰참가자격 사전심사(PQ), 공사이행보증(performance bond), 설계 · 시공 일괄입찰(Design-Build), 건설사업관리(Construction Management: CM)제도 등과 같이 외국에서 널리 활용되고 있는 제도들이 “수입”되어 있다. 외국에서 “수입”한 제도들이 한국 건설산업을 선진화하는데 기여하도록 하기 위해서는 어떻게 해야 할 것인지도 중요한 연구과제다.

각국별 건설제도 가운데 글로벌 스탠다드 역할을 하는 것은 미국과 영국의 제도라고 생각된다. 세계건설시장을 주도하고 있고, 국제규범의 설정이나 국제기구의 운영에 미치는 영향이 가장 크며, 높은 성과를 보여주고 있어 수많은 국가들이 벤치마킹하고자 하는 대상이기 때문이다. 물론 이런 주장에 대해서는 반론을 제기하는 사람도 많을 것이다. 예컨대, 친미(親美) 성향 때문에 그런게 아니냐는 반미(反美) 감정이 충만한 사람들의 감정적인 반감도 있다. 동양권과 기본적인 문화나 의식구조가 다른 미국 · 영국의 제도가 어떻게 우리가 추구해야 할 글로벌 스탠다드가 될 수 있느냐는 반론도 있을 것이다. 미국이나 영국 말고, 일본이나 독일 · 프랑스의 제도는 왜 글로벌 스탠다드가 아니냐고 항변하는 사람들도 있을 것이다.

이 같은 반론이나 반론에 대한 반박은 제 아무리 “사실적 근거”로 치장하더라도 당사자 쌍방간의 감정 대립을 촉발하기 일쑤인 것이 오늘날 한국 사회의 한 단면이다. 그렇다 할지라도, 왜 미국이나 영국의 제도를 글로벌 스탠다드로 보는지에 대해서 한마디 해명 없이 넘어갈 수는 없다. 필자의 의견보다는, 독일의 일간지(Die Zeit) 발행인인 요제프 요페가 한국의 한 일간지에 기고한 원고내용을 소개하고 싶다(중앙일보, 2005년 4월 14일자).

중국을 비롯한 아시아 국가나 미국에 비하면, 유럽의 경제성장률은 형편없다. 한때 유럽경제의 견인차 역할을 했던 독일은 최악이고, 프랑스나 이탈리아도 독일과 다를 바 없다. 유럽 각국중 예외가 있다면 영국이다. 유럽 각국 중 유일하게 영국만이 대처(Margaret Thacher)가 집권하면서 실물경제를 개혁한 경험이 있다. 토니 블레어(Tony Blaire) 정권에서도 대처의 개혁은 그대로 유지되었다. 그 결과 영국의 실업률은 다른 유럽국가의 절반 수준이고, 경제성장률은 두배 수준이라고 한다. 왜 이렇게 되었는지를 요제프 요페는 다음과 같이 설명하고 있다.

유럽은 세계 경제 엔진에서 연소를 거부하는 유일한 실린더다. 이는 경제순환의 문제가 아니고, 구조적인 문제다. 유럽은 13년간 장기불황을 겪었던 일본을 닮았다. 우선 노동시장이 매우 폐쇄적이다. 외국인 노동자가 들어갈 틈이 없다. 법률은 소비자보다 생산자를 보호하고 있다. 기업간 경쟁보다는 비경쟁을 유도한다. 임금은 높고 유연성은 낮다. 유럽과 일본은 거의 50여년간 이 같은 정책을 고집했다.

요제프 요페의 글을 읽노라면, 마치 지금 한국의 현실에 대한 비판을 하고 있는 것처럼 느껴진다. 하지만 "영국과 미국은 상대적으로 괜찮다"고 평가하고 있다. 그 이유를 "고통스럽지만 필요하다고 생각하는 조치들을 과감하게 시행"한 레이건과 대처의 강한 개혁 덕으로 돌리고 있다. 유럽에서는 왜 미국이나 영국에서와 같은 개혁을 할 수 없었는지에 대해 요제프 요페는 선거제도 때문이라고 한다. 미국과 영국은 다수결 원칙에 따라 승자가 모든 표를 가져가 의석을 차지하지만, 유럽에서는 득표율에 따라 의석이 배분되기 때문에 거의 언제나 연립정당으로 정부가 구성되고, 그 결과 과감한 개혁에 착수하기 어렵다는 것이다. 유럽도 불가피하게 개혁에 착수하지 않을 수 없다고 보긴 하지만, 정작 그 성과에 대해서는 회의적인 입장이다.

「늙은 유럽」도 언젠가는 개혁에 나설 것이다. 동아시아와 동유럽에 맞서려면 다른 선택의 여지가 없기 때문이다. 그러나 80년대 레이건과 대처의 개혁만큼 그 속도가 빠르지는 못할 것이다. 독일은 이미 노동시장 개혁을 시작했다. 그러나 프랑스와 이탈리아는 미적거리고 있다. 유럽의 구조적 경기침체는 이미 10년이 지났다. 유럽경제가 살아나려면 10년은 더 걸릴 것이다.

미국이나 영국을 본받자고 하면, 다른 한편에서는 한국과 비슷한 문화와 제도적 틀을 갖고 있는 일본의 제도를 벤치마킹하는 것이 어떠냐는 목소리가 나온다. 다른 모든 부문에서도 마찬가지겠지만, 사실 한국의 건설제도는 일본의 건설제도를 답습한 것이 많다. 한국의 「건설산업기본법」과 일본의 「건설업법」, 한국의 「예산회계법」[40]과 일본의 「회계법」을 비교해서 읽어 보고 있노라면, 차이점도 많지만 유사성도 놀라울 정도로 많다. 법령만이 아니라 건설제도 하나하나를 놓고 따지고 들어가면, 한국의 건설제도와 너무나 흡사하다. 한국의 학계나 연구계가 상대적으로 미국 · 영국식 제도에 많이 기울어져 있다면, 한국의 실무자들은 오랫동안 일본 제도에 많이 기울어져 있지 않았나 싶다. 특히 미국 · 영국과 다른 한국의 "문화"와 "풍토"를 강조하는 사람들일수록 일본 제도를 선호하는 경향이 더 컸던 것 같다.

40) 「예산회계법」 가운데 계약에 관한 부분만 별도의 단행법률로 제정한 것이 국가계약법이고, 일본의 경우는 여전히 「회계법」에 따라 중앙정부의 입찰계약행정이 이루어지고 있다.

하지만 "일본의 제도가 글로벌 스탠다드인가?"라는 질문에 선뜻 "그렇다"고 대답하는 사람을 찾아보기는 어렵다. 일본이 선진국이고, 경제대국이긴 하지만, 일본의 제도는 미국이나 유럽에서 찾아보기 어려운 독특성을 갖고 있기 때문이다. 특히 "건설문화"는 미국이나 유럽과는 판이하게 다르다.

건설제도에 관한 한, 일본도 미국이나 유럽의 건설제도를 본받고자 노력해 왔다. 수시로 미국과 유럽의 건설제도를 조사하여, 일본에 도입하고자 하는 노력도 지속되고 있다. 일본도 1996년의 건설시장 개방을 계기로 자국 건설제도를 미국이나 영국식의 글로벌 스탠다드로 전환하는 작업을 추진해 왔다. 따라서 일본의 건설제도는 한국이 벤치마킹해야 할 글로벌 스탠다드라고 평가하기 어렵다.

이 책에서는 일본의 건설제도를 한국의 건설제도와 비교해 보는 작업도 수행할 것이다. 그 목적은 크게 두 가지다.

첫째, 미국 · 영국식 건설제도보다 한국 건설제도의 우월성을 주장하는 사람들에게 일본 건설제도와의 유사성을 보여주고자 한다. 한국 건설제도의 뿌리는 일본 건설제도에 있기 때문이다. 그렇다면 한국 제도의 우월성을 주장하는 것은 사실상 부지불식간에 일본 제도의 우월성을 주장하는 것이나 다를 바가 없지 않을까? 하지만 일본도 글로벌 스탠다드의 수용을 위해 노력하고 있다는 사실은 그만큼 자신들의 제도에 한계가 있다는 것을 인정하고 있음을 의미한다.

둘째, 비록 유사한 건설제도가 운용되고 있긴 하지만, 일본은 여전히 한국보다 선진국이다. 일본의 건설제도를 구체적으로 들여다보면 볼수록, 한국 제도보다 훨씬 더 정교하다는 사실을 알게 된다. 일본을 건설제도의 선진국이라고 부르기는 어렵지만, 한국 제도보다 더 나은 면모를 많이 갖고 있다는 사실을 보여주고자 한다. 아무튼 지금까지도 한국은 일본만큼 제도 형성이 되어 있지 않다. 건설제도에 관한 한, 한국이 일본보다 더 낫다고 자랑할만한 요소를 발견하기도 어렵다. 그렇기 때문에 여전히 일본은 한국의 벤치마킹 대상인 것 같다.

03 글로벌 스탠다드의 핵심적인 내용

효율성(Efficiency) 추구

건설제도의 글로벌 스탠다드가 지향하는 기본적인 목표는 효율성의 향상이다. 건설사업에서의 효율성은 궁극적으로 공사비(cost), 공기(time), 품질(quality)로 표현된다. 저렴한 비용으로, 보다 빨리, 좋은 품질의 시설물을 조달하기 위한 건설제도가 글로벌 스탠다드의 핵심을 이루고 있다.

효율성의 제고를 위해서는 낙찰자 선정이 정치적 · 정책적 고려가 아니라 경제적 내지 상업적 기준(commercial criteria)에 따라 이루어져야 한다. 1990년대 이후 각국의 조달제도는 "전세계적인 혁명(Global Revolution)"을 겪었는데, 그 핵심적인 내용 중 하나는 국내외를 막론하고 조달정책 결정시 "상업적 기준"을 사용해야 한다는 것이었다(Sue Arrowsmith & Arwel Davies eds. 1998). 낙찰자 선정시 기업의 계약이행 능력에 기초하여 개별 입찰자가 제시한 가격이나 품질 등과 같은 상업적 기준만을 활용해야 한다는 의미다. 상업적 기준의 활용은 국내적으로 건설사업의 효율성을 확보하고 정책결정자의 자의성을 배제하는 것을 목적으로 한다. 국제적으로는 자국업체가 외국업체에 비하여 불리한 위치에 처하지 않도록 하는데 기여하게 된다. 물론 산업정책적인 목적상 이 기준의 예외도 있긴 하다. 예컨대, 미국 · 캐나다 · 일본 · 한국 등의 국가는 지역업체 우대조치와 같이 차별적인 정책을 유지하고 있다. 하지만 이 같은 비상업적 기준은 투명성 확보에 장애가 되기 때문에 정부조달협정(GPA)은 이들 정책의 지속을 억제하는 효과를 갖게 될 것이라고 한다. 유럽연합에서는 아예 지역 · 중소업체에 대한 차별적인 보호정책 자체를 1993년부터 전면 폐기했다.

미국이나 영국에서도 건설산업 혁신이나 공공조달제도 개혁운동은 효율성을 제고하는 것이 일차적인 목표였다. 예컨대, 1994년에 수립된 미국의 국가건설목표(National Construction Goals: NCG) 또한 건설산업의 효율성 제고를 위해 ① 건설사업 기간의 50% 단축, ② 운영 · 유지관리 및 에너지 비용의 50% 절감, ③ 생산성 및 안락성의 30% 향상, ④ 시설물 사용자의 질병 및 상해 50% 감축, ⑤ 건설 폐기물과 공해의 50% 감축, ⑥ 내구성 및 유연성의 50% 향상, ⑦ 건설인력의 질병 및 상해 50% 감축 등과 같은 7대 목표로 구성되어 있다[41].

영국의 건설산업 및 공공건설사업 관련 조달시스템의 개혁은[42] 1994년에 발간된 「Latham 보고서」 발간이 계기가 되었다[43]. Latham 보고서가 가장 큰 반향을 일으켰던 것은 건설산업에서 30%의 원가절감을 달성하자는 제안이었다. Latham 보고서 이후 공공조달시스템의 문제점을 파악하고 효율성을 높이기 위한 구체적인 실천방안을 제시한 「Levene 보고서」가 제시되었다[44]. Levene 보고서에서는 건설산업이 안고 있는 비효율성과 비생산성의 문제가 공공 발주자에게도 존재하며, 건설산업의 개혁과 비용효과성을 향상시키기 위해서는 공공 발주자의 제도와 관행을 혁신해야 한다는 점을 지적하였다. Levene 보고서의 권고사항을 실천하기 위하여 재무부(HM Treasury) 주관으로 14개 정부부처로 구성된 실무작업반이 구성되었고, 1997년부터 순차적으로 총 10권에 달하는 「정부공사 조달지침(Government Construction Procurement Guidance)」이 발간되었으며, 이를 공공공사에서 적극 활용하도록 하였다. 1998년에는 「Eagan 보고서」[45]가 발간되면서 영국 건설산업의 비효율성과 비생산성 요인을 제거하고 성과와 비용효과성의 향상을 추구하는 「건설재인식(Rethinking Construction) 운동」이 지금까지 지속적으로 추진되고 있다. 공공부문에서는 이 운동의 연

41) 세계 최고의 경쟁력을 갖고 있는 것으로 평가되는 미국 건설산업도 1980년대에 들어서면서 국내적으로는 기술 우위 경쟁력이 다른 선진국이나 개발도상국들에게 위협을 받고, 높은 임금수준과 공사비, 저조한 생산성 향상, 산업생산액의 0.5%에 불과한 연구개발(R&D) 투자 등의 문제를 안고 있어 획기적인 전환이 필요했다. 이 같은 시기에 국가적인 차원에서 건설산업이 추구해야 할 목표(NCG)를 수립하였는데, 7대 목표를 보면 공기단축이나 비용절감이라는 효율성의 핵심적인 키워드와 함께 에너지, 환경, 지속가능성, 안정 등과 같은 개념도 함께 포괄하고 있다(김예상 · 한미파슨스, 2003).

42) 영국 건설산업의 혁신운동에 관한 내용은 김한수 · 한미파슨스(2003), 「영국 건설산업의 혁신전략과 성공사례」에서 인용하였다.

43) M. Latham(1994). *Constructing the Team*. HMSO.

44) P. Levene(1995). *Construction Procurement by Government:: An Efficiency Unity Scrutiny*. HMSO.

45) J. Eagan(1998). *Rethinking Construction*. DETR.

장선상에서 공공부문 건설사업의 효율성과 생산성 향상을 목적으로 하는 「건설공사 조달 수월성(秀越性) 달성(Achieving Excellence) 지침」이 운용되고 있다(http://www.ogc.gov.uk).

일본의 경우는 공공공사비 절감을 위한 대책마련에 주력해 왔다. 특히 일본은 오랜 장기 불황을 겪으면서 한정된 재원을 좀더 효율적으로 활용해야 할 필요성이 더 컸다. 공공공사비 절감을 위한 각종 행동지침과 행동계획이 수립되어 추진된 1997년~1999년간의 시기에는[46) 공공공사비를 10% 절감하겠다는 수치목표를 제시하였고, 직접적인 공사비(=시공비)의 절감에 주력하였다. 이 같은 수치목표를 달성하기 위한 세부 시책으로 공사계획 · 설계 검토, 공사 발주 효율화, 공사구성 요소별 공사비 절감, 공사실시단계에서의 합리화와 규제완화 등과 같은 방안들이 제시되었다. 2000년 9월의 공공공사 코스트 절감대책 관계 각료회의에서는 2000년도 이후의 새로운 「공공공사 코스트 절감대책에 관한 신행동지침」을 수립하여, 이를 기본으로 공공공사를 담당하고 있는 각 부처에서 신행동계획을 마련하였다. 2003년 3월에는 「국토교통성 공공사업 코스트 구조개혁 프로그램」을 수립해서 ① 사업의 신속화, ② 계획 · 설계부터 유지관리까지 각 단계의 최적화, ③ 조달의 최적화를 주검토대상(check point)으로 하여, 종합적인 공사비 절감을 추진하고 있다.

한국의 건설제도 또한 효율성을 추구하는 전세계적인 추세와 전혀 무관하지는 않았다. 외환위기로 인하여 IMF 관리체제로 들어간 1998년에는 건설교통부 주관으로 공공건설사업비 20% 절감을 목표로 하는 「공공건설사업 효율화 종합대책(1999.4)」이 수립되어 시행되기도 했다. 하지만 영국이나 일본 사례처럼 지속적이지 못했고, 일회성에 그쳤다. 성과 측정 도구도 제시하지 못했고, 어느 정도 성과가 있었는지에 대해서도 알려진 바가 없다. 이렇게 된 근본적인 원인은 건설산업의 효율성 제고에 대한 「사회적 합의」 형성이 이루어지지 못한데 있다고 본다. "공사비 절감"과 같은 목표는 발주자와 건설업계 모두의 반발을 사고 있는 것이 한국적 현실이다. 발주자는 공사비 절감이 부실공사를 초래한다고 비판하고, 건설업계는 "적정한" 수익성이 "보장"되어야 한다는 주장을 편다. "공기 단축"에 대해서는 더욱 비판적이다. "빨리 빨리 문화"가 부실공사의 주범이라는 생각이 광범위하게 퍼져있다. 2004년에 완공된 경부고속철도 건설사업의 추진과정에서도 보았듯이, 구조물의 안전과 무관한 사소한 크랙(crack)이나 라면봉지가 발견되기만 하면 온갖 호들갑을 떨면서도, 정작 공사비가 당초 계획

46) 일본 정부는 1997년 1월 각료를 구성원으로 하는 공공공사 코스트 절감대책 관계 각료회의를 설치하였고, 약 3개월간 적극적인 검토를 거쳐 「공공공사 코스트 절감대책에 관한 행동지침」을 마련하였다. 국토교통성에서는 정부의 행동지침을 토대로 기존의 「공공공사 건설비 절감에 관한 행동계획('94.12)」을 보완한 「공공공사 코스트 절감대책에 관한 행동계획('97.4)」을 수립하였다.

보다 3.2배로 증가하고, 공기가 5.5년이나 지연된 것에 대해서는 무덤덤하다. 그저 "부실공사 방지", "부정 · 부패 방지", "지역 · 중소건설업체 보호"와 같은 정책들이 그때그때 건설산업의 "선진화"니 "혁신"이니 "경쟁력 강화"니 하는 탈을 뒤집어 쓴 채, 특정 이익집단의 이익을 대변하는 아전인수(我田引水)격의 탁상공론(卓上空論)으로 치장되어 제시되기도 한다. 그 성과는 어디에서도 지속적으로 평가하지 않는다.

유럽연합지침(EU Directives), 정부조달협정(GPA)과 같은 국제협정이나, 유엔무역법위원회(UNCITRAL) · 유럽부흥은행(EBRD) · 세계은행(World Bank/IBRD) · 아시아개발은행(ADB)과 같은 국제기구의 각종 권고안이나 조달지침들, 그리고 미국 · 영국의 건설 및 조달제도 혁신운동은 물론이고 일본마저도 「효율성의 추구」를 지향하고 있다는 사실을 중시해야 한다. 한국의 건설제도를 글로벌 스탠다드로 전환하고자 한다면, 무엇보다 먼저 효율성의 추구에 대한 「사회적 합의」부터 형성해야 할 필요가 있다.

「최저 가격(lowest price)」 대신 「최고 가치(best value)」 추구

건설제도의 글로벌 스탠다드는 「비용(cost)」 개념의 전환을 보여주고 있다. 효율성의 추구를 위해서 예산 절감이 중요하다는 것이 과거의 구매조달 패러다임이었다면, 지금은 「비용(cost) 대비 최고 가치(best value) 실현」으로 구매조달 패러다임이 바뀌고 있다. 「비용 대비 최고 가치 실현」은 품질, 기술혁신, 생산성, 총비용, 적합성, 적시성, 만족도 등을 종합적으로 고려하여 발주자에게 최고의 가치를 제공해주는 물품이나 서비스를 선택함으로써 달성할 수 있다. 이때 가장 중요한 요소 중 하나는 비용을 바라보는 시각의 전환이다.

기존의 구매조달행위에서는 초기 거래비용의 최소화만을 고려하는 경우가 많았다. 하지만 초기 거래비용의 최소화는 종종 추가적인 고비용을 발생시키는 경우가 많다. 결국 추가적인 비용까지 합하면 처음의 조달비용을 초과하는 경우도 발생한다. 이런 사실들이 널리 인식되면서 지금은 물품이나 시설물의 설계 · 시공단계만이 아니라 유지관리단계까지 포함한 총 생애주기에 걸친 비용(whole life cycle costs: LCC) 개념이 건설 및 조달제도에 명시적으로 도입되어 있다. 아울러 단순한 최저가 낙찰제가 투자효율성(value for money)을 달성하는데 실패하였다는 사실을 지적하면서, 최고 가치(best value) 낙찰방식으로 방향전환이 이루어지고 있다.

유럽연합지침이건, 정부조달협정이건, 미국 · 영국 · 일본의 조달제도이건 간에 명칭 여하를 막론하고 낙찰자 선정기준은 "최저 가격(lowest price)"이거나, "가장 경제적으로 유리한 입찰(the most economically advantageous tender)"중 하나다. 최저 가격 기준은 대개 구매조달 대상이 단순할 경우, 가격만으로 최고 가치의 달성이 충분히 가능할 때 활용된다. 하지만 건설공사는 입찰가격만이 아니라 기술력과 재무상태를 포함한 종합적인 계약이행능력을 갖춘 자 가운데 최저 가격 입찰자를 낙찰자로 선정하거나, 입찰가격과 기술 및 품질 평가요소 등을 함께 복합적으로 평가하여 낙찰자를 선정하고 있다. 어느 경우를 막론하고 최저 가격 입찰자라고 해서 반드시 낙찰자가 되는 것은 아니다.

「최저 가격」 기준에서 「최고 가치」 기준으로 가장 극적인 전환을 보여준 사례는 영국일 것이다. 영국에서는 예산책임성 확보를 위하여 오랫동안 공공 건설사업의 낙찰자 선정시 최저가 낙찰 원칙을 고수해 왔다. 하지만 「Levene 보고서(1995)」에서는 최저가 낙찰제의 문제점을 지적하고, 공공 건설사업의 낙찰자 선정시 입찰자의 가치 창출 목표 달성 가능성에 초점을 두고 낙찰자를 선정할 것을 제안했다. 이 같은 제안이 영국 재무부(HM Treasury)와 감사원(National Audit Office: NAO)에 수용되면서 공공 조달시스템의 기조가 최저 가격 위주 낙찰에서 투자효율성(value for money: VFM)을 중시하는 낙찰로 변경되었다. 투자효율성(VFM)의 강조는 가격 위주의 낙찰자 선정이 아니라 입찰자의 수행능력을 우선시 하는 것을 의미한다. 가격 요소가 낙찰자 선정시 완전히 배제되는 것은 아니지만 입찰자의 수행능력을 더욱 중요시하고 있다. 낙찰자 선정시 최저 가격이 아닌 VFM을 중심으로 하는 조달 기조의 변화는 VFM이라는 개념을 이해하고 이를 실천하기 위한 공공 발주자의 인식 전환과 역량 강화가 선행되어야 한다. 이를 위해 2000년에 새로 설립된 영국의 정부상무청(Office of Government Commerce: OGC)은 「관문 점검 절차(Gateway Review Process)」를 통해 VFM이라는 추상적인 개념을 실천적인 업무 프로세스로 정의하여 공공 건설사업 조달업무의 Best Practice 실천을 위한 실무적인 기반을 제공하였다. 특히 영국의 지방정부는 2000년 1월에 최저가 낙찰제가 적용되던 강제경쟁입찰제도(Compulsory Competitive Tendering: CCT)를 폐지하는 대신, 2000년 4월부터 「최고 가치(Best Value)」 제도의 적용이 의무화되었다(Nicholas Dobson, 2000).

일본도 공사비 절감대책을 수립하는 과정에서 생애주기 비용의 절감으로 뚜렷한 정책방침의 전환이 이루어지고 있다. 예컨대, 공사비 절감을 위한 신행동지침과 신행동계획을 수립하여 추진한 2000년~2002년간의 시기에는 공사비 절감을 위한 수치목표를 제시하지 않는 대신, 총생애주기비용(LCC)의 절감에 주력하였다. 이 시기에는 종합적인 공사비 절감 목표를 「① 직접적인 공사 코스트 절감 + ② 시간적 코스트 절감 + ③ 시설의 내구성 향상에 의한 라이프싸이클 코스트 절감 + ④ 공사에 있어서 사회적 코스트 절감 + ⑤ 공사 효율성 향상에 의한 장기적 코스트 절감」 등으로 설명하였다.

한편, 일본에서도 전통적인 「최저가격 자동낙찰방식」 대신, 최근에는 가격에 추가하여 기술 · 성능 등과 같은 조건도 포함하여 입찰에 부치되, 예정가격 제한범위 내에 있는 자 중 가격이외 조건과 가격을 종합적으로 평가하고, 발주자에게 더욱 유리한 자를 계약자로 선정하는 이른바 「종합평가 낙찰방식」의 활용사례가 급증하고 있다. 예컨대 일본 국토교통성은 「입찰계약 적정화를 위한 당면의 방책(2003.4)」에서 "종합평가 낙찰방식에 대하여는 전 발주금액의 2 0%이상을 목표로 시행 확대를 꾀하는 동시에 (중략) 지방공공단체에의 보급을 염두로 사례집 작성을 한다」라고 기술하고 있다[47]. 지방공공단체 가운데 종합평가 낙찰방식을 도입 · 시행한 단체는 16개, 도입 예정 단체가 1개로 전체 지방공공단체의 1/3이하 수준이지만, "정형적인 안건에 대해서는 사무량 증가로 부적절하지만, 고도의 기획력 · 기술력을 요구하는 안건에 있어서는 반수를 점하였다"고 한다(全國建設業協會, 2004).

전통적으로 최저가 낙찰제를 활용해 왔던 미국도 최저가 낙찰제가 품질수준의 저하 등 많은 문제를 안고 있고, 추가적인 계약 및 관리비용을 유발시킬 수 있어서 오히려 비경제적인 경우가 많다는 사실을 인정하고 있다. 따라서 최저가 입찰자의 경우도 입찰가격만이 아니라 발주자가 제시하는 여러 요구조건에 부합되어야만 낙찰자가 될 수 있다. 오늘날의 미국도 최저가 낙찰제보다는 기술능력과 재정능력 등을 종합적으로 평가하여 발주자에게 최고 가치를 제공할 수 있는 입찰자를 낙찰자로 선정하는 방식을 더 선호하고 있다.

한국에서는 입낙찰제도를 글로벌 스탠다드로 전환하기 위해 2001년부터 다시 최저가 낙찰제를 도입했다(건설교통부. 2000). 하지만 그 대상은 공사규모가 크고, 기술적 난이도가 높은 1,000억원 이상 입찰참가자격 사전심사(PQ) 대상공사였고, 2003년 12월에는 500억원 이상 PQ공사로 확대되었다. PQ심사 통과업체에게만 입찰참가자격을 주고 있지만, 국제적으로 유례를 찾아보기 어려울 만큼 통과업체 수가 많다[48]. 이행보증(performance bond) 제도를

47) 일본 국토교통성의 자료를 보면, 종합평가 낙찰방식의 활용사례는 1998년 이전에는 없었지만, 1999년에 2건, 2000년에 5건, 2001년에 34건으로 증가하다가 2002년에는 450건으로 급증하였다(鈴木一, 2004).

48) 미국이나 유럽의 경우 평균적인 입찰참가자 수가 3~5개사인데 반하여(HM Treasury, 2000; 鈴木一, 2004), 한국의 최저가 낙찰제 공사 입찰참가자 수는, 2004년의 경우 평균 31개사였다.

도입하여 부실업체의 덤핑수주를 막겠다고 했지만, 공사이행보증서를 발급받지 못해서 계약을 체결하지 못한 사례는 없다.

최저가 낙찰제 외에는 모두 적격심사 낙찰제도가 적용되는데, 이 또한 국제적으로 통용되는 최고 가치 낙찰방식과는 차이가 있다. 가장 큰 차이는 비가격요소에 대한 평가의 변별력이 없다는 사실이다. 아울러 설계/시공 분리발주 공사에 적용되는 적격심사제도는 공사규모별로 설정된 통과점수를 받을 수 있는 최저 가격 입찰자를 낙찰자로 선정하고 있기 때문에 낙찰하한율이 형성되어 있고, 이는 사실상 일정한 낙찰률을 정부가 제도적으로 보장하는 결과를 초래함으로써 시민단체나 언론으로부터 건설업체의 수익성을 제도적으로 보장해 주고 있다는 비판을 받고 있다.

한국에서는 아직도 「최저 가격」에서 「최고 가치」로 낙찰자 선정기준이 바뀌지 못했다. 비록 생애주기비용에 대한 개념이 기획예산처의 「총사업비 관리지침」에 언급되어 있긴 하지만, 여전히 구체성이나 실효성 없는 선언적 문구에 그치고 있다. 특히 최저가 낙찰제 확대 및 지나친 저가 낙찰 문제를 둘러싼 논란 과정을 보고 있노라면, 한국에서는 비용 개념의 전환에 대한 「사회적 합의」조차 전혀 이루어지지 않았다는 사실을 확인할 수 있다. 하지만 국무총리실의 규제개혁기획단에서는 2006년 상반기 중에 최고가치 낙찰제 도입을 위한 로드맵 제출을 재정경제부에 요구했다. 이에 따라 한국에서도 최고가치 낙찰제도에 대한 논의가 2006년부터 본격화될 전망이다.

경쟁성(Competitiveness) 제고

투자효율성(value for money)이나 최고 가치(best value)를 획득하는 가장 중요한 수단 중 하나가 경쟁(competition)이다. 유럽연합지침이나 정부조달협정과 같은 국제협정의 기본적인 내용은 정부조달시장 개방과 관련하여 국내외 기업간 차별 없는 시장접근과 경쟁을 보장하는데 초점을 두고 있다. 낙찰자는 발주자가 요구하는 최상의 조건을 제시하는 복수 계약자간에 경쟁을 통하여 선정되어야 한다. 경쟁은 효율성을 획득하기 위해서도, 조달공무원의 재량권 남용을 방지하고 투명성을 확보하기 위해서도 중요하다.

유럽연합집행위원회에서는 공공조달부문에서 외국업체에 대한 차별과 자국내 지역업체 선호 정책 등에서 비롯된 비관세 장벽을 철폐할 경우, 200억 ECU(혹은 GDP의 0.5%)에 달하는 잠재적인 절감효과가 있을 것으로 평가했다. 이 같은 효율성은 다음 3가지 효과로 인해서 가능했다고 한다(Christopher Bovis, 1998).

첫째는 무역효과(trade effect)다. 공공조달시장의 투명성 제고로 인하여 유럽연합 가맹국들의 시장접근 폭이 확대되면서 보다 낮은 비용의 조달이 가능했기 때문이다.

둘째는 경쟁효과(competition effect)다. 지역업체 우선 정책이나 차별적인 정책으로 인하여 경쟁으로부터 보호를 받고 있던 기업들의 가격행태(price behavior)가 변한 결과, 산업성과(industrial performance)가 변했기 때문이다. 경쟁은 처음에는 가격경쟁이었지만, 시간이 흐름에 따라 비가격요소(R&D, 혁신, 고객만족 등)도 추가되었다. 아울러 자국이건 가맹국이건 간에 물품, 공사, 용역의 모든 부문에서 비슷한 생산물에 대해서는 동일한 가격이 매겨지는 가격수렴(price convergence)현상이 일어나기도 했다.

셋째는 구조조정효과(restructuring effect)다. 이 효과는 경쟁의 증대로 인하여 공급측면에서 산업계의 구조조정이 일어난 것을 말한다. 전략적 인수합병과 기업 경영의 재조직화가 이루어졌고, 공공조달 지침이 정한 새로운 시장환경에 대응하기 위하여 지속적인 구조조정이 추진되었다.

건설시장의 세계화 추세가 확산될수록 경쟁성의 제고도 불가피하다. 각국의 경쟁제한적인 제도는 글로벌 스탠다드를 수용하여 경쟁을 촉진하는 방향으로 전환되지 않을 수 없다. 입찰담합이나 특수한 기술적 사양(technical specification)을 통한 경쟁제한적인 행위는 이미 각국의 경쟁법(competition law)이나 정부조달협정과 같은 국제규범에서 엄격하게 금지하고 있다. 지역 · 중소업체 보호정책만 해도 유럽연합에서는 1990년대 초반에 폐지되었다. 미국에서는 지역업체 우대정책이 납세자들의 부담을 가중시키는 보조금의 일종으로 평가되고 있으며, 미국 37개 주지사들은 정부조달협정을 수용하면서 주정부 소재업체에 대한 우대정책이나 미국산 우선구매조건을 협정서명국 입찰자들에게 적용할 수 없도록 하고 있다(조달청, 2004). 선진국 중에서 예외적으로 일본만 여전히 보호주의적인 색채가 대단히 강하고, 입찰담합과 같은 반경쟁적 행위도 여전하다는 평가를 받고 있다.

경쟁제도의 글로벌 스탠다드와 관련하여 몇 가지 주목할 만한 사항이 있다.

첫째, 유럽연합지침이나 정부조달협정에서는 "비정상적으로 낮은 가격에 입찰한 자(abnormally low bidder)"는 적절한 절차를 거쳐 낙찰대상에서 배제할 수 있도록 규정하고 있다. 경쟁지향적인 미국에서도 연방조달규정(FAR)은 물론이거니와, 많은 주 정부들이 생산원가나 조달가격 이하에서 경쟁하는 것을 금지하는 법규를 가지고 있다(조달청, 2004). 미국이나 일본과 같이 최저가 낙찰제를 운영하는 나라들도 대부분 입찰가격의 적정성을 심의하여 낙찰자를 선정하고 있다.

둘째, 경쟁의 초점은 가격에서 품질, 기술, 공기 등 복합적인 요소로 바뀌고 있다. 이는 비용 개념의 전환과 투자효율성(value for money) 확보가 중시되는 추세와 일치한다.

셋째, 건설시장을 개방했다고 해서 무제한적인 입찰참가를 허용하는 것은 아니다. 충분한 계약이행능력을 갖춘 자에게만 입찰을 허용하는 것이 글로벌 스탠다드이다. 건설시장의 개방을 계기로 입찰참가자격 사전심사(PQ)가 더 강화되는 이유도 여기에 있다. 영국 · 프랑스 · 독일과 같이 건설업 면허제도가 없는 나라에서는 전통적으로 공개경쟁입찰보다는 지명경쟁이나 수의계약 방식이 보편적으로 활용되었기 때문에 입찰참가자 수는 적었다. 영국의 「공공공사 조달 법령(The Public Works Contracts Regulations)」(http://www.ogc.gov.uk)에서는 아예 입찰참가자 수를 3~5개사로 한정하고 있다. 공개경쟁입찰을 원칙으로 하는 미국에서도 입찰참가자 수는 3~5개에 불과하다(鈴木一, 2004). 발주자에 의한 엄격한 공사이행능력 심사과정과 보증기관에 의한 선별과정이 존재하기 때문이다. 일본에서는 시장개방 대상이 아닌 공사는 주로 지명경쟁입찰방식이 적용되고, 시장개방 대상공사는 주로 공개경쟁입찰방식이 적용된다. 하지만, 일본의 공개경쟁입찰에서도 입찰참가자 수는 10개사 미만이다(NIKKEI CONSTRUCTION, 2005.12.9).

한국의 경우는 놀라운 입찰참가자 수를 보여주고 있다. 1건 공사의 입찰참가자 수가 100개사를 넘어가는 경우는 예사고, 심지어 소규모 전기공사의 경우는 2,000~3,000개사에 입찰하는 경우도 있다[49]. 이처럼 입찰참가자 수가 많으면 경쟁이 촉진된다고 말할 수 있을까? 그렇지 않다. 먼저 무엇을 가지고 경쟁하는지, 경쟁의 포인트부터 보자. 적격심사제도가 적용되는 대부분의 공공공사는 입찰가격에 의해 낙찰자가 결정된다. 비가격평가의 변별력이 없고, 그러다 보니 낙찰을 좌우하는 것은 입찰가격뿐이다. 하지만 부실공사 방지와 건설업체 보호를 명분으로 공사규모별로 설정된 낙찰하한율 미만의 낙찰은 불가능하다. 오직 공사규모별로 설정된 낙찰하한율에 입찰해야만 낙찰이 되는데, 15개의 복수예비가격중 4개를 뽑아 산술평균한 예정가격을 기준으로 정해진 낙찰하한율에 입찰해야 한다. 확률의 차이만 존재할 뿐, 45개 숫자중 6개를 맞추면 1등에 당첨되는 "로또복권"과 동일한 구조다[50]. 입찰참가자들간

49) 2004년 조달청에서 발주한 100억~500억원 공사의 평균 입찰참가자 수는 129개사였고, 5억~10억원 공사의 평균 입찰참가자 수는 471개사였다.

의 경쟁 초점은 가격도 아니고, 기술도 아니다. 500억원 이상 PQ심사 대상공사에 적용되고 있는 최저가 낙찰제 또한 일시적으로 무제한적인 가격경쟁이 이루어지는 듯 하다가, 2003년의 저가심의제도 도입을 계기로 또다시 적격심사제도처럼 "요행에 의한 저가 낙찰"이 이루어지고 있다. 설계·시공 일괄 및 대안입찰공사는 요행에 의한 낙찰이 이루어지는 것은 아니지만, 설계평가점수에 의해 낙찰이 좌우되다 보니 언제나 설계심의위원에 대한 과도한 로비 문제가 대두되어 왔다.

이처럼 한국에서는 입찰참가자 수만 보면 치열한 경쟁이 이루어질 것 같은데, 정작 경쟁의 내용은 기술도 아니고, 가격도 아니다. 기술 경쟁을 하자고 하면 기술력 없는 업체들이 반발한다. 발주자는 발주자대로 기술심사의 부담 때문에 기술경쟁을 회피한다. 객관성과 투명성을 확보한다는 명분으로 기술력에 대한 평가는 대개 기술자격자의 숫자를 세거나, 기술개발투자비를 얼마나 지출했는지를 헤아리는 정도에 불과하다. 가격 경쟁에 대해서는 발주자나 건설업계나 펄쩍 뛴다. 입찰참가자 수가 수백개~수천개에 달할 정도로 경쟁이 치열한데도 불구하고, 낙찰률이 떨어져서는 안 된다는 의식이 보편화되어 있다. 공사를 수주하는 업체는 이윤을 남겨야 된다는 건설업계의 주장에 발주자도 동조하고, 저가 낙찰은 부실공사를 부른다는 이유로 가격 경쟁을 허용해서는 안 된다고 한다. PQ심사를 강화하거나, 낙찰자 선정기준의 변별력을 강화해서 입찰참가자 수를 줄이자는 주장을 하면 "대기업의 앞잡이"로 돌팔매질을 당하기 일쑤다. 이같은 경쟁상황에서는 앞서 언급했던 「구조조정 효과」가 발생하기는커녕, 낙찰확률을 높이기 위해 계열사 수를 늘리거나 입찰브로커 역할만 수행하는 페이퍼 컴퍼니(paper company)만 양산하게 된다. 그럼에도 불구하고 중소기업 보호·육성이나 대·중·소 기업간 균형발전이란 명분아래 입찰참가자 수를 늘리기 위한 대책들이 지난 몇 년간에 걸쳐 지속적으로 양산되고 있다. 입찰참가자 수만 500개에서 1,000개로 늘려주는 것이 중소기업 보호·육성제도이고, 대·중·소 기업간 균형발전을 위한 대책이라고 주장할 사람들은 없을 것이다. 그럼에도 불구하고, 발주자나 건설업계나 결과적으로 입찰참가자 수만 늘리고 있는 제도변경을 지난 10여년 간에 걸쳐 수없이 반복하고 있는 것이 한국 건설산업이 안고 있는 심각한 구조적 문제다.

만약 현재와 같은 한국 건설산업의 경쟁상황이 오랫동안 지속된다면, 「역(逆) 구조조정 효과」가 발생할 것이다. 부실건설업체나 비효율적인 건설업체가 시장에서 도태되는 것이 아니

50) 로또복권 1등 당첨 확률은 814만분의 1이라고 하는데, 적격심사공사의 낙찰하한율을 맞힐 수 있는 확률은 1,365분의 1이다.

라, 건전한 기업들이 건설산업을 떠나거나 수주난으로 도태되고, 입찰브로커는 갈수록 늘어날 것이다. "고통스럽지만 반드시 해야만 할" 제도개선 과제가 있다면, 경쟁제도의 글로벌 스탠다드를 도입하여 한국 건설산업의 「사이비(似而非) 경쟁구조」를 근본적으로 혁신하는 일일 것이다.

투명성(Transparency)과 공개성(Openness) 확보

건설제도의 글로벌 스탠다드는 투명성과 공개성을 증진시키는 것을 내용으로 한다. 유럽연합지침이나 정부조달협정의 가장 중요한 원칙도 투명성(transparency)이다. 투명성 원칙은 두 가지 목적을 갖고 있다. 첫째는 가맹국 공공조달시장에 개방시스템을 도입하여 국적에 따른 차별을 없앤다는 것이고, 둘째는 수요와 공급 양 측면에 걸쳐 모두 으뜸가는 조달시스템(best practice system)을 도입할 수 있는 기반을 제공한다는 것이다.

투명성 원칙은 공공조달 절차가 "명확한(clear)" 규칙과 수단에 의해 규정되어야 한다는 원칙인데, 다음 4가지 특징을 공유하고 있다(Sue Arrowsmith & Arwel Davies eds. 1998).

첫째, 모든 정부조달 참여자(잠재적인 참여자 포함)는 조달절차를 분명하게 알 수 있어야 한다.

둘째, 조달공무원의 재량은 공식적인 규칙의 위임 범위내에서 이루어져야 한다.

셋째, 입찰결과나 낙찰자 결정과정의 공개와 같이 조달규칙의 준수여부는 증명할 수 있어야 한다.

넷째, 조달규칙에 대한 순응(compliances)을 확보하기 위해서는 조달 관련 정책결정을 사후에 정밀하게 감사할 수 있는 검증 메카니즘(verification mechanism)이 존재해야 한다.

유럽연합의 경우, 투명성 원칙은 개방 대상이 되는 공공조달계약 관련 사항을 유럽연합 가맹국 모두에게 알림으로써 달성하고자 한다(Christopher Bovis, 1998). 그 방법으로서는 ① 매년 정기적으로 연간 조달계획을 공표(Periodic Indicative Notices, PIN)하고, ② 입찰초청(Invitations to Tender)을 하며, ③ 낙찰통지(Contract Award Notices, CAN)를 하는 것 등이 있다. 이런 모든 유형의 통지들을 유럽연합출판국(Publication Office of the European Communities)에서는 12일 이내(제한입찰이나 협상에 의한 계약은 5일 이내)에 관보(Official Journal)에 등재해야 하고, TED(Tenders Electronic Daily)라고 부르는 데이터베이스 시스템을 경유하도록 하고 있다.

공개성의 원칙은 경쟁의 원칙을 보완하는 것이기도 하다. 이는 낙찰가능성이 있는 국내외 모든 계약자들에게 당해 계약에 입찰할 수 있는 기회를 보장해야 한다는 것을 의미한다. 이와 관련하여 대부분의 국내 조달관련 법규와 유럽연합지침, 정부조달협정에서도 인위적으로 특정업체나 물품 등을 배제하지 않도록 하는 의무조항을 포함하고 있다. 다만, 발주자의 요구조건에 적합하지 않은(non-responsive bid) 경우는 거절할 수 있다.

형식적인 투명성과 공개성에 관한 한, 한국의 건설제도는 다른 나라의 벤치마킹 대상이 될 만한 자격이 있다고 생각된다. 세계 제1의 IT강국에 걸맞게 전자조달제도 또한 다른 국가에 비하여 빨리 도입되었고, 성공적으로 정착되었다고 본다[51]. 그런데 형식적인 투명성 · 공개성 · 객관성의 확보 이면에는 타당성[52]의 상실이 자리 잡고 있다. 그 이유는 투명성 · 공개성 · 객관성 개념에 대한 오해와도 연관된다.

한국에서는 누가 평가하더라도 동일한 결과가 나올 수 있는 계량화된 지표를 활용해야만 투명성 · 공개성 · 객관성을 확보할 수 있다는 생각을 가진 사람들이 많다. 그 결과 지금의 PQ제도나 적격심사제도와 같이 비가격요소에 대한 변별력 상실 문제가 대두되었다. 계량화가 가능한, 과거 실적이나 기술자격증 위주의 입찰자 평가는 투명하고 객관적이긴 하지만, 실질적인 계약이행능력을 보여주는 타당성 있는 평가로 보기 어려운 경우가 많다.

실질적인 기술 · 품질 · 관리능력과 같은 요소들에 대한 평가는 현실적으로 계량화가 힘들고, 평가자의 기술적 · 전문적 판단이 불가피하게 개입하게 된다. 글로벌 스탠다드에서는 조달공무원의 기술적 · 전문적 판단도 일정한 절차와 기준에 따라 이루어질 경우에는 투명성 · 공개성 · 객관성이 충분히 확보된 것으로 인정해주고 있다. 미국의 경우 일정한 기준과 절차에 따라 협상(negotiation)을 통한 계약체결이 일상적으로 이루어지며, 입찰가격의 적정성이나 기술 · 공법에 대한 심의, 공기제안형 입찰도 빈번하게 활용된다. 그렇다고 해서 미국의 제도가 불투명하다거나 주관적이라는 비판을 찾아보기는 어렵다. 거쳐야 할 절차(process)가 구체화되어 있고, 사전에 공표된 일정한 기준(specific criteria)에 근거하여 심의나 평가 및 협상이 이루어진다면, 그것은 투명하고 공개적이며 객관적인 것이다. 또한 평가 결과는 당연히 입찰자간에 차이가 나야 한다. 입찰자 모두가 만점을 받는 식의 평가는 변별력이 없는 것

51) 2002년에 국가종합전자조달시스템(나라장터)이 구축되면서 발주, 입찰, 낙찰 등 주요 단계별 입찰정보가 인터넷에 실시간으로 공개되는 전 조달과정의 온라인화가 이루어졌고, 전체 공공입찰의 92%가 전자적으로 집행되었으며, 2만 4천여개의 공공기관과 8만여개의 기업들이 공동이용하고 있다(조달청, 2003).

52) 입낙찰제도의 타당성이란 입찰자중 당해공사를 가장 잘 수행할 수 있는 자를 선별할 수 있는 가능성으로 정의할 수 있다. 한국의 PQ, 적격심사 및 최저가 낙찰제는 그와 같은 의미의 타당성을 가진 제도로 보기 어렵다.

이다. 반면에 한국에서 입찰자의 대부분은 비가격요소에 대한 평가에서 만점을 받고 있다. 그렇기 때문에 비가격요소 평가에서 만점을 받지 못하면, 사실상 수주가능성이 사라지게 된다. 이런 상황이다 보니 온갖 미사여구(美辭麗句)로 장식된 건설업계의 제도개선 요구라는 것도, 그 결과를 생각해보면, 좀더 많은 입찰참가자가 비가격요소 평가에서 만점을 받을 수 있도록 해 달라는 내용으로 구성되어 있다. 그 결과 변별력은 지속적으로 하락했고, 이와 비례해서 입찰참가자 수는 지속적인 상승세를 보여 주었다. 이런 추세와 병행하여 전자조달제도가 도입되자 입찰수수료 폐지 등으로 입찰비용이 줄어들면서 입찰참가자 수는 건당 평균 3배가량 폭증하였다(조달청, 2003). 타당성을 상실한 형식적인 투명성 · 공개성 · 객관성의 강화는 건설산업의 구조조정을 저해하고, 무자격 부실건설업체의 난립을 조장하고 있을 뿐이다.

법 · 제도 운영의 유연성과 당사자간 계약 중시

유럽연합지침, 정부조달협정, 국제기구의 조달지침은 물론이거니와, 미국과 영국의 건설산업 및 시설공사 조달 관련 법령도 한국에서처럼 모든 발주기관과 계약담당공무원의 행정행위를 직접 구속하는 "획일적 규제(a uniform regulatory pattern)"는 아니다.

유럽연합지침은 실현되어야 할 결과와 시설공사 조달사업의 기본원칙을 제시하면서 각국의 기존 법령과 제도를 조화시키되, 각 국의 특수성을 반영하여 유연성을 확보하기 위한 법률적 수단의 기본 틀(framework)이다. 정부조달협정도 마찬가지다. 국제기구의 조달지침도 경제성과 효율성의 획득이라는 목표를 달성하기 위해 기본원칙과 절차를 규정하고 있을 뿐이다. 세부적인 절차나 규정은 여전히 각국 정부와 발주기관의 손에 달려있다.

국제규범이나 국제기구의 시설공사 조달제도만이 아니라, 글로벌 스탠다드로 평가되는 미국이나 영국의 건설 관련 법 · 제도 운영도 대단히 유연하며, 당사자간의 계약(contract)을 중시하고 있다. 이같은 법 · 제도 운영방식은 영미법(Anglo-American Law)의 특성이라고 볼 수 있다.

미국의 법체계는 헌법을 최상위 법으로 하여 국제조약, 연방법(Federal Statutes), 대통령령(Executive Orders), 연방정부기관에 의해 제정된 규칙(Agency Rules), 법원의 판결(Judical Opinions), 주정부의 헌법과 법(State Constitution and Statutes) 등으로 이루어져 있다. 미국에서 법안(Bill)은 오직 의원만이 의회에 제출할 수 있다. 그리고 법률(Act)은 특정산업을 대상으로 제정되는 것이 아니고, 노동 · 환경 · 자원 · 에너지 등과 같은 요소들에 대한 포괄적인 기본원칙을 정하고 있는 경우가 대부분이다. 건설사업의 수행에 필요한 세부사항은 각 시행기관에서 구체적인 규정으로 제정한다. 따라서 건설산업이나 건설사업의 수행과정에 관련된 실질적인 법 · 제도의 제정과 운영에 있어서는 관련 행정기관의 역할이 가장 크다. 단, 행정기관이 제정한 규정이나 규칙은 상위법의 원칙을 구현하는데 적합해야 하고, 입법부나 사법부의 모니터링 대상이 된다.

미국에서는 영국과 마찬가지로 관습법(Common Law)의 비중이 매우 크며, 법원의 판결이 제정법과 동등한 법적 효력을 갖고 있다. 비즈니스 부문에서 관습법이나 법원의 판결에 가장 중요한 근거역할을 하는 것은 계약(contract)이다. 미국의 관습법에서는 당사자간의 계약자체가 법의 근원이라고 보고 있다. 건설 관련 법 또한 마찬가지다[53].

미국 법체계의 연원이라고 할 수 있는 영국의 법체계 또한 마찬가지다. 영국에서 일반적으로 통용되고 있는 「건설법(Construction Law)」이란 용어도 대부분 계약, 분쟁, 건설상거래 관련 법이고, 그것도 단일의 제정법이 아니라 관습법, 상법, 계약법, 유럽연합지침 등을 통칭하는 의미다(김한수 · 한미파슨스, 2003). 유럽연합(EU)의 출범을 계기로 영국에서도 유럽연합지침을 집행하기 위한 규정(Regulations)을 제정[54]하기도 했지만, 이들 규정의 집행에 필요한 세부사항들은 여전히 사업시행기관의 몫이다. 영국의 중앙조달정책기관인 정부상무청(Office of Government Commerce: OGC)에서 제공하는 것도 한국의 국가계약법이나 조달사업법과 같이 각 발주기관을 구속하는 강행법률이 아니다. 대부분 "지침(Guide)"이란 명칭을 붙여 건설사업의 투자효율성(value for money)을 제고하기 위한 Best Practice를 권고하고 있는 것이다.

이처럼 미국과 영국의 법 · 제도 운영은 상위규범의 틀 속에서 집행에 관한 세부사항은 실제 사업시행기관이 신축적으로 정하고 있으며, 법 · 제도의 내용도 제정법 보다는 당사자간의 계약이 더 많은 비중을 차지하고 있다.

53) 미국의 건설관련 법체계에 관해서는 김예상 · 한미파슨스(2003). 「미국 건설산업 왜 강한가?」. 보성각.을 참조하였다. 이 책에서는 'West's Encyclopedia of American Law'를 인용하여 다음과 같이 '건설관련 법(construction law)'를 설명하고 있다.

> 'West's Encyclopedia of American Law' 에서는 '건설관련 법(construction law)' 의 가장 근본적인 출발점을 다양한 주체들 간에 맺어지는 건설계약(agreement to a construction contract)' 으로 보고 있으며, 건설관련 법을 법체계의 특정분야로 보기 보다는 계약법(contract law), 상거래법(commercial transaction law), 직업과 전문직에 관한 법(law on occupations and professions), 담보권과 보증에 관한 법(law on liens and bonds) 등이 복합적으로 적용되는 분야로 보고 있다.

54) 물품, 시설공사, 서비스, 유틸리티 등 분야별로 규정을 제정하여 운용해 오다가, 2003년에는 The Public Contracts(Works, Services and Supply) and Utilities Contracts(Amendments) Regulations로 통합하였다(http://www.ogc.gov.uk).

한국에서는 법 · 제도 운영의 신축성보다는 획일성이 지배하고 있으며, 당사자간의 계약보다 법령이 우선할 뿐만 아니라, 계약문서(contract document) 자체가 법령이기도 하다. 예컨대, 공공부문과의 계약에 관해서는 국가계약법을 모든 중앙정부기관 및 지자체에 적용하도록 의무화되어 있다. 정부투자기관의 경우는 독자규정에 의해 건설사업을 수행할 수 있긴 하지만, 감사문제를 의식하여 대부분 국가계약법령을 준용하고 있다. 계약문서는 회계예규인 「공사계약 일반조건」에서 "계약서, 설계서, 유의서, 공사계약 일반조건, 공사계약 특수조건 및 산출내역서로 구성"된다고 규정하고 있는데, 이중 계약서와 설계서를 제외한 나머지는 재정경제부에서 제정한 회계예규나 조달청과 같은 발주기관의 법령들이다. 그렇기 때문에 한국에서 건설사업을 하기 위해서는 당사자간의 청약과 승낙을 근간으로 하는 계약에 앞서, 법령부터 먼저 충분히 알고 있어야 한다.

시설공사 조달과정에서 입 · 낙찰절차 등을 주된 규제 대상으로 하고 있는 외국과 달리, 한국에는 직접 건설산업과 건설사업 수행과정의 기술적 문제를 규제하는 법령도 많다. 대표적인 것으로 「건설산업기본법」과 「건설기술관리법」이 있다. 이들 법령에 담긴 내용들을 보면, 미국이나 영국에서처럼 포괄적인 원칙을 제시하기 보다는 너무나 구체적이고, 기술적인 사항을 나열하고 있다. 예컨대, 「건설산업기본법」을 구성하고 있는 내용은 건설업의 등록, 도급 및 하도급계약, 시공 및 기술관리, 건설업자의 단체, 건설관련 공제조합, 건설분쟁조정위원회, 시정명령 및 영업정지와 벌칙 등에 관한 사항으로 이루어져 있다. 「건설기술관리법」에서 규정하고 있는 "건설기술"의 포괄범위는 건설공사에 관한 계획 · 설계 · 설계감리 · 시공 · 안전점검 및 안전성 검토, 시설물의 검사 · 안전점검 · 정밀안전진단 · 유지 · 보수 · 철거 · 관리 및 운용, 건설공사에 필요한 문자의 구매 및 조달, 건설공사에 필요한 시험 · 평가 · 자문 및 지도, 건설공사의 감리, 건설장비의 시운전, 건설사업관리 등으로 구성되어 있다. 때로는 여론을 의식한 정치권의 주장으로, 때로는 발주기관의 필요에 의해, 때로는 건설업계의 현실적 이해관계 반영을 위해 시행령, 시행규칙보다 상대적으로 개정하기 어려운 법률에 기술적 사항을 규정하는 일도 수십년 간에 걸쳐 반복되어 왔다. 과연 기술적 사항들을 법률에 깨알같이 규정하는 것이 바람직한 지에 대한 자성(自省)의 목소리를 찾아보기 어려운 것도 한국의 현실이다.

많은 사람들은 한국에 정부규제가 너무 많은 것이 문제라고 한다. 미국이나 영국은 시장경제가 정착된 나라들이기 때문에 정부규제가 별로 없을 것이라고 지레 짐작하기도 한다. 둘다 잘못된 생각이다. 미국이나 영국에 비교해 보면, 한국의 「제도화(institutionalization)」수준은 대단히 뒤떨어져 있다. 당장 미국의 연방조달규정(FAR)과 한국의 국가계약법을 비교해 보라. 그 분량이나 내용은 한국의 국가계약법보다 훨씬 더 방대하다[55]. 영국의 중앙조달정책기관인 정부상무청(OGC) 또한 엄청난 분량의 정책과 지침 및 권고사항을 제시하고 있다. 그런데 한국의 법 · 제도는 그 분량은 적지만, 획일적 · 통제지향적인 강행규범으로 이루어져 있다. 반면에 미국과 영국의 법 · 제도 분량은 방대하지만 신축적인 운용이 이루어지고 있다. 법령에서는 기본원칙을 제시하고, 권한의 위임범위 내에서 기술적 · 세부적인 사항은 사업시행기관이 신축적으로 운용하고 있는 것이다.

발주자의 역할 중시 및 재량권 인정

법 · 제도의 신축적인 운영이나 당사자간의 계약을 중시하는 문화에서는 발주자의 역할이 중요하고, 발주자에게 상당한 재량권이 인정된다. 방대한 법 · 제도에다가 각종 지침(guide)이 많은 나라가 미국이나 영국이지만, 그 내용의 대부분은 기본 원칙(principles)이나 적절한 절차(procedures)를 기술한 것들이며, 발주자의 판단이나 재량권 자체를 대체하는 것이 아니다. 예컨대, 법령에서 기술하고 있는 미국의 최저가 낙찰제 대상공사와 한국의 최저가 낙찰제 대상공사를 비교해 보자.

미국 연방조달규정(FAR)에서 최저가 낙찰제가 적용되는「일반경쟁입찰(Sealed Bidding)」방식은 ① 입찰안내나 건설업자의 입찰 및 입찰서류 평가를 수행하는데 충분한 시간이 있고, ② 낙찰자 결정이 가격 또는 가격과 관련된 요소로 이루어지며, ③ 입찰내용에 관하여 입찰자와 특별한 토론이 필요 없고, ④ 예상되는 입찰자 수가 2인 이상인 경우에 적용된다. 이 방식이 적합하다고 판단되는 공사는 공사의 내용(Scope of Work)이 구체적이고 명확하게 정의할 수 있으며, 발주자나 입찰자 모두에게 공사비 적산이 비교적 간단하고, 적산금액과 실제금액이 큰 차이가 없는 공사다(FAR 14.408). 반면에 한국의 국가계약법 시행령 제42조(국고의 부담이 되는 경쟁입찰에서의 낙찰자 결정)에서는 최저가 낙찰제 대상공사를 "(국가계약법 시행규칙 제23조에서 규정해 둔) 입찰참가자격 사전심사의 대상이 되는 공사로서 추정가격이 500억원 이상인 공사"로 규정하고 있다. 미국에서는 연방조달규정에 정해진 공사

55) 2005년 5월 현재 인터넷(http://www.arnet.gov)에서 볼 수 있는 (pdf파일) 미국 연방조달규정(FAR)의 분량은 2,193페이지에 달한다.

특성을 발주자가 판단하여 최저가 낙찰제 적용 여부를 결정할 수 있지만, 한국에서는 발주자의 판단을 배제한 채 국가계약법 시행령이 명확하게 최저가 낙찰제 대상공사를 정해둔 셈이다.

미국이나 유럽의 건설제도 혁신운동은 공급자인 건설업체가 아니라 발주자 혁신에 초점을 두었다.

미국에서는 클린턴(Clinton) 대통령이 집권과 더불어 고어(Gore) 부통령에게 정부를 완전히 새롭게 재창조(Reinventing Government)하기 위한 방안을 강구하도록 하였다. 이에 따라 고어 부통령 주도 아래 국정 성과 평가팀(National Performance Review: NPR)이 설치되어 본격적인 정부개혁작업이 이루어졌다. NPR이 강조하는 핵심적인 아이디어는 절차와 규정을 단순화하고, 공무원들에게 권한을 부여하자는 것이었다. 민간부문에서 흔히 "판매현장에서 결정이 이루어지도록 하라"고 하듯이 정부에 근무하는 일선공무원들에게도 실질적인 권한을 부여하자는 것이었다. 「일은 더 잘하고, 비용은 더 적게(Works Better & Costs Less)」를 모토로 한 NPR은 형식적 절차주의 제거, 고객 우선주의 실현, 결과중심의 관리개혁, 불필요하거나 중복된 기능의 배제 및 경비절감 등을 기본원칙으로 인사, 예산, 조달, 구조개편, 성과관리, 서비스경쟁 등 광범위한 분야에 걸쳐 구체적인 혁신작업이 추진되어 큰 성과를 거두었다[56](총무처 직무분석기획단, 1997).

유럽연합도 앞서 언급했던 것처럼 발주기관으로 하여금 공개성(openness), 투명성(transparency), 무차별(non-discrimination) 원칙에 기초하여 조달행위를 하도록 강제한다면, 공급측면에서 산업의 구조조정이 뒤따라 올 것이고, 효율성과 공공부문의 절약을 얻을 수 있을 것으로 보았다(Christoper Bovis, 1998). 특히 영국 건설산업의 혁신운동에 큰 영향을 미친 「Latham 보고서(1994)」에 따르면, 건설산업의 효율성은 정부와 발주자의 효율성이 결정하며, 건설산업의 비용효과성 향상을 위해서는 건설업체의 기술력 향상이나 수행능력 향상뿐만 아니라, 관련 정책 · 법 · 제도와 정부 및 발주자의 수행능력 향상이 중요하다는 것을 강조하였다. 영국의 조달제도 개혁은 투자효율성(value for money) 확보를 위해 조달공무원에게 광범위한 재량권을 주고, 조달기법을 개발하며, 성과를 측정하는 것이었다. 재량권 남용의 방지는 국제규범에서 요구하는 투명성(transparency)과 경쟁(competition)의 원칙을 얼마나 받아들이느냐에 따라 좌우될 것이라고 한다(Sue Arrowsmith & Arwel Davies eds.

56) 예컨대, NPR에서 건의한 조달절차 혁신을 위한 건의안을 수용한 결과, 1996년부터 1999년까지 5년간 약 225억달러의 절감효과(연간 평균 56~57억달러 절감효과)를 보일 것으로 추정하고 있다(총무처 직무분석기획단, 1997).

1998).

한국에서는 건설공사의 품질 · 안전에 관한 문제가 제기될 때나, 건설산업의 혁신에 대한 논의가 제기될 때마다 건설행정이나 조달시스템에 대한 개혁보다 대개 건설산업에 대한 규제 강화 및 발주자의 재량권 축소를 지향해 왔다. 가장 최근에 수립된 건설교통부의 「건설산업 선진화 방안(2004.12)」을 보자. 건설산업의 선진화를 위한 4대 정책분야로 기술경쟁력 강화, 건설생산의 효율성 제고, 건설산업의 투명성 확보, 안정적인 성장기반 구축을 들고 있다. 세부 정책과제의 내용을 들여다보면, 연구개발(R&D) 투자예산을 확대하고, 중소건설업체 및 해외건설산업에 대한 지원을 확대하겠다는 지원정책이 한 축이다. 다른 한 축은 건설공사 불법하도급에 대한 상시감시체계를 구축하고, 시민감시기능을 활성화한다는 것이다. 건설업계에 대해 한편에서는 지원정책이라는 당근을, 다른 한편에서는 불법 · 부조리 척결을 위한 처벌과 감시시스템 강화라는 채찍을 들고 있는 것이다. 발주자의 재량권을 강화하겠다는 원칙적인 방향도 포함되어 있긴 하지만, 핵심은 어디까지나 조달청 위임발주 여부를 발주기관의 재량에 맡기겠다는 것이지, 건설 관련 공무원의 실질적인 재량권 확대와는 무관하다.

건설공사 입 · 낙찰제도의 글로벌 스탠다드를 명분으로 2001년부터 도입한 최저가 낙찰제의 운용실태를 보면, 더더욱 한국의 건설제도 운영행태가 어떤 수준인지를 잘 알 수 있다. 글로벌 스탠다드에 걸맞는 입찰참가자격 사전심사(PQ)제도, 내역입찰제도, 건설생산체계, 공사이행보증제도, 입찰가격의 적정성 심사제도를 갖추는데 치중한 것이 아니라, 예정가격의 70%미만 입찰자에게 온갖 불이익[57]을 가하는 제도를 통해 저가 낙찰을 방지하고자 했다. 발주자의 역할을 강화함으로써 부실공사를 방지하고, 최저가 낙찰제 공사의 성과(performance)를 향상시키기 위한 방안을 강구하기 보다는 공급자인 건설업체에 대한 규제 강화를 통해 원하는 정책목표[58]를 달성하고자 했던 정책들은 모두 실패했다. 입찰가격의 적정성을 평가하여 저가 낙찰을 방지하고자 했던 저가심의제도 또한 마찬가지였다. 처음 논의 과정에서 저가심의제도는 발주자가 미미하지만 어느 정도의 재량권을 갖고 실제로 입찰가격

57) 예컨대, 예정가격의 70%미만 낙찰자에 대해서는 하도급대금지급보증서 제출 의무화, 감리원 투입인원 증대, PQ심사기준상의 신인도 평가항목에서 감점 등과 같은 불이익을 부과했지만, 저가 낙찰 방지 효과는 사실상 전혀 없었다. 최저가 낙찰제 공사의 평균 낙찰률은 65.8%(2001)→63.0%(2002)→60.1%(2003)→59.4%(2004)로 지속적인 하락세를 보여주고 있다.

58) 원하는 정책목표가 무엇인지도 모르겠다. 어느 나라를 막론하고 대개 건설제도나 공사발주 및 입찰계약제도 혁신의 목표는 공사비(cost), 공기(time), 품질(quality)로 표현되는 성과(performance) 향상이다. 하지만 한국에서 2001년에 최저가 낙찰제를 도입할 때나 그 이후의 제도개선 목표는 항상 "저가 낙찰 방지"였다. 그 기준은 대개 "낙찰률(=낙찰금액/예정가격)"이 예정가격 대비 70% 미만으로 떨어지는 것을 막아보자는 것이었다. 글로벌 스탠다드가 지향하는 것처럼, 투자효율성(Value for Money)을 확보하기 위해서 무엇을 어떻게 해야 할 것인지를 진지하게 고민해 보아야 한다.

의 적정성을 심사할 수 있도록 하는 방안이 모색되었다(조달청, 2002.5). 하지만 발주자의 "재량권"이란 용어 자체에 대해서 발주자와 건설업계 모두가 펄쩍 뛰며 반대했다. 발주자는 발주자대로 심사결과에 대한 감사 문제와 건설업계의 반발이나 소송을 우려하며 반대했고, 건설업계는 건설업계대로 발주자에 대한 불신 때문에 수용할 수 없다는 입장이었다. 이러다 보니 지금까지 한국의 저가심의제는 몇 차례의 개정에도 불구하고, 오로지 공종별 입찰자 평균금액을 기준으로 일정비율 미만인 공종 수가 일정비율 이상일 경우에 자동적으로 낙찰대상에서 배제하는 방식으로 운영하고 있다. 발주자의 기술적 · 전문적 판단의 개입 여지가 전혀 없이 "객관적"으로 운영되긴 하지만, 제도의 목적 달성은 커녕 저가 낙찰 지속, 요행에 의한 낙찰 사례 빈발, 공종별 입찰 평균금액을 조작하기 위한 공모(共謀)에 의한 입찰 의혹 등과 같은 문제만 양산하고 있다. 글로벌 스탠다드를 도입한다면서 저가심의제를 도입했지만, 실제 구체적인 운영과정과 내용을 뜯어보면 글로벌 스탠다드와는 아무 관계없고, 이름만 비슷할 뿐이다. 어디 이 뿐인가. 한국의 건설사업관리(CM)니 턴키니 이행보증제도니 하는 건설제도 전부가 이런 상황이다.

글로벌 스탠다드의 수용을 주창하면서도 "한국적 현실과 문화"의 반영을 당연시 하는 태도는 모순이다. "한국적 현실과 문화"를 선진화하고, 혁신을 하기 위해서 글로벌 스탠다드의 도입이 필요한 것이다. "한국적 현실과 문화"를 투영하여 글로벌 스탠다드를 왜곡시킨 코리안 스탠다드를 지향해서는 한국 건설산업의 발전을 기대할 수 없다. 한국 건설산업의 혁신과 선진화를 위해서는 건설제도의 코리안 스탠다드를 글로벌 스탠다드로 바꾸어야 한다.

이제부터는 글로벌 스탠다드와 한국의 건설제도를 주요 분야별로 좀더 구체적으로 비교해 봄으로써, 건설제도의 글로벌 스탠다드가 어떤 것이며, 한국의 제도와 어떻게 다른지를 보여 주고자 한다.

제3장

글로벌 스탠다드와 한국의 건설제도

01 건설제도의 기본 틀과 비교 대상

건설제도의 글로벌 스탠다드와 한국의 건설제도를 단순 비교해서 어느 쪽이 절대적으로 우월하다는 식의 주장을 하는 것은 위험하다. 건설제도의 형성과정 자체가 특정 국가의 정치경제적 · 사회문화적 · 기술적 · 역사적 맥락 속에서 이루어진 것이고, 제도를 운영하는 행정조직체계나 공무원의 역량 및 건설산업의 구조에 따라 얼마든지 상이한 성과가 도출될 수 있기 때문이다.

사실 건설산업뿐만 아니라 한국 경제가 짧은 기간동안 급성장할 수 있었던 배경에는 글로벌 스탠다드와 다른 코리안 스탠다드가 어느 정도 기여를 했다는 평가를 할 수도 있다. 하지만 이제는 한국이 당면한 새로운 시장환경에서 코리안 스탠다드를 고집했다가는 지속적인 발전을 기대할 수 없다. 그렇기 때문에 글로벌 스탠다드의 본격적인 수용이 필요한 것이다. 여기서는 실제 건설제도를 중심으로 글로벌 스탠다드의 구체적인 내용이 무엇인지를 보고, 한국 건설제도와의 차이를 보여주고자 한다.

전세계 각국에 공통적으로, 강제적으로 적용되는 건설제도는 유럽연합지침(EU Directives)이나 정부조달협정(GPA)에서 규정하고 있는 정부조달제도 외에는 찾아보기 어려울 것이다. 하지만 이들 국제규범에 제시되어 있는 것은 정부조달의 기본원칙과 입 · 낙찰절차 및 낙찰자 선정기준과 계약방식 등에 국한되어 있다. 각국의 면허제도, 예산 및 공사원가 계산제도, 건설보증제도 등은 나라마다 제각각 다르고, 고유의 정치경제적 · 문화적 · 역사적인 차이가 반영되어 있기 때문에 국제규범의 제정을 통하여 짧은 기간에 전세계적으로 적용되는 단일의 건설제도를 형성하기는 어렵다. 하지만 입 · 낙찰제도를 중심으로 한 정부조달제도는 면허제도나 예산제도 등과 대부분 직접적인 연계성을 갖고 있다. 또한 비록 국제규범에서 강제하고 있지 않는 제도라 할 지라도, 대부분의 국가는 정부조달사업의 효율적인 추진과 건설산업의 성과 향상을 위하여 더 나은 국가의 건설제도를 벤치마킹하는 노력을 기울여왔다. 그 결과 전세계적인 건설제도의 수렴현상도 볼 수 있다. 이 책에서는 입 · 낙찰제도를 중심으로 한 정부조달제도에 국한하지 않고, 건설산업과 관련된 제도를 총체적으로 비교해 보고자 한다.

그렇다고 해서 모든 건설제도의 모든 면을 비교할 수는 없다. 그럴 수 있을 정도로 알지도 못하지만, 시간적 제약이나 이 책의 지면상 한계, 혹은 이 책의 목적을 감안해 보면 그럴 필요도 없다. 기본적으로 이 책의 목적은 단순히 외국제도를 조사하여 소개하는 것이 아니라, 한국 건설산업의 선진화를 위해 필요한 글로벌 스탠다드가 한국의 건설제도와 어떻게 다른지를 비교해 보는 것이다. 글로벌 스탠다드와 대조되는 한국 건설제도의 현황과 문제점은 다른 책[59]에서 이미 상세하게 언급하고 있기 때문에, 이 책에서는 한국 건설제도 자체에 대한 설명 대신 글로벌 스탠다드와의 차이점을 부각시키는데 주력하고자 한다.

건설제도의 기본적인 틀이나 연계성은 각국의 건설사업 수행절차[60]와 관련된 제도 및 유럽연합지침이나 정부조달협정과 같은 국제규범, 그리고 국제기구의 조달지침에서 규정하고 있는 입찰계약 절차 등을 통해서 파악할 수 있다. 일반적으로 건설사업은 「기획 → 타당성조사 → 예산편성 → 기본설계 및 실시설계 → 공사원가산정 → 입찰참가자격 사전심사 → 공사발주 및 입 · 낙찰 → 계약 → 시공 → 감리 · 감독 → 준공 → 유지관리 → 폐기 혹은 소멸」등과 같은 절차를 거친다. 그 과정에서 입찰보증이나 계약보증과 같은 각종 보증 · 보험이 수반된다. 정책적인 목적에서 지역 · 중소건설업체 보호제도나 부패방지제도 등도 곳곳에 반영되어 있다. 여기서는 포괄적인 건설사업 수행절차와 더불어 사업수행 단계별 주요 제도를 하나하나 비교해 보는 방식으로 기술하고자 한다. 여기서 비교해 볼 주요 건설제도는 ① 건설업 면허제도, ② 건설사업 수행절차와 관련 제도, ③ 건설공사 예산편성 및 원가계산제도, ④ 건설공사 발주제도, ⑤ 건설업체 선별 및 입찰제도, ⑥ 건설보증제도, ⑦ 건설공사 낙찰제도, ⑧ 지역 · 중소건설업체 보호제도, ⑨ 건설부패 방지제도 등 9개 분야다. 이들 주요 건설제도의

59) 이상호 · 한미파슨스(2003). 「한국 건설산업 대해부」. 보성각.

60) 공공부문의 경우는 정부조달절차를 의미하는 것으로 보아도 무방할 것이다. 한국의 경우는 기획예산처의 「총사업비 관리지침」에서 총사업비 관리 목적으로 대규모 건설공사의 수행절차를 규정하고 있다.

글로벌 스탠다드는 어떻게 구성되어 운용되며, 한국의 건설제도와 어떻게 다른 지를 비교해 보고자 한다[61].

먼저, 한국 건설산업에서 오랫동안 가장 중요한 비중을 차지했던 건설업 면허제도의 글로벌 스탠다드가 무엇인지부터 살펴보자. 미국이나 유럽의 건설제도는 대체로 건설업 면허제도가 없거나, 있더라도 별다른 기능이 없기 때문에 건설제도는 조달시스템을 근간으로 하고 있다. 반면에 한국의 건설제도는 건설업 면허제도에서 출발하였고, 공사발주 및 입 · 낙찰과정은 물론이거니와 하도급 등 건설생산체계 전반에도 직접적인 큰 영향을 미치고 있다. 한국의 건설제도는 건설업 면허제도와 조달시스템이라는 2개의 축을 근간으로 삼고 있다고 본다.

61) 9개 분야별 주요 건설제도는 모든 건설제도를 포괄하고 있는 것은 아니다. 설계 · 엔지니어링제도나 해외건설제도는 또 다른 연구가 필요한 분야이기 때문에 제외했고, 이 책에서는 주로 국내 건설공사의 시공부문에 초점을 두었다.

02 건설업 면허제도

글로벌 스탠다드 : 면허장벽 낮고, 조달시스템을 통한 선별

건설업 면허제도 – 없거나, 미미한 수준의 최소 요건으로 구성

정부규제 가운데 가장 대표적인 것이 진입규제와 가격규제다. 가격규제는 시장구조 속에서 기업의 가격결정행위를 규제하지만, 진입규제는 시장구조 자체를 결정한다는 점에서 보다 더 근본적이고 강력한 정부의 시장개입 수단이다(김재홍, 2002). 진입규제의 유형으로는 정부독점, 지정, 허가, 면허, 인가, 승인, 등록, 신고 등이 있다. 한국의 건설업 면허(license)제도는 1999년부터 규제의 강도가 한 단계 낮은 등록(registration)제도로 완화되었다[62].

건설산업에서 면허제도와 같은 진입규제가 필요하다고 주장하는 이유를 요약해 보면 다음과 같다(이규방 · 이재우. 1991; 최병선, 1992; 남충희 외 1995; 김재홍, 2002).

첫째, 비단 건설업만이 아니라 의사, 변호사 등 전문직업의 서비스를 활용하는데 있어서 소비자 무지(consumer ignorance)로 인해 야기될 수 있는 소비자 피해를 줄이기 위해, 사업자의 자격을 제한함으로써 제공되는 재화나 서비스의 질을 정부가 보증(guarantee)하기 위

62) 면허(licensing)는 개별법상 일반적으로 금지되어 있는 행위를 특정한 경우에 특정 개인이나 법인이 적법하게 할 수 있도록 하는 행정처분이고, 등록(registration)은 일반적으로 금지되어 있는 행위를 일정한 조건을 정하여 일반적으로 허용하는 행정처분으로 정의된다(남충희 외, 1995). 개념상 면허에 비하여 등록은 규제 강도가 낮다.

한 수단으로 면허제도가 필요하다는 것이다. 법률에 근거한 면허를 취득한 개인이나 법인의 행위는 믿을만하다는 의미다.

둘째, 건설업은 "선수주 후생산" 방식으로 수행되는 수주산업이고, 이런 산업에서 시공자의 시공능력 여부를 판단하는데 있어 건설업 면허제도는 일정한 기술인력이나 자본금을 갖추고 있는지를 인증(signaling)해 주고, 그와 같은 조건을 갖추지 못한 업체에게는 면허를 부여하지 않음으로써 시공능력을 갖춘 건설업체를 선별(screening)할 수 있게 해 준다.

셋째, 건설업 면허제도가 없을 경우, 건설시장에 지나치게 많은 기업이 진입하여 과당경쟁(excess competition)을 유발하게 되고, 그 결과 사회후생의 손실을 초래하게 된다는 것이다. 따라서 정부는 산업정책(industrial policy)적 목적에서 규모의 경제(economies of scale)를 확보하고, 과당경쟁으로 인한 폐해를 방지하기 위해 시장진입을 규제해야 한다는 입장이다.

이런 저런 이유를 대면서 진입규제가 필요하다고 하지만, 진입규제는 가장 원초적인 경제적 규제의 한 유형이며, 시장경쟁 참가자 수를 제한함으로써 경쟁가격보다 높은 가격과 초과이윤의 발생, 재화나 서비스의 과소공급과 품질 저하 같은 문제를 야기하게 된다. 진입규제에 수반되는 이 같은 문제를 해결하기 위해서는 또 다른 규제를 추가해야 한다. 또한 면허제도의 궁극적인 목적은 일정수준 이상의 품질 확보 및 향상에 있다고 하지만, 면허제도가 반드시 품질 확보 및 향상에 기여한다는 보장도 있을 수 없다(최병선, 1992).

외국의 실제 사례를 보자. 면허제도를 통한 진입규제의 필요성에 대한 주장만 보면, 건설업과 같이 국민의 생명, 재산, 안전에 직접적인 영향을 미치는 산업은 당연히 면허제도를 통해 아무나 사업을 할 수 없도록 해야 할 것처럼 보인다. 하지만 유럽연합 국가들중 영국 · 프랑스 · 독일에는 건설업 면허제도가 아예 없다. 미국은 주(州)마다 차이가 있긴 하지만, 건설업 면허제도가 없는 곳도 있고, 있더라도 한국의 면허조건에 비교가 안 될 정도로 그 기준이 낮다. 건설업종에 대한 분류는 면허업종이 아니라 생산활동의 결과물이나 생산품과 서비스를 제공하는 과정의 유사성을 근거로 하고 있고[63], 일반건설업(general contractor)과 전문건설업(specialty)간의 구분도 면허에 근거한 것이 아니라 통계 작성을 위한 목적에서 구분된 것이다.

63) 현재 미국에서 활용되고 있는 산업분류체계의 기본 틀인 NAICS(North American Industry Classfication System)나, 영국의 국가표준산업분류체계인 UK SIC(Standard Industrial Classfication of Economic Activities)만 해도 건설업 면허제도에 기초한 것이 아니다(김예상 · 한미파슨스, 2003; 김한수 · 한미파슨스, 2003).

이처럼 미국이나 유럽에는 건설업 면허제도를 통한 시장진입의 규제장치가 아예 없거나, 있더라도 그 기준을 충족시키는 것이 큰 경제적 부담을 초래하는 것이 아니기 때문에 건설업체 수는 많은 편이다. 또한 전국적으로 통일적인 면허제도가 없기 때문에 한국처럼 면허업종별 통계가 상세하게 집계되기 어렵다.

건설업 면허제도가 없는 영국 사례를 보자(김한수 · 한미파슨스, 2003). 영국 통상산업부(DTI)에서는 매년 건설업 통계연보(Construction Statistics Annual)를 발간하는데, 통계 목적상 건설업을 일반건설업(Main Trades)과 전문건설업(Specialist Trades)으로 구분하고 있다. 2000년도의 경우, 건설시장의 규모는 매출액을 기준으로 할 때 약 665억 파운드(약 133조원)에 달하였고, 일반건설업체 수는 약 6만여개, 전문건설업체 수는 약 10만여개로 일반건설업체와 전문건설업체를 합하면 약 16만여개의 건설업체가 있다. 건설업체 규모를 보면, 한국의 「중소기업기본법」 정의에 따라 상시근로자 수가 300인 미만인 기업을 중소기업으로 정의할 때, 영국의 건설산업에서 중소건설업체가 차지하는 비중은 약 99.9%이며, 300인 이상인 건설업체 수는 177개사에 불과하다. 7인 이하 소규모 건설업체의 비중은 93.7%이고, 1인 사업자 수는 전체 건설업체의 53.7%에 해당하는 8만 8천여개사에 달한다. 반면에 상시근로자 수가 1,200명 이상인 대형 건설업체 수는 35개사로 전체 건설업체 가운데 0.02%에 불과하다.

미국도 건설업 면허제도가 없는 주들이 많고, 면허체계도 주마다 차이가 있기 때문에 건설업체 수가 정확하게 얼마인지를 알기 어렵다. 미국 상무부(Department of Commerce)에서 매 5년마다 실시하는 통계자료에 따르면, 건설과 관련된 경제활동에 참여하고 있으면서 연방정부에 세금을 내고 있는 업체 수만 1997년 현재 약 65만 6천여개사 달하는 것으로 파악되고 있다. 이중 10명 미만의 종업원을 보유하고 있는 건설업체 수가 81%(532,645개)이고, 1,000명 이상을 고용하고 있는 대형건설업체의 수는 0.01%(75개)에 불과하다(김예상 · 한미파슨스, 2003).

이처럼 건설업 면허제도가 없는 영국과, 건설업 면허제도가 있더라도 미미한 수준의 최소기준으로 운영되는 미국에서는 건설업체 수가 대단히 많다. 건설산업의 내부구조를 보면, 극소수 대형건설업체와 절대다수의 소규모 건설업체로 양극화되어 있음을 알 수 있다. 한국과 가장 유사한 건설업 면허제도를 운영하고 있는 일본만 해도 건설업체 수는 약 60여만개에 달하고, 극소수 대형건설업체와 절대다수의 소규모 건설업체로 양극화되어 있다.

건설업 면허제도를 통한 시장진입규제는 글로벌 스탠다드가 아니다. 글로벌 스탠다드는 건설업 면허제도가 없거나, 있더라도 미미한 수준으로 최소한의 자격 요건을 설정하고 있을 뿐이다. 건설업 면허제도가 없는 곳에서는 당연히 면허업종별 겸업제한이나 사업범위의 제한과 같은 규제가 없다. 건설업 면허제도가 있는 곳에서도 그와 같은 규제는 찾아보기 어렵다. 그렇다고 해서 진입규제의 옹호자들이 지적하는 품질 보장(guarantee)과 인증(signaling) 및 선별(screening) 메카니즘이 없는 것은 아니다. 기본적으로 이 같은 기능은 조달시스템(procurement system)에서 수행하고 있다. 입 · 낙찰과정에서 발주기관이나 건설보증기관 등을 통한 건설업체의 기술능력, 과거 공사경험과 성과, 재무상태의 건전성 등에 대한 철저한 검증이 이루어지기 때문이다. 따라서 건설업 면허제도가 없는 나라나, 있더라도 큰 역할을 수행하지 않는 나라에서 건설제도의 핵심은 조달시스템이 될 수밖에 없다.

미국의 건설업 면허제도 예시 – 캘리포니아주의 사례

건설업 면허제도에 관한 국제규범은 없기 때문에 영국 · 프랑스 · 독일과 같이 면허제도가 없는 유럽국가는 논의 대상에서 제외하고, 미국의 건설업 면허제도를 예시적으로 소개하고자 한다[64].

미국은 연방법과 주정부법으로 이원화되어 있는데, 회사 설립과 운영에 관한 사항은 모두 주정부의 권한에 속한다. 따라서 미국내 건설관련 업체의 면허 및 등록체계는 주정부마다 조금씩 차이가 있다. 하지만 기본적인 골격의 차이는 크지 않으며, 주정부 상호간의 협정에 의해 그 차이를 상호 인정해 주기 때문에 큰 혼란은 없다. 여기서는 미국의 건설업 분류체계부터 먼저 간략하게 보고, 캘리포니아주의 건설업 면허제도를 보자.

미국 대통령 직속기관인 관리예산처(OMB)에서 2000년에 채택하여 2002년 1월부터 유효한 건설부문 NAICS의 건설분야(Construction Sector)는 크게 건축(Construction of Buildings), 토목(Heavy and Civil Engineering Construction) 및 전문건설업체가 시행하는 활동영역(Special Trade Contractors)으로 구분된다. 이중 건축분야는 주거용/비주거용으로 구분되고, 토목은 유틸리티 시스템 건설/토지 분할/고속도로, 도로 및 교량건설/기타 토목으로 구분되어 있다. 전문건설업종은 기초, 구조 및 건축 외장/건축 설비/건축 마감 등으로 구성되어 있다. 미국 캘리포니아주의 건설업 면허체계도 이 같은 건설업 분류체계와 기본적

64) 미국의 산업분류체계 및 캘리포니아주의 건설업 면허제도는 주로 김예상 · 한미파슨스(2003)에서 인용하였다.

인 틀은 다르지 않다.

미국 캘리포니아주의 건설업 면허는 다음 3가지 유형으로 구분되며, 개인 또는 회사는 필요에 따라 복수의 면허를 소지할 수 있다.

① A등급(일반엔지니어링 건설업자) – 전문적인 엔지니어링 지식과 기술을 필요로 하는 시설물 공사

② B등급(일반건축공사업자) – 완성된 구조물, 시공중인 구조물, 시공예정 구조물 등을 대상으로 하며, 적어도 2개 공종 이상 공사 포함[65)]

③ C등급(전문건설업자) – 전문적인 작업과 숙련을 요하는 공사를 대상으로 하며, 39개 공종(예: 콘크리트, 토공 및 포장, 전기 일반, 조경 등)으로 구분

캘리포니아주에서 건설업 면허발급의 가장 큰 요건은 '면허발급 대상자'의 '경력 조건'과 '시험 합격' 여부다. "면허발급 대상자"는 소유주가 아니라 건설업체의 운영과 수주한 공사를 직접 수행할 수 있는 실질적인 능력을 갖춘 자다. 따라서 기업의 소유주가 건설공사를 수행할 지식과 경력이 없더라도 책임관리직원(Responsible Managing Employee: RME)을 "면허발급 대상자"로 등재하여 건설업 면허를 발급받을 수 있다. 면허시험 응시자는 과거 10년간 적어도 4년 이상 지원하는 분야의 기능공, 십장, 감독, 건설업자 등의 경력을 갖추어야 한다. 면허발급 대상자의 경력이 최종 확인, 인증되고, 시험 면제 사유에 해당되지 않는다면, 건설공사를 수행하고 사업을 영위하는데 필요한 기본지식을 내용으로 하는 'Law and Business Examination'과 면허 신청 전문영역에 대한 기술적인 지식을 내용으로 하는 'Trade Examination'이라는 두개 시험과목을 모두 합격해야 한다.

건설업 면허를 발급받기 위해서는 신청서에 필요사항을 기재한 후 캘리포니아 주정부 면허국(The Contractors State License Board: CLSB)에 250달러의 수수료와 함께 제출하면 된다. 면허 신청서에 기재해야 하는 사항은 사업체명, 면허신청 분야, 사업체 주소 및 연락처, 사업체 유형, "면허발급 대상자"의 이름 및 소유지분, 사업체 주요 구성원, 사업체 구성원의 법률적 적격 여부 및 면허취소 또는 정지 경력 여부, "면허발급 대상자"의 권한 및 적격성, 자본금 2,500달러 보유 여부 등이다. 그리고 건설업 면허신청자의 재무상태와 관련한 정보 및 증빙자료는 4가지가 있다.

65) 단, 한국의 일반건설업과 전문건설업간 겸업제한과 달리, 일반건축공사업자도 전문건설업 면허를 소지하고 있거나 전문건설업자를 하도급자로 고용해 공사를 수행하는 경우는 단일공종 공사도 계약을 체결하여 공사를 수행할 수 있다.

① 2,500달러 이상의 자본금(별도 증빙자료는 필요없음)

② 7,500달러 상당의 건설업 보증보험(Contractor' s Bond Insurance) 증서를 제출하거나 같은 금액의 현금 공탁

③ 7,500달러 상당의 적격자 또는 책임경영자에 대한 보증보험(Bond of Qualifying Individual)증서를 제출하거나 현금 공탁

④ 근로자 보상보험(Worker' s Compensation Insurance) 증서 제출

캘리포니아주에서 건설업 면허는 2년간 유효하며, 이 기간이 만료되면 다시 2년씩 갱신할 수 있다. 다만, 면허를 발급받은 후 실질적인 업체의 운영이 이루어지지 않거나 실적이 없을 때는 면허의 유효기간을 4년으로 연장할 수 있다.

한국 : 면허장벽 와해, 여타 제도의 미성숙

한국에서 사업인허가나 면허 및 등록제도를 통한 시장진입규제는 1960년대 이후 각종 산업의 육성 및 진흥을 위한 법률이 양산되면서 급격하게 늘어났다. 좁은 국내시장에서 규모의 경제를 도모하고, 유치산업(幼稚産業)을 보호하기 위해서는 사업자 수를 제한하는 것이 불가피하다는 이유에서였다(최병선, 1992)[66]. 특히 한국의 건설제도는 사실상 건설업 면허제도에 기반하여 구축되었다고 해도 과언이 아니다. 건설업 면허제도의 존재 여부는 건설제도의 글로벌 스탠다드와 한국 건설제도의 차이 및 건설산업 구조의 근본적인 차이를 보여주게 된 출발점이기도 하다. 높은 건설시장의 면허장벽으로 인해 한국의 건설산업 구조와 건설제도가 글로벌 스탠다드와 어떻게 다른 지를 보자.

건설시장 규모는 한국과 비슷한데 건설업 면허제도가 없는 영국과 프랑스에 비하여 한국의 건설업체 수는 아직도 적은 편이다. 2001년을 기준으로 보면, 유일하게 독일만 한국보다 건설업체 수가 적은 것으로 나타나 있다. 미국의 경우는 연방 상무부의 통계조사 대상인 연방정부에 세금을 내는 건설업체 수만 71만개에 달한다. 일본의 건설업체 수도 약 57만개나 된다.

건설시장 개방이 이루어진 1997년부터 건설업 면허제가 등록제로 전환되고, 건설업체 수도 급증하는 추세를 보였지만, 아직까지는 한국의 건설업체 수가 외국에 비해 그렇게 많다고 평가하기는 어렵다. 또한 건설업 면허제도가 없는 독일의 경우는 면허제도가 있는 한국, 일

66) 한국 건설관련 법 · 제도의 근간을 이루고 있는 「건설산업기본법」은 1958년에 제정된 「건설업법」을 승계한 것인데, 「건설업법」의 제정목적부터가 난립한 건설업자를 면허제도를 통해 정비하는데 있었다.

표 3-1 건설시장 규모와 건설업체 수의 국가별 비교(2001)

구분	미국	영국	프랑스	독일	일본	한국
건설시장 규모 (조원)	1,462.9	130.8	130.5	224.5	721.3	107.4
건설업체 수 (만개사)	71.0	16.8	29.6	5.7	57.1	6.3
1사당 건설시장 규모 (억원)	20.60	7.79	4.41	39.39	12.63	17.05

주: 1) 한국을 제외한 외국의 통계는 鈴木一(2004)의 책에서 인용하였고, 한국의 통계자료는 통계청의 2001년 건설기성액 및 건설업체 수 인용(1엔=10원으로 가정하여, 한국의 원화로 표기)

2) 한국의 통계청에서는 일반 · 전문건설업체외에 전기 · 통신 · 설비건설업체까지 건설업체 수에 포함시키고 있으며, 외국도 유사

3) 鈴木一(2004)는 「건설시장 규모 = 정부건설투자+민간주택투자+민간비주택건설투자+유지수선비(단, 정부토목유지수선비는 제외)」로 계산(명목금액 기준)

4) 미국의 건설업체 수는 2000년도 기준인데, 앞에서 상세하게 설명하였듯이, 미국 상무부의 통계자료에 기초한 것으로 연방정부에 세금을 내고 있는 건설업체 수를 의미

자료: 鈴木一(2004) 및 통계청.

본, 미국보다 건설업체 수가 훨씬 적다. 이 같은 사실은 건설업 면허제도가 건설업체 수의 증가를 억제하는 역할을 수행하지 못하고 있음을 보여주고 있다. 거꾸로 건설업 면허제도가 없더라도 건설업체 수가 무한정 늘어나지 못하는 메카니즘이 존재하고 있다는 의미도 함께 내포하고 있다.

건설업 면허기준을 보면, 한국은 미국이나 일본에 비해서 월등하게 많은 수의 기술자와 자본금을 요구하고 있다. 미국 캘리포니아주의 건설업 면허제도에서 보았듯이, "면허발급 대상자"는 경력 있는 기술자 1명만으로도 족하며, 일본도 마찬가지다. 약 70만개사나 되는 미국 건설업체 가운데 한국의 토목 · 건축공사업 등록을 위해 필요한 최소기술자 수(12명)도 충족시키지 못하는 건설업체 수가 80%를 넘어서고 있다[67]. 미국 캘리포니아주의 건설업 면허요건에서 자본금은 2,500달러(약 250만원)에 불과하지만, 한국에서 토목건축공사업 등록을 위한 자본금은 12억원(약 120만 달러)이 필요하다. 여기에 덧붙여 사무실도 반드시 일정규모 이상 확보해야 하고, 건설교통부 장관이 지정하는 금융기관 등에 업종별 법정 자본금의 일정비율을 현금 또는 (현금성) 담보로 예치하고 보증가능금액확인서를 발급받아야 한다. 한국은 전세계 어느 나라에서도 찾아보기 어려울 만큼 높은 건설시장 진입장벽을 세워놓고 있는 셈이다.

67) 1997년 현재 미국에서 10명 미만의 상시종업원을 고용하고 있는 건설업체 수는 532,645개사로 전체 건설업체 수의 81%를 차지하고 있다(김예상 · 한미파슨스, 2003).

건설산업의 혁신이나 구조조정을 논의할 때마다 한국에서는 건설업 면허제도 개선을 요구하는 사례가 많다. 하지만, 외국에서는 면허제도 개선이 아니라 정부조달시스템의 혁신을 요구하는 것이 일반적이다. 왜 이런 차이가 발생했을까? 아마도 그 이유는 미국 · 영국 · 독일 · 프랑스 · 일본을 막론하고, 건설업 면허제도가 없거나, 면허제도가 있더라도 시장진입장벽으로서의 역할을 수행할 수 없어 발주자가 조달시스템을 통하여 건설업체를 선별(screening)해 왔기 때문이라고 본다. 하지만 한국에서는 건설업 면허에 따라 건설업종이 분류되고, 업종별 사업범위가 정해졌으며, 업종간 겸업도 제한되거나 금지됨에 따라 건설생산 및 공사발주체계, 건설보증제도와 각종 사업자단체에 이르기까지 직접적인 영향을 미치고 있다. 예컨대, 일반건설업과 전문건설업은 서로 겸업할 수 없다. 아울러 공동도급은 일반건설업자간에만 허용되고, 하도급은 일반건설업자가 전문건설업자에게만 줄 수 있다. 표준산업분류체계상 건설업에 속하는 전기공사업과 정보통신공사업은 「건설산업기본법」이 아니라 산업자원부 소관의 「전기공사업법」 및 정보통신부 소관의 「정보통신공사업법」에 규정되어 있기 때문에 별도의 소관기관에서 별도의 면허를 받아야 하고, 토목 · 건축공사와 분리발주가 의무화되어 있다. 대한건설협회와 건설공제조합, 전문건설협회와 전문건설공제조합, 설비건설협회와 설비공제조합, 전기공사협회와 전기공제조합, 정보통신공사협회와 정보통신공제조합 등 건설업 면허별로 사업자 단체와 건설공사 보증을 담당하는 공제조합이 각 1개씩 설립되어 있는 것도 한국의 특징적인 건설제도다. 이처럼 한국의 건설업 면허제도는 모든 건설제도의 출발점이라고 해도 과언이 아니다.

외국과 달리, 한국에서는 오랫동안 건설업 면허제도에 대한 의존도가 컸고, 면허에 기반하여 이익집단간에 기득권이 형성되어 있다. 반면에 면허제도를 제외한 발주제도, 입찰계약제도, 건설생산체계 및 건설보증제도는 성숙되지 못했다. 오랫동안 한국에서는 건설업 면허 취득이 중요했고, 그외 나머지 건설제도는 부차적이었다(남충희 외 1995). 새로운 발주 및 입찰계약제도의 도입이나 건설생산체계의 효율화를 위한 제도개선 작업은 이들 제도와 직접적인 연관성을 지니고 있으면서 선행조건이라 할 수 있는 건설업 면허제도를 둘러싼 이익집단간의 이해상충으로 어려움을 겪고 있다. 예컨대, 공공부문에서 건설사업관리(CM)나 일반건설업자와 전문건설업자간의 주계약자형 공동도급제도 도입 및 활성화에 대한 논의는 오래전부터 있었지만, 여전히 제자리 걸음을 하고 있는 이유도 따지고 보면 건설업 면허제도 때문이다. 일반건설업과 전문건설업간 겸업제한처럼 건설업 면허제도에 기반한 규제가 존속되는 한, 건설생산 및 발주체계의 개편도 요원하다. 한국 건설산업의 선진화와 혁신을 이루기 위해서는 다른 무엇보다 먼저 건설업 면허제도를 글로벌 스탠다드로 전환하는 작업이 필요하다. 그 방향은 면허장벽은 낮게, 겸업은 자유롭게, 시장이나 정부조달시스템을 통한 선별(screening) 기능은 강화하는 것이라고 본다.

Global Standard

03 건설사업 수행절차와 관련 제도

글로벌 스탠다드 : 투자효율성(Value for Money) 달성을 위한 공공건설사업 수행절차의 Best Practice 제시

막대한 재정이 투입되는 공공건설사업에 대한 관리 효율화는 국가예산의 효율성을 좌우하는 결정적인 요인이다. 미국과 영국에서도 중앙정부 차원에서 공공 건설사업의 효율적인 수행을 위한 절차를 제도화하여 제시하고 있다. 예컨대, 미국의 대통령 직속 중앙예산기관인 관리예산처(OMB)에서 제시하고 있는 「자본 투자 지침(Capital Programming Guide, 1997)」, 영국 재무부(HM Treasury) 산하 정부상무청(OGC)에서 제시하고 있는 「건설공사 조달 수월성(秀越性) 달성 지침(Achieving Excellence in Construction Procurement Guides)」 등을 대표적인 사례로 들 수 있다(http://www.ogc.gov.uk). 미국이나 영국의 공공 건설사업 수행절차와 관련된 제도는 기본적으로 총생애주기비용(whole life cycle costs) 개념에 입각하여 투자효율성(value for money)을 확보하기 위한 Best Practice를 제공하고 있다.

글로벌 스탠다드를 구성하는 건설제도 하나 하나가 나무라면, 여기서 소개하는 공공 건설사업 수행절차와 관련된 제도는 건설제도 전체를 조망할 수 있는 숲이라고 볼 수 있다. 다른 개별 건설제도에 앞서 먼저 살펴보아야 할 이유도 여기에 있다.

미국의 공공건설사업 수행절차

미국의 공공건설사업 수행절차는 「자본자산(Capital Assets)」의 조달과 관련된 제도를 통해서 파악할 수 있다. 「자본자산」이란 연방정부가 사용하는 유용한 수명이 2년 이상되는 토지 · 구조물 · 지적 재산(소프트웨어 등)으로서 ① 사무실 · 병원 · 도서관 · 학교 · 감옥, ② 댐 · 파워플랜트 · 수자원프로젝트, ③ 가구 · 엘리베이터 · 프린트기기, ④ 차량 · 비행기 · 배, ⑤ 인공위성 · 우주개발 장비, ⑥ 정보기술 자본자산, ⑦ 국방부의 무기체계, ⑧ 환경오염방지 및 복원시설 등을 그 예로 들 수 있다(OMB Circular A-11 300.4).

미국에서는 클린턴(Clinton) 정부의 등장 직후 고어(Gore) 부통령이 주도한 「국가 성과점검(National Performance Review, 1993)」작업이 추진되면서부터 자본사업 조달과 관련된 제도적 장치의 전면적인 재정비가 이루어졌다.

공공건설사업의 효율적 추진을 위한 기본원칙

공공건설사업의 효율적 추진을 위한 기본원칙과 관련해서 미국 중앙예산기관인 관리예산처(OMB)가 제시한 「자본자산 조달을 위한 예산원칙(Principles of Budgeting for Capital Asset Acquisition)」[68]부터 보자.

미국에서 자본자산을 조달하기 위해서는 ① 기획(Planning), ② 비용과 편익(Costs and Benefits), ③ 재정지원 원칙(Principles of Financing) 및 ④ 리스크관리(Risk Management)에서 요구하는 사항을 행정부 예산안에 반영해야 한다[69].

① 기획(Planning)

미국에서 연방정부의 예산으로 수행하고자 하는 사업은 기획단계에서 일정한 요건을 갖추었는지에 대해서 집중적인 분석을 해야 한다. 예컨대, 그 사업이 연방정부가 수행해야 하는 핵심적이고 우선순위가 높은 임무를 지원하는 것이어야 한다든가, 그 사업에 투자되어야 할 자원을 다른 곳에 투자했을 때 보다 더 높은 기대수익을 명시적으로 보여 줄 수 있어야 하며, 정부와 계약상대자간에 적절하게 리스크를 배분할 수 있는 조달전략을 채택해야 한다는 것 등이다.

68) 이 내용은 OMB Circular A-11 Appendix 300A에서 발췌, 요약한 것이다.

69) 이같은 자본자산의 기획 · 예산 · 조달 및 관리에 관해서는 뒤에서 설명하게 될 OMB(1997), *Capital Programming Guide*에 상세하게 규정되어 있다.

OMB에서는 기획단계에서 이 같은 기준을 충족시킬 수 있는 자본사업에 대해서만 신규 혹은 계속 투자를 제공할 것이며, 사업에 대한 재정지원은 유용한 부분(useful segment)에 대하여 단계별로 집행해야 한다는 것을 누누이 강조하고 있다[70].

② 비용과 편익(Costs and Benefits)

사업의 정당성을 획득하기 위해서는 기획에서 제시한 원칙 외에 비용과 편익분석의 기준을 충족해야 한다. 그 예로서는 다음 네 가지를 들고 있다.

첫째, OMB에서 제시한 비용-편익 분석 지침[71]에 부합되는, 자산획득에 필요한 총예산권한(total budget authority)을 포함하는, 총생애주기비용과 편익(total life cycle costs and benefits)에 관한 분석

둘째, 리스크 최소화, 통제 및 수석 재무관(CFO: Chief Financial Officer)의 목표달성 확률에 대한 평가 등을 포함한 사업 리스크 분석

셋째, 기획단계가 끝난 뒤 각 사업부문별로 재정지원 방안을 제안해야 하는데, 각 사업부문이 경제적 · 사업적으로 정당한지에 관한 분석

넷째, 비용 · 일정 통합관리시스템(Earned Value Management System: EVMS)을 활용한 사업의 비용 · 공기 · 성과 목표

③ 재정지원 원칙(Principles of Financing)

재정지원 원칙으로서는 총액편성, 정기 및 사전배정, 기획단위별 재정지원, 일시적인 초과지출의 수용과 독립적인 자본조달계정 등 4개의 원칙이 있다. 이중 가장 눈여겨보아야 할 것은 「총액편성(Full Funding)」 원칙이다. 이 원칙은 자본사업의 유용한 부분(useful segment)을 완성하기에 충분한 예산권한(Budget Authority)을 한꺼번에 배정해야 한다는 원칙이다. 만약 총액배정이 이루어지지 않고, 장래에 얼마의 예산이 배정될 지 알 수 없는 상황에서 그때그때의 예산사정에 따라 찔끔찔끔 배정된다면[72], 빈약한 기획, 조달비용의 증대,

---

70) 일반적으로 하나의 자본사업은 여러 개의 유용한 자산을 포함하고 있으며, '유용한 자산'이란 경제적으로나 사업적으로(economically and programatically) 분리할 수 있는 부분(segment)을 의미한다. OMB에서는 이들 부문에 대하여 각 단계별로 예산지원을 한다는 것이다. 예컨대, 건축공사에서 터파기는 유용한 자산이 아니지만, 대학교나 여러개의 건물을 건축할 때 사업적으로 편익이 비용을 초과하는 한 채의 건물은 유용한 자산이 될 수 있다. 이같은 유용한 자산에 대하여 단계적으로 예산을 편성하여 집행해야 한다는 뜻이다.

71) OMB Circular A-94, Guidelines and Discount Rates for Benefit-Cost Analysis of Federal Programs(October 1992)

72) 한국의 장기계속계약제도에서 이루어지는 예산편성 및 집행과 동일한 상황을 의미한다.

매몰비용으로 인한 손실, 부적절한 유지관리비 지원 등과 같은 결과를 초래하게 될 것이기 때문이다.

④ 리스크 관리(Risk Management)

리스크 관리는 기획 · 예산 · 조달과정의 핵심이 되어야 한다. 만약 리스크의 분석과 관리가 잘못될 경우 비용 초과, 공기 지연 및 품질저하를 초래할 수 있다. 따라서 조달기관에서는 반드시 비용 · 공기 · 성과 목표의 달성을 저해하는 리스크를 분석하고, 리스크에 따른 문제를 해결할 수 있는 전략을 수립해야 한다. "유용한 사업부분(useful segments)"별 예산권한의 배분, 비용 · 공기 및 성과목표의 기준 확립, 정부와 계약상대자간에 적절하게 리스크를 배분할 수 있는 계약방식과 가격결정 메카니즘 채택, 비용 · 일정 통합관리시스템(EVMS) 활용 등이 그와 같은 전략을 구성하고 있다. 만약 사업진도가 목표치의 90%에 미달하거나, 다른 대안적인 사업방식이 있을 경우 포트폴리오(portfolio) 분석을 통하여 사업을 수정 후 계속할 것인지, 종결시킬 것인지, 다른 대안을 찾을 것인지를 결정할 수 있는 고위 관리자에 의한 검토과정도 제도화해야 한다.

연방정부의 공공건설사업 추진절차

미국 연방정부 장기대형사업의 기획 · 예산 · 조달 및 사후관리와 관련하여 가장 중요한 것은 「OMB Circular No. A-11」과 이를 보충하기 위하여 만든 「자본 투자 지침(Capital Programming Guide, 1997)」이다. 「자본투자지침」은 OMB주도하에 14개 행정기관의 80여 명에 달하는 전문가들이 개발한 것이며, 감사원(GAO)도 참여하였다. OMB에서는 각 기관이 사업경험의 축적에 따라 지침과 다른 방식을 채택하는 것을 허용하고 있긴 하지만, 지침에서 제시하고 있는 핵심적인 원칙이나 철저한 기획 · 리스크 관리 · 총액예산편성 · 포트폴리오 분석 · 성과에 기초한 조달업무 관리 · 목표달성을 위한 책임 · 생애주기비용(life cycle cost) 관리의 중요성 등은 변하지 않으며, 이 같은 지침의 원칙에 부합되는 투자만 예산안에 반영할 것임을 명시하고 있다.

미국 연방정부 장기대형사업의 조달절차와 관련하여 비교적 최근에 발표된 「OMB Circular No. A-11: Part 7 section 300-planning, budgeting, acqusition, and management of capital assets(July 2003)」을 보자. 「OMB Circular No. A-11」은 해마다 개정을 거듭하고 있지만, 1997년에는 OMB에서 「자본투자지침」을 제정하여 자본사업 수행

과정에서 준수해야 할 기획, 예산, 조달 및 사후관리의 각 단계별 구체적인 내용은 제시하고 있다. 그리고 이 지침은 제정 이후 지금까지도 「OMB Circular No. A-11(2003)」의 보충자료(supplement)다. 따라서 미국 연방정부의 공공 건설사업 수행절차를 파악하기 위해서는 이들 두 개의 자료를 모두 살펴보아야 한다.

OMB Circular No. A-11(2003)

「OMB Circular No. A-11(2003)」은 미국 연방정부 자본자산의 기획, 예산, 조달, 관리를 위한 정책의 확립 및 주요 IT투자를 위한 예산 정당화와 보고요건에 관한 지침을 제공하는데 목적이 있다. 모든 행정기관에 적용되며, 모든 주요 투자사업은 Part 7(section 300)에서 제시하고 있는 "exhibit 300[73)]"이라고 부르는 「자본자산계획과 사업성 검토 보고서」를 제출해야 한다. OMB에서는 조달전략, 사업관리, 대안분석, 리스크 관리, 성과목표, 성과 기반 관리시스템, 생애주기비용 등 exhibit 300의 주요 구성항목별로 각각 5점 척도로 평가한 뒤, 이들 점수를 합산하여 사업성 평가 결과를 제시하고 예산 반영 여부를 결정한다. 예컨대, 사업성 평가(Business Case) 점수가 5점(구성항목별 점수 합산 결과 41-50점)이면 자동적으로 예산배정, 4점(구성항목별 점수 합산 결과가 31-40점)이면 예산배정 추천, 3점이면 추가적인 작업을 통해 4점으로 개선하거나 2점으로 등급이 떨어지기도 하는데, 2점 이하면 예산배정 추천 시 제외하고 있다.

각 기관들은 반드시 기관의 사명과 자본자산을 효과적으로 연계시킨 자본사업과정(Capital Programming Process)을 확립하고 유지해야 한다. 자본사업과정은 각 기관의 전략적 목적과 목표를 최소한의 생애주기비용 및 리스크로 달성하기 위한 기획, 예산, 조달 및 관리의 통합과정을 의미한다. 효과적인 자본사업과정은 최소한의 리스크와 생애주기 비용으로 성과목표를 달성할 수 있는 자산 포트폴리오 관리 기반이 되는 장기적인 기획과 엄격한 예산결정과정을 필요로 한다.

예산원칙은 「총액편성정책(Full Funding Policy)」이다. 자본투자에 소요되는 예산은 반

73) "exhibit 300"은 사업관리조직이 기관 경영진과 OMB에 제시하는 양식(format)이다. 좋은 사업관리의 원칙, 투자에 따른 높은 사업성 및 행정적 우선순위 등을 포함하고 있으며, 가장 최근에 발표된 OMB Circular No. A-11 Part 7(section 300, 2003.7)에 새로 첨부된 것이다. exhibit 300의 성격은 성과를 평가하여 등급을 매기는데 사용하는 설문서(Performance Assessment Rating Tool Review Questions)인데, 자본사업과정(capital programming)의 결과보고서가 exhibit 300이고, 그 핵심적인 내용은 자본자산 계획과 사업성 검토로 구성되어 있다. OMB에서는 주요 신규투자사업 뿐만 아니라 계속사업 추진시에도 반드시 제출하도록 요구하고 있다.

드시 “연간 혹은 사전배정을 통하여 총액을 배정해야(fully funded) 한다”는 원칙을 명시하고 있다.

자본 투자 지침(Capital Programming Guide)

「자본 투자 지침(Capital Programming Guide)」에서는 발주자의 관리조직으로서 ① 최고검토위원회(Executive Review Committee: ERC)와 ② 통합사업팀(Integrated Project Team: IPT)을 제시하고 있다.

최고검토위원회(ERC)는 사업기관에서 주어진 예산한도 내에서 기관의 전략적 목적(Goals)과 목표(Objectives) 달성을 위한 총자본자산 포트폴리오의 검토 책임을 지며, 고위행정직 공무원과 수석(Chief) 정보 · 재무 · 예산 · 조달 공무원으로 구성된다.

통합사업팀(IPT)은 사업부서 내에 자격 있는 사업관리자(Program Manager)와 사용자 집단 · 예산 · 회계 · 조달 · 가치관리 등 유관분야의 필요한 인력으로 구성되며, 사업의 기초적인 목록 작성, 대안의 분석과 권고, 조달과정 관리, 자산의 사후관리 등의 업무를 수행한다. 적합한 지식 · 기술 · 경험을 가진 사업관리자(Program Manager)가 통합사업팀(IPT)을 이끌어야 하며, 사업관리자는 사용자의 필요(needs)와 제약(constraints)에 대해서 이해를 하고, 대규모 사업의 사업비 · 공기 · 성과 목표의 달성을 위한 관리능력을 보여주어야 한다. 통합사업팀(IPT)은 사업과정에서 요구되는 여러 가지 역할을 수행하기 위하여 다양한 기능을 가져야 하며, 사업관리 · 가치관리 · 예산 · 재무관리 · 조달 등에 관한 지식을 보유해야 한다.

효과적인 자본사업은 장기적인 기획(long range planning)과 엄격한 예산절차(disciplined budget process)를 거쳐야 하며, 그 과정에서 정확한 생애주기비용(life cycle costs) · 공기(schedules) 및 성과(performance)에 관한 정보를 제공할 수 있어야 한다. 이 같은 원칙에 입각하여 「자본투자지침」에서는 미국의 자본투자사업 수행과정을 ① 기획(Planning) → ② 예산(budgeting) → ③ 조달(Procurement) → ④ 사후관리(Management-In-Use)의 4단계로 크게 구분하고 있다.

1) 기획단계(Planning Phase)

장기간이 소요되는 자본사업의 핵심은 기획이며, 기획은 다른 모든 국면에 영향을 미칠 뿐만 아니라 다른 모든 단계로부터의 정보도 기획으로 흘러 들어온다. 기획단계에서는 자본

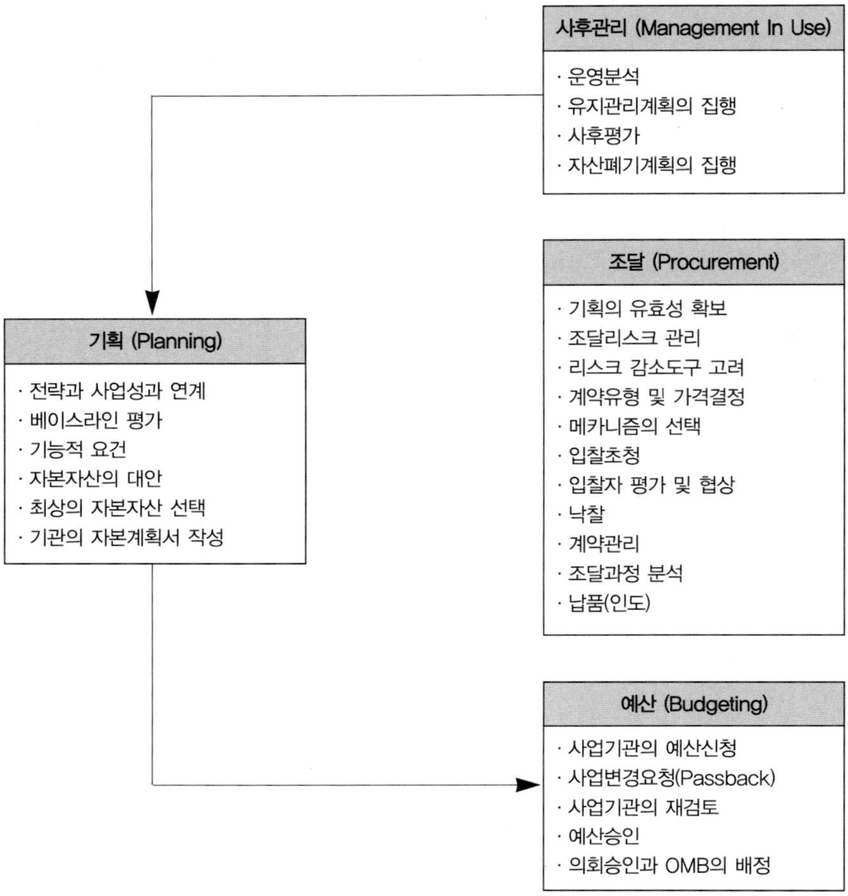

그림 3-1 미국의 자본 투자사업 수행과정

자료: OMB(1997). Capital Programming Guide.

사업의 기획, 재원조달 및 관리를 그 기관의 전략적 기획과 연간 성과계획에 연계시키는 것이 절대적으로 중요하다.

통합사업팀(IPT)은 가치관리 기법(Value Management Techniques)을 활용하여 기존의 자본자산이 실제로 조직의 전략적 목적과 목표달성에 기여하는 정도를 평가해야 하고, 성과격차(performance gap)도 확인해야 한다. 기존 자산이 계획된 성과와 실제 성과간의 격차를 메울 수 없다면, 통합사업팀(IPT)은 그 격차를 달성되어야 할 성과요건(performance requirements)으로 정의해야 하고, 사업에 대한 심도 있는 분석을 통해 그 사업의 기능적 요건(functional requirements)을 임무 · 목적 · 가능성 · 일정과 비용 목표 · 관리능력과 같은 용어들로 명확하게 제시해야 한다.

자본자산 조달의 타당성을 평가하는 결정과 함께, 통합사업팀(IPT)은 그 자산의 조달을 위해 활용 가능한 예산범위를 추정하며, 시장조사를 통해 다양한 대안의 타당성을 결정해야 한다.

사업기관의 자본계획서(Agency Capital Plan: ACP)는 기획의 최종결과물이며, 기존 자산에 대한 운영비용과 새 자산의 조달에 드는 비용간의 상관관계를 반영해야 한다. 여기에는 관련 기관의 전략적 기획, 그 기관 소유의 자산 포트폴리오에 대한 분석, 실적과 계획 간의 격차, 새 자산 획득을 위한 재원조달의 정당성 등을 포함해야 한다.

2) 예산편성단계(Budget Phase)

기관의 예산신청서는 생애주기비용을 포함하는 비용/편익분석에 의해 정당화되어야 하고, 모든 비용은 사전에 알려져야 한다. 사업비 · 공기 · 성과 목표는 명백하게 표시되고, 비용 · 일정 통합관리시스템(Earned Value Management System: EVMS)이나 이와 유사한 관리시스템에 의해 측정되어야 한다.

관리예산처(OMB)에 제출하는 예산편성안은 반드시 총액편성(full funding)을 요구해야 하고, 자본자산 조달을 위한 예산원칙과 일치해야 한다. OMB는 사업기관에 재원조달의 수준 · 성과목표의 변동 · 총액편성을 위한 상이한 모듈 · 재원조달의 대안 등과 관련하여 변경을 요청할 수 있다. 수요기관에서는 재정지원이 삭감되거나 OMB의 요청이 있을 경우 당초 제출한 안이나 비용 · 공기 · 성과 척도 등을 재설계할 수 있다. 이런 과정을 거쳐 행정부 예산안으로 승인되고, 의회의 승인을 받은 뒤 OMB의 예산배정이 이루어진다.

3) 조달단계(Procurement Phase)

기획에서 조달까지 1년 이상 시차가 벌어지기 때문에 각 기관은 반드시 당초 기관의 임무나 시장의 능력 등을 재검토하여 조달시점에서 기획의 유효성을 확보해야 한다.

통합사업팀(IPT)은 당초 기획단계에서의 리스크 관리기법이 여전히 적절하도록 조달계획을 갱신(update)해야 하며, 리스크 관리의 3가지 주요 원칙은 ① 개선 작업량을 회피하거나 줄일 것, ② 경쟁이나 재정적 인센티브를 효과적으로 사용할 것, ③ EVMS와 같이 법적 책임성을 확보하고 사업의 성과여부를 측정할 수 있는 성과에 기초한 관리체제를 확립할 것 등이다.

리스크를 줄이는 방법으로서는 다음 3가지가 있다.

첫째는 분할계약(Modular Contracting)이다. 작고, 관리가능한 여러 개의 모듈로 나누어 계약체결하는 것을 의미한다[74].

둘째는 2단계 입찰방식(Two-Phase Acquisition)이다. 제1단계에서는 과거실적, 기술적 접근에 대한 개념적인 윤곽, 대략적인 가격 등에 관한 제한된 정보를 요구하여 계약이행능력을 갖춘 소수의 입찰자를 선별하고, 제2단계에서 상세한 가격과 기술제안을 받아 가장 적합한 입찰자를 낙찰자로 선정하는 방식이다.

셋째는 대안제출(Competitive Prototyping)을 요구하는 것이다. 계약자가 제안한 대안적인 설계개념을 채택함으로써 리스크를 감소시키는 방안이다.

리스크를 잘 관리한다면 대부분의 계약은 확정금액계약(Fixed-Price Contracts)이 될 것이다. 다만, 계약자가 통제하기 어려운 요소로 인하여 계약금액이 증액될 경우는 공사예비비(Contingencies)로 조정(FAR 16.203-2)할 수 있다.

이상과 같은 준비가 끝나면 입찰초청을 하고, 입찰서를 평가하여 협상을 하게 된다. 발주자에게 최고 가치(best value)를 제공해 줄 수 있는 계약자가 제안한 비용, 일정, 성과지표가 주어진 예산한도 내에서 사업목표를 달성할 수 없다면 유찰시킬 수도 있고, 이 경우 다시 다른 조건들의 검토를 위하여 기획단계로 돌려보낼 수도 있다.

낙찰자가 결정되면, 통합사업팀(IPT)은 비용 · 일정 · 성과 목표의 최소 90%는 달성할 수 있도록 계약을 관리해야 한다. 사업기관의 재무관리와 통제시스템은 반드시 업무분할구조(Work Breakdown Structure: WBS)에 의해 프로젝트의 실제 사업비(계약액과 정부의 사업관리비용을 모두 포함)를 축적해야 한다.

통합사업팀(IPT)은 반드시 매월 성과에 기초한 관리시스템에 따라 사업현황 보고를 받아야 하며, 비용 · 일정 · 성과목표의 90%에 미달할 경우는 일탈의 원인을 분석하고 교정행위를 취해야 한다. 만약 기준목표(Baseline Goals)를 달성할 수 없을 경우, 통합사업팀(IPT)은 반드시 기관장에게 사업의 계속 여부 등에 관한 권고안과 함께 분석보고서를 제출해야 한다. 관리예산처의 자원관리관(Resource Management Officer: RMO)은 최소한 1년에 한번은 사

74) 사업규모가 크고 복잡할수록 총액편성에 따른 예산부담이나 리스크가 커지기 때문에 필요하다.

업수행에 관한 정보를 검토해야 하고, 목표치의 90%를 달성하지 못하고 있는 사업의 현황 정보도 검토해야 한다.

이상과 같은 과정을 거친 뒤 시운전 등 효과적인 시험을 거쳐 납품(인도)하도록 한다.

4) 사후관리단계(Management In Use Phase)

사후적으로는 운영분석을 통하여 자본자산의 성과와 사전에 설정된 기준을 비교한다. 사후평가는 당해 사업과 조달과정의 총체적인 효과성을 평가하는 작업으로서, 당초 기획한대로 사업이 추진되었는지, 과거 경험에 비추어 사업과정을 개선하였는지, 기획상의 리스크나 조달상의 실수를 최소화하였는지 등을 검토한다.

자산의 수명이 다했을 때는 폐기처분함으로써 자본사업의 수명주기는 끝이 난다.

영국의 정부건설사업 수행절차

1997년 들어서부터 영국 정부는 보건, 교육, 교통, 주택 등 4대 부문을 중심으로 한 적극적인 공공투자 확대 정책을 추진하였다. 그 결과 순공공투자는 1997년보다 3배 가량 증가하였다. 영국 정부의 공공투자 확대는 ① 인프라 개선, ② 공공서비스 개선, ③ 장기(long-term) 사업에 초점, ④ 자원과 결과물의 연계, ⑤ 기존 자산의 효율적 이용 등 5가지 목표를 추구하는 것을 기본 목표로 삼았다. 새로운 공공투자로부터 최고 가치(best value)를 얻기 위해서는 기존 자산을 최대한 효율적으로 활용해야 하고, 장기적인 전략을 수립하여 생애주기비용의 최소화를 달성해야 한다. 영국 정부는 이를 위해서 각 기관별 투자전략(Departmental Investment Strategies: DISs)를 수립하도록 하였고, 여기에는 다음 4대 요소가 포함되었다.

① 기관별 전략(strategy) 요약: 투자계획과 기관 목표 달성의 적합성 설명

② 기관별 기존 자산 기반(asset base) : 이들을 활용하여 기관 목표를 달성하는 방법과 가장 효율적으로 활용하는 방안

③ 향후 3년간에 걸친 신규투자계획(new investment plans)

④ 조달절차와 시스템(process and systems): 최고의 투자효율성 획득을 위한 절차와 시스템 활용

여기서는 이상과 같은 4가지 요소 중 최고의 투자효율성을 획득하기 위한 조달절차와 시

스템을 소개하고자 한다. 이와 관련해서 영국 재무부(HM Treasury) 산하기관으로 2000년에 새로 설립된 중앙조달정책기관인 정부상무청(Office of Government Commerce: OGC)이 제시하고 있는 「건설공사 조달 수월성(秀越性) 달성지침(Achieving Excellence in Construction Procurement Guides)」 및 「관문 점검 절차(Gateway Review Process)」가 특히 중요하다.

「건설공사 조달 수월성(秀越性) 달성 지침(Achieving Excellence in Construction Procurement Guides)」

영국에서는 건설사업을 정부 정책의 핵심으로 간주하고 있다. 하지만 영국 건설사업의 성과는 오랫동안 그다지 좋지 못했다. Bath 대학의 조사결과를 보면(1998), 73%의 계약이 입찰가격을 초과했고, 70%는 공기 지연이 이루어졌다. 영국 감사원(National Audit Office: NAO)에서도 동일한 자료를 제시하면서 그 원인을 전통적인 조달 및 관리시스템에 두고 있다(NAO, 2001). 최저가 낙찰제 위주의 조달제도에서는 투자효율성(value for money) 획득이 어렵고, 건설업계와 정부 발주기관간의 적대적 관계로 인하여 저조한 성과를 초래했다는 것이다.

1999년부터 시작된 수월성 달성(Achieving Excellence) 지침은 건설공사의 주요 발주자인 중앙정부와 산하 집행기관 및 공기업의 성과 향상을 목적으로 한 것이다. 이를 위해 관리(Management), 측정(Measurement), 표준화(Standardization), 통합(Integration)이라는 4개의 주요 과제와 과제별 핵심분야를 제시하고 있다.

Achieving Excellence의 궁극적인 목적은 투자효율성 획득이며, 이같은 목적은 최저가 낙찰제가 아니라 발주자의 요구조건에 적합한 생애주기비용(whole life cost)과 품질(quality)의 최적 조합(optimum combination)을 통해서 달성할 수 있다고 본다.

Achieving Excellence 지침은 총 11권으로 구성되어 있다(http://www.ogc.gov.uk). 제1권은 조달지침서 전체에 대한 개괄적인 설명을 담고 있고, 제2권은 사업조직의 구성 및 역할을 상세하게 설명하고 있다. 제3권은 건설사업관리에 있어서 단계적인 의사결정 포인트와 과정을 설명하고 있고, 제4권은 사업성공을 위해 필요한 리스크와 가치관리의 세부지침을 제시해 주고 있다. 제5권은 통합관리팀과 팀워킹 및 파트너링을 설명하고 있으며, 제6권은 조달 및 계약전략을 제시하고 있다. 제7권은 건설사업에서 총생애주기비용의 산정과 비용관리를 설명하고 있으며, 제8권은 전생애주기에 걸쳐 어떻게 사업을 평가할 것인지를 보여주고 있

표 3-2 Achieving Excellence의 주요 과제별 핵심분야

관리 (Management)	• 헌신과 리더십 • 권한위임과 숙련화 • 일관되고 유능한 사업관리측정
측정 (Measurement)	• 표준 핵심 성과 지표 • 사후 사업집행 검토 • 발주자 성과 평가
표준화 (Standardization)	• 다음 사항에 관한 핵심 표준 절차 – 총투자효율성 확보를 위한 조달정책결정 – 리스크 및 가치 관리 – 산출/성과 시방 – 생애주기비용 – 급격한 변화 통제 • 정보기술과 표준화된 문서관리 통합
통합 (Integration)	• 팀워크와 파트너링 • 설계와 시공, 민간투자(PFI), 설계 · 시공 일괄 및 유지관리, 프라임 계약에 초점

자료: OGC(2003). *Building on Success: The Future Strategy for Achieving Excellence in Construction.*

다. 제9권은 투자효율성의 획득을 위해 설계 품질(design quality)의 중요성을 강조하고 있고, 제10권은 보건과 안전에 관한 것이다. 제11권은 건설사업의 지속가능성(sustainability)과 관련된 주제를 다루고 있다.

2000년부터 2002까지 3년간에 걸친 성과를 보면, 대부분의 기관에서 Achieving Excellence의 원칙과 혜택을 수용하여 실질적인 투자효율성을 획득했다. 앞서 제시했던 4대 주요 과제의 절반 이상은 목표를 100%달성했고, 4분의 1 이상은 90% 이상의 달성도를 보여주고 있다. 회계 및 내부 감사기관의 최고 가치(best value) 및 생애주기비용(whole life costing)에 대한 이해도 또한 높아졌다. 정부상무청(OGC)의 건설공사 조달지침은 최근의 best practice 추세와 과거 수행사업에 대한 검토 결과를 반영하여 지속적인 개선작업이 이루어지고 있다(http://www.ogc.gov.uk).

통합사업팀(Integrated Project Team: IPT)의 구조와 역할

Achieving Excellence 지침서 제2권(Project Organization – roles and responsibilities)을 보면, 미국의 「자본투자지침(Capital Programming Guide)」에서와 동

일한 명칭의 건설사업 조직을 발견할 수 있다. 통합사업팀(Integrated Project Team: IPT)이 바로 그것이다.

오랫동안 영국 건설사업의 성과가 취약했던 핵심적인 이유는 최저가 낙찰제와 함께 발주자와 공급자간의 적대적 관계에도 있었다는 것을 앞에서 언급하였다. 따라서 건설사업 조직의 참여주체간 통합도 투자효율성 확보를 위해 대단히 중요하다.

통합사업팀(IPT)에는 사업의 발주자(Senior Responsible Owner: SRO), 사업 책임자(Project Sponsor) 및 관리자(Project Manager)와 설계자 · 시공자 · 전문공급업자 · 유지관리자 등 공급연쇄를 구성하는 통합공급팀(Integrated Supply Team)을 모두 포함하고 있다. 그 외에 일반적으로 외부 컨설턴트[75]로 구성되는 독립적인 발주자의 자문위원(Independent Client Advisor)도 있다.

Achieving Excellence 지침에서는 통합사업팀(IPT)이 반드시 갖추어야 할 필수요건을 다음과 같이 제시하고 있다.

- 사업수행에 필요한 요소들은 잘 구비되어 있어야 하고, 발주자와 공급자 모두에게 충분히 이해되어져야 한다. 특히 시설물의 기대수명은 반드시 명확하게 표현되어야 한다.
- 사업의 투자결정자는 그 사업이 투자목적에 기여할 수 있음을 증명해야 한다.
- 사업성공에 책임을 지는 발주자(Senior Responsible Owner: SRO)와 그를 대신하여 의사결정을 하게 될 사업의 책임자를 제대로 선정해야 하고, 원하는 결과의 실현을 위해서는 경험과 기술 및 헌신이 필요하다.
- 사업수행능력을 갖춘 적합한 공급자를 파트너로 선정해야 한다.
- 통합팀(발주자, 설계자, 시공자 및 전문공급자)의 일원으로서 모두가 사업에 동참해야 하며, 효과적인 의사소통과 조정이 이루어져야 한다.
- 사업팀을 이끌 수 있는 충분한 역량을 가진 인물을 사업관리자(Project Manager)로 선정해야 한다.
- 사업의 효과와 조직에 미치는 영향이 분석되고, 사업목적에 부합되도록 계획되어져야 한다.

75) 영국의 정부건설공사 수행과정에서 활용하는 외부 컨설턴트는 project manager 외에 client adviser, value manager, risk manager, design consultant, specialist consultant, cost consultant, contractor administrator, construction manager, partnering facilitator 등 대단히 다양하며, 이들로부터 받는 전문적인 서비스 비용은 총사업비의 2%도 안되지만, 전문적 서비스의 질이 나머지 98%의 사업비에 직접적인 영향을 미치는 것으로 보고 있다(HM Treasury. 2000).

• 사업팀에 대한 권한위임은 명확해야 하고, 효과적이며 적시성있는 의사결정이 이루어져야 한다.

• 사업조직 참여자의 역할과 책임은 명확하게 규정되어져야 한다.

건설사업은 발주자, 컨설턴트, 시공자, 전문 공급자 등이 단일의 통합사업팀(IPT)을 구성하여 수행해야 한다. 이 같은 접근방법은 혁신을 조장하고 적대적 문화를 회피하기 위해 모든 건설사업에 적용되어져야 한다. 핵심은 사업참여자의 「통합(integration)」인데, 통합이 되어야 최저가 낙찰제 대신 생애주기에 걸친 투자효율성, 시공성과 보건 및 안전에 대한 집단 책임, 지속가능성과 설계 품질, 리스크 관리책임의 배분, 효율성과 낭비의 제거 등과 같은 의미있는 혜택을 누릴 수 있다.

정부상무청(OGC)의 관문 점검 절차(Gateway Review Process)

2000년에 정부상무청(OGC)이 설립되면서 공공조달과 관련된 정책이나 지침의 개발업무는 재무부에서 정부상무청으로 이관되었다. 정부상무청(OGC) 지원 하에 수행된 공공 조달시스템의 혁신과정에서 도출된 결과물 중 하나는 각 정부 부처별로 상이하게 수행되었던 조달프로세스를 주요 원칙과 절차로 통일한 「관문 점검 절차(Gateway Review Process)」를 구축한 것이다. 이 절차는 영국의 중앙정부 각 발주기관이 의무적으로 따라야 할(mandatory) 조달지침이며, 모든 정부 프로젝트에 대하여 독립적인 전문가 집단에 의한 일련의 조달관문(Procurement Gates)을 통과하도록 설계한 것이다. 관문 점검 절차는 해당 프로젝트의 가치를 극대화하고 낭비를 최소화하기 위한 목적으로 시행되는 공공건설사업의 표준조달절차로 정의될 수 있으며, 동시에 발주자 조달업무의 Best Practice를 제시한 절차다.

Gateway Process에서는 건설사업의 전 수행단계를 8단계로 구분하고, 이전단계에서 후속단계로 넘어가는 6개의 Gateway를 규정하여, 각 Gateway마다 Gateway Review라는 평가를 시행하도록 규정하고 있다. Gateway Review에서 핵심적인 질문은 "후속단계로 진행될 수 있을 만큼 선행단계가 충분히 완료되었으며, 이를 정당화시킬 수 있는가?" 하는 것이다. Gateway Review의 수행을 위한 독립적인 전문가 팀은 해당 발주청과는 독립적인 인사들로 정부상무청(OGC)에서 선임하는 것을 원칙으로 하여 평가의 객관성을 확보하고 있다. 일반적으로 3~5인으로 구성된 팀에서 3~5일간 진행하고 있다. 단계별 관문 점검 절차를 간략하게 요약하면 다음과 같다[76].

먼저 Gate 0(Strategic Assessment)에서는 사업의 필요성과 건설사업이 그 필요성을 만족시키는 최상의 방법인지를 전략적으로 검토한다.

Gate 1(Business Justification)에서는 해당사업이 발주기관의 사업목적을 충족시키기에 필수적이며 타당한지에 대한 사업성을 평가한다.

Gate 2(Procurement Strategy)에서는 사업의 발주자(SRO)가 통합사업팀과 상업적 계약이 투자효율성을 가져올 수 있도록 하는데 가장 적절한 조달전략을 수립한다.

Gate 3(Investment Decision)에서는 사업의 발주자가 예산편성을 할 수 있도록 생애주기비용을 명확하게 도출하고, 사업 범위를 최종적으로 확정하여 경쟁적 조달을 시행한다.

Gate 4(Readiness for Service)에서는 발주자(SRO)가 시설의 설치가 종료되었으며, 사업목적에 적합하고, 사용할 준비가 되어 있는지를 점검한다.

Gate 5(Benefits Evaluation)에서는 사업타당성 조사 시 기대했던 혜택이 창출되었는지를 시설물의 생애주기 전체에 걸쳐서 반복적으로 평가하면서 시설물을 운영한다.

정부상무청(OGC)은 2001년 2월부터 Gateway Review를 실시한 이후 345개의 프로젝트에 대해 적용하였고, 2003년말 현재는 총 256개의 프로젝트에 대해서 Gateway Review Process가 진행되고 있다고 한다. 그 시점까지 총 240억파운드에 달하는 관문 점검 절차를 완료하여, 약 5억파운드에 달하는 투자효율성(value for money)을 획득한 것으로 정부상무청에서는 평가하고 있다(http://www.ogc.gov.uk).

한국: 총체적 효율성보다 사업비 증액 억제에 치중

총사업비 관리제도의 운영

미국과 영국의 제도를 보면, 건설사업의 기획단계부터 시작해서 시설물의 폐기에 이르는 총생애주기 전체에 걸쳐 총체적 효율성을 추구하고 있음을 알 수 있다. 한국에도 기획예산처 소관의 「총사업비 관리지침」에 따라 정부 대형 건설사업의 총사업비를 관리하는 제도가 있다. 하지만 제도 이름에서 보듯이, 한국의 총사업비 관리제도는 건설사업의 총체적 효율성 제고가 아니라 사업추진 단계별로 사업비 증액을 억제하는데 초점을 둔 제도다. 기획예산처의 「2004년 총사업비 관리지침」을 중심으로 한국의 대형 건설사업 추진단계와 단계별 주요 총

76) Achieving Excellence지침 가운데 Construction Projects: A Manager's Checklist에 수록된 내용을 간략하게 요약한 것이다(http://www.ogc.gov.uk).

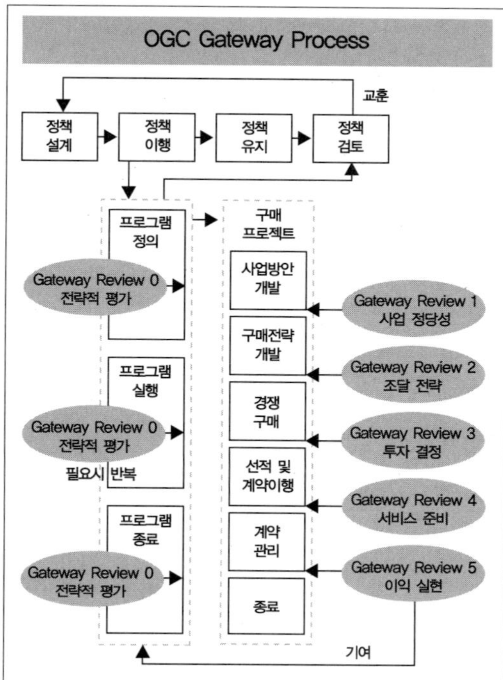

Gateway Review 0	● 프로그램 진행기간동안 반복 ● 정의단계: 예상성과의 실현가능성에 초점 ● 실행단계: 변화, 위험, 자원에 대한 계속적 관리에 초점 ● 종료단계: 결과물의 평가 및 교훈에 초점
Gateway Review 1	● 완벽한 사업방안 개발을 위한 준비작업에 초점 ● 담당부서가 실행결과에만 책임을 지는 경우에는 Gateway Review1과 Gateway Review5만 실행할 수 있으면 파트너가 독립적으로 나머지 과정을 관리함.
Gateway Review 2	● 적합한 조달전략을 수립하였는가에 초점 ● 프로젝트의 가시성, 성공가능성, RFP준비작업에 초점 ● 프로젝트 및 이행계획에 대한 명확한 정의 수립 ● Gateway Review1의 주요 가정에 대한 검증
Gateway Review 3	● 계약 전에 투자인의 적합성을 인증 ● 사업의 요구사항이 만족되는지, 고객사와 공급업체 양측모두 제안 안을 이행할 수 있는지, 께약 이후 성공적인 결과 달성을 위한 프로세스가 있는지 심사
Gateway Review 4	● 결과물이 제공되기 전에 관련사항들이 제대로 준비되고 있는지에 초점 ● 조직은 사업변화 실행에 준비가 되어있는지, 진행중인 성과를 평가하기 위한 기반은 있는지 심사
Gateway Review 5	● 사업계획상의 기대이익 및 Value for Money가 달성되었는지 확인하는 작업에 초점 ● 본 Review의 결과는 Gateway Review0을 위한 중요한 input 자료가 됨

그림 3-2 영국의 관문 점검 절차(Gateway Review Process)

자료: http://www.ogc.gov.uk.

사업비 관리제도를 요약해 보자(http://www.mpb.go.kr)

총사업비 관리대상사업은 국가 직접 시행사업, 국가 대행사업, 국고 또는 기금의 보조·지원을 받는 지방자치단체 및 민간기관(투자·출연·보조기관 등)의 사업중 사업기간이 2년 이상으로 총사업비(공사비, 보상비, 설계비 등 사업 추진과 관련된 모든 경비를 합한 금액으로 국고, 지자체 지원, 민자 유치 등을 포함한다)가 일정규모 이상인[77] 사업이다.

총사업비 관리의 기본원칙은 크게 두 가지다.

첫째, 소요 사업비의 총액규모 뿐만 아니라 공종별·단위 사업별 사업비도 각각 독립되게 관리하여야 하며, 발주시에 공종간 또는 단위 사업간에 사업비를 임의로 조정해서는 안 된다.

둘째, 사업추진은 원칙적으로 「예비타당성조사→타당성조사→기본설계→실시설계→발주 및 계약→시공」등의 단계에 따라 시행되어야 하며, 각 사업추진 단계별 세부적인 총사업비 관

77) 토목공사는 500억원, 건축공사는 200억원이다.

리절차는 「총사업비 관리지침」을 따라야 한다.

이같은 원칙에 따라 건설사업의 추진단계를 「① 사업구상 단계→② 예비타당성조사 및 타당성조사단계→③ 기본설계 용역단계→④ 실시설계 용역단계→⑤ 공사발주 및 계약단계→⑥ 착공 이후 시공단계」로 구분하여 각 단계별로 총사업비 증액의 억제를 위한 강제적인 지침을 제시하고 있는 것이 한국의 총사업비 관리제도이다. 사업추진 단계별 총사업비 관리의 주요 내용을 요약하면 다음과 같다.

사업구상단계에서는 유사사업 사례 등을 활용하여 사업규모 및 총사업비, 사업기간 등을 적정하게 책정하고, 추정 총사업비가 500억원 이상(국고 300억원 이상)인 사업에 대해서는 기획예산처장관에게 예비타당성 조사의 시행을 요청해야 한다.

예비타당성조사 및 타당성조사 단계에서는 당해 건설사업으로 형성되는 시설물의 생애주기 전체를 대상으로 기술 · 환경 · 사회 · 재정 · 용지 · 교통 등 필요한 요소를 고려하여 타당성 조사를 시행해야 한다.

기본설계 용역단계에서는 시공과정에서 조사부실로 인한 설계변동이 발생하지 않도록 기본조사에 필요한 충분한 용역기간 및 용역비를 부여해야 하고, 기본설계를 시행함에 있어서 예비타당성조사 및 타당성조사에서 정한 총사업비를 감안하여 설계내용이 적절히 관리될 수 있도록 노력해야 한다. 그리고 기본설계 과정에서 충분하고 합리적인 사유 없이 당초의 사업규모를 변경할 수 없으며, 사업물량을 과도하게 산정하거나 불필요한 기능이 포함되지 않도록 설계완료 전에 관계 전문가에 의한 설계내용 검토(설계VE)를 1회 이상 시행해야 한다.

실시설계 용역단계에서도 충분하고 합리적인 사유 없이 당초의 사업규모를 변경할 수 없으며, 관련 법령에 따라 시행한 환경영향평가, 교통영향평가, 지자체 협의결과 등을 원칙적으로 실시설계에 반영해야 한다. 기본설계 용역단계에서와 마찬가지로 사업물량을 과도하게 산정하거나 불필요한 기능이 포함되지 않도록 설계완료 전에 관계 전문가에 의한 설계내용 검토(설계VE)를 1회 이상 시행해야 한다. 또한 실시설계에 대하여 총사업비 변경협의 이전에 조달청에 설계 단가의 적정성 검토를 의뢰해야 한다.

공사발주 및 계약단계에서는 기획예산처장관과의 협의를 거친 예산상 총사업비 내역서를 첨부하여 조달청장에게 계약을 의뢰해야 한다. 계약체결 후 낙찰차액이 발생한 경우 계약일로부터 60일 이내에 총사업비 변경요구를 해야 한다.

착공이후 시공단계에서는 물가상승, 안전 또는 법령 개정 등 불가피한 경우와 새로운 공법 및 기자재 설치 등으로 시설의 성능이 대폭 개선되는 경우를 제외하고는 가능한 한 총사업비 조정을 억제해야 한다.

설계 · 시공 일괄입찰 방식으로 추진되는 사업은 기본계획 수립 후 발주 전에 기획예산처장관과 사업규모, 총사업비, 사업기간 등을 협의해야 하며, 기본설계 또는 실시설계 과정에서 당초의 사업규모, 총사업비 등을 초과하지 않도록 해야 한다. 사업자 선정 후 60일 이내에 기획예산처장관과 계약잔액 반납, 설계보상비 반영 등을 위한 총사업비 변경 협의를 해야 한다.

총사업비의 효율적 관리보다 증액 억제가 정책 목표

한국의 총사업비 관리제도는 미국 · 영국의 건설사업 수행절차의 Best Practice와 엄청난 차이가 있다.

첫째, 한국의 총사업비 관리제도는 사업추진단계별로 "총사업비의 증액을 억제"하는데 초점을 두고 있지만, 미국과 영국에서는 조달절차와 시스템(procurement process and systems)의 종합적인 개선을 통하여 "투자효율성을 제고"하는데 초점을 두고 있다.

둘째, 총사업비 관리나 적정한 건설사업 관리 절차를 위한 법 · 제도의 운용방식도 대단히 다르다. 한국의 총사업비 관리제도를 구성하고 있는 「예산회계법」, 「국가를 당사자로 하는 계약에 관한 법률」, 「총사업비 관리지침」등은 사실상 국가기관과 지자체 및 공기업까지 직접 구속하는 법령이다. 하지만 미국과 영국에서는 대부분 예산 및 조달에 관한 원칙과 Best Practice를 제시하면서 이를 수용해 주기를 바라는 일종의 "권고지침(Guide)" 이다.

셋째, 한국과 달리, 미국이나 영국에서는 건설사업 수행이 「통합사업팀(IPT)」과 같은 전문가 집단의 실질적인 평가나 심사를 통해 이루어지며, 건설공사 수행과정에 참여하는 발주자, 설계자, 시공자, 전문 공급자 등 모든 참여자들의 팀워크를 강조하고 있다. 한국의 「총사업비 관리지침」에서는 "중앙관서의 장"이 해야 할 업무에 대해서는 일부 규정하고 있지만, 건설사업관리조직에 대해서는 사실상 아무런 규정이 없다. 미국과 영국에서는 모두 건설사업관리조직을 전문성을 갖춘 내부 혹은 외부의 건설사업관리자(PM 혹은 CM)가 주도해야 한다는 사실을 강조하고 있다. 그러나 한국에서는 외부의 건설사업관리자를 활용할 수 있는 제도적 장치가 없고, 사실상 "중앙관서의 장"과 "담당공무원"이 사업수행의 책임을 지는 것으로 되어 있다.

넷째, 미국이건 영국이건 최소화하고자 하는 건설사업비는 총생애주기비용(whole life

cycle costs)[78]인 반면, 한국의 총사업비 관리제도에서는 선언적인 문구만 존재할 뿐, 실제로는 사업추진단계별로 사업비 증액을 억제하는데 초점을 두고 있을 뿐이다. 한국의 「총사업비 관리지침」에서 말하는 총사업비는 "보상비+총공사비+부대경비(감리비+설계비+시설부대비+관리비)"를 의미한다. 시설물의 완공 시점까지 발주자가 직접 부담해야 하는 비용을 총사업비로 정의하고 있으며, 완공후의 유지관리비용 등에서는 별다른 언급이 없다.

다섯째, 미국과 영국의 경우는 모두 리스크에 대한 명시적인 고려와 리스크 분석도구 및 리스크를 줄일 수 있는 방안까지 제시하고 있다. 장기간에 걸친 건설사업은 그 특성상 공기지연이나 공사비 증가가 수반될 수 밖에 없기 때문에 사전에 예측 가능한, 혹은 예측 불가능한 리스크에 대비해야 한다는 것이다. 그러나 한국의 총사업비 관리제도에서는 리스크에 대한 명시적인 고려가 없다. 원래 의도가 총사업비의 무분별한 증액을 방지하기 위한 것이었기 때문에 사업비의 증액을 일방적으로 억제하는데만 초점이 주어져 있다.

여섯째, 미국과 영국에서는 건설사업의 효율적인 추진을 위해서 예산기관과 발주기관 외에 감사기관도 함께 협력하고 있다. 하지만 한국에서는 아직까지 감사원이 재정경제부나 기획예산처 및 건설교통부 · 조달청 등과 합심하여 공공건설사업의 효율성을 높이기 위한 대책을 수립해 본 사례를 찾아보기 어렵다.

한국의 건설사업 수행절차와 관련 제도를 미국 · 영국의 사례와 비교해 보면, 한국의 건설제도는 미국 · 영국에 비해 아직도 후진적이라는 주장에 공감하리라고 본다. 통합사업팀(IPT)과 같은 전문적인 건설사업 조직과 전문가 집단에 의한 사업추진 단계별 점검(gateway review), 총생애주기비용(whole life cycle costs)의 명시적 고려, 총액예산편성정책(full funding policy), 비용 · 일정 통합관리시스템(EVMS), 리스크 관리(risk management), 성과 측정과 평가(performance measurement and evaluation) 등을 통해 투자효율성(value for money), 혹은 최고 가치(best value)를 얻고자 하는 것이 건설제도의 글로벌 스탠다드다. 한국의 총사업비 관리제도는 총사업비 증액을 억제하는데 초점을 맞출 것이 아니라, 미국

78) 미국 연방정부의 이른바 "총사업비(full cost)"는 재화, 자원 및 서비스를 제공하는데 소요되는 모든 직접 및 간접비용(all direct and indirect costs)으로서, 산출물(output)을 생산하는데 사용된 자원의 총량(total amount of resources)을 의미한다고 규정하고 있다(OMB Circular A-25). 「자본투자지침(Capital Programming Guide)」에서는 자본사업의 비용을 총생애주기비용(full life-cycle costs)이라고 규정하고 있으며, 기획 · 조달 · 유지관리 · 폐기 등에 소요되는 모든 직접 · 간접비용을 포함한다고 한다.
영국의 Achieving Excellence지침서 제7권(Whole life-costing and cost management)에서는 생애주기비용을 획득비용(컨설팅비, 설계비와 시공비, 설비장치비)과 폐기시점까지의 모든 유지관리비용을 포함하는 것으로 정의하고 있다.

이나 영국에서처럼 공공건설사업의 추진과정에서 총체적 효율성을 달성하는 방향으로 전면적인 재편이 이루어져야 한다.

04 건설공사 예산편성 및 공사비 산정제도

글로벌 스탠다드 : 총액예산편성 및 시장가격 반영

공공건설공사는 정부의 예산으로 수행된다. 어느 나라 정부건 납세자인 국민의 세금을 절약하고, 재정투입의 효율성을 증대시키기 위한 노력을 기울여야 한다. 이 같은 정부의 기본적인 입장은 종종 공급자인 건설업계의 이익과 상반되는 경우를 초래한다. 건설업계 입장에서는 "적정 공사비 확보" 내지 "충분한 이윤 확보"를 원하기 때문이다. 건설공사 예산편성 및 공사원가 산정제도는 이처럼 발주자인 정부와 공급자인 건설업체간의 상반되는 이해관계가 충돌하는 영역이다.

미국과 영국의 사례를 보면, 공사예산편성이나 공사비 산정제도를 논의하는데 있어서 한국에서처럼 뚜렷한 대립 양상을 보기 어렵다. 건설공사 예산의 과소책정 문제나 발주자 적산가격(engineer' s estimation)의 적정성에 대한 논란도 찾아보기 어렵다. 그 이유는 기본적으로 공사예산의 책정이나 공사비 산정시 시장가격의 반영이 이루어지고 있으며, 계약금액은 입 · 낙찰과정에서 입찰참가자간의 경쟁이나 협상에 의해 결정되기 때문이다. 특히 최근 들어서는 총생애주기비용(whole life cycle cost)으로 비용 개념이 전환되었고, 팀워크의 강조가 발주자와 건설업계간의 대립적 · 적대적 관계를 협력적 관계로 전환시켜 놓았다는 사실을 확인할 수 있다. 이런 구조속에서는 공사예산을 고의로 과소책정하거나 무제한적인 최저가 낙찰이 이루어지지 않는다.

공사예산이나 발주자의 적산가격은 아무리 시장가격을 반영한다고 해도 시장가격 그 자체는 아니기 때문에, 종종 경쟁입찰의 결과 발주자 적산가격보다 높은 금액에서도 계약체결이 이루어진다[79]. 발주자 적산가격보다 지나치게 높거나 낮을 경우는 입찰자가 해명을 해야 하고, 입찰자의 해명이 부적절하다고 판단되면 낙찰대상에서 배제하거나, 적산기준이 잘못되었으면 적산기준을 고치도록 한다. 이 같은 과정이 반복됨에 따라 정부의 공사예산편성이나 발주자 적산가격은 물론 공사계약금액에도 시장가격이 반영된다. 이런 모든 내용들이 미국과 영국에서도 연방조달규정(FAR)이나 중앙정부의 지침 및 각 발주기관 소관의 법령이나 내부기준에 제도화(institutionalization)되어 있다.

미국이나 영국의 사업예산제도와 발주자의 공사비 관리시스템 전반을 설명하는 것은 이 책의 범위를 벗어난다. 여기서는 공사예산편성과 관련하여 한국에서 가장 큰 문제로 지적되고 있는 장기 대형 건설사업의 예산편성제도와 최근 논란이 되고 있는 실적공사비 적산제도에 초점을 두어 글로벌 스탠다드의 내용이 무엇인지를 소개하고자 한다.

장기 대형 건설사업의 예산: 총액예산 편성정책(full funding policy)

1년 단위의 회계연도를 갖고 있는 나라들은 매년 단위로 예산을 편성하여 집행하고 있다. 하지만 건설사업은 사업기간이 2년 이상 소요되는 경우가 많다. 특히 규모가 클수록 그렇다. 그렇다고 해서 장기 대형사업의 예산을 1년 단위로 끊어서 책정하지는 않는다. 총사업비를 한꺼번에 예산으로 책정해서 관리를 하는 것이 일반적이다. 단년도 예산주의를 고수하더라도, 다년도 사업에 대해서는 다년간에 걸친 총사업비를 예산으로 편성하고, 다년도 계약(multi-year contract)을 체결하고 있다.

단년도 사업예산제도란 매 회계연도 단위로 사업의 예산을 해마다 편성하는 제도고, 다년도 사업예산제도는 수 년간에 걸친 사업의 예산을 한꺼번에 편성하여 집행하는 제도다. OECD국가들은 재정개혁 작업의 일환으로 대부분이 다년도 사업예산제도를 활용하고 있다(OECD, 1995). 미국 주정부의 경우는 20개 주가 2년 주기 예산제도(biennial budgeting)을 채택하고 있으며, 예산정책의 결정에 있어서 다년도 시각(multi-year perspective)을 도입하기 위한 노력이 증가하고 있다(State of Iowa, 1998).

79) 그렇다고 해서 예산관리의 목적상 발주자 적산가격 이상으로 무제한적인 계약체결을 허용하고 있는 것은 아니다. 일정한 비율, 예컨대 발주자 적산가격의 15%를 초과할 경우(미국 Virginia 주정부 DOT의 경우)에는 설사 정당한 사유가 인정되더라도 유찰시키고 다시 예산을 편성해서 재발주하고 있다. 발주자 적산가격은 한국과 일본의 예정가격처럼 절대적인 것이 아니다.

이처럼 다년도 사업예산제도의 활용도가 높아지고 있는 이유는 기본적으로 단년도 사업예산제도가 갖고 있는 문제점 때문이다. 단년도 사업예산제도에서는 사업을 기획 · 분석 · 평가할 시간이 별로 없고, 입법부에서도 일상적인 예산과정까지 계속 관여하다 보니 예산심의시 사업의 실질적인 이슈를 제대로 파헤칠 수가 없으며, 좁은 시각에서 단기적인 예산정책만 양산하게 된다. 반면에 다년도 사업예산제도를 도입할 경우, 사업평가와 분석이 보다 철저하게 될 수 있고, 실효성있는 중장기 재정계획을 수립할 수 있으며, 입법부에서도 일상적인 예산 및 행정업무에 관여하는 것보다 중요한 정책적 문제에 예산심의의 초점을 두게 되는 장점이 있다(State of Iowa, 1998).

장기 대형 건설사업의 예산편성과 관련해서, 입수가능한 자료만 볼 때, 가장 명확하고 구체적인 원칙을 확립하여 제시해 주고 있는 나라는 미국이라고 본다.

미국 연방정부에서 특정 사업에 예산을 지출하기 위해서는 반드시 두가지 단계를 거쳐야 한다(Collender, 1992). 첫째는 사업승인(authorization)이고, 둘째는 지출권(appropriation)의 승인이다. 사업승인은 사업의 목적과 지침 및 지출한도를 설정하는 것이고, 지출권이 있어야 정부 각 기관이 실제로 지출(outlays)할 수 있다. 사업승인과 지출권은 고용이나 구매계약체결을 포함하여 자금지출을 할 수 있도록 허용된 "예산권한(Budget Authority)"이란 이름하에 금액으로 표시된다. 예산권한이란 실제 자금지출을 의미하는 것이 아니라 총사업비(total cost)에 해당된다.

미국의 예산당국은 예산권한을 매년 개별 사업부처에 부여하는데, 이때 당해 년도 지출금액에만 한정하는 것이 아니라 총액예산편성정책(full funding policy)에 따라 사업목적 달성에 소요되는 다년간의 총사업비에 대하여 한꺼번에 예산권한을 부여한다. 예컨대 100억달러 규모의 공사를 3년간에 걸쳐서 시행하는데 1차년도에 50억달러, 2차년도에 25억달러, 3차년도에 25억달러를 지출해야 한다면, 표에서 보는 것과 같이 예산권한(Budget Authority)과 매 회계연도의 실제 지출액(Outlays)이 기록된다. 이 같은 예산편성 방식은 사업시행 1차년도에 단 한번의 예산권한 배정으로 다년도 사업예산이 편성되어 집행되고 있음을 보여 준다.

미국이 총액예산 편성정책(full funding policy)을 채택하고 있는 이유는, 완결되지 않으면 쓸모가 없을 장기 대형 건설공사나 사업에 자금이 찔끔찔끔 배정됨으로써 비효율성을 초래하는 것을 방지하기 위한 목적이다(옥동석, 1995).

표 3-3 미국의 장기 사업 예산편성 예시

(단위: 억달러)

	회계년도		
	1997	1998	1999
예산권한(Budget Authority)	100	0	0
지출액(Outlays)	50	25	25

대규모 공사 및 조달사업의 경우에는 일반적으로 총액예산 편성정책이 적용된다. 비록 그 금액이 수년에 걸친 채무로 완결되더라도 총액예산 편성정책하에서는 공사 또는 조달사업을 완결시키는데 필요한 자금이 1차년도의 지출권(appropriation)으로 배정되어야 한다. 완결되지 않으면 쓸모가 없을 공사나 사업에 자금이 조각조각으로 지원되는 것을 피하기 위해 총액편성 정책이 시행된다.

미국의 총액예산 편성정책을 설명할 때마다 받게 되는 질문이 있다. 그런 식으로 미국에서 장기 대형사업의 총사업비를 사업 시작 1차년도에 모두 확정 예산으로 편성해 준다면, 해마다 미국 정부는 엄청난 규모의 예산이 사전에 확정되는 바람에 "예산 경직성"의 문제가 심각해 질 것이다. 그렇기 때문에 모든 장기 대형사업에 총액예산 편성정책을 적용하는 것이 아니라, 일부에만 적용되는게 아니냐는 질문이다. 2005년 6월 미국 관리예산처(OMB) 산하 연방조달정책실(OFPP)을 방문했을 때 이 같은 질문을 해본 적이 있다. 이 질문에 대한 답변은, 경우에 따라 미국 의회에서 삭감되는 일도 있긴 하지만, 원칙적으로 모든 장기 대형사업의 예산을 총액예산 편성정책에 따라 편성하고 있다고 한다.

공사비: *실적공사비와 시장가격을 반영한 추정가격*

미국이건 영국이건 공사비 산정 결과 도출되는 발주자 적산금액(engineer' s estimate)의 성격은 실적공사비와 시장가격을 반영한 추정가격이다. 제 아무리 과거의 실적공사비나 시장가격을 반영했다 치더라도, 추정가격은 문자 그대로 "추정"가격이지, 그 자체가 실제 "시장"가격은 아니다. 그렇기 때문에 미국이건 영국이건 추정가격보다 높은 가격에서도 계약체결이 허용된다. 시장가격은 추정가격보다 낮을수도 있지만, 높을수도 있기 때문이다.

미국 : 실적공사비 적산방법, 실제 공사원가 계산방법, 혹은 혼합방법 활용

미국에서도 발주자 적산금액은 공공사업의 목표 예산으로서 입찰가격 심사, 내역 조정, 협상과정 등에 활용된다. 미국 공공발주기관의 사업비 산정 및 관리는 몇가지 공통적인 특징을 가지고 있다(최석인 · 송병관 · 김윤주, 2004).

첫째, 실적자료는 사업비 산정 단계별(계획, 설계, 확정)로 지속적으로 활용된다.

둘째, 다양한 실적자료를 사용하고 있다. 사용되고 있는 실적자료의 대표적인 형태는 인근 지역의 유사 형태 사업에서 사용된 계약단가 자료, 대형 발주기관의 경우 계약단가를 데이터베이스화한 계약단가 자료집(contract cost book), 시장거래가격을 조사한 민간의 거래 조사자료(예: RS Means)와 미국 연방정부나 조달청에서 제공하는 자료 등을 들 수 있다.

셋째, 최종 공사비 결정에 있어서는 적산 기술자(cost engineer)의 경험과 판단이 중요하다.

미국에서 실적공사비 적산방식으로 공사비 산정을 한다고 하지만, 다양한 조사자료의 활용과 더불어 적산 기술자의 경험이나 판단도 중요하고, 적산 과정에서 실제 시장조사를 병행하기도 한다. 적산기술자의 경험과 판단이 활용되는 이유는 이들이 중 · 저급(中 · 低級)이 아니라 고급(高級)기술자들이고, 오랫동안 관련 업무를 수행해 온 전문가들이기 때문이다. 또한 실적공사비 축적과 적용은 발주기관별로 이루어지며, 한국에서처럼 특정 기관이 산정한 실적공사비를 전국의 모든 발주기관에 적용하는 경우는 찾아볼 수 없다.

여기서는 발주자 적산(engineer' s estimate)과 관련한 미국 법령에 근거한 연방교통부(US DOT) 고속도로청(FHWA)의 지침(Guidance)을 소개하고자 한다(23 CFR 630 Subpart B, FHWA TA T 5080.4, FHWA TA T 5080.6).

연방교통부 고속도로청에서도 발주자 적산은 사업승인을 위한 필수적인 요소다. 적산금액은 사업의 예상비용을 정확하게 반영해야 하고, 효과적으로 입찰가격의 검토와 비교를 수행할 수 있도록 구체적으로 작성되어야 한다. 발주자 적산금액은 입찰자 분석을 위한 지침으로 활용된다[80].

발주자의 적산방법은 다음 3가지로 나누어 볼 수 있다.

첫째는 최근의 낙찰사례에서 획득한 실적공사비 자료(historic data)를 활용하는 방법이며, 가장 많이 활용된다. 이 방법에서는 입찰시마다 공사현장이나 규모 및 물량의 차이를 조

80) U.S.Department of Transpotation, Federal Highway Administration(2004.7). ***Guidelines on Preparing Engineer's Estimate, Bid Reviews and Evaluation.*** 참조.

정해야 한다.

둘째는 실제 공사원가(actual cost)를 계산하는 방법이다. 실제 인건비, 장비비, 재료비, 이윤 등과 같은 요소들을 계산하는 이 방법을 활용하기 위해서는 적산기술자가 시공방법이나 장비에 대해서 잘 알고 있어야 한다. 이 방법은 입찰사례가 많지 않은 공사에서 독특한 품목의 사업비를 산정하는데 유용하다.

셋째는 앞의 두가지 방법을 혼합한 방법이다. 대부분의 공사에서는 몇몇개의 작은 품목들이 모여 총공사비의 약 70%에 달하는 큰 부분(a significant portion)을 구성하게 된다. 포틀랜드 시멘트 콘크리트포장, 구조 콘크리트, 아스팔트 콘크리트 포장 등을 예로 들 수 있는데, 이들은 공사특성을 반영하여 조정한 실제 공사원가 계산방식으로 산정하고, 나머지는 실적공사비를 활용하여 산정한다.

발주자 적산과정에서는 이외에 공사계약기간, 시공 단계나 독특한 공사 특성 등을 고려해야 한다.

고속도로청(FHWA)의 정책은 발주자 적산금액을 비공개하도록 요구하고 있는 것은 아니지만, 공개에 대해서는 부정적인 입장이다. 만약 공개한다면, 모든 입찰자에게 다 공개해야 한다. 적산금액의 비공개가 어렵다면, 정확한 금액이 아니라 일정한 금액범위(value range)만 공개하도록 권장하고 있다. 필자가 방문했던 2005년 6월의 경우, 고속도로청 지부(Division) 가운데 4개주에서만 적산금액을 공개하고 있었고, 6개주에서는 금액범위만 공개하며, 12개주에서는 공개하지 않는다고 한다. 11개주에서는 낙찰자 선정후에 공개하고 있다.

적산방법이 무엇이건 간에, 그 금액은 신뢰할 수 있어야 한다. 발주자 적산금액의 정확성(estimate accuracy)을 확보하기 위한 지침도 제시하고 있는데, 권고하고 있는 기준은 발주자 적산금액이 최저가격 입찰금액의 ±10%이내에 들어가는 비중이 50%이상 되어야 한다는 것이다. 이 같은 지침은 발주자 적산금액이 시장가격을 반영하도록 하기 위한 사후적인 대책으로 평가할 수 있다.

발주자 적산금액이 시장가격을 반영하고 있기 때문에 공종별 발주자 적산금액에 기초한 입찰가격의 적정성 심의도 가능하다.

영국: 다양한 데이터 활용, 전문가 판단 중시, 건축 중심 실적공사비

영국은 한국에서 도입하고자 하는 실적공사비 제도의 모태를 가지고 있는 국가로 인식되어 왔다. 그 이유는 영국의 계약제도가 한국의 공공공사와 유사한 수량조서(Bills of Quantities)에 의한 총액단가 계약제도를 기반으로 하고 있다는 점, 영국의 적산제도에서 가장 많이 언급되는 수량산출기준(Standard Method of Measurement, SMM)을 한국에서도 실적공사비 제도 도입시 벤치마킹하여 제정한 점 등을 들고 있다(최석인 · 송병관 · 김윤주, 2004).

하지만 영국의 공사비 산정제도는 한국에서 도입하고자 하는 실적공사비 제도와 큰 차이가 있다. 기본적으로 영국의 공사비 산정제도는 수량조서상의 내역체계도 다르고, 사업비의 기획 및 통제(Cost Planning & Control)라는 프로세스 관리에 초점을 두고 있다.

영국에서도 프로젝트 기획 및 설계 초기단계에서 공사비 예산을 산정할 때 과거의 실적공사비 자료를 주로 활용한다. 이때에도 수량이나 품질 등에 대한 각종 지수 및 전문가적 판단을 통한 보정 작업이 필수적으로 수반된다. 아울러 발주기관의 전문가(In-house Staff)나, "QS(Quantity Surveyor)"라고 부르는 사업비 전문가의 "전문가적 판단(professional judgement)"이 상당부분 개입한다. QS는 단순히 공사비를 '적산' 하는 업무만 수행하는 것이 아니라, 사업비와 관련된 모든 업무 전반에 대하여 전문적인 서비스를 제공해 줄 수 있는 전문가(cost manager or cost specialist)를 의미한다.

미국과 마찬가지로 과거의 실적공사비 자료는 공사비 산정을 위한 기초적인 참고자료지만, 그것만으로 공사비를 산정하는 것은 아니라는 사실을 인식해야 한다. 특히 영국은 발주기관이 자체적으로 수집하여 축적한 자료에서부터 전문기술자료, 각종 가격정보지, 정보 제공기관, 자재 공급업자가 제공하는 자료 등 대단히 다양한 데이터 소스를 가지고 있다. 공공 발주자는 주로 자체 실적공사비 정보를 활용하지만, 상용화된 정보도 참고자료로 활용하고 있다.

영국의 실적공사비 자료는 토목이 아니라 건축 중심으로 되어 있는데, 그 이유는 이렇게 설명된다(Potts, Patchell, 1995). 1976년까지만 해도 토목분야는 수량산출기준(SMM) 조차 제정되지 못했을 정도로 적산체계의 발전이 더디었다. 토목공사는 1회성 성격[81]을 갖고 있고, 개별 프로젝트마다 독특한 특성이 있기 때문에 건축과 같은 접근방식을 적용하기 어려운 측면이 있었다. 특히 영국의 적산체계에서 가장 중요한 역할을 하는 QS(Quantity Surveyor)가 토목사업에서는 프로젝트의 초기단계부터 관여한 사례가 적었고, 이에 따라 프로젝트 초기단계의 전문적인 사업비 관리도 제대로 이루어지지 못했다. 토목분야는 교육에서도 다른

81) 아파트나 오피스빌딩과 같은 건축공사는 동일한 설계도에 기초하여 반복적인 공사가 이루어지지만, 토목공사는 동일한 공사가 하나도 없을 만큼 유일무이한 경우가 많다. "1회성"이란 의미는 동일한 토목공사는 거의 없다는 뜻으로 보면 된다.

엔지니어링 분야를 더 중시하다 보니 상대적으로 관리분야의 교육이 건축에 비해 뒤떨어졌다. 하지만 최근에는 토목분야에서도 부위별 공사비 견적 및 관리 개념과 전산 시스템이 적용되기 시작했으며, ICEMATE(a civil engineering estimating computer software package) 등과 같은 전문적인 적산 시스템이 적용되고 계속적으로 개발되고 있다.

영국의 실적공사비 자료가 건축중심으로 되어 있는 이유가 무엇인지를 2004년 11월에 RICS를 방문했을 때 물어본 적이 있다. 그 이유는 다음 두가지라고 했다.

첫째는 토목시장의 규모가 너무 작기 때문에 토목공사의 실적공사비 자료를 축적해서 뭐하느냐는 것이다. 영국에서도 토목공사가 대부분을 차지하는 신규 공공건설시장 규모는 전체 건설시장의 12%수준(김한수 · 한미파슨스, 2003)에 불과하기 때문이다. 민간의 사업비 전문가인 QS(Quantity Surveyor)로 구성된 RICS는 민간협회이고, 실적공사비 자료의 축적도 특별한 법적 근거없이 전문가들이 자발적으로 제출한 자료를 토대로 이루어지기 때문에 시장규모가 작은 공공토목공사보다는 시장규모가 월등하게 큰 민간 건축공사 중심의 실적공사비 자료가 축적되어 왔다는 것이다.

둘째는 앞에서도 언급했지만, 토목공사는 특성상 유일무이한 1회성 공사인데, 과거의 실적공사비 자료가 사정이 다른 현재의 프로젝트에 어느만큼 도움이 되겠느냐는 것이다.

영국에서 말하는 "실적공사비"는 어떤 단계의 공사비를 의미하는지도 질문해 보았다. 한국에서는 현재 입찰내역서의 공종별 입찰단가를 취합하여 실적공사비를 작성하고 있기 때문에 던진 질문이었다. 이 질문에 대해서는 QS의 역할과 관련한 답변을 들었다. QS는 사업비와 관련된 여러 가지 업무를 수행하는데, 최종 회계(final account)까지도 QS가 수행하면서 사업이 종결된 뒤에 축적시켜 둘만한 가치가 있다고 판단되는 가격자료를 RICS로 제출한다고 한다. 이때 제출하는 자료는 입찰내역서상의 단가가 아니라, 완성공사 단가이기 때문에 입찰가격이 아니라 준공가격을 제출한 것으로 보아야 할 것이다. 그렇다고 해서 영국의 실적공사비가 모두 준공가격만으로 구성된 것은 아니고, 입찰시점에서 입찰내역서상의 가격도 활용된다. 한국의 "예정가격"은 적격심사제도상 수주업체의 "낙찰률(=예정가격 대비 낙찰금액)"과 직접 연계되어 있기 때문에 실적공사비의 내용이 준공가격이냐 입찰시점에서의 가격이냐가 대단히 중요한 문제이지만, 일본외에 영국이건 미국이건 발주자의 적산가격(engineer's estimates)은 실제 낙찰금액과 연계되는 것이 아닌 "참고 가격(reference cost)"이기 때문에 준공가격으로 하건, 입찰시점의 가격으로 하건 그 차이는 별로 중요한 것이 아니다.

한국 : 장기계속계약에 의한 예산편성, 시장가격 반영 미흡

장기 대형사업 예산: 장기계속계약제도에 의한 단년도 예산편성

웬만한 규모의 건설공사는 대개 2년 이상의 기간이 소요된다. 미국의 경우는 총액예산 편성정책(full funding policy)에 따라 사업이 시작되는 1차년도에 전체사업 예산과 매년 배정되어야 할 연간 예산액(=연부액)이 확정된다. 한국의 계속비제도와 유사하다. 하지만 한국에서는 장기계속계약제도에 따라 총공사비는 어디까지나 계약서상의 부기금액일 뿐이고, 해마다 발주기관에서 예산을 확보한 만큼만 배정하는 단년도 예산편성 방식이 장기 대형사업에 보편적으로 적용된다. 그 결과 공사기간은 당초의 사업기획이나 건설업체 역량과 무관하게 발주기관의 예산확보 여부에 따라 좌우된다. 만약 해마다 충분한 사업예산의 확보가 이루어지지 않는다면, 공사기간이 늘어남에 따라 공사비도 증액되면서 건설사업 수행과정의 효율성을 저하시키게 된다[82].

한국에서와 같은 장기계속계약에 의한 단년도 예산편성 방식은 전세계 어느 나라에서도 찾아보기 어렵다. "장기계속계약"이란 용어는 사실 일본의 「회계법(會計法)」에서 베끼다시피 한 것이지만, 일본에서도 장기 대형 건설공사에 적용하는 제도는 장기계속계약제도가 아니라 국고채무부담행위다. 일본에서 장기계속계약은 전기, 가스, 수도, 전기통신서비스의 공급 등과 관련된 계약에서 활용된다. 한국의 민간공사 계약에서도 장기계속계약 방식은 찾아보기 어렵다. 대부분 선금과 공사진척도에 따라 기성금 지불이 이루어지는 방식으로 단 한차례 일괄계약이 이루어지기 때문이다. 공사기간이 5년이라고 해서 공공부문의 장기계속계약처럼 해마다 5번이나 계약을 체결하는 사례는 찾아볼 수가 없다.

한국 정부도 장기계속계약에 의한 단년도 예산편성의 문제점을 모르고 있는 것이 아니다. 하지만 계속비제도로 전환하자는데 대해서는 그다지 달가와 하지 않는다. 그 이유는 "예산이 없기 때문"이라고 한다. 몇 년간에 걸친 장기 대형사업의 예산을 미리 연부액까지 확정해 둘 경우, 이른바 "예산 경직성"을 가중시킨다는 의미다. 해마다 재정사정을 감안하여 가능한 범위내에서 그해 그해 예산을 편성하여 배정해 주는 것이 정부 입장에서는 "예산 신축성"을 확보할 수 있다. 그런데 예산 부족 문제는 한국만의 문제가 아니라 전세계 모든 정부가 해마다

82) 장기대형사업의 예산제도와 관련된 장기계속계약제도, 계속비제도, 국고채무부담행위 등의 제도 내용과 문제점은 옥동석(1995), 김재형 · 옥동석 · 이상호(1998), 이상호 · 한미파슨스(2003) 등의 연구보고서에 상세하게 소개되어 있다.

당면하는 문제다. 하지만 어느 나라도 그 이유만으로 한국에서와 같은 장기계속계약제도를 운용하고 있는 것은 아니다. 사실 한국의 장기계속계약제도에는 한국적 문화의 특성이라고 할 수 있는 발주자 우위 내지 발주자 편의 위주의 예산편성 및 계약관행이 반영되어 있다.

장기계속계약에 의한 단년도 예산을 고수하는 한, 건설사업관리(CM)를 도입하건, 미국식의 디자인빌드(Design-Build)제도를 도입하건 간에 공기 단축은 기대하기 어렵다. 건설업체는 발주자의 주머니 사정 따라, 해마다 배정된 예산액만큼만 공사를 수행할 수 밖에 없기 때문에 초대형 공사의 종합적인 사업관리 역량을 배양하는데도 장애요인으로 작용하게 된다.

예정가격제도: 시장가격 반영 미흡, 제도 왜곡

공사비 산정제도 문제는 특히 최근 들어 한국 건설산업의 큰 현안과제로 대두되어 있다. 이 문제는 사실상 낙찰제도와 직결되어 있다. 500억원 이상의 PQ공사에 적용되는 최저가 낙찰제 공사는 평균 낙찰률이 예정가격의 60% 수준에 불과하다. 하지만 적격심사 낙찰제도가 적용되는 그 외의 공공공사는 공사규모별로 사실상 낙찰하한율이 정해져 있는데[83], 동일규모 최저가 낙찰제 공사와 비교해 볼 때, 낙찰률은 평균 20% 이상의 차이를 보여주고 있다. 이 같은 낙찰률의 차이를 근거로 시민단체에서는 정부예정가격이 부풀려져 있다는 비난을 제기했고, 정부도 공사원가산정의 근거자료가 되는 표준품셈 관리기관을 2004년부터 사업자단체에서 국책연구기관으로 바꾸면서 글로벌 스탠다드라고 하는 실적공사비 적산제도를 단계적으로 도입하기로 하였다.

1962년에 제정된 한국 공사비 산정제도의 근간을 이루는 표준품셈은 단위 공정별로 대표적이고, 표준적이며, 보편적인 공종·공법을 기준으로 하여 소요되는 재료량, 노무량 및 기계경비 등을 수치로 제시한 것을 말한다. 이 같은 표준품셈은 건설공사의 다양성을 제대로 반영해주지 못하고, 너무 방대한 분량이다 보니 품의 현실화를 기하기도 어려우며, 특히 기계화시공과 같이 기술발전이 급속한 부문에서는 더더욱 현실과 괴리되어 있다는 지적을 받았다. 신기술, 신공법의 반영도 제대로 되지 않고, 시공자의 작업방법까지도 지나치게 세세하게 지정하고 있기 때문에 건설업계의 기술발전에 장애요인으로 작용하고 있다는 비판도 많았다(조달청, 2002). 그렇기 때문에 실적공사비 적산제도로 전환하자는 주장은 오래전부터 제기되어

83) 예컨대, 1,000억원 이상 공사는 제도적으로 예정가격의 75~78% 수준에서 낙찰이 이루어지고, 1,000억원 미만~300억원 이상 공사는 80~83%수준에서 낙찰이 이루어진다.

왔지만, 실제로 실적공사비 적산제도의 도입 결정은 건설업계나 정부 내부의 결단이 아니라 시민단체와 여론에 등떠밀려 이루어졌다.

2004년부터 도입한 한국의 실적공사비 적산제도는 글로벌 스탠다드일까? 전혀 그렇지 않다는 것이 문제다. 예컨대, 미국이나 영국에서는 발주기관별로 완성공사비를 실적공사비로 축적하고 있다. 하지만 한국에서는 건설교통부 산하 지방국토청에서 발주한 공사중 적격심사공사의 입찰내역서를 토대로 실적공사비를 만들고 있다. 특정기관의 특정공사에서 수집된 (완성공사비가 아니라) 입찰내역서의 계약단가를 실적공사비라 부르고, 모든 발주기관에서 이것을 기준으로 공사비를 산정하도록 강제하는 해프닝이 벌어지고 있는 것이다. 그 결과 표준품셈으로 공사비를 산정할 때보다 더 낮게 산정되고, 정부예정가격 대비 낙찰금액이 사실상 결정되어 있는 적격심사공사는 낙찰률이 동일하더라도 실제 낙찰금액은 더 낮아지게 된다. 결국 실적공사비 적산제도 도입으로 건설업계는 공사비만 깍이는 셈이다.

실적공사비 자체의 문제점을 떠나 더 근본적인 문제는 외국의 공사비 산정제도에 대한 이해 폭이 너무나 좁다는 것이다. 미국이나 영국 사례에서 언급했듯이, 외국에서도 과거의 실적공사비 자료만으로 공사비를 산정하는 것이 아니다. 실적공사비 자료는 기본적인 참고자료고, 각종 물가정보지도 활용하면서 발주기관의 전문가들이 시장가격을 조사하기도 하며, 전문가적 판단을 가미해서 공사비를 산정하는 것이 글로벌 스탠다드다. 하지만 한국에서는 정부건, 시민단체건, 심지어 건설업계건 간에 외국에서는 모두 실적공사비 자료만으로 공사비 산정이 이루어진다고 생각하는 사람들이 너무 많다. 그러다 보니 한국의 표준품셈도 실적공사비로 전면 대체하자는 식의 주장이 난무하고 있었던 것이다.

한국의 실적공사비 적산제도는 어디에서도 찾아볼 수 없는 이상한 제도가 되어 가고 있다. 이렇게 된 원인은 정부가 여론에 등떠밀려 급하게 추진하다 보니 제도의 왜곡이 발생하게 되었다는 점도 있고, 전문가 집단조차 실적공사비 적산제도가 어떤 것인지 정확하게 파악하지 못한 상황에서 제대로 된 방향을 제시해 주지 못한 탓도 있다. 건설업계로서는 정부예정가격이 공사규모별 낙찰률과 직결되어 있다 보니, 시장가격과 괴리가 큰 기존 표준품셈에 의한 원가계산제도의 문제점을 잘 알면서도 오랫동안 방치한 결과, 터무니없는 실적공사비 적산제도 도입으로 낙찰금액의 하락에 따른 수익성 저하를 겪게 될 것이다.

한편, 외국에서는 발주자의 적산금액(engineer' s estimates)을 기준으로 입찰이 이루어지는데 반하여, 한국은 입찰시에 설계가격이나 조사가격이 아니라 예비가격 기초금액[84]을 공고하고, 기초 금액의 ±2~±3% 범위내에서 15개의 복수예비가격을 작성하고 있다. 낙찰자 선정기준으로 활용되는 최종 예정가격은 복수예비가격중 3~4개를 추첨하여 산술평균한 가격이고, 적격심사제도가 적용되는 공공공사는 공사규모별로 설정된 예정가격 대비 일정비율에 입찰해야 낙찰자가 될 수 있다. 이 같은 복수예비가격제도를 운용하는 이유는 정확한 예정가격이 얼마인지를 모르도록 한다는 취지도 있지만, 보다 근본적인 원인은 입찰자 평가시 비가격평가의 변별력이 없어 입찰자 모두가 동일한 금액에 입찰할 가능성이 높기 때문에 추첨에 의한 낙찰자 결정을 피하기 위한데 있다. 그 결과 적격심사제도가 적용되는 공사는 1,365개나 되는 예정가격중 하나를 겨냥하여(15개 복수예비가격중 4개를 뽑을 경우) 맞추는 "복권당첨식" 낙찰제도로 전락한 것이 현실이다. 이러나 저러나 "운(運)에 의한 낙찰제(= 運札制)"란 비난을 피할 수 없는데도 불구하고, "추첨"에 의한 낙찰자 결정보다는 모양새가 좋다고 생각하는 것 같다.

한국의 "예정가격"은 미국이나 영국의 발주자 적산금액과 큰 차이가 있다. 흔히 외국에는 "예정가격제도"가 없다고 하는데, 그 의미는 공사비 산정을 위한 제도적 메카니즘이 없다는 뜻이 아니라 한국에서와 같은 예정가격제도가 없다는 뜻이다. 또한 한국과 일본에는 발주자가 정한 예정가격의 "상한구속성(上限拘束性)"[85]이란게 있다. 한국과 일본의 예정가격은 시장가격이 아니라 계약체결을 할 수 있는 최대 금액을 의미한다. 만약 한국의 예정가격도 미국의 발주자 적산금액처럼 시장가격에 근접해야 한다고 한다면, 한국에서도 예정가격의 "상한구속성"은 폐지되어야 한다. 그리고 한국의 예정가격이 시장가격이 아니라 최대(maximum) 계약금액을 의미한다면, 낙찰금액은 예정가격과 차이가 벌어질 수 밖에 없다. 그 차이만큼 예정가격이 의도적으로 부풀려져 있다는 식의 시민단체 주장도 예정가격을 당해 공사의 최대 계약금액으로 정하고 있는 국가계약법의 규정을 토대로 평가한다면, 잘못된 주장이다. 사실 특정공사의 정확한 시장가격을 발주기관이 산정하는 것은 불가능하다. 아무리 발주자가 시장가격에 가깝게 공사비를 산정하고자 노력하더라도, 결국은 추정가격일 수 밖에 없다. 최종적인 계약금액은 입찰과정에서 입찰자간의 가격경쟁을 통해 결정될 수 밖에 없다. 따라서 표준품셈이건 실적공사비건 간에 발주자는 개략적인 공사비를 추정(estimate)하여 산정하되,

84) 설계가격이나 조사가격의 적정성 여부를 검토 조정하여, 부가가치세액 등을 합산하여 작성한 가격으로, 최종 예정가격으로 결정하기 직전에 예정가격 조서의 형식으로 작성된 가격을 말한다.

85) 발주자가 책정한 공사예정가격 이상으로 계약을 체결할 수 없다는 것인데, 한국과 일본에서는 국가계약법과 회계법에서 법률로 이 같은 예정가격의 상한구속성을 명문화하고 있다.

입 · 낙찰과정에서 가격경쟁 메카니즘이 작동될 수 있도록 해야 한다. 이 경우 실제로 더 중요한 것은 공사비 산정제도가 아니라 입 · 낙찰제도일 것이다. 하지만 한국에서는 발주자나 건설업계 모두가 가격경쟁을 기피하면서, 적정한 이익의 확보가 가능하도록 일정한 낙찰률을 보장해 주기 바란다. 그러다 보니 공사비 산정제도를 둘러싸고 어마어마한 소모적인 논쟁을 벌리고 있는 것이다. 일정한 낙찰률을 보장해 주고 있는 적격심사제도가 존속하는 한 이 같은 소모적인 논쟁도 계속되겠지만, 아마 최저가 낙찰제가 전면 확대된다면 공사비 산정제도의 중요성은 지금보다 훨씬 떨어질 것이다.

공사비 산정제도의 선진화를 위해 실적공사비 적산제도의 도입은 중요한 과제다. 하지만 기왕 글로벌 스탠다드를 도입한다는 명분으로 시작했으면, 제대로 된 실적공사비 적산제도를 도입해야 한다. 기존의 표준품셈을 이름만 실적공사비로 바꾸거나, 공사비를 삭감하기 위한 수단으로만 운용한다면, 제대로 정착될 가능성이 없다. 그런 식의 실적공사비 제도는 글로벌 스탠다드가 아니고, 또 하나의 어줍잖은 한국식 공사비 산정제도로 전락할 것이다.

Global Standard

05 건설공사 발주제도

글로벌 스탠다드: 건설사업관리(CM) 및 설계 · 시공 일괄방식(Design-Build) 활성화

다양한 건설공사 발주방식

미국의 건설협회(AGC), 건축가협회(AIA) 및 컨설팅전문가협회(CEC)가 공동으로 텍사스주의 공공발주자를 위해 개발한 「건설공사 발주방식(Project Delivery Methods, 2001)」 자료집에서는 공공발주자들이 활용하고 있는 다양한 발주방식을 보여주고 있다. 이 자료집에서는 발주자가 취급해야 하는 공사계약 건수, 설계단계에서 시공자의 협조 필요성 여부, 발주자의 하도급자 선정 개입 여부 등 3가지 요소와 연관하여 건설공사 발주방식을 ①최저가 입찰방식(Competitive Bidding), ②기술 · 가격 분리 입찰방식(Competitive Sealed Bidding), ③용역형 건설사업관리 방식(Agency CM), ④책임형 건설사업관리 방식(CM at risk), ⑤설계 · 시공 일괄방식(Design-Build), ⑥가교방식(Bridging)의 설계 · 시공 일괄방식, ⑦주문 계약 방식(Job Order) 등 7가지로 정리하여 제시하고 있다(한국건설산업연구원 역, 2004)[86].

영국에서는 발주방식을 설계 · 시공분리방식, 일괄방식(single source), 매니지먼트방식

86) 이 책에서는 용어의 통일을 위하여 CM for Fee는 용역형 건설사업관리 방식, CM at Risk는 책임형 건설사업관리 방식, Design-Build는 설계 · 시공 일괄방식으로 기술한다.

등으로 구분하기도 한다(Cox. A & Townsend. M, 1998). 설계 · 시공 분리방식에서는 설계와 시공의 수행주체를 별도로 선정하여 사업을 수행하는데, 시공자의 사업 참여시점에 따라 1단계(Single-Stage: 시공자는 설계도서 완료 후 입찰계약과정에 참여)와 2단계(Two-Stage: 시공자는 설계도서 완료 전에 해당 사업에 참여) 방식이 있다. 일괄방식은 기획 · 설계 · 시공 등을 가능한 한 단일 주체가 담당하도록 하는 방식인데, 디자인빌드(Design-Build), 패키지계약(Package Deals), 턴키(Turnkey) 등이 전통적으로 활용되어 왔고, 최근에는 시설물 운영 및 자금조달까지 담당하는 확장된 일괄방식으로 BOT(Build-Operate-Transfer)와 DBFO(Design-Build- Finance-Operate)까지도 일괄방식의 범주에 포함시키고 있다. 매니지먼트 방식에는 앞서 언급한 "책임형 건설사업관리 방식(CM at risk)"과 유사한 MC(Management Contract) 방식 및 "용역형 건설사업관리 방식(CM for fee)"과 유사한 CM(Construction Management)방식 및 "순수 용역형 CM(Pure CM for fee)"이라 할 수 있는 PM(Project Management)방식이 있다(김한수 · 한미파슨스, 2003).

미국이나 영국의 건설공사 발주방식은 이외에도 여러 기준에 따라 다양한 구분이 이루어져 있으며, 하나의 발주방식 속에도 여러 가지 다양한 유형의 세분화된 발주방식이 존재한다. 발주기관은 공사특성이나 규모 및 기술적 난이도 등을 종합적으로 감안하여 다양한 발주방식 가운데 투자효율성이나 최고 가치를 획득하는데 가장 적합한(Project Specific) 발주방식을 선택하고 있다.

건설공사 발주방식의 변화 추이

미국의 건설산업연구소(Construction Industry Institue: CII)나 디자인빌드협회(Design Build Institute of America: DBIA) 및 ***Engineering News Record***(ENR) 등에서는 건설공사 발주방식을 크게 설계 · 시공 분리방식(Design-Bid-Build: DBB), 건설사업관리방식(Construction Management: CM), 설계 · 시공 일괄방식(Design-Build: DB)의 3가지 유형으로 구분하고 있다. 이 같은 구분은 원칙적으로 건설공사 발주방식(Project Delivery Method)을 "설계와 시공의 관리를 위하여 발주자가 선택하는 조직체계"로 이해하는 것과도 연관된다. 이 책에서도 논의의 편의를 위해, 또 한국의 국가계약법에 규정된 발주방식[87]과의 연관성을 감안하여, 건설공사 발주방식을 앞서 언급한 3가지로 구분하여 논의하자 한다.

외국의 건설공사 발주방식은 발주자가 마스터 빌더(master builder)를 고용하여 설계, 엔

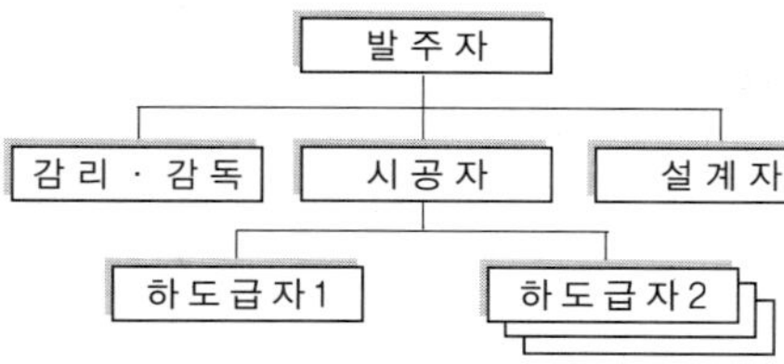

그림 3-3 설계/시공 분리발주방식의 계약구조

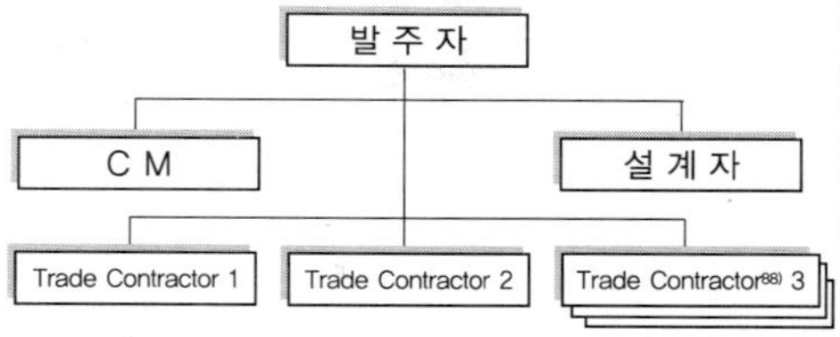

그림 3-4 용역형 건설사업관리(CM for fee) 방식의 계약구조

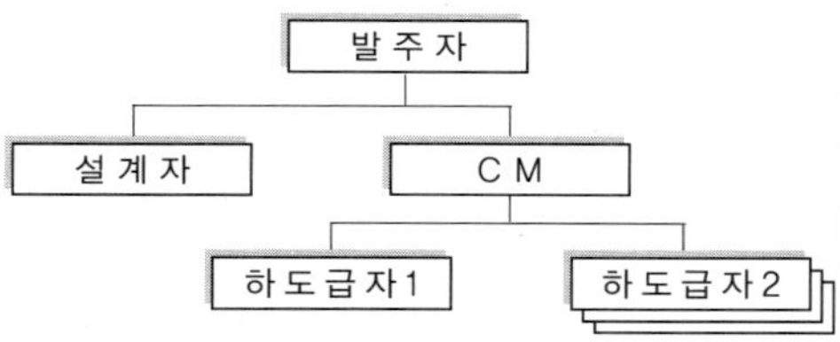

그림 3-5 책임형 건설사업관리(CM at risk) 방식의 계약구조

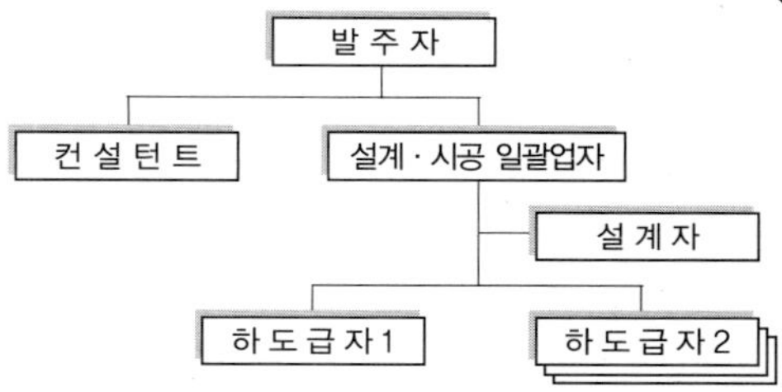

그림 3-6 설계 · 시공 일괄입찰(Design-Build)방식의 계약구조

지니어링 및 시공을 모두 수행하는 방식이 20세기 초반까지만 해도 보편적으로 활용되었다. 그러던 것이 경쟁 심화, 기술발전, 시설물의 복잡성 증대로 인하여 설계와 시공에 관한 전문화(specialization)가 요구되었다. 이에 따라 널리 활용된 발주방식이 오늘날 "전통적(traditional)" 발주방식이라고 부르는 설계 · 시공 분리발주방식(Design-Bid-Build)이다. 이 방식에서는 건설 관련 서비스를 전문영역별로 나누고, 컨설턴트나 시공자에게 경쟁입찰을 요구한다. 그 뒤에는 다른 전문업자들에게 하도급을 주어 공사를 수행한다. 이 방식의 경우 순차적으로 설계(design)와 입찰(bid) 및 시공(build)이 이루어지기 때문에 설계자와 시공자 간의 정보교환이나 교류 자체가 거의 이루어지지 않는다. 그 결과 비효율적인 설계와 설계오류 및 공사 중 분쟁을 야기하고, 공사비 증가와 공기 지연을 초래하는 문제가 발생하게 되었

87) 한국의 국가계약법에는 발주방식에 대해 뚜렷한 구분이 없다. 다만, 추정가격이 100억원 이상인 대형공사의 입찰방법 심의와 관련하여 설계 · 시공 일괄입찰 공사와 대안입찰 공사 및 기타 공사(=설계 · 시공 분리발주 공사)로 구분하고 있을 뿐이다. 건설사업관리(CM)의 경우, "용역형 CM(CM for fee)"은 제도적으로 도입되어 있으나, "책임형 CM(CM at risk)"은 아무런 규정이 없다.

88) 용역형 건설사업관리 방식의 경우 전문건설업체일지라도 발주자로부터 직발주되기 때문에 하도급자(sub-contractor)가 아닌 Trade Contractor로 불린다.

다. 게다가 시설물은 점점 더 커지고, 복잡해졌으며, 공사비 · 공기 · 품질 등에 발주자가 더 많은 관여를 해야 할 필요성이 제기되었다. 이렇게 되자 1970년대에 접어들면서 어떤 발주자들은 전통적인 설계 · 시공 분리발주 대신 건설사업관리(CM) 방식을 도입하였다. 건설사업관리자의 역할은 기본적으로 설계자에게 발주자의 요구를 반영하여 시공성(constructability)을 높이고, 원가 및 공기를 절감하자는 것이었다. 내부 기술인력에 대한 구조조정(downsizing)의 필요성을 인식한 일부 발주자들은 설계자와 시공자간의 분쟁을 없애기 위한 방안으로 설계 · 시공 일괄계약(Design-Build contracting)을 체결하기 시작했다. 설계 · 시공 일괄계약에서는 설계와 시공 및 프로젝트 관리에 대한 책임이 단일주체에게 귀속된다[89].

미국에서 일괄방식의 활용이 증가하게 된 배경은 여러 가지다. 발주자 입장에서는 공기 · 공사비 · 품질 면에서 전통적인 설계 · 시공 분리방식보다 장점이 월등하게 많기 때문이라는 성과평가(performance evaluation) 결과보고서[90]가 지속적으로 나오고 있는데다가, 시공자 입장에서는 전통적인 설계/시공 분리방식보다 더 많은 이윤(profit)을 확보할 수 있어 서로가 상생(win-win)할 수 있는 발주방식이라는 공감대가 형성되어 있다는 사실도 중요하다.

건설사업관리나 설계 · 시공 일괄방식의 활성화 배경 중 간과해서 안 될 사항중 하나는 구조조정(downsizing)과의 연관성이다. 사실 1980년대의 미국이나 영국은 1990년대 중반 이후와 달리 장기간에 걸친 경기침체로 인하여 구조조정이 이루어지던 시기였다. 따라서 내부 기술인력의 축소와 외주(outsourcing) 확대가 추세였다. 이런 시대적 배경 속에서 민간의 건설사업관리자를 활용하거나, 설계와 시공을 단일의 사업주체에게 맡겨 실시설계 완료 전에 착공에 들어감으로써 공기 단축과 사업비 증액을 억제할 수 있는 일괄 방식은 발주자의 구조조정 전략과도 맞아 떨어졌던 것이다.

이러한 시대적 배경과 밀접한 관련성을 갖고 발전한 프로젝트 발주방식은 "용역형 건설사업관리 방식(CM for fee)"이다. 이 방식은 건설사업관리자(CMr)가 발주자와의 계약을 통하여 발주자의 권한을 위임 받아 대리인(Agent) 및 조정자(Coordinator)로서 프로젝트의 통합

---

89) 이상과 같은 건설공사 발주방식의 변천사는 CII(1997). ***Project Delivery Systems: CM at risk, Design-Build, Design-Bid-Build***에서 인용한 것이다.

90) 대표적인 디자인빌드 공사의 성과평가 결과보고서는 다음과 같으며, 세 보고서 모두가 공기, 공사비, 품질면에서 전통적 방식보다 더 나은 성과를 보여주었다는 사실을 공통적으로 지적하고 있다.

① CII(December 1997). ***Project Delivery Systems: CM at risk, Design-Build, Design-Bid-Build***

② U.S.DOC NIST(National Institue of Standards and Technology, November 2002). ***Measuring the Impacts of the Delivery System on Project Performance: Design-Build and Design-Bid-Build***

③ Tom Warne and Associates, LLC(May 2005). ***Design-Build Contracting for Highway Projects: A Performance Assessment***

관리 역할을 수행하고 용역비를 지불받는 형태로 계약되는 방식을 의미한다. 매년 Engineering News Record 에서 집계하고 있는 100대 CM for fee 업체의 매출액을 보면, 1994년 이후부터 매년 약 50억 달러 이상의 시장 규모를 보여주고 있다. 발주방식별 100대 건설업체의 매출액에 대한 ENR의 통계자료에 따르면, 2004년의 경우, 설계 · 시공 일괄방식은 472억 달러, 용역형 CM(CM for fee)은 68억 달러[91], 책임형 CM(CM at risk)은 543억 달러를 기록하였다.

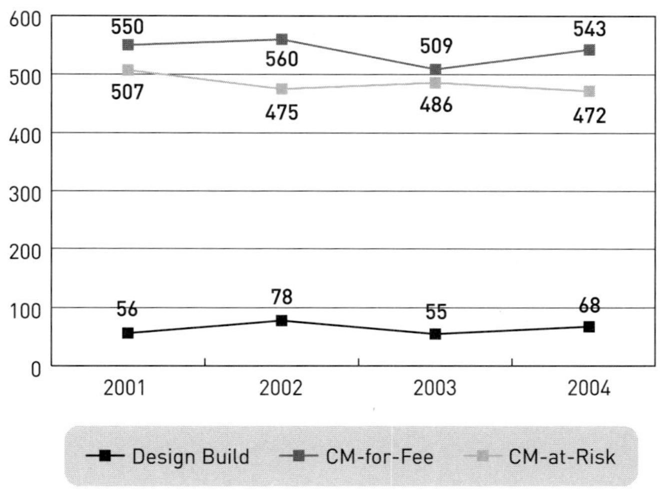

단위: 억 달러

그림 3-7 2004년 미국의 100대 CM for fee, CM at risk, Design-Build 업체의 매출액 추이(ENR June 13, 2005)

금액으로 본다면 용역형 CM이 설계 · 시공 일괄방식이나 책임형 CM 시장규모의 1/10 수준에 불과하지만, 용역서비스에 대한 대가(fee)이기 때문에 실제 프로젝트의 적용은 보다 광범위하다. 특히, 미국에서 '용역형 CM'의 활성화는 설계 · 시공 일괄방식의 활성화와도 연관

91) 2004년 미국의 100대 업체의 매출액을 보면 CM for fee는 67억6천만 달러, CM at risk는 542억 9천만 달러, Design-Build는 472억 2천만 달러로 집계되었다.(ENR, June 13, 2005). 매출액으로 보면 CM for fee는 CM at risk 대비 12%, Design-Build 대비 14.3% 수준이라고 할 수 있다. 그러나 미국의 공사금액 대비 평균 CM용역비율이 4.6%(A Survey of Construction Management Costs in 2000, CMAA, 2001)인 것을 감안할 경우 CM for fee가 적용된 프로젝트의 공사금액은 1,470억 달러로 CM at risk 보다 2.7배 이상, Design-Build 보다는 3.1배 이상의 프로젝트에 적용되고 있다고 보아야 한다.

된다(ENR. Jun 17. 2002). 즉, 디자인빌드 방식의 증가로 디자인빌드 프로젝트를 어떻게 관리해야 하는지를 발주자가 잘 모르기 때문에 건설사업관리자를 활용하는 사례가 늘어났다는 것이다.

건설공사 발주제도

아직도 발주제도의 근간을 형성하고 있는 설계 · 시공 분리발주제도에 대해서는 입 · 낙찰제도를 설명할 때 상세하게 설명하기로 한다. 여기서는 전통적인 설계 · 시공 분리발주제도의 대안으로 1970년대 이후 활성화되기 시작하였던 건설사업관리(CM) 및 1980년대 이후에 성장세를 보이고 있는 설계 · 시공 일괄입찰(Design-Build)제도를 간략하게 설명하고자 한다.

건설사업관리(Contruction Management: CM) 제도

미국에서 건설사업관리 발주방식이 활용되기 시작한 것은 1960년대 초반이다. CM의 계약형태는 매우 다양하지만 편의상 용역형 건설사업관리 방식(CM for fee)과 책임형 건설사업관리 방식(CM at risk)으로 대별한다.

용역형 CM방식은 발주자와의 계약을 통하여 건설사업관리자가 발주자의 권한을 위임 받아 대리인(agent) 및 조정자(coordinator)로서 프로젝트의 통합관리 역할을 수행하는 것을 말한다. 건설사업관리자는 사업주를 위하여 프로젝트의 기획단계에서 유지관리까지의 전 과정을 전문적으로 관리하여, 주어진 예산 및 사업기간 내에 양질의 프로젝트를 인도한다. 또한 시간, 비용, 범위, 품질, 안전 등 프로젝트의 전 분야에 전문적인 관리기법을 적용하여 프로젝트의 유효성을 향상시키고 발주자의 권익을 최대한 보장하는 노력을 하게 된다.

용역형 CM방식의 경우 프로젝트의 전 분야에 전문적인 관리기법을 보유한 건설사업관리자가 기획단계부터 참여하여 발주자, 설계사와 Teamwork의 형성이 가능하고, CM의 설계관리(Design Management)를 통하여 최적설계가 가능하다는 장점이 있다. 또한 Value Engineering, Cost Management 및 Time Management 등의 적극적인 관리와 Fast Track, 생애주기비용(Life Cycle Cost, LCC)의 적용을 통하여 공기단축과 원가절감 효과가 매우 높은 제도이다. 더욱이 미국의 경우 CM의 관리능력을 활용하여 일반건설업체(General Contractor)없이 다수의 전문(Trade Contractor) 또는 일반건설업체에 분할 발주함으로써 일반건설업체의 과도한 관리비 및 이윤을 배제할 수 있으며, 건설 프로세스를 투명하게 운영할 수 있다는 장점을 가지고 있다.

이러한 제도적 특성으로 1960년대부터 몇몇 공공기관들이 만성적인 공기지연과 예산 초과 문제를 해결하기 위하여 시범 적용되기 시작한 CM 방식은 이후 민간 부분으로 확대되었다. 더욱이 자체적으로 기술 인력을 보유하지 않은 개발업체(developer)들이 CM회사를 아웃소싱(outsourcing)개념으로 도입하여 적극적으로 활용함으로써, 매우 자연스럽게 미국 내에 정착되었다.

이러한 배경에는, 산업 발전과 함께 건설 프로젝트의 성격이 점차 전문화, 대형화 되었고, 건설공사의 운영에 있어 공기단축과 원가절감의 필요성이 심화되었을 뿐만 아니라 전래적인 공사수행방식에서 빚어지는 전문 관리"능력"의 부족과 공사 참여자들 간의 적대적인 관계도 심각한 문제로 부각되었기 때문이다.

용역형 CM 제도의 활성화는 건설업체들의 주도에 의해 CM이 시공에 대한 책임을 지는 책임형 CM 제도로 발전하였으며, CM업체들의 지속적인 시장 확대에 힘입어 Project Management와 Program Management의 형태로 발전되었다. CM발생지인 미국을 위시하여 서구에서는 CM과 PM을 구분하여 사용하고 있으며 일반적으로 PM을 CM보다는 광의의 개념으로 사용하고 있다[92].

표 3-4 Project Delivery Methods의 구분

Stage of a Project	Notes	Planing	Concept	Design	Construction	Commissioning	Examples
Program Management	1	Very Large or Multiple Projects					New Airport, Transit System
Project Management	1,2	Single Project					Sub-project of above or Separate
Construction Management	1,2						CM for Fee or Agency CM
General Contracting	3						
Construction Supervision	1,2						

Notes : 1. May be Client or Owner's representative
2. May be Subdivision of overall Program Management
3. Concept, Schematic, and Design Development provided by others

자료: 미국 Parsons 내부자료

Program Management는 공항과 같은 수많은 공사(Bid Package)로 구성되어 있는 복합 프로젝트 또는 다수의 프로젝트(Multiple Project)를 총괄관리하며, 프로젝트 관리의 범위도 계획 단계부터 유지관리 단계에 이르기까지 건설사업 전 단계를 다루고 있다. Project Management는 Program Management와 사업 범위는 같으나 다수의 프로젝트가 아닌 단일 프로젝트(Single Project)를 관리하는 것이 다르다고 할 수 있다.

특이한 것은 건설사업관리(CM)는 전세계적으로 활성화되어 있지만, 건설사업관리를 "제도"로 규정한 경우는 드물다. 미국의 경우, CM for fee 방식은 물론 CM at risk 방식에 관한 규정도 연방조달규정(FAR)에 없다. 다만 2005년 6월 현재 미국의 50개 주정부 가운데 6개 주정부에서만 공공프로젝트에 설계 · 시공 일괄방식이나 CM at risk의 적용을 제한하고 있다(ENR, June 13, 2005). 2000년대에 들어서도 CM 방식의 활용도가 증가하고 있는 이유는 구조조정(downsizing) 내지 내부 공사 관리인력의 축소를 원하는 발주자가 많아졌기 때문이라고 하는 ENR의 평가도 해마다 반복되고 있으며, 미국 주정부에서 발주하는 공공공사는 설계 · 시공 일괄방식이나 CM 의 유망시장으로 부상하고 있다.

미국 주정부의 책임형 CM(CM at risk) 제도가 어떤 것인지를 텍사스주정부에서 발간한 발주제도 교재에서 요약해 보면 다음과 같다(한국건설산업연구원 역, 2004).

책임형 CM 방식은 건설사업관리자(Construction Manager)가 종합건설업체 역할을 담당하면서 해당 공사의 행정과 관리서비스를 제공하는 것을 의미한다. 즉, 이 방식에서 건설사업관리자는 설계단계에서 자문을 제공할 뿐만 아니라 시공에 대한 책임도 져야 한다. CM at risk방식에서 건설사업관리자는 발주자에게 "최고한도액(Guaranteed Maximum Price, GMP)"을 제안하거나, "실비정산+보수가산(cost plus fee)"방식을 계약방식으로 채택하는 것이 보통이다. 또한 설계 · 시공 일괄방식과 마찬가지로, 이 방식에서도 설계가 진행되는 동안 공사에 착수함으로써 공사기간을 단축시키는 이른바 "실시설계 · 시공 병행(Fast Track)" 방식의 도입이 가능하다.

책임형 CM 방식의 입 · 낙찰 절차는 1단계 혹은 2단계 방식으로 진행될 수 있다. 2단계 방식의 경우, 1단계는 발주기관이 대상자들의 자격을 검토하기 위해 입찰참가자격 심사요청서(Request for Qualification, RFQ)를 제시하는 단계다. 2단계는 입찰안내서(Request for

92) 미국의 경우 Construction Management, Project Management, Program Management를 모두 합하여 Construction Management로 분류하기도 한다. 한국의 건설사업관리제도는 Project Management에 가깝다고 할 수 있다.

Proposals, RFP)를 제시하는 단계다. 발주기관에 따라서는 제안서를 평가한 후에 선택된 몇몇 회사를 대상으로 역량을 보다 잘 파악하기 위한 인터뷰를 실시할 수도 있다. 낙찰자 선정기준(selection criteria)은 과거실적, 발주기관의 요구를 충족시킬 수 있는 역량, 입찰비용, 조직, 면허, 재무정보, 인력 등에 관한 내용의 검증 자료 등이다.

책임형 CM의 계약금액을 확정할 때 일반적으로 활용되는 "최고한도액(GMP)"은 건설사업관리자가 초과하지 않겠다고 보증하는 최고한도액(공사비용과 사업관리자의 대금의 합)을 의미한다. 최고한도액은 업무범위의 변화에 따라 조정되며, 최고한도액을 초과하거나 설계변경으로 인정되지 않는 초과비용은 건설사업관리자가 부담해야 한다. "최고한도액(GMP)"은 일반적으로 기본설계가 완성되는 시점에서 실시설계가 완성되는 시점사이에 확정된다.

공사완료 시점에 건설사업관리자의 비용을 포함한 최종 공사비가 설계변경에 의하여 조정된 최고한도액(GMP)보다 낮을 경우, 그 차액을 원가절감액이라고 부른다. 민간부문에서는 이러한 원가절감액이 발생하였을 경우 건설사업관리자의 원가절감 노력의 대가로 인정하고, 일종의 인센티브로 그 차액을 발주기관과 공유하는 것이 보통이다. 공공 발주기관은 이 같은 인센티브 제도에 대해 평가하고, 원가절감액 전부를 발주기관에 귀속시킬 것인지 여부를 결정해야 한다. 이를 위해서는 발주자와 CM업체가 회계장부를 투명하게 관리하며, 절감된 금액을 사전에 정한 비율로 공유하고 있다.

책임형 CM 방식이 적합한 공사는 단일 시설물로서 대규모인 신규 건물공사 또는 리모델링 공사로서, 공기에 민감하고 업무 정의가 어려우며, 설계변경이 잦을 것으로 예상되는 시설물이다. 부적합한 공사는 소규모 공사이거나, 학교 시설과 같이 거의 표준화된 유형의 시설물로서 공기가 넉넉한 시설물들이다.

책임형 CM 방식의 장점으로서는 발주기관에 최고 가치를 제공해 줄 수 있는 건설사업관리자 선택의 유연성, 시공에 대한 단독 책임 부여, 건설사업관리자와 설계 · 엔지니어링회사간 역할의 명확한 정의, 설계가 완료되기 전에 특정한 작업을 착수할 수 있어 사업기간 단축이 가능하다는 것 등이 열거되고 있다. 반면에 건설사업관리자가 제시한 최고한도액(GMP)의 적정성 여부를 판단하기 어렵고, 발주기관과 건설사업관리자간의 적대적 관계를 형성하게 되어 CM은 발주자를 위한 제도라는 본래의 취지를 손상시킬 수 있다는 등의 단점이 지적되고 있다.

설계 · 시공 일괄입찰(Design-Build)제도

미국을 비롯한 외국에서는 모두 한국에서 '턴키' 라고 관행적으로 부르는 국가계약법령상의 "설계 · 시공 일괄입찰" 공사를 디자인빌드(Design-Build) 공사로 부르고 있다[93]. 최근 미국뿐만 아니라 전세계적으로 디자인빌드 공사의 발주가 증가 추세에 있다.

왜 이처럼 미국에서 디자인빌드 발주가 늘어나는가? 가장 큰 이유는 전통적인 발주방식에 비해 성과(performance)가 높기 때문이라고 한다[94]. 가장 최근에 발표된 21개의 고속도로 디자인빌드공사에 대한 성과평가 자료(Tom Warne and Associates, May 2005)에서도 공기, 공사비 등의 측면에서 전통적인 발주방식보다 탁월한 성과를 보여주고 있다. 예컨대, 준공 기일이 정해졌던 17개 프로젝트중 13개는 완성일이 당초 기대되었던 것 보다 1개월 이상 앞당겨졌다. 설계/시공 분리발주 방식으로 했을 경우에 걸렸을 시간과 비교해 보면, 비교 가능한 프로젝트 모두에서 디자인빌드 공사가 빠르게 완공되었다고 한다. 공사비 증가율은 설계/시공 분리발주 공사는 5~10%였지만, 디자인빌드 공사에서는 비교가능한 모든 프로젝트의 평균 상승률이 4% 이하였다.

미국 공공부문에서 디자인빌드 방식이 주로 적용되던 공사는 1990년대 후반까지만 86%가 건축공사였으며, 산업시설공사는 8%, 중건설 및 고속도로공사가 5%, 환경 관련공사가 1%로 조사되었다(Keith R. Molenaar, Anthony D. Songer & Mouji Barash, 1999). 하지만 최근 들어서는 모든 규모, 모든 유형의 공사에 디자인빌드 방식의 적용이 확대되어 큰 성과를 거두고 있다고 한다(DBIA, 2005).

미국에서도 디자인빌드 계약자는 대개 한국과 유사하게 건설회사가 주계약자가 되고, 설계회사가 건설회사의 하도급자로 계약을 맺어 설계업무를 수행한다(김예상 · 한미파슨스, 2003). 하지만 기존의 설계/시공 분리발주 방식과 달리, 발주자와 디자인빌드 계약자간 역할과 책임은 크게 다르다. 디자인빌드 방식에서 발주자와 디자인빌드 계약자의 역할을 구분해 보면, 한국과 달리 발주자는 기초설계(Preliminary Design)을 비롯하여 대관, 대민업무 등 대단히 많은 역할을 수행하고 있다.

93) 외국의 설계 · 시공 일괄입찰제도를 설명할 때에는 디자인빌드로 부르고자 한다. 한국에서 말하는 "턴키"는 부적절한 용어라고 생각되며, 한국의 설계 · 시공 일괄입찰은 그냥 일괄입찰로 표현하고자 한다.

94) 미국의 건설산업연구소(CII)나 디자인빌드협회(DBIA) 및 상무부(U.S. DOC) 등 정부기관에서는 1990년대 후반부터 발주방식별 성과평가 보고서를 지속적으로 발간하고 있으며, 대부분 다른 발주방식보다 공기 단축, 공사비 증액 억제 등의 측면에서 더 나은 성과를 보여주고 있다는 일치된 결과를 제시하고 있다.

표 3-5 미국 디자인빌드 공사에서 발주자와 계약자의 역할과 책임분담 구조

발주자	디자인빌드 계약자
• 설계 감독 • 타정부기관간 초기 협조 • 기초 설계(Preliminary Design) • 독립적인 품질 보증 • 정보 및 대민업무 – 전략적 • 환경문제의 분석과 승인 • 대관업무 • 조달업무 • 프로젝트 특성 정의 • 재정계획 및 관리	• 프로젝트 건설 • 프로젝트 관리 • 설계 • 설계관리 • 정보 및 대민업무 – 전술적 • 환경문제의 분석과 승인 • 정부 기관과의 구체적 조정 • 품질 보증 및 품질 관리 • 조달업무 • 설계자와 시공자간의 조정 • 수량 관리 • 성과 관리 • 유틸리티 조정 • 부지의 안전성 • 하도급자의 조정과 관리 • 총액계약과 관련된 재정적 관리 및 현금 흐름

자료: Tom Warne and Associates(May 2005).

디자인빌드 방식에서 발주자는 입찰제안요청서(Request for Proposal: RFP)를 작성하며, 여기에는 디자인빌드 팀이 제안서를 준비하기 위해 필요한 모든 사항이 포함된다. RFP는 수많은 요소들로 구성되는데, 건설 및 계약 시방서와 함께 일반적으로 발주자는 대략 20% 정도 완성된 기본계획(conceptual plan)을 제공한다. 제안서를 준비하는 작업은 몇 달이 걸리는 일이며, 큰 디자인빌드 프로젝트에서는 3~4백만 달러가 소요되기도 한다. 이에 따라 발주자는 법령에 따라[95], 혹은 발주자 재량으로 일정한 보상비(stipend)를 지급하기도 한다.

입 · 낙찰절차는 대단히 다양하다. 하지만 대개는 1단계에서 설계안을 제출할 3~5개의 입찰자를 선별하고, 2단계에서 제출된 입찰가격 등을 종합하여 낙찰자를 선정한다. 디자인빌드 방식에서는 대개 최저가낙찰제가 아니라 최고 가치(best value)에 기반한 낙찰이 이루어지고 있다. 최고가치(best value) 낙찰방식은 "가격 및 기타 요소들(price and other factor)"을 종합적으로 평가하여 낙찰자를 결정하는 방식이다. 기타 요소들에는 공기, 품질, 건설기간 동안의 교통량 관리, 발주자에게 중요한 요소들 등이 포함된다.

95) 미국 애리조나주의 경우는 주법령에 따라 낙찰금액의 1%의 0.2%를 균등하게 입찰참가자들에게 배분하고 있다.

한편, 미국의 디자인빌드 공사는 대부분이 가교방식(Bridging Design-Build)이며, 진짜(true) Design-Build가 아니라는 사실도 중요하다(ENR, June 17, 2002).

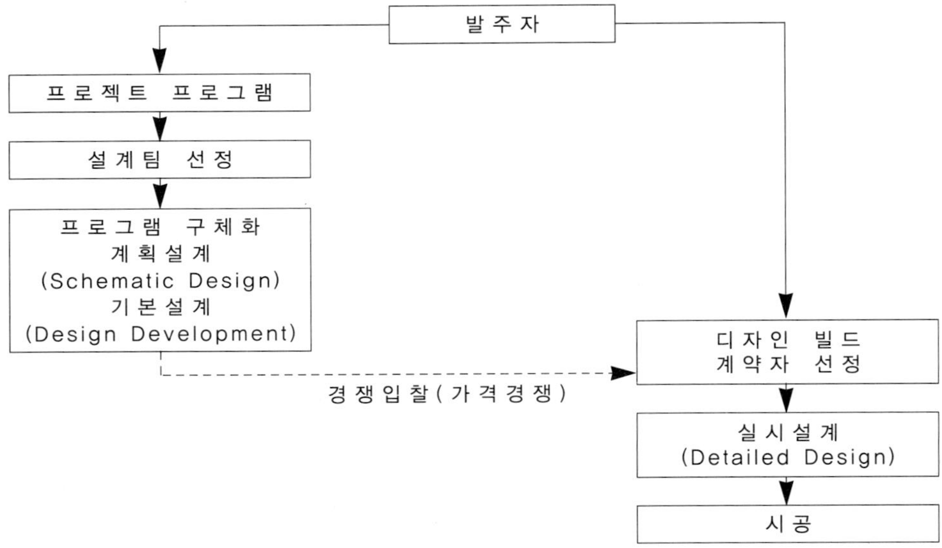

그림 3-8 가교(Bridging)방식의 디자인빌드 공사 수행절차

자료: 김예상 · 한미파슨스(2003).

가교방식은 발주자의 설계팀(A/E)이 구체적이고 종합적인 설계기준(design criteria package)을 개발하여 디자인빌드 사업자와의 의사소통을 보다 명확하게 하고, 확정적인 가격제안이 가능하도록 하는 디자인빌드 방식의 한 유형이다[96]. 이 방식에서는 먼저 첫 단계에서 발주자가 설계팀(A/E)과 계약을 체결하여 대략적인 계약도서(semi-complete documents)를 준비하면서 프로젝트의 범위나 설계 방향 등을 결정한 뒤, 두번째 단계에서 이 도서를 근거로 발주자가 디자인빌드 사업자를 선정하여 첫단계에서 완성되지 못한 설계와 시공을 수행하는 것이다. 가교방식의 입 · 낙찰절차는 기본적으로 디자인빌드 방식과 동일하나, 설계기준서를 작성할 설계 · 엔지니어링회사를 별도로 선정 · 고용해야 한다는 점이 다르다(한국건설산업연구원 역, 2004). 이 방식은 기본설계에 발주자의 의사를 충분히 반영할 수 있고, 사전에 개략적인 설계 윤곽을 결정함으로써 공사비와 관련된 위험을 줄일 수 있다. 디

96) 가교방식은 1999년에 폐지된 한국의 실시설계 · 시공 입찰방식과 유사한 것으로 평가된다.

자인빌드 업체도 발주자가 요구하는 설계변경이 최소화되고, 공사비를 맞추기 쉽다는 장점이 있다(김예상 · 한미파슨스, 2003).

한국: 설계/시공 분리발주 방식 중심, 발주제도의 "한국화"

공공부문에서는 설계/시공 분리발주 공사가 80% 이상 차지

한국에서도 1990년대 이래 건설사업관리(CM)와 관행적으로 '턴키' 라고 불러온 디자인빌드(Design-Build) 방식 등 외국의 건설공사 발주제도를 도입해서 활성화하자는 주장이 전문가집단은 물론이거니와 정부에서도 많이 제기되었다. 하지만 여전히 건설공사는 전통적인 설계/시공 분리발주 방식이 주류를 이루고 있다. 예컨대, 재정경제부의 집계자료에 따르면(2005.7), 2004년에 약 44.5조원의 공공공사가 발주되었으나, 설계 · 시공 일괄 및 대안입찰 공사는 7.5조원으로 전체 공공공사의 16.9% 수준에 불과했다[97]. 1997년 건설기술관리법의 개정으로 용역형 CM 방식은 민간은 물론 공공부문에서도 활성화 되고 있으나 책임형 CM 방식은 제도 자체가 없기 때문에 공공부문의 발주실적은 전무(全無)하다. 따라서 한국 공공공사의 80%이상은 여전히 설계/시공 분리발주 방식으로 수행되고 있는 셈이다.

건설사업관리 및 디자인빌드 제도의 왜곡

한국에서는 외국의 발주제도 내용 자체에 대한 이해부족으로 많은 시행착오를 겪어 왔다. 그 와중에 제도화된 "용역형 CM"이나 설계 · 시공 일괄입찰제도는 외국에서 찾아볼 수 없는 "한국적인" 제도로 왜곡되어 있다. 이렇게 된 원인은 한편에서는 외국의 발주제도를 잘 모른다는 "전문성 부족" 탓도 있겠지만, 파편화된 국내 건설업역 구조 등과 같은 국내 건설제도의 기반 자체가 새로운 발주제도의 정상적인 도입을 가로막는 장애요인으로 작용해 왔다.

감리업무에 기반한 「용역형 CM」시장과 제도

용역형 CM은 매년 급속한 증가추세를 보이고 있으며, 민간의 경우 이미 그 유효성이 입증되어 적용범위도 증대되고 있다. 그러나 시장의 증가 추세에 비하여 단위 프로젝트당 CM 용역비는 매우 낮은 수준이며 그로 인하여 CM시장의 규모도 타 용역(예: 감리시장의 경우 연

97) 여기서 말하는 금액은 수주금액이 아니라 발주금액이다.

간 약 1조원 규모)에 비하여 매우 적은 실정이다.

그 이유는 현행 「건설기술관리법」에서 규정하고 있는 "용역형 CM"이 설계감리와 책임감리라는 기본업무에 추가업무의 형태를 가지고 있으며, 대가기준 역시 이를 기반으로 마련된 것이기 때문이다(이복남 · 최석인 · 장현승, 2005). 이러한 원인으로 미국의 CM용역비는 시공금액 대비 4~5%[98] 인 반면 국내의 경우는 2~3% 선에서 이루어지고 있는 실정이다. 특히 CM제도의 적용으로 월드컵의 성공적인 개최에 기여한 서울월드컵주경기장을 포함한 4개 월드컵경기장의 평균 CM용역비는 시공금액 대비 1.98%였다.

그렇다면 현재 한국에 도입되어 있는 "용역형 CM"은 글로벌 스탠다드인가? 전혀 그렇지 않다. 사실 따지고 보면, Engineering News Record(ENR)에서도 수시로 발표되고 있듯이, 미국에서도 "용역형 CM(CM for fee or Agency CM)"은 제도적으로 명확하게 규정되어 있는 것은 아니다. 하지만 미국이건, 유럽이건, 중동이나 동남아건 간에 우리나라에서처럼 「감리업무+α」를 "용역형 CM"의 업무범위로 정하고, 대가기준도 「감리비+α」로 운영하는 나라는 없다[99].

왜곡된 글로벌 스탠다드의 또 하나의 예는 분할발주를 금지하는 국가계약법에서 그 원인을 찾을 수 있다. 미국에서 가장 널리 적용되고 있는 전형적인 CM for fee 방식의 경우 프로젝트를 30개 또는 그 이상으로 분리 또는 분할발주하여 발주자와 각각의 전문건설업체(Trade Contractor)가 직접 계약을 맺고[100], CM은 발주자의 권한을 위임받아 전문적인 관리능력을 활용, 발주자가 요구한 공사비, 공사기간 및 품질수준을 만족시킬 수 있도록 전문건설업체들을 관리하는 형태로 이루어진다. 그러나 한국의 경우 분할계약이 금지되어 있어 관리의 효율성이 저하되고 과도한 비용을 발생시키고 있다.

분리 또는 분할발주를 통한 미국식 CM for fee 방식의 장점은 첫째, 관리업무의 중복으로 인한 비효율성을 배제할 수 있다는 것이다. 이 제도의 장점은 전문적인 관리능력을 보유한 건설사업관리자(CMr)가 일반건설업체의 역할을 대체하고 발주자의 대리인으로 프로젝트를 보다 효율적으로 관리하는데 있다. 그러나 한국의 용역형 CM은 건설사업관리자와 일반건설업체의 업무 중복으로 프로젝트 관리의 효율성이 저해되고 있으며, 제도의 장점을 활용하지 못

98) A Survey of Construction Management Costs in 2000, Construction Management Association of America, 2001
99) 이처럼 "용역형 CM"이 감리업무를 근간으로 하다 보니, 한국에서는 "용역형 CM"을 "감리형 CM"이라고 부르기도 한다.
100) Chuck Kluenker, Risk vs Conflict of Interest-What Every Owner Should Consider When Using Construction Management, CM eJOURNAL, January 2001

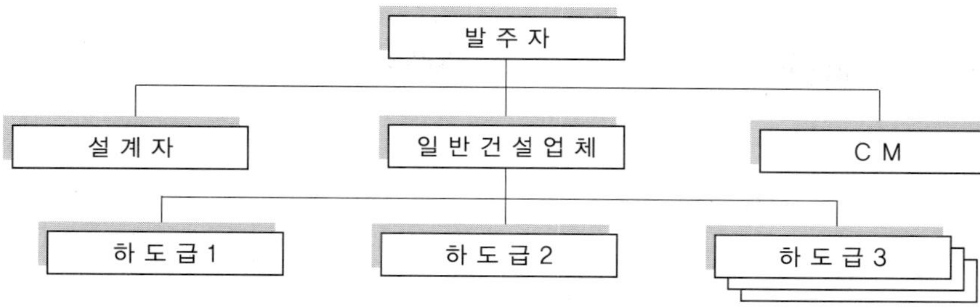

그림 3-9 한국 용역형 건설사업관리 방식(CM for fee)의 계약구조

하고 있다. 둘째, 전문건설업체에 분리발주함으로써 일반건설업체의 관리비 및 이윤을 줄일 수 있어 원가절감이 가능하다. 미국의 경우 CM for fee 방식은 프로젝트의 최저 비용 가능성(Least Project Cost), 즉 원가절감 효과가 가장 큰 방식으로 추천하고 있다[101]. 이러한 평가는 분리 또는 분할발주를 통하여 일반건설업체의 과도한 관리비나 이윤을 줄이고 관리의 효율성을 높인 결과라고 할 수 있다. 특히, 국내 공공공사의 경우 일반건설업체인 원도급자의 관리비 비율이 공사비의 16%에 이르고 있으며[102], 여기에 일정한 비율의 이윤이 추가되고 있다. 이 같이 높은 관리비와 이윤을 감안할 경우 분할 발주가 가능한 미국식 CM for fee의 적용으로 인한 절감금액은 선진국에 비해 높을 것으로 판단된다. 셋째, 건설사업의 투명성이 확보된다. 설계 · 시공 분할발주방식과 디자인빌드 방식의 경우 일단 계약이 체결되면 발주자와 계약자는 적대적인 관계(Arm-length relationship)를 형성하게 되며, 발주자는 공사비에 대한 정보를 공유하기가 매우 어려운 구조로 되어 있다. 특히, 국내의 경우 다양한 발주방식의 부재로 이러한 특징이 더욱 강하여 건설사업을 "Black Box"로 규정하기도 한다. 그러나 상호 신뢰관계(Fiduciary relationship)에 있는 건설사업관리자의 경우 전문건설업체 선정 시 업체의 재정, 기술, 경험 등의 일반적인 정보는 물론 공사비에 대한 정보를 상세히 분석, 평가 및 보고함으로써 프로젝트의 투명성을 높일 수 있다는 장점을 가지고 있다. 넷째, 실시설계 · 시공 병행방식(fast track)[103]의 적용으로 공기단축이 가능하다. 국내의 경우 건설관련

101) 김예상, 한미파슨스 공저, 「미국 건설산업 왜 강한가?」, 2003. 7. 보성각, p250

102) 김재영.이형찬,「건설산업의 종합적 관리방안 연구」,국토개발연구원, 1998.12

103) Fast Track은 공기단축을 목적으로 설계와 시공을 동시에 진행하는 방식으로 설계완료 후 시공업체를 선정하고 공사에 착공하는 전통적인 방식에 비하여 공기단축 효과가 매우 높은 관리기법이다.

제도에 의한 제약도 있지만 실시설계 · 시공 병행방식의 적용이 불가한 실정이거나 극히 제한된 프로젝트에서 제한된 공종에 한하여 실행되고 있다. 분리 또는 분할발주가 가능할 경우 설계의 진행에 따라 공종별 전문건설업체를 선정, 공사에 착수함으로써 설계와 시공이 동시에 이루어지는 실시설계 · 시공 병행방식의 적용이 가능하며 이를 통한 공기단축이 CM의 중요한 목표이기도 하다. 그러나 한국에서는 설계완료 후 일반건설업체를 선정, 시공계약을 체결하고, 일반건설업체가 하도급자를 선정하여 공사를 추진하는 체계로 운영되고 있어 사업기간이 장기화되고, 전문건설업체를 하도급자로 고착시키고 있으며, CM의 효율성을 저해하고 있다. 이 밖에도 CM 활성화를 위해서는 건설사업관리자의 선정방식, 대가지급방식, 면허조건 등 왜곡된 제도의 글로벌 스탠다드화가 필요하다.

「책임형 CM(CM at risk)」 제도 부재

2001년에 「건설산업기본법」을 개정할 때, 건설사업관리의 정의 규정에서 "책임형 CM"도 가능하도록 추진을 한 적이 있다. 그 결과는 실패로 끝났다. 일부 극소수 대형 건설업체를 제외한 모든 건설업체들이 반대하고 나섰기 때문이다. 전기나 정보통신공사업자는 현재 「전기공사업법」과 「정보통신공사업법」에 따라 분리발주가 의무화되어 있어 사실상 원도급자의 지위가 보장되어 있는데, "책임형 CM"방식이 도입될 경우는 하도급자로 전락할 것이라는 이유로 반대했다. 전문건설업체들도 지금은 전문공사의 원도급자나 하도급자로서의 지위를 유지하고 있지만, "책임형 CM"방식 도입으로 일반건설업체간 하도급이 허용된다면, 재하도급자가 될 가능성이 높기 때문에 반대하고 나섰다. 일반건설업계 내부에서도 중견건설업체들이 특히 "책임형 CM"방식의 도입을 강력하게 반대하고 나섰다. "책임형 CM"방식에서는 극소수 초대형 건설업체들 외에는 수주가 어렵고, 이 방식에서는 중견 및 중소건설업체들이 하도급자로 전락하게 될 것이라는 이유였다.

전문건설업체나 전기 및 정보통신업체들은 "책임형 CM" 대신 "용역형 CM"의 활성화를 요구하기도 했다. 발주자가 "용역형 CM"방식으로 건설사업관리자를 고용하여 공종별 분리발주 내지 분할발주를 활성화해 달라는 것이다. 그렇게 되면, 전문건설업체나 전기 및 정보통신건설업체들은 여전히 현재와 같은 원도급자의 지위를 확보할 수 있기 때문이다.

디자인빌드(Design-Build)가 아닌 한국식 "턴키"제도

한국에서도 설계 · 시공 일괄(Design-Build) 및 대안입찰공사 비중이 증가하고 있다. 한국에서는 대안입찰(Alternative Tendering)도 입찰자가 설계와 시공을 함께 수행한다는 공통점에 비추어 일괄입찰과 함께 "턴키"라고 통칭해서 부르고 있다. 대안입찰은 발주자가 작성한 설계안의 전체가 아니라 일정부분에 대한 설계대안을 요구하고 있기 때문에 "부분 턴키"라고 부르기도 한다. 대안입찰공사의 낙찰자 선정기준이나 방법도 사실상 설계 · 시공 일괄입찰과 동일하다. 차이가 있다면, 지나친 저가 낙찰을 방지하기 위하여 발주자 추정가격의 80%미만 입찰자에 대한 가격평가 점수의 감점으로 인하여 사실상 추정가격의 80%수준에서 낙찰금액이 이루어진다는 점이다. 거의 적용사례가 없었던 대안입찰은 2001년 이후에 크게 늘어나기 시작했다. 그 이유는 2001년부터 최저가 낙찰제가 도입됨에 따라 최저가 낙찰제의 적용을 회피하기 위한 목적으로, 설계가 완료되었거나 설계가 진행중인 공사를 대안입찰방식으로 전환했다는 지적이 많다. 아무튼 제도상으로나 관행적으로 대안입찰공사를 설계 · 시공 일괄입찰공사와 함께 "턴키"라고 불러왔기 때문에 여기서도 이들 둘을 합하여 "한국식 턴키"라고 부르기로 한다.

한국의 "턴키"제도는 목적이나 대상부터가 외국과 상당한 차이가 있다. 일반적으로 외국에서 디자인빌드 방식을 활용하는 기본 목적은 실시설계 · 시공 병행방식을 통한 공기 단축이다. 하지만 한국에서는 (설계)기술력 제고에 초점을 맞추고 있는 듯 하다. 그러다 보니 예외적인 경우도 있긴 하지만, 대개는 설계평가점수가 낙찰을 좌우하는 결정적인 요인이 된다. 건설업체들로서는 설계평가점수를 잘 받기 위해 한편으로는 설계를 잘 하기 위해 노력하고, 다른 한편으로는 설계평가위원에 대한 일상적인 로비(lobby)도 함께 수행하고 있는 것이 현실이다. 실시설계 · 시공 병행방식이 국가계약법에 규정되어 있긴 하지만, 일반적으로 활용되는 것이 아니라 예외적으로 활용된다. 게다가 "턴키"공사 예산도 계속비가 아니라 장기계속계약에 의한 단년도 예산으로 편성되는 경우가 많다. 입 · 낙찰절차 또한 기본설계 단계에서 낙찰자를 선정하여 총액계약(lump sum contract)을 체결하는 것이 아니라, 실시설계 적격자를 선정한 뒤 실시설계 적격심의를 거쳐, 실시설계가 종료된 후에 설계 · 시공 분리발주 공사와 마찬가지로 총액단가계약을 체결하고 있다. 결국 한국의 턴키제도는 설계 · 시공 분리발주 공사와 예산 및 계약제도가 다르지 않으며, 이런 구조속에서는 실시설계 · 시공 병행방식을 통한 공기 단축이 제도적으로 불가능하다.

외국의 디자인빌드는 공기 단축이 필요하거나, 표준적이고 반복적인 건축공사(예: 학교, 교도소 등)에 적용되는 사례가 많고, 최근에 와서야 고속도로 등 공공 토목공사에도 널리 적용되기 시작했다. 하지만 한국에서는 처음부터 지하철 공사 등 초대형·고난도·고기술을 요하는 토목공사에 적용해 왔고, 최근까지 이같은 토목공사가 전체 턴키공사의 약 80%를 차지해 왔다[104].

한국에서는 턴키발주를 확대하면서도 왜 그렇게 해야 하는지에 대한 객관적인 근거를 제시한 발주기관도 찾아보기 어렵다. 설계수준이 높다든가, 최종적인 시공품질이 우수하다는 등의 이유를 들긴 하지만, 미국에서와 같이 공식적인 성과 평가(performance evaluation) 보고서를 제시한 적도 없다.

발주제도의 개선방향도 글로벌 스탠다드와 무관

건설사업관리(CM)나 디자인빌드 제도를 활성화하자고 주장하는 한국의 정부나 건설업계에서는, 대개 그 이유를 외국에서도 이들 발주제도가 활성화되고 있기 때문에 국내 건설산업의 국제경쟁력 제고를 위해 필요하다는 이유를 갖다 댄다. 이런 이유라면 한국 건설공사 발주제도의 개선방향은 당연히 글로벌 스탠다드를 지향해야 한다. 하지만 실무적인 영역으로 들어가면, 한국에서의 발주제도 개선방향과 글로벌 스탠다드는 아무런 상관관계가 없는 경우가 많다. 오히려 한국식 건설제도의 틀에 맞추어 왜곡시키는 경향성을 더 많이 보게 된다.

예컨대, 건설사업관리(CM)의 경우, 학회가 만들어졌고, 협회도 만들어졌으며, 교육도 이루어지고 있다. 하지만, 제도적으로는 CM 등록제·신고제 도입이나 CM 수행능력평가 및 공시제 도입, CM 자격제도 도입 등과 관련된 논란이 초창기 논의의 핵심을 이루었다. 간신히 도입된 "용역형 CM"의 경우,「건설산업기본법」이나「건설기술관리법」에 규정된 정의가 옳은 것인지에 대한 논란부터 오랫동안 지속되었다. 시범사업을 추진하는 과정에서는 사업관리능력이 없거나 부족한 지방자치단체가 아니라, CM의 기능을 하고 있는 한국도로공사나 대한주택공사와 같은 공사발주 전문기관에게 시범사업을 요구하기도 하였다. 일부 극단적인 CM 예찬론자들은 아예 일정규모 이상의 모든 공공공사에 의무적으로 CM을 도입하자는 식의 황당한 주장도 제기하곤 했다. 감리업무 중심의 "용역형 CM"을 하다보니 용역비도 당연히 감리비 수준에 불과하다. 따라서 건설업체의 "용역형 CM" 시장 참여는 이루어지기 힘들고, 감리

104) 건설교통부 지침인「대형공사 입찰방법 심의기준」에서 일괄 및 대안입찰 적용대상공사 유형을 제시하고 있다. 2001년 6월 개정시에는 고난도·고기술이 요구되는 신규 복합공종 공사중 민간이 보유한 기술력과 창의력의 활용이 필요한 공사중 공기 단축이 필요한 공사 등으로 한정하고 있으며, 분류 대상시설에서 도로, 철도, 지하철과 같은 이른바 선형(線型) 공사는 제외하고 있다.

업체나 소수의 CM전문업체들이 CM시장에 참여하고 있을 뿐이다.

설계 · 시공 일괄입찰이나 대안입찰제도의 개선방향은 외국과 더욱 큰 차이를 보여주고 있다. 오랫동안 가장 큰 관심을 끌어 온 것은 낙찰을 좌우하는 설계평가의 공정성과 투명성 확보였다. 최근에는 대형 건설업체들 위주의 수주가 이루어지고 있다는 이유로 중견 및 중소 건설업체의 수주기회 확대방안에 대한 요구가 증대하고 있다. 아울러 너무 많은 "턴키"공사 물량을 무분별하게 양산하지 않도록 하기 위하여 입찰방법 심의권한을 일원화함으로써 발주 물량을 줄여 보자는 주장도 많다.

이상과 같은 제도적 현안들이 해결된다 하더라도, 한국의 건설사업관리나 설계 · 시공 일괄입찰제도는 글로벌 스탠다드와 무관한 "한국식" 발주제도에 불과할 것이다. 이렇게 된 가장 근본적인 원인은 무엇일까?

외국에서 건설사업관리나 디자인빌드가 활성화된 배경은 기본적으로 발주자가 공사비, 공기, 품질 측면에서 그 효과성을 인정했기 때문이다. 기술적, 경제적, 사업적 환경의 변화에 따라 가장 효과적인 발주방식을 발주자가 추구하는 과정에서 새로운 발주방식이 도입되고 활성화되었던 것이다. 하지만 한국에서는 발주자의 필요성이 아니라 면허제도에 의해 갈갈이 찢어져 있는 건설업역이 기득권을 발생시켰고, 이들 기득권 집단들이 효율성보다는 업역보호나 업역 창출을 통한 이익증진 차원에서 새로운 발주방식을 바라보고 있기 때문에 끊임없이 발주제도의 왜곡이 이루어지고 있는 것이다.

비단 건설사업관리나 디자인빌드제도만 그런 것이 아니고, 한국의 독특한 전기 · 통신공사 분리발주의무제도 또한 같은 맥락에서 평가할 수 있다. 특정 공종을 분할하거나 분리하여 발주하는 것은 발주자가 시공효율성 등을 감안하여 독자적으로 결정할 수 있어야 한다. 하지만 전기 · 통신공사는 개별 법령에서 분리발주를 의무화하고 있기 때문에 전기공사업자나 정보통신공사업자는 하도급자가 아니라 원도급자로서의 지위를 확보하고 있다. 이런 상황에서 분리발주의무제도의 폐지를 주장하면, 관련 사업자단체는 관련 정부 부처까지 총동원하여 업역보호를 위해 나선다. 분리발주가 나쁜 것이 아니라 분리발주를 "의무화"하고 있는 것이 잘못된 것이고, 발주방식의 선택권한을 발주자에게 주자는 것이 문제 제기의 핵심인데, 정작 관련 정부 부처는 자신의 권한을 스스로가 법률로 묶어 놓고 있으면서도 소관 법령과 사업자단체의 "업역 수호"를 위해 사업자 단체와 힘을 합해 타부처 및 타사업자단체에 저항해 왔다. 정부 내부에서도 이 같은 부처간 이견 조율이 이루어지지 못하였고, 특히 영세사업자의 숫자가 많을 경우에는 "중소기업 보호"라는 명분으로 정치권까지 개입하다 보니 합리적인 제도개선이 이루어질 수가 없었다.

건설공사 발주방식은 발주자가 선택해야 한다. 발주방식의 변화는 건설업계 내부에 건설공사 물량배분의 변화와 생산방식의 변화를 초래하게 된다. 그렇기 때문에 발주방식의 선진화를 통해 건설산업 구조의 선진화도 추구할 수 있다. 반대로 건설산업 구조의 선진화가 이루어지지 않는다면, 지금까지 경험한 것처럼 발주방식의 선진화도 어렵다. 결국 "닭이 먼저냐, 달걀이 먼저냐" 하는 이야기로 되돌아 간 셈이다. 하지만, 이같은 악순환의 연결고리를 깨뜨려야 할 책임은 기본적으로 건설업체가 아니라 발주자인 정부에 있다. 발주자인 정부 스스로가 기득권 집단의 포로가 되어 건설산업을 쇠퇴산업 내지 기피산업으로 만드는데 기여할 것이 아니라, 건설제도의 선진화와 글로벌 스탠다드로의 전환을 통해 건설사업의 효율성을 제고하고, 건설산업을 발전시키는데 기여해야 한다. 건설공사 발주제도의 선진화를 위해서는 발주자의 각성이 무엇보다 중요하다.

06 건설업체 선별 및 입찰제도

글로벌 스탠다드 : 엄격한 선별메카니즘 확립

입찰참가자 수는 평균 3~5개사

외국에서는 일반적으로 1건 공사의 평균입찰자 수가 3~5개사에 불과하다. 공사규모가 크건 작건 상관없다. 건설업체 수가 수십만개를 넘는다는 미국이건, 영국 · 프랑스 · 독일 등 유럽 각국이건 할 것 없이 모두 그렇다. 중동이나 동남아 국가에서도 마찬가지다. 약 60만개에 달하는 건설업체가 있는 일본만 해도 평균입찰자 수는 10개사 미만에 불과하다.

미국의 경우를 보자. 1973년부터 2000년까지 미국 연방 고속도로 건설공사의 평균입찰자 수는 4.7개사에 불과했다[105]. 같은 기간중 평균낙찰률(=발주자 적산금액 대비 낙찰금액)은 발주자 적산가격의 92.8%였다(鈴木一, 2004). 1976년이나 1981년에는 그림에서 보는 것처럼 입찰참가자 수가 늘어났다. 하지만 늘어났다고 해서 한국에서처럼 1건 공사에 수백개 내지 3,000여개씩 입찰하는 것이 아니라 기껏해야 6~7개에 불과했다.

미국에서 입찰참가자 수의 증감은 건설투자의 증감과 밀접하게 관련되어 있다. 최근 들어서 건설투자(특히 민간건설공사)가 활성화되자 공공공사 입찰참가자 수는 줄어들었고, 반대

105) 2005년 6월에 방문했던 버지니아 주정부 교통국(VDOT)에서는 평균 입찰자 수가 3.5개라고 한다.

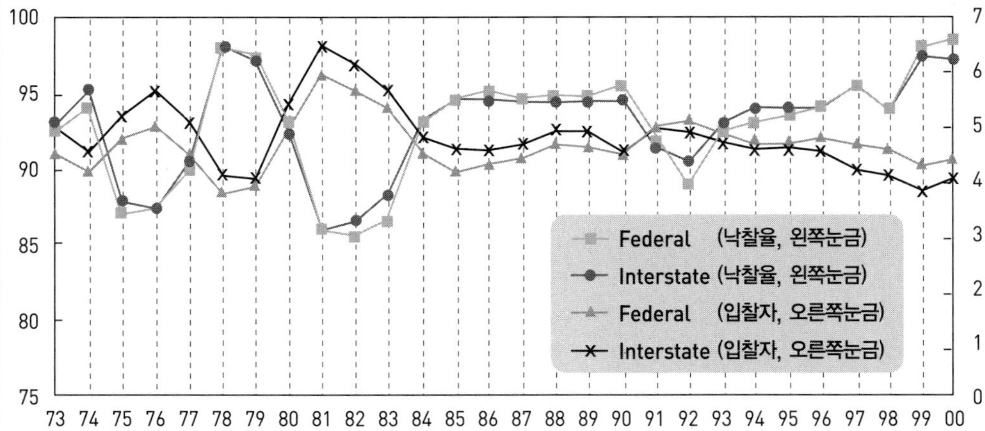

그림 3-10 미국 연방 고속도로공사의 입찰참가자 수와 낙찰 상황

주 1) 1973~2000년간 평균입찰자 수는 4.7개사
2) 동 기간중 평균낙찰률은 92.8%
3) Bid Opening Report(U.S Department of Transportation)에 기초하여 일본 건설경제연구소에서 작성
자료: 鈴木一 (2004).

로 과거에 건설투자가 급감했던 1976년과 1981년에는 입찰참가자 수가 늘었다.

입찰참가자 수는 낙찰률과도 연관된다. 예컨대 입찰참가자 수가 많으면 많을수록 수주경쟁의 격화로 인하여 낙찰률은 떨어질 것이다. 실제로 미국에서 2004년 6월에 발간된 한 연구보고서는[106], 입찰 참가자 수가 7개일 경우 발주자의 추정가격과 낙찰금액이 가장 근사치를 나타내며, 입찰 참가자 수가 7개 이상이면 낙찰률이 급격히 저하되는 현상을 343개의 개별 프로젝트 데이터를 통해 증명하고 있다.

영국 · 프랑스 · 독일 등 유럽 각국의 경우도 마찬가지다. 유럽국가들에서는 오랫동안 지명경쟁 내지 수의계약이 이루어졌기 때문이다. 건설시장의 개방을 계기로 시장개방 대상공사에서는 공개경쟁입찰이 이루어지고 있긴 하지만, 여전히 입찰참가자 수는 3~5개에 불과하다. 예컨대, 영국 재무부(HM Treasury)의 「정부공사 조달지침(2000)」에서는 3~4개의 입찰참가자를 선별한 뒤(selection mechanism), 가격 입찰을 거쳐 최종낙찰자를 선정(award

106) Harbuck, R.H.(2004.6), Competitive Bidding for Highway Construction Projects, 2004 AACE International Transaction.

mechanism)하도록 규정하고 있다. 독일에서도 공공공사의 대부분을 차지하고 있는 제한경쟁입찰공사의 입찰참가자 수를 3~8개사로 규정하고 있다(한국건설산업연구원 역, 2004.12).

제한경쟁입찰이나 협상에 의한 계약의 경우 계약법령에서 입찰참가자 수를 제한하기 때문에 그럴 수 밖에 없겠지만, 공개경쟁입찰의 경우에도 일반적으로 입찰참가자 수는 평균 3~5개사에 불과하다. 그 이유는 기본적으로 발주자에 의한 엄격한 선별메카니즘(selection mechanism)이 확립되어 있고, 입찰참가 때마다 상당한 비용이 수반되기 때문이다. 특히 미국에서는 보증회사(Surety Company)에서 입찰보증(bid bond)이나 이행보증 및 하도급대금지급보증(performance & payment bond)을 받아야 하는데, 이들 보증기관에서도 계약이행능력이 있는 입찰자를 선별하는데 큰 기여를 하고 있다. 낙찰자 선정과정에서는 기술능력에 대한 엄격한 평가만이 아니라 입찰가격의 적정성도 평가한다. 최저가 낙찰제가 적용된다고 해서 무조건 낮은 가격에 입찰한 자를 낙찰시키는 것은 아니다. 공사를 수주한 뒤에는 아예 선금을 주지 않거나, 주더라도 계약금액의 20~50%나 주는 한국과 달리 10%내외 수준에 불과하다. 일괄하도급은 금지되고, 특히 미국의 경우는 계약금액의 30~50%에 달하는 직접시공의무비율을 부과하기도 한다[107]. 공사가 완공되면 시설물을 평가하여 그 성과(past performance)를 다음 입찰시의 평가항목으로 반영한다.

이 같은 구조 속에서 입찰 · 계약과 공사수행이 이루어지기 때문에 입찰참가자는 자신이 직접 수주해서 수행할 만한 공사가 아니면, 스스로 입찰참가를 자제하게 된다. 입찰하더라도 떨어질 것이 뻔하거나, 낙찰자가 되었더라도 적자를 볼 것이 뻔한 공사에 굳이 상당한 입찰참가 비용을 지출해가면서 입찰할 필요가 없기 때문이다. 낙찰제도나 계약조건 등에 대해서는 뒤에서 상세하게 설명하기로 하고, 여기서는 입찰참가자격에 대한 심사제도 및 입찰제도를 먼저 살펴보자.

발주자에 의한 엄격한 입찰참가자격심사

여기서 말하는 입찰참가자격심사는 공식적인 입찰참가자격 사전심사제도(Pre-Qualification: PQ)에 국한된 것이 아니다. 그보다 더 넓은 의미에서 충분한 계약이행능력을 갖추고 있는지 여부를 입찰 이전에 확인하고자 하는 제도적 장치 전반을 의미한다. 따라서 여

107) 미국 연방조달규정(FAR)은 물론이고, 연방고속도로청(FHWA)이나 주정부 교통국(DOTs)의 입찰계약조건에도 이와 관련된 명시적인 규정이 있다.

기에는 'PQ'라고 부르는 공식적인 제도외에 일본의 경영사항심사제도나 한국의 시공능력평가제도 등도 포함된다.

대개 규모가 크거나 복잡한 공사의 일반경쟁입찰에서는 PQ심사를 거치는 것이 보편적이다[108]. 유엔무역법위원회의 조달기본법(UNCITRAL Model Law)이나 정부조달협정(GPA)[109]은 물론이고, 유럽연합 국가의 제한경쟁입찰에서도 입찰참가자격에 대한 사전심사는 필수적이다. PQ심사의 유형은 다양하지만, 그 유형은 크게 계약특성(contract specific)이나 입찰자 특성(bidder specific)에 대한 심사로 구분되기도 한다. 예컨대, 복잡한 시설물을 반복적으로 조달할 때에는 잠재적인 입찰자 명부에서 입찰자를 선별하는 것이 바람직하다. 유자격자 명부제(registration)나 미국의 주정부 교통국 등에서 활용하는 연간(annual) PQ가 이에 해당한다. 또한 PQ심사는 너무 많은 입찰자를 한꺼번에 평가하는 것이 비경제적이기 때문에 특정한 계약에 가장 적합한 입찰자를 선택하기 위해 활용되기도 한다.

어떤 PQ심사 형식이건 간에 일반적인 심사항목은 적합성(general suitability), 재무상태(financial and economic capacity), 기술능력(technical ability)의 3가지로 요약된다. 적합성의 세부심사 항목은 파산 여부, 전문직업적 부정행위(professional misconduct)로 인한 유죄 판결 여부, 조세나 사회보험 관련한 불법행위 여부, 입찰시 허위서류 제출 여부 등이다. 이와 관련하여 블랙리스트에 등재된 업체에게는 입찰참가를 허용하지 않는다. 입찰자들은 계약을 이행할 수 있는 재무상태를 보유해야 한다. 이를 확인하기 위해 은행의 보고서, 입찰자의 대차대조표, 입찰자의 총매출액 및 최근 3년간 계약실적 등을 평가한다. 입찰자의 기술능력은 공사의 성격이나 규모에 따라 다양한 방법으로 평가한다. 예컨대, 입찰자의 교육 및 전문자격, 최근 3~5년간에 걸친 성공적인 공사 수행 경험, 설비 및 장비 보유 현황 등을 통해 평가한다. 이와 같은 평가는 공동도급자와 하도급자 모두를 대상으로 이루어진다.

그런데 유럽연합과 UN과 같은 국제기구간에는 PQ제도 운영에 있어서 차이가 있다. 국제기구의 입찰에서는 최소한의 PQ심사기준(minimum qualification criteria)을 충족시키기만 하면 입찰참가자격이 부여된다. 평가결과는 통과 여부(Pass or Fail)를 결정하는 것이다. 하지만 유럽연합지침은 다른 접근방법을 취하고 있다. 제한경쟁입찰에서 발주기관은 입찰초청자 수를 제시하고, 초청받은 업체들을 선별(selecting) 한다. 입찰초청자의 수는 5개에서

108) PQ제도에 대한 유럽연합의 일반적인 제도와 동향은 Peter Trepte(2004). ***Regulating Procurement: Understanding the Ends and Means of Public Procurement Regulation.*** Oxford University Press.에서 인용하였다.

109) 정부조달협정 제4조(공급자 자격심사)에서는 유자격 공급자 상시명부 등에 대해서 언급하고 있다.

많아야 20개다[110]. 이중 몇 개가 되건 능력있는 것으로 평가되면 입찰참가가 가능하다. 하지만 유럽연합지침에서는 선별의 기준이나 논리에 대해서 구체적인 지침을 제공하지는 못하고 있다. 유럽연합 법정(European Court)에서는 입찰자 선별(selection)과 낙찰(award)을 별개의 기준으로 구분하고, 낙찰자 선정기준이 입찰자 선별기준으로 고려되어서는 안된다는 것을 명확하게 밝히고 있다. 유럽연합의 가장 최근 경향은, 입찰자 선별시 평가기준의 최소한이 아니라 최대한(best)을 충족시켜야 한다는 방향으로 바뀌고 있다. 이에 따라 '투자효율성(value for money)' 의 개념도 "주어진 예산한도내에서 최고 수준을 성취하는 것(achievement of the highest specification)"으로 정의하고 있다.

PQ제도의 한 유형인 유자격자 명부제(Registration)는 잠재적인 입찰자를 특정한 계약유형별로 분류(예; 도로건설, 토목, 유지보수 등)하고, 재무능력 · 기술능력 · 과거 실적 등에 기초하여 형성되어 있다. 유럽연합 가맹국들은 이 같은 유자격자 명부를 공식적으로 운영할 수 있긴 하지만, 유럽연합지침은 준수해야 한다.

대규모 복합공사의 경우는 입찰참가자격 사전심사말고도, 사후 자격심사(Post-Qualification)를 입찰후 몇 개월 내지 일년뒤에까지 시행하기도 한다. 평가기준은 입찰공고시 명시된 기준일 수도 있고, PQ심사나 유자격자 명부 작성시 사용된 기준이 적용될 수도 있다. 만약 사후평가에서 탈락한다면, 차순위 저가 입찰자에 대해서 사후평가를 하고, 통과한다면 낙찰자로 결정한다.

한편, 미국 연방정부에서는 일반적으로 PQ제도가 활용되지 않지만, 주정부에서는 연간 PQ(annual PQ)나 공사 건별 PQ제도를 운용하는 사례가 많다. 그렇다면 미국 연방정부 공사는 입찰참가자격에 대한 심사장치가 없다는 뜻인가? 전혀 그렇지 않다. 미국의 연방조달규정을 보자.

> 공급자에 대한 낙찰기준을 최저 가격으로만 한정할 경우, 계약불이행이나 공기 지연 및 기타 불만족스런 성과를 가져와 결과적으로 비용의 증가를 초래한다면, '엉터리 효율성(false economy)'을 낳게 된다. 정부조달에서 최저 가격을 제시한 업체와 계약하는 것이 중요하기는 하지만, 최저 가격 제안자라는 이유만으로 낙찰자로 선정해야 하는 것은 아니다. 계약자는 반드시 자신의 계약이행능력(responsibility)과 함께, 필요한 경우에는 하도급자의 계약이행능력까지도 보여 주어야 한다(FAR Part 9.103).

110) 영국의 공공공사 입찰계약 법령인 ***The Public Works Contracts Regulation*** 에도 동일하게 규정되어 있다.

미국 연방조달규정에서 말하는 계약이행능력(responsibility)에는 적정한 재정 자원, 요구되는 공기의 준수, 만족할만한 과거의 성과 기록, 사업윤리, 충분한 조직 · 경험 · 회계 및 운영관리 · 기술능력, 필요한 장비 및 설비 등을 갖추어야 한다는 요구가 포함되어 있다. 또한 발주자는 자신의 요구조건을 기술해야 하는데(FAR Part 11-Describing Agency Needs), 입찰자는 이 같은 요구조건도 충족시켜야 한다(responsiveness). 기능 · 성과 · 필수적인 물리적 특성 등에 대한 요구조건은 물론이거니와 입찰보증(bid bond)이나 이행보증 및 지급보증(performance & payment bond) 요구도 충족시켜야 한다. 최저가 낙찰제에서도 "반드시 최저 가격으로 발주자의 요구조건을 충족시킬 수 있는, 충분한 계약이행능력을 갖춘 입찰자를 낙찰자로 선정해야 한다"("award must be made to that responsible bidder who submitted the lowest responsive bidder" FAR Part 14.4004-1). 따라서 'PQ' 라는 이름의 제도가 없다고 해서 미국 연방정부 공사에 아무나 입찰할 수 있는 것이 아니라, 발주자의 요구조건 충족(responsiveness) 여부와 계약이행능력(responsibility) 보유 여부에 대한 심사 및 보증기관에 의한 보증심사가 필수적으로 수반되기 때문에 결과적으로 능력있는 소수의 입찰자만이 입찰에 참가하게 되는 것이다.

연방정부와 달리, 미국의 주정부에서는 입찰참가자격 사전심사제도(PQ)를 활용하고 있는 사례가 대단히 많다. 어떤 발주자는 프로젝트 베이스로 PQ심사(project-by-project PQ)를 한다. 주정부기관 가운데 공사발주가 일상적 업무인 교통국(DOTs) 등에서는 연간(annual) PQ제도[111]를 활용하는 경우가 많다(Jeffery Russell, 1999).

프로젝트 베이스로 PQ심사가 이루어진 실제 사례를 보자. 이 사례는 1992년 5월에서 8월 사이에 PQ심사가 행해진 미국 샌프란시스코시의 도시순환철도공사의 심사기준이다[112]. 먼저, 입찰조건을 보면 주계약자는 총계약금액의 30%이상을 반드시 직접 시공해야 하며, 공동도급사 지분은 최소한 30%이상이어야 한다는 것을 명시하고 있다[113].

PQ심사기준은 ① 기술적 경험과 능력(Technical Experience and Capabilities), ② 재무상태와 능력(Financial Condition and Capacity), ③ 조직과 인력(Organization and Personnel Requirements) 등 3가지로 구성되어 있다.

111) 미국 주정부 교통국(DOTs)의 연간 PQ제도는 앞서 언급한 유럽연합의 유자격자 명부제(Registration)과 유사하다.
112) Federal Transit Administration(1992). ***Contractor Prequalification of the Muni Metro Turnaround Project.***
113) 즉, 공동수급체 구성원 수는 3개사 이하여야 한다는 뜻이다.

기술적 경험과 능력에 대한 평가는 한국과 달리 과거 실적만이 아니라 시공조건이나 기술적 요건까지도 모두 포함하고 있다. 이런 기준을 통과하지 못할 경우 탈락하게 된다[114]. 예컨대 터널 공사의 경우 한국에서는 동일공사 및 유사공사 실적만 규모와 금액으로 따지는데 반하여, 미국에서는 과거 공사실적 보유외에 터널의 길이, 직경, 지반조건 등과 같은 시공조건이나 기술적 요건까지 모두 평가하여 통과 여부(pass or fail)를 결정한다.

재무상태와 관련하여, 주계약자는 최근 3년간 재무관련 자료를 제출하되, 손익계산서나 대차대조표 등을 포함해야 한다. 그리고 2단계에 걸친 평가를 받아야 하는데, 제 1단계에서는 입찰자의 순운전자본 (Net Working Capital)의 10배, 순자산(Net Worth)의 4배에 해당하는 금액이 당해공사 규모로 볼 수 있는 1억 3천만 달러보다 많아야 한다. 이런 조건을 충족할 경우, 제 2단계에서 부채비율 등 몇가지 구체적인 재무비율의 평가를 받도록 한다. 이 같은 방식의 재무상태 심사는 1억 달러 정도의 공사를 수행할 수 있는 최소한의 조건만 검토한다는 의미로 볼 수 있다. 재무상태의 평가는 기본적으로 보증회사의 몫이고, 발주자는 입찰자의 기술력과 관리능력 평가에 주안점을 두고 있기 때문으로 해석할 수 있다.

조직과 인력의 경우는 관리능력, 관리구조, 현장인력, 안전관리경력 등을 평가한다. 이중 현장인력 평가항목을 보면, 한국에서는 기술인력의 수와 근무경력만 평가하는데 반하여, 미국에서는 그 인력이 과거 어떤 자격을 얼마나 보유하고 있었고, 직접 참여하였던 공사규모가 어느 정도 되었는 지까지도 함께 평가하고 있다.

이처럼 PQ심사 절차는 최소한의 경험, 능력 및 요구조건을 통과 여부(pass or fail)로 결정하는 방식으로 평가하고, 2단계 재무 심사를 하며, 개별 기준 하나하나 모두 통과하지 못하면 탈락시키는 방식으로 진행되었다. 이 기준에 따른 통과업체 수는 7개사에 불과했다.

한편, 미국 버지니아 주정부 교통국(VDOT)은 일종의 유자격자 명부제와 같은 연간 PQ제도를 운영하고 있다[115]. 입찰자에 대한 평가 자료는 2년 주기로 갱신된다. 제출해야 할 자료는 회사의 일반정보(명칭, 소유구조 등), 임직원, 계열사 현황, 업종, 과거 공사실적, 보유 장비 현황, 재무제표 등이다. 이 같은 자료에 기초하여 2005년 6월 현재 일반, 전문, 자재공급업자 등을 모두 포함, 약 800여개사가 입찰참가자격을 갖춘 것으로 PQ리스트에 등록되어 있

114) 만약 세부항목중 일부를 충족시키지 못할 경우, 발주자의 엔지니어는 공사수행 가능 여부에 대한 검토의견을 제시하고, 큰 문제가 없으면 통과(pass), 문제가 있다고 판단되면 탈락(fail)시키게 된다.

115) VDOT(2005). *Prequalification Instructions for Completing the Prequalification/ Certification Application(Form C-32).*

다고 한다.

영국의 통상산업부(Department of Trade and Industry: DTI)에서는 건설업체 및 건설 턴트 등을 총망라한 전국적 규모의 'Constructionline' 이란 유자격자 명부시스템을 운영하고 있다(http://www.constructionline.co.uk). Constructionline은 건설산업의 혁신을 주창한 「Latham 보고서(1994)」의 권고에 따라 1998년에 만들어졌다. 그 목적은 입찰참가자격을 검증하는 단계의 시간과 노력 낭비를 제거함으로써 건설산업의 효율성과 효과성을 높이고자 하는 것이다. 1인 사업자에서 소규모 전문기업과 대규모 다국적 기업까지 포함하여 엄격한 PQ기준(strict pre-qualification requirements)을 충족시키는 자만 등록되어 있는데, 그 수는 약 12,500여개에 달한다[116]. Constructionline에 등록된 사업자는 설계부터 해체에 이르는 건설사업의 전과정에 걸쳐 있으며, 이 시스템을 활용하는 고객은 영국의 중앙정부와 지방정부, 주택협회 및 대학 등 1,500여개 이상이라고 한다.

2004년 말에 필자가 방문했던 영국 교통부의 집행기관인 도로공사(Highways Agency)에서는 공사발주시 일차적으로 10개사에 대해 입찰초청을 하고, 이중 5개사로부터 입찰서를 제출받은 뒤, 가장 우수하다고 생각되는 1개사와 협상을 통해 설계안부터 다시 작성하는 방식으로 입찰계약제도를 운영하고 있다. 입찰과정에서 발주자의 입찰자에 대한 평가는 100% 기술력에 대한 평가로만 이루어진다. 입찰 이전에 도로공사에 입찰을 원하는 업체는 기업현황이나 경영상태 등을 도로공사에 운영하는 CAT(Capability Assessment Toolkit) 시스템에 등록해야 하고, 도로공사에서는 등록된 업체만을 대상으로 입찰초청을 한다. 입찰참가자 수가 너무 많으면 제대로 된 기술력 평가를 하기 어렵기 때문에 사전 검증을 거쳐 통과한 업체에게만 입찰참가자격을 부여한다는 것이다. 영국 도로공사에서는 이런 과정을 거쳐 입찰에 참가한 건설업체가 낙찰이 되지 않았을 때, 별다른 이의제기나 소송사례도 거의 없었다고 한다. 탈락자가 서면으로 탈락사유를 밝혀 줄 것을 요구하면, 당연히 발주기관에서 서면으로 그 사유를 설명해 준다[117]. 심지어 특정업체가 영국 도로공사의 발주공사를 연거푸 수주하는 경우도 있는데, 특혜 시비를 우려하는 한국의 발주기관과 달리, 영국 도로공사에서는 이 업체가 발주자의 필요(needs)를 가장 잘 이해하는 업체기 때문에 다른 업체들도 이 업체를 본받아야

116) 영국의 일반 및 전문건설업체 수만 해도 약 16만여개사에 달한다(김한수 · 한미파슨스, 2003)는 사실과 견주어 보더라도 Constructionline에 등록된 업체는 '엄격한(strict)' PQ심사를 거쳤다는 것을 알 수 있다.

117) 이를 "Debriefing"이라고 부르며, 탈락사유를 발주기관이 서면으로 설명하는 이 제도는 영국은 물론 미국에서도 보편적으로 활용되고 있다.

하고, 탈락자에게는 그 사유를 서면으로 설명(debriefing)해 주기 때문에 아무 문제가 없다고 한다. 이 같은 입낙찰절차를 거치는 목적은 영국 건설업계 전체의 기술수준을 높이는 데 있다는 설명도 곁들였다.

기술력 중시 입찰제도와 입찰 비용

미국이나 유럽에서 발주자가 엄격한 입찰참가자격을 사전심사하는 제도적 장치외에 입찰참가업체 수가 적을 수 밖에 없는 이유는 여러 가지가 있다. 설사 유자격자 명부에 등록했다 치더라도, 건설업체 입장에서는 기술력이 없으면 입찰이 어렵고, 입찰하더라도 낙찰자가 되기 어려우며, 입찰에 따른 비용이 크기 때문에 아무 공사에나 입찰하지 않는다. 자신의 기술력으로 수주가능성이 있거나, 입찰비용을 감안하여 반드시 수주하고 싶거나 수주할만한 공사에 입찰하기 때문에 자연스럽게 입찰참가자 수가 줄어드는 것이다. 또한 미국이나 유럽에서는 최근 들어 디자인빌드(Design-Build)공사나 협상에 의한 계약(contracting by negotiation)이 급격하게 활성화되고 있기 때문에 이 같은 입찰제도 패러다임의 변화도 기술력없는 업체의 입찰참가를 제약하는 원인으로 작용하고 있다.

내역입찰제도

특별한 경우를 제외하고, 대개 입찰참가업체는 총공사 금액만을 제시하는 것이 아니라 공종별 물량내역 및 단가와 금액을 기재한 입찰내역서(Bill of Quantities: BOQ)를 제시해야 한다[118]. 그런데 내역입찰제도의 내용은 한국과 상당한 차이가 있다.

미국 극동공병단(FED)이나 해외의 일부 발주기관에서는 입찰자에게 설계도면과 시방서만을 주고, 입찰자가 직접 공종별 물량과 단가 및 금액을 작성하여 제시하도록 하는 이른바 '순수 내역입찰제도' 를 운용하고 있기도 하다. 하지만 대개는 발주기관에서 한국과 유사하게 발주기관에서 공종별 물량내역까지 산출해서 입찰자에게 제공해주고, 입찰자는 단가와 금액을 기재하여 입찰하는 방식을 활용하고 있다. 그렇다고 해서 한국의 내역입찰제도와 동일한 것은 아니다.

외국에서 입찰내역서(BOQ)에 공종별 물량을 제공한다고 하더라도, 공종별 단가를 산정하기 위해서는 입찰자가 별도로 세부 항목과 일위대가를 산정해야 하고, 소요되는 재료비 ·

118) 우리나라는 현재 50억원 이상 공사에 대해서 내역입찰서 제출이 의무화되어 있다.

노무비 · 경비 · 간접비 · 이윤 등을 고려하여 최종 단가를 정하게 된다. 한국에서는 간접비와 산재보험, 이윤 등을 별도로 산정하지만, 외국에서는 이들 금액도 모두 공종별 단가에 계상해서 산정해야 한다는 차이가 있다[119]. 그렇기 때문에 입찰자는 발주기관이 제공하는 공종과 물량에 근거하여 입찰금액을 산정하는 것이 아니라, 스스로 공종과 물량을 산출하고 실제 공사에 필요한 적정 공사금액을 도출해야 한다. 아울러 입찰가격의 적정성을 심사할 때는 입찰자가 제출한 입찰내역서상의 공종별 물량이나 금액이 적정한 지를 심사하여 낙찰 여부를 결정하기 때문에 입찰자는 설계도서와 입찰유의서, 계약조건 등을 상세하고 검토하고 내역서를 작성하지 않을 수 없다. 따라서 1건 공사에 입찰하는데에도 상당한 인력과 시간이 소모된다. 이는 곧 입찰비용이 상당한 정도로 수반된다는 것을 의미하기 때문에 입찰자로서는 입찰공고되는 모든 공사에 입찰하기 어렵고, 소수의 선별된 공사에 한정해서 입찰할 수 밖에 없다.

기술제안(technical proposal) 및 협상(negotiation) 활성화

특히 최근에 두드러진 현상이라고 보는데, 미국이건 유럽이건 입찰자로 하여금 기술제안을 요구하고, 협상을 통해 설계도서나 품질 수준 등을 협의해 가면서 투자효율성(value for money)을 달성하고자 하는 추세를 볼 수 있다. 2006년 1월말부터 전체 유럽연합 가맹국에 적용될 「새유럽연합지침(New EU Directives)」에서 규정하고 있는 "경쟁적 대화 절차(competitive dialogue procedure)"나 미국 연방조달규정(FAR)의 「협상에 의한 계약(Contracting by Negotiation)」을 대표적인 예로 들 수 있다.

「새유럽연합지침」에 규정된 "경쟁적 대화 절차"[120]는 발주자가 초청한 후보자들과 '대화(dialogue)' 를 통해 입찰자의 요구를 최대한 수용하는 최적의 안을 찾고, 결정된 안을 토대로 입찰을 받는 절차를 말한다. 이 절차가 적용되는 대상공사는 특별히 복잡한 계약(particularly complex contracts)에서 발주자가 공개 및 제한 절차의 사용이 어렵다고 판단되는 공사이고, 낙찰자 선정의 유일한 기준은 "경제적으로 가장 유리한(the most economically advantageous)" 입찰이다.

발주자는 관련 규정에 적합하게 선정된 후보자들과 발주자의 요구를 충족시키는데 가장 적합한 방법을 확인하고 정의하기 위한 목적으로 대화를 진행한다. 대화 도중 선택된 후보자

119) 순수내역입찰제도 및 내역입찰제도에 대해서는 한국산업관계연구원(2004). 「순수내역입찰제도 도입방안 연구」. 재정경제부 용역보고서. 참조.

120) Official Journal of the European Union. ***New EU Directives*** (http://www.ogc.gov.uk)

들과 계약의 모든 양상들에 대해 토의할 수 있다. 발주자는 어떤 안이 그들의 요구를 충족시킬 수 있는지를 확인할 수 있을 때까지, 필요하다면 안들을 비교한 후에도 대화를 계속한다. 대화가 종결되었다고 선언하고 참가자들에게 알린 후, 발주자는 참가자들에게 대화 도중 제안되고 세부화된 안에 기반한 그들의 최종 입찰안을 제출할 것을 요청한다. 발주자는 입찰공고시 공개된 선정기준에 근거하여 입찰자를 평가할 것이며, 경제적으로 가장 유리한 입찰을 선택한다. 발주자는 대화에 참여한 참가자에게 대가(price) 또는 보상(payment)을 해 줄 수 있다.

이 같은 유럽연합의 경쟁적 대화 절차는 미국의 「협상에 의한 계약(Contracting by Negotiation)」에 큰 영향을 받은 것으로 알려져 있다. '협상' 이라고 하는 것은 미국적인 문화의 특성인데, 협상을 통해 입찰자의 지식과 경험을 적극 활용하여 최고가치(best value)를 달성하는 것이 유럽에서도 바람직한 것으로 평가되고 있다. 또한 새유럽연합지침의 시행 이전부터 유럽 각국에서도 실제 제도로 도입하여 활용하고 있다[121].

미국 연방조달규정(FAR)에 따르면, 입낙찰제도는 크게 두 가지로 구분된다. 하나는 최저가 낙찰제가 적용되는 공개경쟁입찰(Sealed Bidding)이고, 다른 하나는 협상에 의한 계약(Contracting by Negotiation)이다. 협상에 의한 계약방식으로는 최저 가격의 기술적으로 수용가능한 절차(Lowest-Priced Technically Acceptible Process: LPTA) 및 가치교환절차(Tradeoff Process)의 두 가지가 있다(FAR. Part 15). 미국의 낙찰제도는 뒤에서 다시 상세하게 설명하기로 하고, 여기서는 다음 몇 가지 사실만 지적하고자 한다.

미국 연방조달청(GSA)의 경우, 2005년 6월 현재 연방조달청 발주공사의 약 20%만 최저가 낙찰제가 적용되는 공개경쟁입찰이고, 나머지는 협상에 의한 계약방식이라고 한다. 아울러 협상에 의한 계약방식을 지향하는 것은 비단 연방조달청(GSA)만이 아니라 전체 미국 정부의 정책방향(government-wide policy)이라고 한다. 그리고 최저 가격의 기술적으로 수용가능한 절차(LPTA)건, 가치교환절차(Tradeoff Process)건 간에 공통점은 협상에 의해 낙찰자를 결정한다는 점과 함께 입찰자에게 가격제안 외에 기술제안(technical proposal)을 요구하고, 기술제안에 대한 토론(discussion)을 한다는 점이다.

입찰자에게 기술제안을 요구하고, 협상을 통해 낙찰자를 결정하는 입찰제도가 보편화될 경우, 기술력있는 업체와 없는 업체의 차이는 명백하게 드러날 것이고, '수주하고 보자' 는 식

---

121) 프랑스에서는 이미 2004년부터 국가계약법령의 개정을 통하여 경쟁적 대화 절차와 유사한 방식으로 낙찰자를 선정하고 있으며, 앞서 설명했던 영국 도로공사의 입·낙찰절차도 이와 유사하다.

의 무모한 입찰자를 찾아보기도 어렵다. 하지만 이 같은 입찰제도를 운용하기 위해서는 발주자의 기술적 전문성이 높아야 한다. 미국이나 영국에서 발주기관 공무원의 기술적 전문성 제고를 위한 교육훈련에 열심인 이유도 이와 관련된다. 만약 발주기관 공무원의 전문성이 취약하다면, 민간 컨설턴트를 채용하여 컨설팅을 받아가면서 함께 입찰계약업무나 공사관리업무를 수행하는 것도 미국과 영국에서는 보편화되어 있다.

한국 : 입찰참가자 선별기능 미약

입찰참가자 수는 수십개~수천개사

입찰참가자 수만 보면, 설계 · 시공 일괄 및 대안입찰공사는 평균적으로 2~5개사이기 때문에 외국과 차이가 없다. 공사규모가 크기 때문에 입찰참가자 수가 적다는 이유도 있지만, 기본적인 이유는 총공사비의 2~3%에 달하는 설계비를 먼저 선투자해야 하고, 탈락시 일정비율의 설계비 보상에도 불구하고 수억원 내지 수십억원에 달하는 설계비(=입찰비용)의 손실을 보게 된다는 이유가 가장 크다. 입찰비용이 너무 크기 때문에 초대형 건설업체라도 연간 50~70여건의 일괄 및 대안입찰공사중 대표사로 입찰에 참가하는 건수는 20건 안팎에 불과하다.

하지만 현재 500억원 이상 PQ공사에 적용되는 최저가 낙찰제 공사만 해도 입찰참가자 수는 상당하다. PQ심사에서 90점~94.5점 이상을 받아야만 입찰에 참가할 수 있지만, 평균 입찰참가자 수는 해마다 늘어나면서 도로공사의 경우는 평균 입찰참가자 수가 2004년에 41개사에 달했다. 최저가 낙찰제나 일괄 및 대안입찰제도가 적용되는 공사를 제외한 다른 일반적인 공사에는 모두 적격심사제도가 적용되는데, 적격심사공사의 입찰참가자 수는 수백개에 달하는 것이 보통이다. 그럼에도 불구하고, 평균 입찰참가자 수는 시간이 흐를수록 증가하고 있다.

건설업체 선별장치의 변별력 부족

입찰참가자 수가 너무 많은데다가, 갈수록 그 수가 더 늘어나는 이유는 입찰참가자 선별장치의 변별력이 부족하고, 갈수록 변별력이 약화되고 있다는 데 있다.

지난 수십년간에 걸쳐 한국의 입찰참가자 선별장치 가운데 가장 큰 영향을 발휘해 온 것은 건설업 면허제도에 기반한 건설업역 규제장치였다고 본다. 아예 처음부터 건설업 면허기

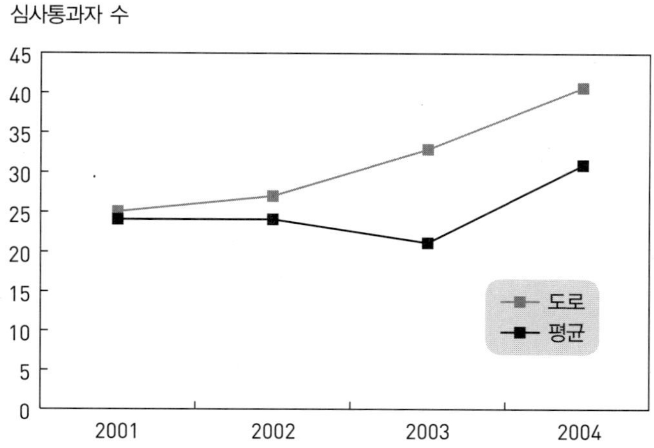

그림 3-11 최저가 낙찰제 공사의 평균입찰참가자 수

자료: 한국건설산업연구원.

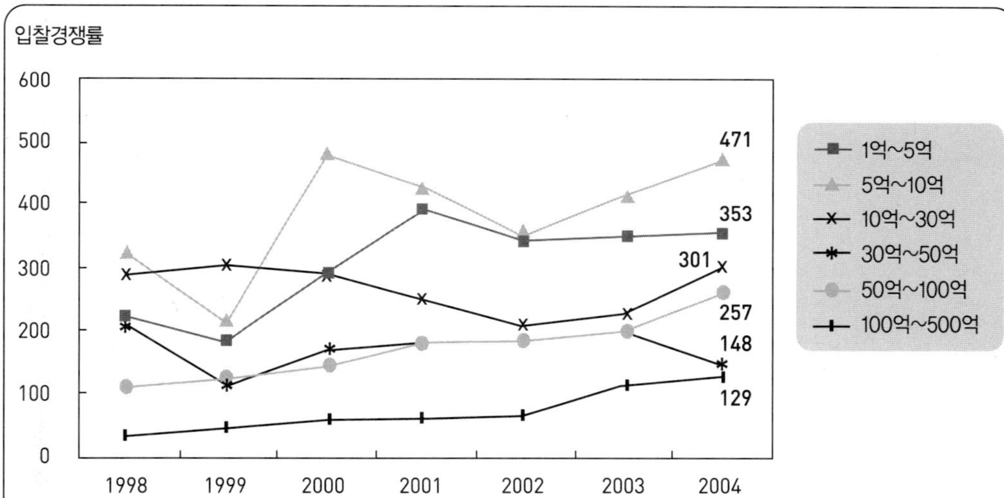

그림 3-12 조달청 적격심사공사의 입찰참가자 수 변화 추이

자료: 한국건설산업연구원.

준을 높여서 웬만한 자금력을 가진 자가 아니면 시장진입을 허용해 주지 않았고, 시장에 진입하더라도 다른 업종과 겸업을 허용하지 않는 규제를 수십년간 시행해 왔기 때문이다. 일단 시장에 진입한 업체들은 도급한도액제도[122], 등급제한 입찰제도[123] 등을 통해 제도적으로 업체 규모별 물량배분이 이루어졌고, 대형공사의 경우는 지난 1997년까지만 해도 담합구조 속에

서 건설업계간에 물량배분이 이루어졌다. 이런 구조속에서는 입찰참가자에 대한 제도적 선별장치가 큰 의미를 갖기 어려웠다.

문제는 1997년의 건설시장 개방을 전후하여 건설업 면허기준의 지속적인 완화와 도급한도액제도 폐지 및 담합구조 와해가 이루어졌다는 사실이다. 이에 따라 건설업체 수의 급속한 증가는 물론이고, 페이퍼 컴퍼니 난립도 극심했다. 게다가 1997년말의 외환위기로 인하여 법정관리 · 화의 · 워크아웃 업체 수도 폭증하였지만(이상호 · 한미파슨스, 2003), 입찰자 선별장치는 부실업체와 정상업체를 전혀 구별해 주지 못했다. 심지어 법정관리 · 화의 · 워크아웃 업체가 정상업체보다 더 많은 시공능력평가액, 더 많은 재무평가 점수를 받는 사례가 비일비재했고, 2001년 7월에는 건설업계 전체 PQ경영평가 점수 1위를 차지했던 건설업체가 1위에 선정된 지 일주일만에 부도가 나는 촌극이 벌어지기도 했다(이상호, 2001).

입찰참가자에 대한 제도적 선별장치의 변별력 부족은 여전하다. 매년 발표하는 한국의 시공능력평가액은 외국의 유자격자 명부 내지는 연간(annual) PQ제도와 유사한 것으로 생각될지 모르겠다. 하지만 외국의 유자격자 명부나 연간 PQ제도는 일정한 기준에 적합한 소수의 업체만을 등록시키는 것이고, 한국의 시공능력평가제도는 모든 건설업체가 1건 공사를 도급받을 수 있는 최대 금액을 공시[124)]함으로써 건설업체를 서열화시키고 있는 제도다. 이 같은 서열화가 건설업체의 실제 "시공능력" 순서를 표시해 준다기 보다는 건설업체의 크기를 보여주는 것으로 인식되고 있다. 하지만, 시공능력평가제도의 내용 자체에 대한 타당성 시비가 최근 들어 강력하게 제기되고 있다. 이에 따라 정부는 2007년부터는 공종별 정보공시 방향으로 시공능력평가제도를 재편하겠다는 방침을 제시하기도 했다.

입찰참가자격 사전심사(PQ)제도는 한국의 입찰참가자 선별 및 낙찰자 결정의 기본제도에 해당된다. 입찰참가 허용 여부(pass or fail)만 결정하는 외국의 PQ제도와 달리, 한국의 PQ제도는 낙찰과정에서도 결정적인 요인으로 작용한다. 적격심사제도에서는 PQ점수를 가격점수 등과 합산하여 낙찰자를 결정하고, 설계 · 시공일괄입찰이나 대안입찰공사에서는 공사수

122) 1962년부터 시행된 도급한도액제도는 매년 "건설업체가 도급받을 수 있는 1건 공사의 최고 한도금액"을 도급한도액으로 하여 큰 공사는 큰 업체가, 작은 공사는 작은 업체가 도급받을 수 있도록 함으로써 기업규모별 물량배분을 유도하기 위한 제도였지만, 1997년의 건설시장 개방을 앞두고 외국의 폐지 요구를 수용하여 시공능력평가제도로 변경, 오늘날까지 활용되고 있다(김명수, 2000).

123) 등급제한 입찰제도는 조달청 등 발주기관에서 도급한도액(현재는 시공능력평가액)을 기준으로 몇 개의 등급으로 구분한 뒤, 해당등급 공사는 해당 등급업체만이 대표사가 될 수 있도록 한 제도를 말한다.

124) 등급제한 입찰제도를 비롯하여, 한국에서는 시공능력평가액이 입찰참가 제한기준으로 활용되기도 한다.

행능력점수란 이름으로 PQ심사 점수를 설계점수 및 가격점수와 합산하여 낙찰자를 선정하기 때문이다. 유일하게 최저가 낙찰제 공사만큼은 PQ심사에서 일정 점수(90점~94.5점) 이상이면 입찰에 참가할 수 있는 자격을 부여하는데 그치고 있다.

부실공사 방지를 위해 입찰참가업체의 공사수행능력을 종합적으로 엄격하게 심사하고자 하는 취지에서 1993년부터 도입된 PQ제도는 오래전부터 변별력이 없다는 비난을 받아왔다(이상호, 2003). PQ심사 신청업체 대비 97~98%가 통과했고, 통과업체의 대부분이 만점을 받았으며, 통과업체 수도 보통 30~40개거나 많게는 70여개에 달하는가 하면, 법정관리 · 화의 · 워크아웃업체 등 부실건설업체가 정상업체보다 더 높은 PQ점수를 받는 경우도 많았기 때문이다. 입낙찰제도의 근간을 이루는 PQ제도의 변별력이 이 같은 실정이다 보니, 낙찰 여부를 결정하는 것은 사실상 입찰가격(최저가 낙찰제 및 적격심사제도) 아니면 설계점수(설계 · 시공 일괄입찰 및 대안입찰제도)였다.

물론 PQ제도의 변별력이 전혀 없었다고 말하기에는 무리가 있다. 공사규모별로 어느 정도 공사실적을 갖추어야 하고, 어느 정도의 기술자도 보유해야 한다. 2003년 이후부터는 투자적격에 해당하는 신용평가등급을 갖추는 것도 중요해 졌다. 하지만 외국과 달리, 과거 공사실적(past experience)외에 공사 성과(past performance)가 PQ심사 과정에 반영되고 있는 것도 아니고, 보유 기술자의 실질적인 기술능력에 대한 평가가 이루어지는 것도 아니다. 양적 · 형식적 기준으로 시공경험, 기술능력 및 경영상태에 대한 평가가 이루어지고 있는데다, 지역 · 중소건설업체 육성을 명분으로 지역 · 중소건설업체와의 공동도급시 12%까지 가산점을 얹어 주고, 여기에 덧붙여 산업재해율 축소 등을 명분으로 신인도 평가항목에서 또다른 가산점을 얹어 주다 보니 PQ제도의 변별력이 대단히 약화된 것이다[125].

입찰제도에 대한 왜곡된 시각도 문제다. 한국에서는 공개경쟁입찰이 바람직하다는 생각이 널리 퍼져 있다. 제한경쟁이나 지명경쟁입찰은 공정성과 투명성 측면에서 그다지 환영받지 못한다. 제한기준이나 지명기준 설정시 타당성에 대한 시비나 부패 의혹이 제기되기도 한다. 특히 중소건설업체의 주된 수주영역인 소규모 공공공사의 경우는, 아예 건설업 등록만 하면 무조건 입찰을 허용해야 한다는 주장도 많다. 건설업 등록증을 건설업을 영위할 수 있는

125) 건설업체의 수주에 영향을 미치는 PQ제도가 건설업체를 구속하는데 가장 효과적이라고 생각하다 보니, 지금도 건설 관련 이해관계 집단에서는 툭하면 PQ신인도 항목에 뭔가를 집어 넣어 가점을 주자는 주장을 하고 있다. 입찰참가자격 심사제도의 본래 취지를 생각하는 것이 아니라, 각 부처나 이해관계 집단의 이기적인 주장이 입찰제도에 반영되는 사례가 너무 많다는데 대해서도 반성이 필요하다.

자격증이라고 생각하는 것이 아니라, 건설업으로 먹고 살 수 있는 「식권(食券)」으로 인식하고 있다. 하지만 외국의 경우는 제한경쟁이나 지명경쟁입찰이 사실상 입찰제도의 근간을 형성하고 있다. 공개경쟁입찰을 원칙으로 하고 있는 미국만 해도, 아무에게나 입찰참가를 허용하는 것이 아니라 충분한 계약이행능력과 입찰보증서 제출 등 발주자의 요구조건을 충족할 수 있는 자(responsible and responsive bidder)에 한해서 누구나 입찰할 수 있도록 하고 있다. 충분한 계약이행능력을 갖춘 자를 선별하여 입찰에 참가시키는 것이야말로 투자효율성(value for money)을 확보하고, 건설업계의 발전을 위해서 바람직하다는 공감대가 형성되어 있다.

외국에서는 입찰자의 기술제안(technical proposal)이나 협상(negotiation)을 통한 계약이 활성화되고 있다. 이런 제도에서는 기술능력없는 업체의 입찰참가가 현실적으로 어렵다. 하지만 한국에서는 기술제안에 따른 입찰비용 증대, 대기업과 중소기업간의 격차 심화, 발주자의 심사능력 부족, 결과에 대한 공정성 시비 등을 이유로 건설업계만이 아니라 발주자도 기피하고 있다. 외국에서는 입찰참가 비용도 입찰자 수를 줄이는데 기여하고 있지만, 한국에서는 입찰참가 비용을 지속적으로 줄여 왔다. 단가와 금액만을 전략적으로 산출하여 제시하는 한국의 내역입찰제도에서는 입찰서류를 꾸미는데 특별하게 비용이 지출될 게 없다. 지방자치단체에서 5천원~2만원씩 받던 입찰참가 수수료도 전자입찰제도의 도입을 이유로 대부분 폐지했다. 이처럼 입찰참가 비용이 들지 않는 데다가, 입찰참가자 선별장치의 변별력도 대단히 미약하기 때문에 1건의 적격심사공사 입찰참가자 수는 수백개~수천개에 달하고 있는 것이다. 중소건설업체들은 연간 수 천건이 넘는 공사에 "묻지마 입찰", "수주하고 보자"는 입찰행태를 보이고 있다.

충분한 계약이행능력을 가진 입찰자에게 선별적으로 입찰기회를 부여하는 것은 발주자의 기본적인 역할과 책임이다. 입찰제도는 발주자가 원하는 업체를 선별하기 위한 제도적 장치다. 하지만 한국에서는 수요자인 발주자가 아니라 공급자인 건설업체들이 사실상 입찰제도를 좌지우지해 왔던 것 같다. 발주자인 정부는 입찰제도에 대한 기본철학부터 정립할 필요가 있다.

Global Standard

07 건설보증제도

글로벌 스탠다드 : 입찰참가자 선별기능

건설공사는 입찰, 계약, 하도급 및 하자보수에 이르는 각 과정에서 단계별로 필요한 보증서를 제출해야 하는 것이 일반적이다. 발주기관이 요구하는 보증의 종류는 나라마다 다양하지만, 입찰보증(bid bond), 공사이행보증(performance bond), 지급보증(payment bond), 하자보증(warranty bond) 등을 대표적인 예로 들 수 있다. 이들중 한국에서 특히 많은 논란을 가져왔던 것은 공사이행보증(performance bond)이었다. 최저가 낙찰제를 도입하면서 부실업체에 의한 무리한 저가 낙찰을 방지하기 위한 수단으로 도입한 제도가 공사이행보증제도였기 때문이다. 여기서는 공사이행보증제도의 글로벌 스탠다드가 무엇인지를 소개하고자 한다.

공사이행보증제도는 미국에서 먼저 시작되었지만, 전세계적으로 널리 활용되고 있다(Peter Trepte, 2004). 발주자는 혹시나 발생할 지 모르는 공사계약의 이행을 담보하기 위한 장치를 갖고 싶어하기 때문에 보험회사(insurance companies)를 통한 공사이행보증을 요구하는 것이 전세계적으로 보편화되어 있다. 사실 다른 어떤 계약보다 건설공사계약은 위험성이 대단히 높다. 일반적으로 건설업체들은 제조업체만큼 충분한 자본자산(capital assets)을 갖고 있지 않다. 건설업체의 장비는 임대해 오는 경우가 많고, 부동산 등과 같은 고정자산도 별로 없다. 그렇기 때문에 보증기관에서 설사 담보(indemnity)를 받더라도 막상 계약불이행 상황에 처하게 되면 별로 쓸모가 없다. 이행보증수수료(bond premiums)는 이행보증금액이 총계약금액의 20%건, 100%건 차이가 없는데, 그 이유는 대개 계약불이행시 보증기관의 손해액이 계약금액의 20% 내외 수준이기 때문이라고 한다. 계약불이행시 가장 일반적인 경우는 보증기관이 해당업체에게 재정적인 지원을 통해 공사를 완성하는 것이다. 경우에 따라서는 새로운 업체를 선정해서 공사를 인수하기도 한다.

공사이행보증을 제공하기에 앞서 보증기관은 계약자의 과거 실적, 재무 상황, 장비 보유 현황, 성실성과 전문직업적 능력 등을 철저하게 조사한다. 그렇기 때문에 공사이행보증제도는 발주자에게 "유용한 입찰참가자격 사전심사(a useful pre-qualification)" 기능을 제공한다. 그 비용은 계약불이행시의 손실에 비하면 미미한 수준이다. 다만, 발주자에 의한 입찰참가자격 사전심사와 보증기관에 의한 보증심사는 강조점에 있어서 차이가 있을 뿐이다 (Jeffrey S. Russell, 1999).

건설공사 이행보증제도의 가장 이상적인 모델은 미국이라고 본다[126]. 2005년 6월에 미국 보증협회(Surety Assotiation of America: SAA)를 방문한 적이 있는데, 현재 미국에는 약 500여개의 보증회사(Surety Company)가 활동중이며, 보증수수료(bond premium) 시장의 규모는 연간 약 40억달러다.

미국에서도 보증은 은행대출(bank loan)과 유사한 신용확장(extension of credit)으로 인식되고 있다[127]. 이중 이행보증과 지급보증은 하나의 상품으로 취급되며(둘다 한꺼번에 발주자에게 제출), 지급보증을 면제하더라도 보증수수료의 차이는 없고, 보증금액이 공사계약금액의 100%건, 20%건 간에 보증수수료의 차이도 거의 없다. 보증의 종류와 보증금액의 규모는 다음과 같다.

- 입찰보증(Bid Bond): 입찰금액의 5~10%
- 이행보증(Performance Bond): 계약금액의 100%(대부분의 경우)
- 지급보증(Payment Bond): 계약금액의 100%
- 하자보증(Maintenance Bond): 총연간보증금액의 5%미만
- 기타 공급보증(Supply Bond), 완성보증(Completion Bond) 등

126) 유럽의 경우는 상대적으로 보증기관의 역할이 미약하다. 공사이행보증금액도 발주자와 계약자간에 합의된 금액(대개는 계약금액의 10%) 정도면 된다. 영국이건, 프랑스건 필자가 방문했던 유럽 발주기관의 담당자들은 보증기관의 역할을 하자보증 등과 관련하여 중요하다는 언급을 하긴 했지만, 입찰 및 계약과정에서 계약이행능력 심사는 거의 전적으로 발주기관의 책임이라고 한다.

127) 미국의 보증시장에 관한 아래 설명은 대부분 Jeffrey S. Russell(2000), Surety Bonds for Construction Contracts, ASCE Press, 에서 발췌·요약한 것이다.

미국 보증시장의 부문별 점유비중을 보면, 공공부문이 약 83%, 민간부문이 약 17%이기 때문에 공공부문이 보증시장의 대부분을 차지하고 있는 것으로 평가할 수 있다. 그 이유는 아무래도 공공부문에서 공사이행 및 지급보증이 Miller Act(1935)나 Little Miller Acts(주정부의 경우)에 의해 의무화되어 있고, 발주자는 보증에 소요되는 원가를 추정가격에 반영해 주어야 하기 때문인 것으로 보인다.

미국의 보증시장 참여자는 발주자, 계약자, 보증회사(대개 보증인수부서와 클레임 부서로 구성)외에 독립적인 에이전트(Independent Surety Agent)가 있다. 미국 보증시장에서 독특한 존재가 독립적인 에이전트(=보증브로커)의 존재인데, 이들이 계약자의 사업수행능력을 평가하고, 계약자와 보증회사간의 의사소통을 도와주면서 보증수수료율의 25~28%를 커미션으로 챙긴다고 한다.

계약자 입장에서 보증인수과정(underwriting process)을 기술해 보면 다음과 같다. 먼저, 계약자는 에이전트나 보증회사의 설문지에 답하는 형식으로 자료를 제공한다. 에이전트나 보증회사는 회사방문, 인터뷰, 신용평가회사의 보고서, 거래은행 · 회계사 · 하도급자 · 자재공급업자 등으로부터의 의견청취 등을 통해 계약자에 관한 정보를 수집한다. 재무제표나 사업수행 현황 등에 관한 자료를 항상 최신화하여 계약자가 갖고 있다가 적절한 시기에 에이전트에게 제출한다. 이 같은 관계를 일상적으로 유지한 상황에서 입찰기일, 사업기간, 사업유형, 규모, 위치 등을 에이전트에게 설명하고, 입찰보증 · 이행보증과 지급보증 등을 요구하며, 보증회사에서는 몇 시간 내지 며칠 내에 특정사업에 대한 보증인수를 결정하게 된다.

보증인수시 보증회사는 공인회계사의 감사를 거친 최근 3년간 재무상황 보고서, 현재 및 최근 3년간 공사수행 상황, 회사 소유주의 재무상황, 주거래은행의 이름과 주소, 자재공급업자 10개사의 이름과 주소, 과거 수행한 10대 프로젝트의 리스트(계약금액, 총이윤, 준공연도, 당시 오너의 이름과 주소, 건축사나 엔지니어 이름 및 전화번호 등), 회사의 조직도, 주주현황과 회사의 승계에 관한 사항, 장래 및 과거의 사업계획(주력사업 및 수주잔고) 등에 관한 자료를 요구한다.

보증인수 기준은 크게 4가지(4C' s)다. 첫째는 신인도(Character)인데, 기업과 기업소유주에 대한 평판(reputation)이 중요하다. 둘째는 사업수행능력(Capacity)이다. 회사의 경영철학, 하도급 관계, 조직구조나 사업관리능력등이 평가대상이다. 셋째는 재무상태(Capital)다. 공인회계사의 의견을 반영하고, 공인회계사의 감사(Audit)를 거친 재무제표상 제비율을 분석하며, 계약자의 신용평가 등급(credit rating)이나 주거래은행과의 거래관계도 반영된다. 넷째는 기업의 연속성(Continuity)이다. 기업소유권의 변화(창업세대→2세대 오너→3세대 오너), 자본금의 보전, 보증한도의 유지, 사업의 계속성 등이 평가대상이다.

미국에서도 일반적으로 1~5% 범위 내에서 계약불이행 발생한다고 하며(1996년도의 계약불이행률은 6%), 계약불이행 사유로서는 명백한 저가투찰, 계약서상의 공기 달성 실패, 자재 및 하도급 대금 지불 실패의 3가지 유형이 일반적이라고 한다.

대개 미국에서는 입찰보증(bid bond)을 인수했을 때 이행보증 및 지급보증도 인수하지만, 타입찰자보다 10%이상 낮은 가격에 입찰했을 경우, 발주자가 공사완공에 필요한 충분한 자금을 갖고 있지 못할 경우, 계약자가 핵심적인 기술인력 등을 활용할 수 없을 경우, 계약자가 파산상태에 처한 경우, 계약자가 심각한 재정위기 상황에 처한 경우 등에는 거부하기도 한다. 특히 미국의 보증회사는 명백한 저가투찰자에 대해 이행보증인수를 거부하는 사례가 많으며, 그 기준은 보통 다른 입찰자의 입찰금액 대비 10%미만이라는 사실이 중요하다. 미국에서는 발주자도 입찰가격의 적정성을 심사하지만, 보증기관에서도 또 한번 심사한다는 것을 의미한다[128).

미국에서 가장 널리 사용되는 이행보증서 양식은 미국 건축가협회(American Institute of Architects: AIA)가 제시한 AIA Document 311과 AIA Document 312인데, 이들 보증서 양식은 보증채무의 이행방법도 규정하고 있다.

AIA Document 311에서 규정하고 있는 이행보증방법은 보증기관이 계약을 이행하거나, 대체시공자를 선정하여 프로젝트 완성에 필요한 자금을 지원하거나, 발주자의 계약위반을 이유로 보증채무를 거부하는 등 3가지 방법이 있다. AIA Document 312에서 규정하고 있는 이행보증방법은 다음 5가지가 있다.

① 금융지원: 보증기관이 시공업자에게 직 · 간접적으로 금융지원을 하여 시공업자가 해당 공사를 계속하도록 하는 방법

② 인수: 보증기관이 공사를 인수하고 스스로 시공사가 되어 능력 있는 건설업자에게 하청을 주어 공사를 완공하게 하는 방법

128) 2005년 6월 미국보증협회(SAA)를 방문했을 때, 이 같은 사실도 확인할 수 있었다. 지나친 저가 입찰자에 대해서는 보증기관에서 보증인수를 거부하는 경우가 실제로 있고, 발주자와 함께 보증기관도 중복적으로 입찰가격의 적정성 심사를 수행하기 때문에 지나친 저가 낙찰을 방지하는데에도 기여하고 있다고 한다.

③ 대체시공자 선정과 현금 지급: 대체시공자를 선정하여 계약조건을 협의한 다음, 계약금액에서 공사대금잔액을 초과하는 부분은 보증기관이 지급할 것을 발주자에게 제안하여 대체시공자와 계약을 체결하도록 하는 방법

④ 현금 지급: 발주자가 완성하도록 하고 완성에 소요된 비용에서 공사대금잔액을 초과하는 부분을 보증기관이 지급하는 방법

⑤ 보증채무의 부정: 발주자의 의무불이행으로 보증채무의 일부 또는 전부를 면제 받을 수 있는 상황에서 일단 발주자로 하여금 공사를 완성하도록 하는 방법

이상과 같은 보증채무 이행방법중 어떤 방법을 선택할 것인지는 보증기관이 선택할 문제이지, 발주기관이 강제하는 사항은 아니다.

미국의 보증제도와 관련해서 마지막으로 한가지 특별히 기록해 두어야 할 사항이 있다. 대개의 경우 미국 보증기관들은 대표이사 및 그 배우자와 직계가족의 주식 및 부동산에 대해 담보를 요구한다(Jeffrey S. Russell, 2000). 신용도가 아주 좋은 극소수 대기업 외에는 모두 담보를 요구하고 있다고 한다[129]. 물론 보증기관에게 계약불이행시 보증채무의 변제를 위한 수단으로 얼마되지 않는 대표이사 재산의 담보는 큰 의미가 없다고 볼 수 있다. 하지만 담보를 제공한 대표이사는 계약불이행시 엄청난 재산적 손실을 보게 된다. 그렇기 때문에 어떤 사업이건 신중하게 선별적으로 추진해야 할 필요가 있다. 한국에서 흔히 말하는 것처럼 "수주하고 보자"는 막무가내식 사업추진은 생각하기 어렵다. 보증기관에 의한 개인 담보 관행이 정착된 논리적 이유는 간단하다. 회사의 대표이사 조차 보증하지 않는 사업에 보증회사가 보증할 필요가 없다는 것이다.

미국의 건설업자를 만나보면, 보증기관으로부터 보증받기가 어렵다는 이야기를 자주 듣게 된다. 앞에서 설명한 내용만 보더라도, 미국에서 보증을 받기가 만만치 않다는 것을 충분히 짐작할 수 있을 것이다. 입찰자의 재무상태에 대한 충분한 검증이 보증기관에서 이루어지기 때문에 발주자로서는 입찰자의 기술능력에 초점을 둔 입찰제도를 운영하고 있다. 한국에서는 2001년부터 새로 도입된 최저가 낙찰제 공사에 공사이행보증제도를 의무적으로 적용하도록 했다. 미국식 이행보증제도를 도입하여 부실업체에 의한 저가 낙찰을 방지하겠다는 취지였지만, 한국의 공사이행보증제도는 결국 한국에서만 볼 수 있는 독특한 계약보증제도일 뿐이지 글로벌 스탠다드와는 거리가 멀다.

129) 이 같은 사실도 2005년 6월의 미국보증협회(SAA) 방문에서 확인하였다.

한국 : 입찰참가자 선별기능 부재

한국의 건설보증제도나 보증시장, 보증기관 및 보증인수과정이나 관행 등은 전세계 어디에서도 찾아볼 수 없을 정도로 독특하다. 건설보증기관은 외국에서는 손해보험회사나 은행이지만, 한국에서는 건설공제조합, 전문건설공제조합, 설비공제조합, 전기공제조합 등과 같은 건설업 면허제도에 기반한 공제조합들이다. 이들 공제조합들은 1960년대 초반에 건설업체 규모가 영세하고, 신용도가 형편없던 시기에 기존의 제도권 금융기관으로부터 보증을 받기 어려운 시기에 탄생했다. 공제조합은 건설업 면허별로 하나씩 설립되었고, 건설업 면허기준 중의 하나가 공제조합 출자였기 때문에 공제조합 가입은 건설업 면허별로 의무화되어 있었다[130].

공제조합의 지배구조는 "고객=주주"이고, 보증한도는 공제조합에 출자한 금액의 일정배수 이내에서 사실상 자동적으로 보증이 이루어졌다. 따라서 입찰참가자의 신용도나 입찰가격에 따라 보증을 거부할 길이 없다. 게다가 건설업 면허업종별로 공제조합을 1개씩만 두어 당해 건설업 면허업체에 대해서는 독점적인 보증공급자만 존재하는 시장구조였다는 점도 입찰업체의 보증요구를 보증기관에서 거부할 수 없는 이유중 하나였다. 실제로 공제조합의 보증을 받지 못해서 입찰참가나 계약체결을 못한 사례는 찾아보기 어렵다. 또한 공제조합은 조합원들의 출자금을 대출해 주고 받는 이자 수입 및 금융자산 운영에 따른 수익금이 대단히 크기 때문에 상대적으로 외국과 비교해 볼 때 대단히 저렴한 보증수수료를 받고 있다. 그러다 보니 본업이라 할 수 있는 보증수수료 수입은 전체 수입에서 차지하는 비중이 미미하다. 공제조합의 주주이자 고객인 건설업체들은 이런 구조속에서 끊임없이 보증수수료 인하와 보증한도 증액을 요구하고 있다. 건설보증제도의 글로벌 스탠다드에 비추어 보면, 한국의 입찰보증이나 계약보증은 사실상 "공짜"나 다를 바가 없다. 이런 구조에서는 입찰보증이나 계약보증을 통한 입찰참가자격 사전심사(PQ) 기능을 기대할 수 없다.

약 500여개에 달하는 보증회사(Surety Company)가 활동하고 있는 미국과 달리, 한국에서는 몇 개 안되는 공제조합들이 건설업종별 보증에 관한 권한을 사실상 독점하고 있다. 손해보험회사중에서는 유일하게 외환위기의 여파로 부실화되어 수조원에 달하는 국고투입이 이루어진 서울보증보험(주)에게 손실보전 차원에서 건설보증시장이 개방되어 있다. 민간은행에

130) 2000년 7월에 건설공제조합 가입의무제도가 폐지되면서 공제조합 출자의무제도 또한 폐지되자 건설업체 수가 급속하게 늘어났다. 이에 따라 정부는 또다시 '보증가능금액확인제도'를 도입하여 사실상 공제조합 가입의무제도를 부활시켰다(이상호 · 이홍일, 2005).

게는 공사이행보증시장이 2004년에 개방되었지만 아직까지는 발급실적이 없다. 만약 손해보험회사에게 건설보증시장이 개방된다면 그 파장은 대단히 크겠지만, 서울보증보험(주)의 경영정상화를 위해서는 현재와 같은 과점(寡占) 구조를 당분간 유지하는 것이 바람직하다는 금융당국의 입장과 현상유지를 원하는 공제조합의 요구 등이 존재하다 보니 단기간에 건설보증시장의 전면개방은 기대하기 어렵다[131].

구체적인 계약보증 방식으로 들어가면, 한국의 국가계약법에서는 ① 계약금액의 10% 보증+시공연대보증인, ② 계약금액의 20% 보증, ③ 계약금액의 40%를 보증하는 이행보증 등 3가지 계약보증 방식중 한 가지를 계약자가 선택할 수 있다. 다만, 최저가 낙찰제 공사에 대해서만큼은 이행보증이 의무화되어 있다. 계약보증의 방식은 기본적으로 발주자가 선택하는 것인데도 불구하고[132], 한국에서는 계약자가 선택하는 것으로 규정하고 있다. 최저가 낙찰제 공사외에는 대부분 계약금액의 10% 보증에 시공연대보증인을 세우는 방식이 활용되어 왔다. 발주자나 공제조합은 계약자의 부도시 확실한 시공연대보증인이 있어서 좋고, 건설업체들은 보증수수료 부담이 적어서 좋기 때문이다. 하지만 외환위기때 경험했듯이 시공연대보증인제도는 건설경기 침체시 건설업체의 연쇄부도를 초래하는 원인으로 작용하기도 한다. 또한 연대보증인이 있을 경우, 상대적으로 보증기관 입장에서는 계약자의 계약이행능력에 대한 엄격한 심사 유인이 줄어 들게 된다. 시공연대보증인을 요구하는 나라도 사실 한국외에는 찾아보기 어렵다[133].

2001년부터 최저가 낙찰제 공사에 의무화된 공사이행보증제도 또한 미국의 이행보증제도와 다르다. 미국처럼 계약금액의 100%를 보증하는 것이 아니라 계약금액의 40%를 보증하는 것으로 되어 있고, 보증채무의 이행방법도 금전적 보증과 역무적 보증의 둘로 구분되어 있다. 금전적 보증은 계약금액의 40%를 전액 국고에 귀속시키는 것이고, 역무적 보증은 대체시공자를 선정해서 공사를 완성하는 것이다. 하지만 미국과 달리, 입찰금액이 아무리 낮아도 공사이행보증서를 발급받지 못해 계약을 체결하지 못한 사례는 전무하다[134]. 결국 공사이행보

131) 2005년말 국무조정실 규제개혁기획단에서는 건설보증시장 개방의 로드맵 작성을 요구했고, 이에 따라 2006년 상반기부터 또다시 건설보증시장 개방에 대한 논의가 계속될 전망이다.

132) 계약보증의 목적이 발주자가 계약자의 불이행시 입을 수 있는 손해를 보상받기 위한 것이라는 생각해 보아도 계약보증방식의 선택권을 누가 가져야 할 것인지를 알 수 있다.

133) 일본에서도 오랫동안 한국의 시공연대보증인제도와 유사한 공사완성보증인제도가 시행되어 왔지만, 건설시장 개방을 앞두고 1995년에 전면폐지했다. 한국에서도 2005년말 국무조정실 규제개혁기획단의 결정에 따라 2006년부터 100억원 이상 공사에 대해서는 시공연대보증제도를 폐지하기로 했다.

증제도 또한 최저가 낙찰제와 마찬가지로 글로벌 스탠다드를 도입하지 못한 채 한국식 제도로 전락한 셈이다.

134) 2001년에는 한때 "보증거부 낙찰률(처음에는 60%, 이후 70%로 상향)"을 정하여 일정 낙찰률 미만으로 입찰한 업체에 대해서는 공사이행보증서 발급을 거부한 적도 있지만, 몇 개월만이 폐지된 적이 있다. 2004년에는 예정가격 대비 44.8%에 낙찰이 이루어진 최저가 낙찰제 공사도 공사이행보증서를 발급받아 계약체결이 이루어졌다.

08 건설공사 낙찰제도

글로벌 스탠다드: 최저가(lowest) 낙찰제에서 최고 가치(best value) 낙찰제 지향

전세계적으로 낙찰자 선정기준은 크게 2가지로 나뉘어 진다[135]. 하나는 최저가 낙찰제이고, 다른 하나는 가격외에 비가격요소에 대한 평가까지 포함하여 종합적으로 가장 유리한 입찰자를 낙찰자로 선택하는 것이다. 후자는 나라마다 서로 다른 용어로 불리우고 있다. 국제기구에서는 "최저 가격으로 평가된, 발주자 요구조건을 충족시키는 입찰(lowest evaluated substantially responsive bid)"이라 하고, 유럽연합지침이나 정부조달협정 및 유엔무역법위원회의 조달기본법에서는 "가장 경제적으로 유리한 입찰(the most economically advantageous tender)"이라고 부른다.

최저가 낙찰제는 신속성과 단순성의 장점은 있지만, 최저 품질의 조달을 초래할 수 있다. 최저가 낙찰제가 필요한 경우도 있지만, 투자효율성(value for money)을 얻는 수단으로서는 부적절하다. "가장 경제적으로 유리한 입찰" 기준에서는 여러 가지 복합적인 요소가 낙찰자 선정기준이 된다. 예컨대, 공기 · 운영비용이나 비용효과성(cost-effectiveness), 사후 서비스나 기술지원, 품질 및 기술적 장점 등이다. 미관(aesthetic)을 비롯한 비경제적 요소도 낙찰

135) 외국의 낙찰제도 일반에 대한 설명도 Peter Trepte(2004). Regulating Procurement: Understanding the Ends and Means of Public Procurement Regulation. Oxford University Press.에서 인용하였다.

자 평가기준이 되는데, 유럽에서는 대개 이들 여러 요소들을 중요도에 따라 가중치를 주고, 점수를 주는 방식으로 평가한다.

입찰자 평가과정에서 성과(performance)나 품질(quality)을 고려할 경우, 다양한 요소들을 돈으로 환산하는 기법들도 많이 개발되어 있다. 이들 기법을 활용하면, 운영비용이나 유지비용도 계산이 가능하다. 최근에는 초기 구매비용만이 아니라 운영비용이나 유지비용까지 포함한 생애주기비용이 낙찰자 선정기준으로 활용된다.

미국이건 유럽이건 일본이건 간에, 비정상적으로 낮은 가격에 입찰한 자(abnormally low bidder)는 낙찰대상에서 배제된다. 배제되지 않으려면 시공법의 경제성, 기술적 해결방안, 예외적으로 공사비 절감이 가능한 사유 등을 서면으로 증명해야 한다. 정부조달협정(GPA)에서도 같은 취지의 규정을 명시하고 있다[136].

건설공사 낙찰제도의 글로벌 스탠다드는 최저가 낙찰제에서 1990년대 중반 이후부터 "가장 경제적으로 유리한 입찰"이란 낙찰자 선정기준에 기반한 「최고 가치(best value)」낙찰제도로 전환되었다. 이렇게 된 기본적인 원인은 '비용(cost)'에 대한 개념이 바뀌었기 때문이다. 시공비를 비롯한 초기 비용(initial costs)의 최소화가 유지관리비용(maintenance costs) 등을 포괄한 총생애주기비용(whole life cycle costs)의 최소화를 가져오지 않는다는 사실이 충분히 인식되었기 때문이다. 따라서 총생애주기비용의 최소화를 통해 투자효율성을 얻기 위해서는 입찰가격만이 아니라 기술능력 등을 종합적으로 평가하여 발주자에게 최고 가치(best value)를 줄 수 있는 업체를 낙찰자로 선정해야 한다는 방향으로 인식의 전환이 이루어진 것이다.

최저가 낙찰제도

최저가 낙찰제도는 최저 가격으로 입찰한 업체를 낙찰자로 선정하는 제도라고 정의된다. 하지만 최저가 낙찰제를 시행하고 있는 어떤 나라도 단순히 "입찰가격만으로 낙찰자를 선정"[137]하

136) 정부조달협정 제13조(입찰서의 제출, 접수, 개찰 및 낙찰)에서는 다음과 같이 규정하고 있다.

> " – (중략) – 조달기관이 다른 입찰서에 제시된 것보다 비정상적으로 낮은 가격의 입찰서를 접수한 경우 동 조달기관은 그 입찰자가 참가조건을 준수할 수 있고, 계약조건을 충족시킬 수 있는 능력이 있음을 확인하기 위하여 그 입찰자에게 문의할 수 있다."

137) 한국에서는 이 같은 의미의 최저가 낙찰제를 "순수 최저가 낙찰제"라고 부르면서, 순수 최저가 낙찰제를 도입해야 한다는 주장을 하는 중견 · 중소건설업체들이 많다. PQ심사나 기타 기술적 요인에 대한 평가는 결과적으로 대기업에게 유리하거나, 기술적 · 전문적 판단의 객관성을 담보하기 어렵기 때문에 최저가 낙찰제는 입찰가격 만으로 낙찰자를 선정해야 한다는 것이다.

는 것이 아니다. 1860년대 이래 최저가 낙찰제를 공공공사 낙찰제도의 근간으로 삼아온 미국 사례를 보자.

미국 「연방조달규정(FAR)」의 낙찰자 선정기준은 발주자가 요구하는 입찰조건을 충족하는 자로서 공사이행능력이 있다고 판단되는 자중 ① 최저가 입찰자(lowest)이거나, ② 협상(negotiation)을 통해 가격과 기술적 요소들을 종합적으로 판단하여 발주자에게 가장 유리한 입찰자를 낙찰자로 선정하는 것이다.

미국에서 1860년대 이후부터 계약이행능력이 있고 발주자의 요구조건을 충족시키는 최저가격 입찰자를 낙찰자로 선정하는 공개경쟁입찰(Sealed Bidding)을 활용해 온 목적은 크게 3가지로 요약된다. 첫째는 공공계약에 있어서 부패방지를 위한 것이고, 둘째는 최고의 경쟁가격을 얻기 위해서였다. 셋째는 모든 건설업체들에게 "동일한 기회의 장(level playing field)"을 제공한다는 취지였다(Ernest C. Brown, 2000).

미국의 최저가 낙찰제가 운영되고 있는 제도적 절차를 보자. 먼저, 미국 공공공사에 입찰할 때에는 입찰보증서(bid bond)를 제시해야 한다. 계약체결시에는 1935년에 제정된 Miller Act에 따라 10만달러 이상의 연방정부 공사계약자는 공사계약금액의 100%에 달하는 이행보증 및 지급보증서(performance & payment Bond)를 제출해야 한다. 주정부도 Little Miller Act를 제정하여 대부분 연방정부와 같은 보증제도를 운영하고 있다. 보증기관에서는 입찰자의 재무상태에 초점을 둔 계약이행능력을 평가하여 보증서 발급 여부를 결정할 뿐만 아니라, 타 입찰자와의 입찰가격을 비교하여 차순위 저가입찰자와 10%이상 격차가 발생할 경우 이행보증서 발급을 거부하기도 한다(Jeffery S. Russell, 2000).

미국에서는 입찰시 발주자가 추정가격을 작성하여 가급적 비공개하되, 공개를 하더라도 정확한 금액이 아니라 일정범위(range)로 공개하는 것이 보통이다[138]. 공사비의 범위를 공개하는 이유는 입찰자가 당해공사를 수행할 수 있는 재정능력 및 보증능력이 있는가를 스스로 알 수 있도록 하는데 있다고 한다. 그리고 발주자의 추정가격은 입찰자의 입찰가격 적정성을 평가하는 기준으로 활용된다.

미국 연방조달규정(FAR)에서 최저가 낙찰제가 적용되는 공개경쟁입찰(Sealed Bidding) 방식이 적합하다고 판단되는 공사는 공사의 내용(Scope of Work)이 구체적이고 명확하게 정

138) 미국 연방조달규정(FAR)에서는 ① 25,000달러 미만, ② 25,000~100,000달러, ③ 100,000~250,000달러, ④ 250,000~500,000달러, ⑤ 500,000~1,000,000달러, ⑥ 1,000,000~5,000,000달러, ⑦ 5,000,000~10,000,000달러, ⑧ 10,000,000달러 이상 등 8개 범위로 구분하여 공개할 수 있다고 규정하고 있다.

의할 수 있으며, 발주자나 입찰자 모두에게 공사비 적산이 비교적 간단하고, 적산금액과 실제 금액이 큰 차이가 없는 공사다. 낙찰자는 모든 입찰조건을 만족하는 자로서, 해당 공사를 계약대로 완성할 수 있는 입찰자중 가격 면에서 발주자에게 가장 유리한 입찰자(즉, 최저가 입찰자)가 된다고 규정하고 있다(FAR 14.408). 다시 말해서 최저가격 입찰이라고 해서 무조건 낙찰자가 되는 것이 아니라, 공사이행능력이 있고, 발주자의 요구조건을 충족하는 최저가격 입찰자를 낙찰자로 선정해야 한다(Award to Lowest Responsible & Responsive Bidder)는 것이 기본원칙이다.

"요구조건에 맞는(responsive)" 입찰이란 입찰 패키지의 모든 구체적인 조건에 엄격하고 충실히 따르는 것을 말한다. 예를 들면, 입찰자가 정확한 입찰 양식을 사용하고, 모든 질의에 충실히 답하며, 모든 요구되는 첨부물을 제출하고, 보증이 요구될 경우 적절한 보증을 제출하는 것을 말한다. 한편, 계약담당관은 계약협상시 입찰자의 가격과 정부의 적산가격을 비교하여 큰 차이가 나는 항목에 대해서는 비용산정 자료를 요구하고, 정부 적산가격보다 현저하게 낮을 경우는 입찰자와 정부의 적산담당자에게 업무범위를 명확하게 이해하고 있는지를 확인하도록 하며, 정부의 추정가격에 잘못이 있을 경우는 수정하도록 하고 있다(FAR 36.214). 가격의 불합리성은 총액만이 아니라 공종별 가격도 포함된다. 만약 입찰서의 공종별, 혹은 세부 공종별 가격이 실질적으로 불균형(materially unbalanced)하게 구성되어 있을 때에도 낙찰 대상에서 배제할 수 있다.

공사발주기관에서 실제로 최저가 낙찰제 및 저가심의제를 어떻게 운용하고 있는지 미국 연방교통부(US DOT) 고속도로청(FHWA) 사례를 보자.

미국의 '저가심의제도'는 입찰분석(bid analysis)에 의해 이루어진다. 이것은 발주기관의 추정가격을 기준으로 발주기관이 정한 일정 범위를 벗어나는 입찰을 대상으로 가격의 적정성을 분석하는 과정이다.

고속도로청의 계약행정 매뉴얼을 보면[139], 입찰분석은 입찰 단가가 추정가격과 합리적으로 부합되는 지를 조사하는 것으로 정의되고 있다. 입찰분석에서는 가격 비교 외에 입찰자 수, 입찰가격의 분포, 입찰자들의 신원과 지리적 위치, 공사수행의 긴급성, 입찰내역서상 단가의 불균형, 현재의 시장 상황과 표준 작업량(workload), 유사공사 입찰가격과의 비교, 유

139) 이하의 내용은 고속도로청(FHWA)의 *Contract Administration Core Curriculum Participant's Manual and Reference Guide 2005* 중 Bid Analysis and Award of Contract를 중심으로 정리한 것이다.

의미한 입찰가격 차이에 대한 해명, 재입찰시 예산절감 가능성, 기타 발주자가 중시하는 다른 요소 등을 포괄적으로 분석하고 있다.

입찰분석의 핵심은 입찰단가의 불균형(unbalanced bid)을 파악하는데 있다. 불균형한 입찰의 유형은 두 가지가 있다. 하나는 수학적으로 불균형한 입찰(mathematically unbalanced bid)이다. 이것은 소요되는 실제 비용을 합리적으로 반영하지 못하는 총액 또는 공종을 가지고 있는 입찰을 말한다. 다른 하나는 실질적으로 불균형한 입찰(materially unbalanced bid)이다. 이것은 그 입찰자를 낙찰자로 선정하는 것이 정부에게 궁극적으로 가장 낮은 비용을 발생시킬지에 대해 합리적인 의심이 발생하는 입찰이다.

수학적 불균형을 탐지하기 위해서는 각 입찰 공종과 예정가격과의 적합성이 평가되어야 되고, 접수된 다른 입찰과 비교되어야 한다. 불균형 입찰로 결정되는 결정적인 기준(예를 들어, 예정가격으로부터 일정량 또는 일정 비율의 편차)은 없다. 수학적으로 불균형한 입찰은 비록 바람직하지는 않지만 받아들여질 수도 있다. 실질적으로 불균형한 입찰인지의 여부는 사례별 접근(case-by-case basis)으로 이루어진다.

입찰분석을 위해 발주자는 기술적 · 관리적 측면에서 입찰자를 평가할 수 있는 다양한 전문분야 인사들로 이루어진 심의위원회(multidisciplined review committee)를 활용할 수 있다. 심의위원회의 구성이 어려울 경우에는 최소한 당해공사에 대해서 잘 알고 있는 견적부서만이라도 참여하여 입찰자를 평가해야 한다.

미국 연방교통부 고속도로청(FHWA)에서는 불균형한 입찰에 대해 낙찰을 하거나, 낙찰배제를 하기 위해 문서로 정당화(justification)를 요구하고 있다. 최저가 낙찰제를 시행하고 있는 미국의 모든 발주기관에서는 이 같은 방식으로 입찰가격의 적정성을 심사하여 낙찰 여부를 결정하고 있다.

영국에서는 1990년대 후반까지 오랫동안 최저가 낙찰제를 근간으로 하는 입 · 낙찰제도가 운용되었다. 하지만 영국에서도 최저가 낙찰제 위주의 조달제도는 투자효율성을 획득하기 어렵고, 건설업계와 정부 발주기관간의 적대적 관계로 인하여 저조한 성과를 초래했다고 한다(NAO, 2001). 영국 지방정부도 마찬가지였다. 1980년대 이후 오랫동안 최저가 낙찰제를 기반으로 하는 강제경쟁입찰(Compulsory Competitive Tendering: CCT)이 시행되었지만, 노동당의 집권과 더불어 2000년 1월에 전면 폐지되었다. '경쟁' 과 '입찰' 이 중요하기는 하지만, 가장 핵심적인 것은 성과(performance), 투자효율성(value for money), 품질 서비스

(quality services) 등인데 CCT는 최저가 낙찰제를 통한 예산절감에 치중함으로써 오히려 총생애비용(whole life costs)이 더 소요되는 비효율적인 제도로 평가되었기 때문이다.

2000년대에 접어 들면서 영국에는 더 이상 최저가 낙찰제가 시행되지 않고 있다. 중앙정부는 Achieving Excellence Program(http://www.ogc. gov.uk), 지방정부는 「지방정부법(Local Government Act)」에 따라 투자효율성 극대화를 위한 최고 가치(best value) 낙찰제도를 운용하고 있다.

최고 가치 낙찰제도

최고 가치 낙찰제도의 개념은 최저가 낙찰제 만큼 그렇게 명확한 것은 아니다. 미국과 영국에서 "최고 가치(best value)"라는 용어의 의미나 최고 가치에 기반한 제도의 내용은 상당한 차이가 있다. 그럼에도 불구하고 명확한 한가지 공통점이 있다. 총생애주기비용(whole life cycle costs)의 최소화나 투자효율성(value for money)의 획득을 위해서는 입찰가격만으로 낙찰자를 선정해서는 안된다는 것이다.

미국: 기술적으로 수용가능한 최저가 낙찰 및 가치교환 절차

오늘날 미국은 최저가 낙찰제보다는 기술능력과 재정능력 등을 종합적으로 평가하여 발주자에게 최고 가치(best value)를 제공할 수 있는 입찰자를 낙찰자로 선정하는 방식을 더 선호하고 있다. 이처럼 미국의 조달정책이 최고 가치를 지향하는 방향으로 정책의 전환을 이룬 것은 1994년에 FASA(Federal Acquisition Streamlining Act)가 제정되면서 부터라고 한다[140]. 미국 연방조달규정(FAR)에서는 다음과 같이 조달정책의 목표가 최고 가치를 지향하고 있음을 분명하게 선언하고 있다.

> 연방조달시스템의 비전은 공공의 신뢰를 확보하고 공공정책의 목표를 수행하면서 수요자에게 가장 가치있는 물품이나 용역(best value product or service)을 제때 조달하는 것이다. 조달과정의 참여자들은 하나의 팀으로서 서로 협력해야 하고, 각자의 책임을 다할 수 있는 권한을 부여해야 한다.
> 연방조달시스템은 ① 비용, 품질, 적시성 측면에서 수요자를 만족시켜야 하고, ② 행정적인 운

140) 이 같은 미국 정부의 정책방향 전환은 2005년 6월 미국 연방조달정책실(OFPP) 방문했을 때 만난 Procurement Policy Analyst를 통해 확인할 수 있었다.

영비용을 절감해야 하며, ③ 공정하고 공개적으로 운용되어야 하고, ④ 공공의 정책목표를 달성해야 한다.(FAR 1.102. Statements of Guiding Principles for the Federal Acquisition System)

최저 가격이라는 이유만으로 어떤 공급자와 계약을 체결할 경우, 만약 계약불이행이나 조달시기 지연, 혹은 또 다른 비용이 수반되는 불만족스러운 성과를 초래한다면, '거짓 효율성(false economy)'을 낳을 수 있다. 정부조달이 최저 가격에 기초해야 하는 것이 중요하기는 하지만, 최저 가격을 제시한 공급자만을 낙찰자로 해야 한다는 것은 아니다(FAR 9.103).

미국 연방조달규정(FAR)에서 발주자는 협상에 의한 계약(Contracting by Negotiation, FAR Part 15)을 통해 최고 가치(best value)를 획득할 수 있으며, 최고 가치 획득에 있어서 비용이나 가격의 중요성은 조달유형에 따라 다르다는 사실을 명시하고 있다. 예컨대, 발주자의 요구조건을 명확하게 규정할 수 있고, 계약이행의 리스크가 적은 경우는 비용이나 가격이 낙찰자 선정에서 지배적인 역할을 수행함으로써 최고 가치를 얻을 수 있다. 반면에 발주자의 요구조건을 명확하게 규정하고 어렵고, 개선 작업이 필요하며, 계약이행의 리스크가 클 때는 기술적 고려나 과거 성과에 대한 고려가 최고 가치를 획득하는데 결정적인 역할을 할 수 있다.

발주기관은 여러 가지 낙찰자 선정방법을 활용한 협상에 의한 조달을 통해 최고 가치(best value)를 얻을 수 있다. 서로 다른 조달유형에서 비용이나 가격의 상대적 중요성은 다르다. 예컨대 요구조건을 명확하게 규정할 수 있고, 계약성과의 실패 위험성이 최소화될 때에는 비용이나 가격이 낙찰자 선정에서 결정적 역할(dominant role)을 할 수 있다. 요구조건이 덜 명료하거나, 더 많은 보완이 필요하거나, 성과달성의 위험성이 더 높을 때에는 기술적 고려나 과거 성과에 대한 고려가 낙찰자 선정에서 결정적 역할을 하게 된다.(FAR 15.101 Best Value Continuum)

미국 연방조달규정(FAR)에 따르면, 최저가 낙찰제가 적용되는 공개경쟁입찰(Sealed Bidding)외에는 협상에 의한 계약(Contracting by Negotiation)이다. 그런데 미국 연방조달청(GSA)은 전체 계약금액의 약 20%만이 최저가 낙찰제가 적용되는 공개경쟁입찰이고, 나머지는 모두 협상에 의한 계약이며, 향후에도 협상에 의한 계약을 좀더 확대하는 것이 연방조달청만이 아니라 전체 미국 정부의 정책방향이라고 한다[141).

미국 연방조달규정(FAR, Part 15)에서는 협상에 의한 계약을 ① 최저 가격의 기술적으로 수용 가능한 낙찰자 선정 절차(LPTA)와 ② 가치교환 절차(tradeoff process)의 2가지 유형으로 구분하고 있다. 2가지 유형의 공통점은 기술제안과 가격제안을 요구하고, 입찰자들과 토론(discussion)을 거쳐 협상(negotiation)을 통한 계약을 체결한다는데 있다.

① 최저가격의 기술적으로 수용가능한 절차
(Lowest-Priced Technically Acceptable Process, LPTA)

LPTA는 최저 가격의 기술적으로 수용 가능한 제안서를 선정함으로써 최고 가치를 기대할 수 있을 때 적절한 방법이다. 이 방식을 사용할 경우에는 수용 가능한 요구조건을 구성하는 평가 요소 및 중요한 부요소를 입찰초청서에 명시해야 하고, 낙찰은 비가격 요소의 수용가능 기준에 맞는 또는 이를 초과하는 제안서 중에서 최저로 평가된 가격을 근거로 낙찰자가 선정된다는 것을 입찰초청서에 명시해야 한다.

계약담당관은 먼저 기술제안서만을 제출하게 한 후 적절한 평가자에 의해 어느 것이 수용가능한지를 평가한 뒤, 수용 가능한 기술제안서를 제출한 제안자들에게 가격제안서를 요구한다. 제안서들은 적합성에 대해서만 평가되어야 하며 비가격 요소를 사용한 순위가 매겨져서는 안된다. 연방조달청(GSA)은 가격을 제외한 모든 평가 요소를 평가함에 있어서 진행/비진행(또는 통과/실격)의 방식을 취한다. 낙찰자가 선정된 후, 계약담당관은 낙찰에 실패한 제안자들에게 통보를 하고 요구시 해명(debriefing)을 해 준다.

② 가치교환 절차(Tradeoff Process)

가치교환절차는 정부의 최대 관심이 최저 가격 제안자 또는 가장 높은 기술적 등급을 받은 제안자 이외의 다른 입찰자를 낙찰자로 선정하여 계약을 체결할 것을 고려하는 경우에 적합하다. 연방조달청(GSA)에서는 정부에게 최고 가치를 제공하는 제안을 선정하겠다는 목적을 가지고 입찰초청서에 명시한 가격 및 기타 요소에 대해 평가한다. 목표는 비용 대비 최고 가치를 제공하는 제안을 선정하는 것으로, 필연적으로 최저 가격 입찰자를 낙찰자로 선정하는 것은 아니다. 이 절차는 가격 또는 비용과 비가격 요소(과거 성과 포함)사이의 가치교환(tradeoff)이 허용되며, 정부가 최저가격 제안자 이외의 다른 제안자를 선정하는 것이 허용된다. 평가자는 입찰초청서에 명시된 기준에 따라 기술 및 가격 또는 비용제안서를 평가한다.

141) 2005년 6월 미국 연방조달청의 고위공무원과 인터뷰를 통해 확인한 사실이다.

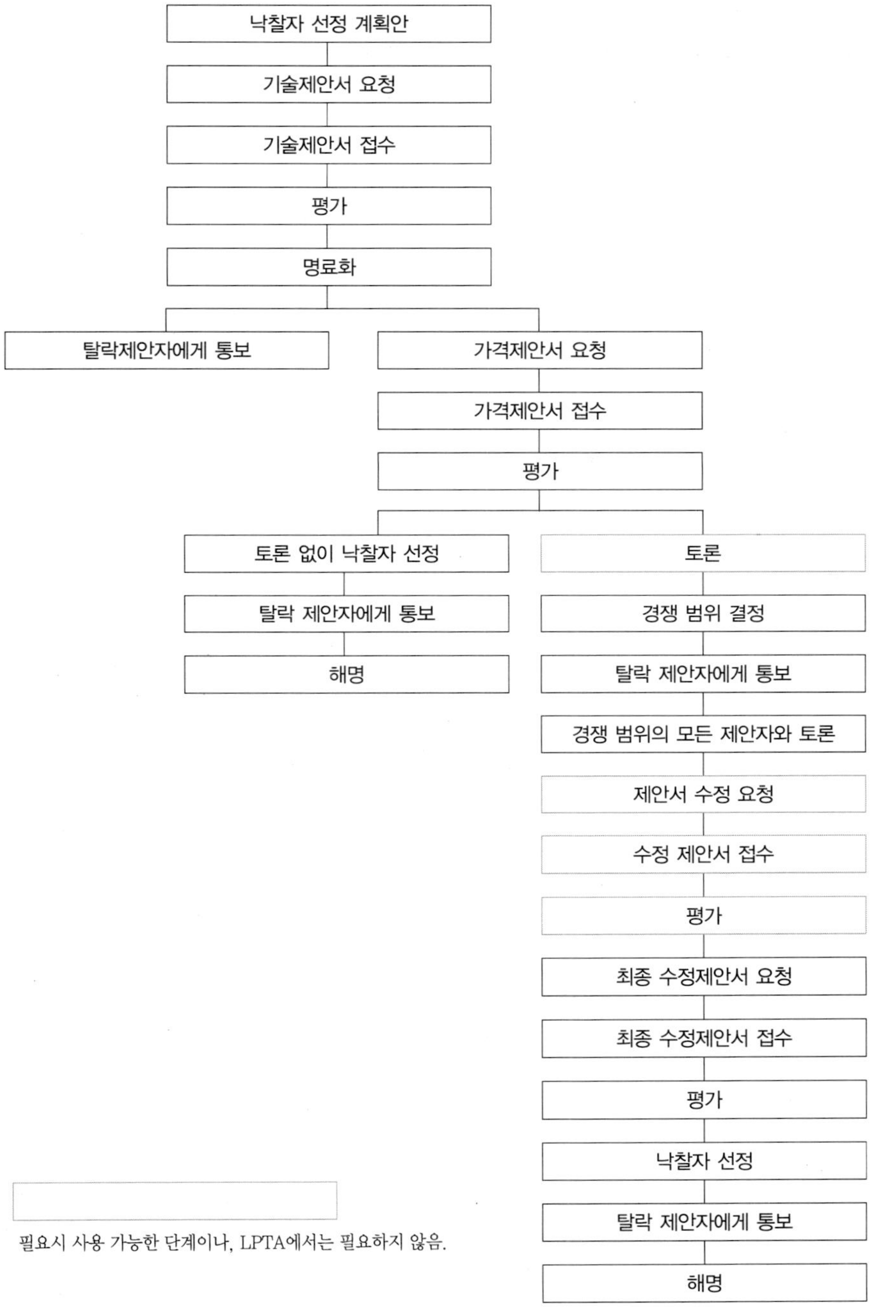

그림 3-13 미국의 LPTA 방식에 의한 입낙찰절차

자료: 조달청(2004), 「미국 연방정부 계약」

어떤 가치교환의 심의 내용을 포함하여 성공적인 제안자를 선정하게 된 합리적 근거를 충분

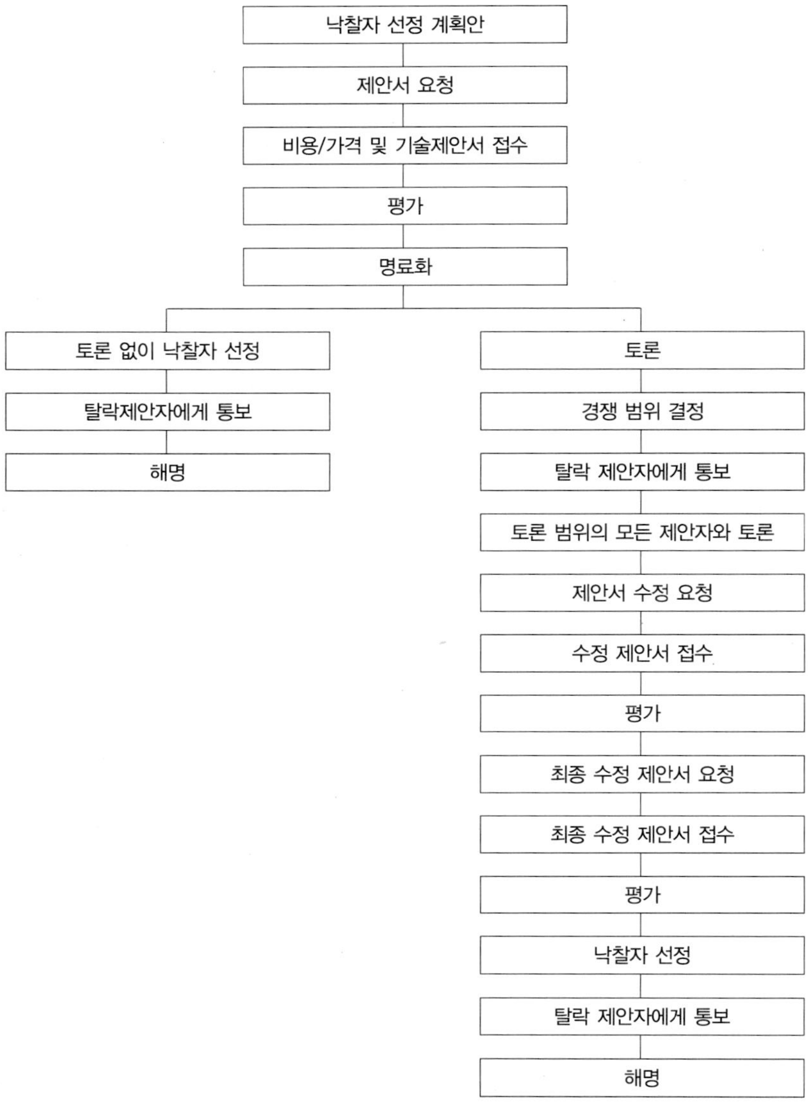

그림 3-14 가치교환절차(Tradeoff Procedure) 방식에 의한 입 · 낙찰절차

자료: 조달청(2004), 「미국 연방정부 계약」

히 서류로 남겨야 한다. 낙찰자가 선정된 후, 계약담당관은 낙찰에 실패한 제안자들에게 통보를 하고 요구시 해명(debriefing)을 해 준다. 가치교환 절차는 프로젝트의 성공적 수행이 계약자의 기술적 전문지식에 상당히 의존하게 되는 경우 적절하다.

영국: 최고 가치(Best Value) 지향 의무화

영국의 지방정부는 1999년의 「지방정부법(Local Government Act)」에서 공식적으로 강제경쟁입찰(CCT)제도를 폐지하기로 하고, 2000년 4월부터 최고 가치(Best Value)제도를 지방정부에 적용하도록 의무화하였다.

영국 지방정부에서 「최고 가치(Best Value)」의 기본개념은 "납세자가 수용할 만한 가격(a price acceptable)으로 목적에 적합한 품질의 서비스를 경제적, 효율적, 효과적으로 제공"하는 것이다[142]. 영국 지방정부의 「최고 가치(Best Value)」 제도는 조달정책과 연결되어 있지만, 조달정책보다는 훨씬 더 넓은 범위에서 지방정부의 서비스 제공과 관련된 광범위한 정책을 의미한다.

입 · 낙찰제도에 국한한다면, 영국의 최고 가치 낙찰제도 또한 입찰가격만이 아니라 기술적 요소 등을 종합적으로 평가하여 발주자에게 최고 가치를 제공하는 입찰자를 낙찰자로 선정하는 방식이다. 영국 재무부(HM Treasury)에서 예시한 최고 가치 방식에 의한 낙찰자 선정사례를 간략하게 요약해서 소개하면 다음과 같다(HM Treasury, 2000).

지명경쟁입찰방식을 주로 활용하고 있는 영국에서는 1차 지명(long list), 2차 지명(short list) 과정에서 엄격한 심사를 거쳐 통과한 3~5개 업체에 한하여 가격 제안을 허용한다. 이때 2차 지명에 이르는 과정까지를 선별과정(selection mechanism)으로, 2차지명 후 최종낙찰자를 선정하는 과정을 낙찰과정(award mechanism)으로 구분하여 설명하고 있다.

먼저, 입찰자 선별과정(selection mechanism)을 보면, 입찰자 평가항목은 그 기업의 신인도(personal position), 재무상태(economic standing), 기술능력(technical capacity)이고, 각각의 세부평가 항목마다 과락점수(quality threshold)가 있어서 세부항목별로 일정점수 미만인 입찰자를 배제한다. 공사 특성을 반영하여 세부항목별로 가중치(weighted score)가 부여되어 있으며, 이들 가중치를 곱하여 점수를 산정한다. 이렇게 평가한 결과 가장 높은 점수를 받은 3~4개사만 2차 지명을 하고, 이들 업체만이 입찰가격을 제시할 수 있다.

다음으로 낙찰과정(award mechanism)을 보면, 입찰가격은 3개사 입찰가격의 평균값을 기준으로 그보다 낮으면 가점을 주고 높으면 감점하는 방식으로 평가한다. 예컨대, 최저가격 입찰자는 A이지만, 품질(60%)과 가격(40%)에 가중치를 곱하여 점수를 산정해 보면, 종합점

142) 영국의 행정자치부 장관인 Hillary Armstrong은 의회에서 Best Value를 "지자체가 지역주민에게 수용가능한 가격으로 품질 서비스를 제공하는 책임(the duty that local authorities will owe to local people to provide quality services at an acceptible price)" 으로 정의했다(July 1998).

수는 C가 최고 득점자일 경우를 상정해 보자. 이 경우 입찰자 C가 발주자에게 가장 높은 가치를 제공해주기 때문에 C를 낙찰자로 선정한다는 것이고, A는 최저가 입찰자이긴 하지만 발주자에게 최고 가치를 제공해 주지 못하기 때문에 낙찰대상에서 배제된다.

이 같은 방식의 낙찰제도는 한국의 적격심사제도와 형식적인 면에서 유사하다. 적격심사제도 역시 기술 및 가격 등을 종합적으로 평가하여 점수를 합산하기 때문이다. 하지만 한국의 적격심사제도는 비가격요소에 대한 평가가 형식적이며 변별력이 대단히 미흡한데 반하여, 영국 등의 경우는 비가격요소에 대한 실질적인 평가가 이루어진다는 점에서 큰 차이가 있다. 한국의 적격심사제도에서 비가격요소는 입찰이 이루어지고 있는 당해 공사의 특성을 반영한 낙찰자 선정기준보다는, 과거 실적과 입찰업체의 전체적인 기술 및 재무상태에 대한 평가가 주류를 이루고 있다. 또, 한국의 적격심사제도는 공사규모별로 통과 점수를 받을 수 있는 최저가격 입찰자를 낙찰자로 선정하기 때문에 사실상 '낙찰하한율'이 형성되어 있다. 다만, 설계·시공 일괄 및 대안입찰공사의 적격심사에서는 공사수행능력점수, 설계점수, 가격점수 등을 모두 합산하여 가장 높은 점수를 획득한 입찰자를 낙찰자로 선정하기 때문에 최고 가치 낙찰 방식과 동일한 구조로 볼 수 있다.

한국 : 최저가 낙찰제와 '요행'에 의한 낙찰제도

한국의 낙찰제도는 지난 50여년간에 걸쳐 가장 많은 변화를 겪은 제도영역이다. 하지만 한국 공공공사 낙찰제도의 역사는 최저가 낙찰제와 '요행'에 의한 낙찰제(예: 평균가 낙찰제, 제한적 최저가 낙찰제, 적격심사제 등) 사이를 방황해 온 역사로 볼 수 있다[143]. 최저가 낙찰제에서 출발했다가 가격경쟁으로 지나친 저가 낙찰 우려가 심각해지면, 일정한 낙찰률을 보장해 주되 '요행'에 의해 낙찰자가 결정되는 평균가 낙찰제나 제한적 최저가 낙찰제로 전환했고, '요행'에 의한 낙찰이 문제시되면 또다시 최저가 낙찰제로 회귀해 왔던 것이다. 2001년부터는 최저가 낙찰제와 '요행'에 의한 낙찰제도를 병행하고 있는 실정이다.

왜 이렇게 제대로 된 낙찰제도를 정착시키지 못하고 있을까? 기본적으로 낙찰제도는 건설업체간 물량배분 구조나 수익성과 직결되어 있고, 낙찰제도 변경은 건설업체간 물량배분 구조의 변경 및 수익성의 저하를 초래하는 것이기 때문에 '기득권'과 '이해관계'를 가진 집단

143) 한국 입·낙찰제도의 역사 등에 대해서는 이상호(2000)의 연구보고서에서 상세하게 기술하고 있으며, 현재의 낙찰제도 현황과 문제점에 대해서는 이상호·한미파슨스(2003) 및 이상호 외(2005)의 연구보고서에서 상세하게 기술하고 있다.

간의 정치투쟁으로 인하여 사실상 합리적인 제도개선이 어려웠다는 점을 첫 번째 이유로 지적할 수 있다. '요행'에 의한 낙찰제도요, '운(運)'에 의한 낙찰제도라고 비아냥을 받는 현행 적격심사제도는, 많은 문제에도 불구하고 일정한 낙찰률이 보장되기 때문에 최저가 낙찰제보다 바람직하다고 주장하는 사람들도 많다. 최저가 낙찰제도는 공사 원가에도 못미치는 낮은 가격에 낙찰이 이루어지긴 하지만, 국가예산 절감이나 건설업계의 구조조정을 위해 필요하다는 사람도 많고, 건설업계의 가격경쟁력 제고나 부패방지를 위해서 필요하다는 사람도 많으며, 시공실적이나 경영상태가 나빠 PQ점수가 좋지 못한 업체들이나 신규 진입업체중에서는 적격심사제도보다 선호하는 경향도 있다. 현재 최저가 낙찰제와 '요행'에 의한 낙찰제도로 전락한 적격심사제도가 나란히 병존하고 있는 이유는 이처럼 각 제도별로 지지집단이 엄연히 존재하고 있기 때문이다.

외국에서는 발주자 혁신에서 출발하여 낙찰제도의 변화를 달성한데 반하여, 한국에서는 발주자는 가만히 있고 공급자인 건설업체만을 규제하여 정책목적을 달성하고자 했던 점도 제대로 된 낙찰제도 정착을 가로막는 중요한 원인중 하나다. 예컨대, 최저가 낙찰제의 경우는 발주자가 입찰가격의 적정성을 평가하여 낙찰자를 선정하는 것이 무리한 저가 낙찰 방지정책의 핵심이다. 하지만 한국에서는 발주자의 심의권한이나 능력 확충을 추구하는 것이 아니라 입찰자에게 저가 낙찰에 따른 불이익을 주거나, 현재의 저가심의제도에서 보듯이 '요행'에 의한 낙찰방식을 가미하는 식으로 대처해 왔다. 또한 발주자의 비가격요소에 대한 평가의 변별력 제고가 낙찰제도 개선의 핵심임에도 불구하고, 갈수록 비가격요소 평가의 변별력이 약화되고, 입찰참가자 수가 늘어나면서 '요행'에 의한 낙찰 경향은 더 늘어만 가고 있다.

낙찰제도를 글로벌 스탠다드로 전환하겠다는 야심찬(?) 목표를 가지고 2001년부터 새로 도입한 최저가 낙찰제의 운용실태를 보면, 너무나 글로벌 스탠다드와 먼 한국식 최저가 낙찰제를 운용하고 있다. 당초 계획했던 미국식의 건설공사 이행보증제도 도입은 지금도 오리무중이고, PQ심사제도의 변별력은 갈수록 미약해졌고, 입찰가격의 적정성에 대한 평가도 몇차례에 걸친 개정 끝에 '요행'에 의한 낙찰이나 일부 업체간의 '공모적 입찰' 행태를 야기시키는 제도로 전락했다(이상호 · 이승우, 2005).

더욱이 전세계적인 낙찰제도의 변화 흐름은 1990년대 후반 이후부터 최저가 낙찰제에서 최고 가치(Best Value) 낙찰제로 전환되었음에도 불구하고, 한국에서는 최고 가치 낙찰제도의 도입보다 최저가 낙찰제 확대 여부가 더 큰 제도적 과제로 부각되어 있다.

최저가 낙찰제건 최고 가치 낙찰제건, 글로벌 스탠다드에서는 발주자의 기술적 · 전문적 역량이 대단히 중요하다. 하지만 외국과 달리, 한국에서는 오랫동안 국가계약법령의 개정에만 치중해 왔지, 발주자의 역량을 제고하고자 하는 노력은 찾아볼 수가 없다. 또한, 낙찰방식은 공사발주 및 입찰계약제도 전반이 함께 연계되어 있기 때문에 낙찰제도 개선은 연관된 다른 제도의 총체적인 개선과 함께 이루어져야 실효성을 거둘 수 있다. 하지만 한국에서는 여전히 낙찰제도만 오락가락 할 뿐이지, 연관된 입찰제도나 보증제도의 근본적인 개선은 이루어지지 못했다. 그 결과 낙찰제도가 바뀔때 마다 엄청난 혼란만 야기하면서 제도개선의 실질적인 성과를 보기 어려웠고, 얼마 지나지 않아 또다시 낙찰제도 개선에 대한 요구가 제기되곤 했다.

아무튼 한국에서 지금 시행하고 있는 최저가 낙찰제도는 글로벌 스탠다드가 아니다. '요행'에 의한 낙찰제도로 전락한 적격심사제도가 글로벌 스탠다드가 아닌 것은 두말할 필요도 없다. 그리고 1990년대 중반부터 낙찰제도의 글로벌 스탠다드는 최저가 낙찰제에서 최고 가치(Best Value) 낙찰제로 전환되었다. 글로벌 스탠다드에 해당하는 낙찰제도를 도입하기 위해서는 전반적인 건설제도의 글로벌 스탠다드가 함께 이루어져야 하고, 앞으로 글로벌 스탠다드에 근접한 최저가 낙찰제나 최고 가치 낙찰제를 도입하고자 한다면 그 무엇보다도 발주자의 기술적 · 전문적 역량 강화가 선행되어야 한다.

Global Standard

09 지역 · 중소건설업체 보호 · 육성제도

글로벌 스탠다드 : 시장경쟁 지향적

지역 · 중소업체 보호 · 육성정책에 대한 시각의 차이

지역업체나 중소건설업체의 보호 및 육성정책은 어느 나라에나 있다. 하지만 그 방식이나 정도는 나라마다 천차만별이다. 일본과 한국은 상당히 비슷한 유형의 정책과 제도가 많은 반면, 유럽에서는 단일시장(Single Market)이 출범하던 1990년대 초반 이후부터 지역 · 중소업체에 대한 보호 · 육성정책을 찾아보기 어렵다. 한국에서 "선진외국에도 지역 · 중소업체 보호 · 육성 정책이 많다"고 할 때 거론되는 나라는 일본이나 대만 정도가 아닐까 싶다. 한국을 포함하여 지역 · 중소업체에 대한 보호 · 육성 정책이나 제도가 많은 나라는 대체로 정경유착(政經癒着)의 정도가 심한 나라가 아닐까 하는 의문도 갖고 있다.

한국에서는 지역 · 중소업체에 대한 "보호(protect)" 정책이라는 단어를 많이 쓰는 경향이 있지만, 미국이나 유럽에서는 "육성(foster)" 혹은 "우대(preference)"라는 단어를 사용하는 것이 일반적이다[144]. 문헌상으로만 본다면, 일반적으로는 "우대"라는 용어가 활용되는 것 같다.

144) 2005년 6월에 미국 버지니아주정부 교통국(VDOT)의 고위공무원을 만났을 때, 버지니아 주정부는 지역 · 중소건설업체 "보호"를 위해 어떤 정책이나 제도를 운영하고 있는지를 질문해 본 적이 있다. 지역업체에 대한 하도급 요구와 같은 정책이 있긴 하다는 답은 했지만, 왜 "보호(protect)"라는 단어를 사용하느냐면서, 미국에서는 일반적으로 "육성(foster)"이라는 단어를 사용한다고 한다.

지역업체나 중소업체 우대정책에 대한 비난도 만만치 않다. 예컨대, 미국과 유럽 각국에서도 사회정책(Social Policy) 목적으로 지역업체, 여성소유업체, 소수 민족업체 등에 대한 우대정책을 운영하고 있다. 하지만, 미국에서는 기본적인 자유와의 양립가능성에 대한 헌법 적합성 여부와 관련하여 비판적인 여론이 있고, 유럽에서는 일종의 비관세장벽(non-tariff barrier)으로 경쟁을 저해하고 있다는 점에 대해서 문제 제기가 이루어지고 있다(Christoper Bovis, 1998).

유럽 – 지역 · 중소건설업체 우대정책 미미

유럽경제통합의 초기만 해도 공공조달시장에서는 경쟁보다는 보호주의와 지역업체 우대정책이 만연해 있었지만, 지금은 유럽연합 가맹국들 마다 공공조달부문에서 특별한 지역 · 중소업체 우대정책을 발견하기 어렵다.

유럽연합(EU)에서는, 전체 기업의 95%가 중소기업이며, 중소기업의 연간 매출액은 전체 매출액의 64%, 연간 고용인력의 70%를 차지하고 있다. 하지만 공공조달시장의 계약금액은 유럽연합 GDP의 2.2%에 불과하고, 전체 공공조달시장에서 차지하는 비중은 15.3%에 불과하였다(Christopher Bovis, 1998). 물론 그렇다고 해서 지역 · 중소기업에 대한 배려가 전무한 것은 아니다. 그 방법중 하나는 발주기관이 중소기업에게 일정비율(예: 30%) 이상의 하도급을 주도록 하는 것이 있다. 또한 분할발주를 통해 중소기업도 시장접근이 가능하도록 하기도 한다. 하지만 분할발주는 결과적으로 계약규모가 줄어 들어서 중소기업의 시장 접근성을 높인다는 의미는 있지만, 경쟁은 더 치열해 지는 것이 일반적이다. 따라서 발주자는 경쟁을 촉진하여 예산절감을 유도하기 위한 목적으로 분할발주를 활용하는 것이지, 지역 · 중소업체 육성이나 우대가 가장 큰 목적이라고 보기는 어렵다. 이런 사정은 미국도 마찬가지다.

2004년 11월에 프랑스 건설교통부와 파리시 근교의 지방자치단체, 영국의 도로공사(Highways Agency), 벨기에의 공공건설연맹 등을 방문했을 때마다, 유럽연합(EU)에서는 어떤 지역 · 중소건설업체 보호 · 육성정책을 운영하고 있는 지를 질문해 본 적이 있다. 대답은 "그런 정책이 없다"는 것이다. 지역 · 중소건설업체를 육성해야 한다는 생각을 갖고 있는 사람이 있을 수 있는데, 그것은 어디까지나 그 사람 개인의 문제고, 제도적으로는 없다는 답변만 반복적으로 들었을 뿐이다. 아마도 1992년 로마조약의 체결 이후 유럽연합 단일시장(Single Market)이 출범하면서, 나라마다 상이한 지역 · 중소업체 보호 · 육성정책을 통일하기도 어렵고, 공개성과 투명성을 높이기 위해서는 경쟁제한적인 제도적 장치를 폐기하는 것이 바람직하다는 쪽으로 움직였기 때문인 것으로 보인다. 앞서 언급했던, 지역업체 우대정책이 지역경제에 미치는 효과가 없다라는 유럽연합집행위원회(European Commision)의 보고서도 한 몫 했을 것이다.

미국 – 시장경쟁 기조 유지

가장 교과서적인 시장경쟁체제를 유지하고 있는 것으로 생각되는 미국도 지역업체나 중소업체 보호 · 육성정책을 운영하고 있다. 「중소기업법(Small Business Act)」도 있고, 중소기업청(Small Business Agency: SBA)도 있다. 하지만 지역 · 중소업체 보호 · 육성정책의 핵심은 “공정한 경쟁기회 제공”과 “하도급 배려”라는 두가지로 요약할 수 있다.

먼저 미국 연방정부는 중소기업에 대한 기본적인 정책목적을 “모든 중소기업이 연방정부의 물품과 서비스 공급에 참여할 수 있는 최대한의 실질적인 기회를 갖도록 하는 것”이라고 기술하고 있다[145].

미국 연방정부의 「중소기업법」에서 운용하고 있는 중소기업 우대정책은 중소기업만이 아니라 사회적 약자 중소기업(Small Disadvantaged Business), 여성 소유 기업(Women-Owned Small Business), 저개발지역 기업(HUBZone Business), 상이군인 소유 중소기업(Service-Disabled Veteran-Owned Small Business)에 대한 우대정책을 포함하고 있다. 그리고 중소기업법에서는 기업유형별로 연방정부의 계약목표치를 규정하고 있다. 중소기업은 원도급계약(prime contract)의 23%, 사회적 약자 중소기업과 여성 소유 중소기업은 원도급 및 하도급계약의 5%, 저개발지역기업은 원도급계약의 3%, 상이군인 소유 중소기업은 원도급 및 하도급계약의 3%가 계약목표치다. 하지만 이 같은 정부차원의 법정 목표치가 개별 발주기관의 목표치와 같은 것은 아니다.

중소기업과의 계약목표치 달성은 각 발주기관의 책임이고, 중소기업청(SBA)은 매년 정부차원의 목표치를 각 발주기관과 협상하여 결정하고, 집행상황을 기록해서 보고하는 역할을 수행한다. 그리고 「중소기업법」의 중소기업과의 계약목표치는 연방조달규정(FAR)의 적용을 받는 자금으로 집행되는 계약에 한정된다[146].

145) 미국 연방정부의 중소기업정책에 대해서는 설명한 특별한 인용이 없는 경우, 대부분 Office of Government Contracting(2003), ***Goaling Guidelines for the Small Business Preference Programs: For Prime and Subcontract Federal Procurement Goals & Achivements*** 에서 인용하였다(http://www.sba.gov).

146) 미국의 주정부는 물론 연방정부기관이라도 연방조달규정(FAR)의 적용을 받지 않는 연방항공청(Federal Aviation Administration) 교통안전청(Transfortation Security Administration) 등에는 적용되지 않는다.

중소기업 우대정책에 관한 규정은 미국 연방조달규정(FAR)의 Part 19에 상세하게 제시되어 있다. 기본정책(General Policy)에 관해서는 다음과 같이 기술하고 있는데, 하도급 배려에 초점을 두고 있다(FAR Part 19.201).

> 중소기업, 제대군인 소유 중소기업, 상이 군인 소유 중소기업, 저개발지역 중소기업, 사회적 약자 소유 중소기업, 여성 소유 중소기업에게 정부조달에 대한 최대한의 실질적인 기회를 제공하는 것이 정부의 정책이다. 또한 이 같은 배려는 반드시 모든 발주기관의 계약에 하도급자(subcontractors)로 참여할 수 있는 최대한의 실질적인 기회도 포함해야 한다.

미국 중소기업법에서는 발주기관이 50만달러 이상(건설공사의 경우는 백만달러)의 계약을 체결했을 때, 원도급기업은 반드시 중소기업과의 하도급계약 목표치를 포함한 하도급 계획서를 제출하도록 의무화하고 있다.

발주기관에서는 최근 3년간 연평균 원도급 및 하도급 계약실적, 매 회계연도마다 발주기관이 정한 원도급 및 하도급 계약목표치와 실적치를 작성하여 중소기업청에 제출해야 한다.

만약 발주기관과 중소기업청의 계약목표치가 달라서 서로 합의가 이루어지지 못할 경우에는 연방조달정책실(OFPP)에 관련 자료를 제출하여 결정을 요청하도록 하고 있다.

미국의 주정부에도 여러 가지 다양한 유형의 지역 및 중소업체 보호제도가 있다[147]. 미국의 25개주에서 지역 거주 입찰자와 지역내에서 생산되는 물품에 대한 우대조치를 시행하고 있고, 중소기업이나 소수민족기업 및 여성소유 기업에 대한 우대정책도 활용하고 있다. 하지만 정부조달협정(GPA)의 체결에 따라 미국의 37개 주정부에서는 지역업체 우대정책이나 미국산 우선구매조건을 협정서명국의 입찰자들에게 적용할 수 없도록 하고 있다.

미국 주정부의 지역중소업체 우대정책 가운데 입찰가격 우대제도는 눈여겨 볼 만하다. 캘리포니아주의 사례를 보자. 캘리포니아주에서 중소건설업체는 종업원 수가 100명 이하이고, 3년 평균 매출액이 1,000만달러 미만인 업체를 말한다. 캘리포니아주에서도 중소기업과의 계약목표치가 있는데, 기관별로 전체 계약의 최소 25%이상을 중소기업과 계약하도록 하고 있다. 등록된 중소기업은 주정부 입찰시 5%의 입찰가 우대를 받는다. 예컨대, 4개 업체가 입찰했다고 하자. 이중 캘리포니아주의 중소기업으로 등록되지 않은 입찰업체중 최저가격 입찰

147) 미국 주정부의 지역중소업체 보호 · 육성 정책은 조달청(2004). 「미국 지방정부의 조달제도」에서 인용하였다.

업체 금액의 5%를 산정한 뒤, 캘리포니아주의 중소기업으로 등록한 업체의 입찰가격에서 그 금액을 뺀다. 이렇게 산정된 입찰가격을 기준으로 해서 최저가격 입찰자를 낙찰자로 선정한다. 단, 이 경우 지역중소건설업체가 최저가격 입찰자일 경우, 5% 우대금액을 뺀 금액으로 계약을 체결하는 것이 아니라 당초의 입찰금액으로 계약을 체결한다.

이 같은 입찰금액 우대제도는 지역중소건설업체 우대정책으로서 상당한 역할을 수행할 수 있다. 기술적 난이도가 낮은 소규모 공사(예컨대, 3억원~5억원 정도 규모)가 발주된다고 가정해 보자. 외지업체와 현지업체간에 누가 더 가격경쟁력이 있을까? 지역내 대기업과 중소건설업체간에 누가 더 가격경쟁력이 있을까? 거의 대부분의 경우, 현지업체와 지역중소건설업체들일 것이다. 건설공사는 인력 · 자재 · 장비를 멀리서 운반해 올 경우 가격경쟁력이 떨어지기 마련이고, 대기업과 중소기업간의 구조적인 차이를 생각해 보면 소규모 공사일수록 대기업의 경쟁력이 떨어지기 때문이다.

외지업체나 지역내 대기업은 현지 내지 중소건설업체보다 최소한 5%이상의 가격경쟁력을 갖추어야만 수주가능성이 있다. 하지만 기술적 난이도가 높고, 공사규모가 클수록 현지업체나 중소건설업체라는 이유만으로 가격경쟁력을 앞세워 수주하기는 어려울 것이다.

이런 지역중소건설업체 우대정책은 한국의 지역제한 입찰제도처럼 외지 업체의 입찰참가를 원천적으로 허용하지 않는 것이 아니다. 지역중소건설업체보다 가격경쟁력이 더 월등하다면 얼마든지 입찰에 참가해서 수주할 수 있다. 아울러 지역중소건설업체들에게는 가격경쟁력을 지속적으로 향상시키지 않으면 지역내 발주공사도 수주하기 어려울 것이라는 메시지도 함께 담고 있다. '시장경쟁' 이란 원칙은 지역중소건설업체 보호 · 육성 정책에서도 여전히 유지되고 있는 셈이다[148].

건설공사 발주방식을 설명할 때 언급한 바와 같이, 미국에서는 최근 디자인빌드(Design-Build) 공사가 지속적인 증가세를 보이고 있다. 설계 · 시공 일괄입찰에 따른 설계비 부담 등으로 인하여 디자인빌드 공사에서 중소건설업체는 대형건설업체보다 입찰 및 수주기회 측면에서 불리하다는 것은 미국에서도 마찬가지다. 2005년 6월에 미국 연방조달정책실(OFPP)과 연방조달청(GSA) 및 버지니아주정부 교통국(VDOT)을 방문했을 때, 이 같은 문제를 제기하

148) 한국에는 '분할발주' 제도가 미국을 비롯한 외국에서 중소기업의 보호 · 육성을 위하여 활용되는 제도로 잘못 이해하는 사람들이 많다. 하지만 미국에서 분할발주를 하는 목적은 어디까지나 경쟁 촉진에 있다. 미국 주정부 교통국(DOTs)의 경우는 대부분 최저가 낙찰제를 시행하고 있는데, 초대형공사는 여러 건으로 분할하여 입찰참가자간에 가격경쟁을 촉진시킴으로써 예산금액 범위내로 공사계약금액을 낮추는 수단으로 활용된다. 하지만 한국에서는 공사규모가 작을수록 낙찰하한율이 높게 보장되어 있는 적격심사제도로 인해 공사를 분할하면 할수록 공사비는 올라가게 되며, 사업관리도 더 어려워진다.

면서 미국에서는 어떻게 대처하고 있는지를 질문해 보았다. 대답은 대체로 비슷했다. 분명히 디자인빌드 공사는 중소건설업체에게 입찰이나 수주기회 측면에서 불리하지만, 하도급자로서는 참여가 가능하다는 점과 더불어 중소건설업체들도 점차 경험을 쌓아서 디자인빌드 공사 입찰에 참가하면 된다는 것이다. 특히, 전체 미국 정부의 정책방향이 디자인빌드 공사를 활성화하는 쪽으로 나간다는 것을 알려줌으로써 중소건설업체들이 이 같은 추세를 이해하도록 하는 것이 중요하다고 한다.

한국 : 물량 배분, 수익성 보장 중심

한국에서는 지역 · 중소건설업체 보호 · 육성정책도 일종의 '성역(聖域)'이라는 생각이 들 때가 많다. 지역 · 중소건설업체의 보호 · 육성은 기본적인 국가의 책무로 인식되고, 비판의 목소리는 별로 들리지 않는다. 정부도 그렇고, 정치권이나 언론은 말할 것도 없고, 건설업계도 그런 것 같다. 학계나 연구계 등 전문가 집단도 마찬가지다. 그 자신이 마치 정의(正義)의 사도(使徒)라도 되는 것처럼 지역 · 중소건설업체의 보호 · 육성을 주장하는 사람도 있다. 지역 · 중소건설업체에게 불리한 내용이 조금이라도 포함될라 치면, 마치 대기업의 앞잡이라도 되는 양 몰매를 맞기 일쑤다. 그때 그때 사업자단체나 건설업계의 이해관계에 따라 지역 · 중소건설업체 보호 · 육성 정책을 유지하거나 더 강화해야 한다는 주장만 난무한다. 건설정책이나 제도 개선안도 등장할 때 마다 지역 · 중소건설업체의 이해관계라는 잣대로 재단해 왔다. 왜 지역 · 중소건설업체를 보호 · 육성해야 하는 지에 대한 근본적인 질문이 제기된 적도, 사회적 합의가 이루어진 것도 없었던 것 같다. 한국의 지역 · 중소건설업체 보호 · 육성 정책들이 얼마나 실효성이 있었는지에 대한 객관적인 분석이나 평가 결과도 찾아보기 어렵다.

한국의 지역 · 중소건설업체 보호 · 육성 정책은 1960년대 이후 '유치산업(幼稚産業) 보호론'에 뿌리를 두었던 것이 아닌가 싶다. 제대로 된 건설업자라고 부를 만큼 기술력과 자본력 있는 업체가 없는 실정이었기 때문에 면허제도를 통해서 건설업자를 '엄선'하고, 엄선된 업자에게 충분한 공사물량과 수익성을 확보해 줌으로써 건설산업을 육성하고자 한 정책은 상당한 성과를 거두었다. 세계적인 해외건설업체로 성장한 한국의 대형건설업체들도 1960년대와 1970년대에 걸친 개발연대의 보호주의적인 정부정책에 힘입었다는 사실을 부인하기 어려울 것이다.

현재의 지역 · 중소건설업체 보호 · 육성정책을 보자. 기본적으로 지방건설업체나 중소건설업체들은 기술력과 자본력이 서울·수도권의 대기업에 비해 취약하다. 그렇기 때문에 서울·수도권의 대기업과 무한정한 시장경쟁을 해서는 안된다. 국가기관에서 발주하건 지방자치단체에서 발주하건 간에 일단 지역에서 발주되는 일정규모 미만 공사는 해당 지역업체만 입찰에 참가할 수 있도록 해야 한다(지역제한 입찰제도)[149]. 지자체에서 발주하는 공사중 건설시장 개방대상이 아닌 244억원 미만 공사는 해당 지역업체에게 40%이상 공동도급으로 떼어 주어야 한다(지역의무공동도급제도)[150]. 지역·중소건설업체와 공동도급을 할 경우 PQ심사시 10~12%에 해당하는 가산점을 부여하는 제도 또한 대기업과 지역·중소건설업체간의 공동도급을 사실상 강제하는 효과를 발휘하고 있다. 그리고 중소건설업체들의 주된 수주영역인 적격심사공사는 공사규모가 작을수록 낙찰하한율을 높게 설정해 두고 있다[151]. 그 취지는 물론 중소건설업체의 보호·육성을 위한 것이다. 조달청과 같은 발주기관에서는 중소건설업체 보호·육성 차원에서 등급제한 입찰제도를 운영하고 있기도 하다. 이 제도는 건설업체를 시공능력평가액을 기준으로 7개 등급으로 나눈뒤, 해당 등급공사는 해당 등급업체만이 대표사로 될 수 있도록 한 제도이다. 다른 등급업체는 해당 등급업체의 공동도급사로서만 입찰에 참여할 수 있다. 일종의 건설업체 규모별 물량배분 제도로 볼 수 있다[152]. 또한 대기업인 건설업체가 중소기업의 수주영역인 중소규모 공사를 도급받을 수 없도록 하는 도급하한제도를 운영하고 있다[153].

공사물량 배분과 수익성 보장 정책은 전문공사업자나 설비공사업자 등의 하도급 업체에 대해서도 마찬가지다[154]. 100억원 이상 공사 입찰시 하도급 업체에게 원도급 물량의 40%이

149) 현재 국가기관 발주공사에서 발주하는 추정가격 50억원 미만, 지자체에서 발주하는 추정가격 70억원 미만 공사에 대해 의무적으로 적용된다.

150) 국가기관 발주공사의 경우는 2004년에 50억원 미만으로 지역의무공동도급제도 적용범위를 낮추는 대신, 지역제한 입찰공사 금액을 50억원으로 상향조정하였기 때문에 사실상 폐지된 것으로 볼 수 있다. 하지만 「지방자치단체의 공동계약집행기준」에서는 건설시장 개방대상이 아닌 공사에 대해서는 지방업체와의 40%이상 의무적인 공동도급을 강제하고 있다.

151) 1,000억원 이상 공사는 예정가격 대비 75~78%가 낙찰하한율이지만, 1,000억원 미만~300억원 이상 공사의 낙찰하한율은 80~83%, 300억원 미만~100억원 이상 공사는 84~86%, 100억원 미만~50억원 이상 공사는 85.8~86%, 50억원 미만~10억원 이상 공사는 86.75%, 10억원 미만 공사는 87.75%로 결정되어 있다.

152) 이 제도에 대해서는 해당 등급업체 가운데 현실적으로 공사실적 평가에서 만점을 받을 수 있는 업체가 극소수이고 대형건설업체와 공동도급을 통해서만 입찰에 참여할 수 있다는 이유로 대기업을 위한 제도라는 비판을 하는 중소건설업체들도 많다. 하지만 이 제도의 근본취지가 건설업체 규모별 물량배분에 있고, 2등급 이하의 중소건설업체들이 단독으로 입찰하기 어려운 대형공사지만 대형건설업체들을 공동도급사로 삼아 대표사로서 입찰에 참가할 수 있도록 하였기 때문에 중소건설업체 보호·육성정책은 틀림없다.

153) 도급하한제도란 조달청 1등급업체로 분류된 대형건설업체들이 자기 시공능력평가액의 1%미만 공사를 도급받을 수 없도록 한 제도를 말한다. 이 제도는 대기업의 중소기업 수주영역 침범을 배제시킴으로써 중소기업간 경쟁과 중소기업 수주물량의 확보를 위한 것으로 볼 수 있다.

154) 이 같은 하도급자 보호정책은 원도급자 보호정책의 논리적 연장선상으로 볼 수도 있다.

상, 원도급 입찰금액의 87%이상으로 하도급을 준다고 해야 적격심사공사의 하도급 계획 적정성 평가에서 만점을 받을 수 있다.

시장경쟁 기조가 유지되고 있는 미국의 지역 · 중소건설업체 보호 · 육성정책과 달리, 물량배분과 수익성 보장을 중심으로 한 한국의 지역 · 중소건설업체 보호 · 육성정책은 건설업 면허개방과 등록기준의 지속적인 완화, 적격심사제도의 변별력 부족으로 인한 요행에 의한 낙찰 구조 등이 복합적으로 작용하면서 페이퍼 컴퍼니의 난립을 초래하였고, 역설적으로 정상적인 지역 · 중소건설업체의 생존기반을 무너뜨리는데 큰 기여를 하고 있다[155]. 건설업 등록을 통해 시장에 진입하기만 하면 물량배정에 참여할 수 있고, 공사수주만 하면 수익성이 보장되는 구조다 보니 시장진입 장벽이 완화되면서 페이퍼 컴퍼니를 비롯하여 업체 수가 급증했고, 입찰참가자 수가 급증하면서 기존의 정상적인 업체들은 수주 가능성이 더욱 낮아졌기 때문이다.

이런 사태에 대한 대응책을 시장경쟁 기능의 회복이나 발주자 기능의 회복에서 찾는 것이 아니라, 기득권 수호 차원에서 등록기준 강화나 입찰자 평가시 신규 업체에게 없는 시공실적 평가 확대 등 규제강화를 통해서 찾고 있는 것도 문제다. 특히, 현재 광역자치단체를 기준으로 시행하고 있는 지역제한 입찰제도의 운영실태를 보자. 광역자치단체를 기준으로 하다 보니 경기도 남쪽에 있는 수원시 소재업체도 경기도 북쪽에 있는 연천군이 발주하는 10억원 미만의 소규모 공사 입찰에 참가하여 수주할 수 있다. 실제로 수주하면 수원에서 연천으로 인력이나 장비를 몽땅 끌고가서 직접시공하는 업체가 있을까? 아마 현지업체에게 몽땅 일괄하도급을 주거나, '부금' 이라고 부르는 일종의 프레미엄만 챙기고 팔아넘기는 경우가 비일비재할 것이다[156]. 여기에 대한 대책으로 건설업계나 정부 일각에서는 아예 일정규모 미만의 소규모 공사는 광역자치단체를 기준으로 할 것이 아니라 기초자치단체를 기준으로 한 지역제한 입찰제도로 바꾸자는 '규제 강화안' 을 제시하기도 한다. 하지만 그런다고 해서 문제해결의 가능성이 있을 것 같지도 않다. 기초자치단체간 공사물량의 불균형이 심화될 경우에는 공사물량이 많은 기초자치단체로 건설업 등록지를 옮기거나, 그 지역에 건설업체를 신설함으로써 그와 같은 규제를 무력화시킬 수 있기 때문이다.

155) 이 같은 현상을 "중소건설업 보호정책의 역설(paradox)"이라고 표현하기도 했다(이상호 · 한미파슨스, 2003).

156) 이 같은 일괄하도급이나 도급공사의 전매사례는 2003년 국무조정실의 건설현장 조사 결과에도 잘 나타나 있다(이상호 · 한미파슨스, 2003).

만약에 앞서 언급한 미국 캘리포니아주정부의 입찰가격 5% 우대정책을 쓴다면 어떻게 될까? 한국에서도 기술적 난이도가 낮은 소규모 공사는 기초자치단체 지역제한 입찰제도가 아니어도 해당 기초자치단체 소재 중소건설업체가 수주할 가능성이 높다. 문제는 이 같은 결과가 도출될 수 있는 조건이다. 한국에서도 미국 캘리포니아주정부에서와 같이, 입찰업체간에 실질적인 가격경쟁이 이루어진다는 전제가 성립되어야 한다. 하지만 한국에서는 건설업체간의 가격경쟁을 원하지 않는다. 지역 · 중소건설업체 보호 · 육성을 위한 공사물량 배분과 수익성 보장이라는 2개의 떡중 어느 것 하나 양보하지 않는다. 입찰참가업체 수의 지속적인 증가와 이에 따른 수주 기회의 축소로 모든 지역 · 중소건설업체가 죽기 일보 직전에 다다르고, 그래서 이제 더 이상 이런 식으로는 살 수 없다는 공감대가 형성되기를 기다리는 것 말고는 별 방법이 없어 보인다. 그때가 되어서야 보호지향적인 지역 · 중소건설업 정책이 경쟁지향적인 정책으로 바뀔 수 있을지 모르겠다.

10 건설부패 방지제도

글로벌 스탠다드 : 전문직업윤리 확립과 엄격한 처벌

외국에도 건설 관련 부패가 없는 것은 아니다. 다만, 한국보다 그 정도가 심하지 않고, 부패방지를 위한 국가적인 시스템이 좀더 효과적으로 작동하고 있는 것으로 생각된다[157].

미국이나 유럽의 경우 상대적으로 부패가 적은 이유는 사회 전반에 걸쳐 전문직업윤리(Professional Ethics)가 확립되어 있고, 부패방지를 위한 법 · 제도의 확립과 더불어 이들 법 · 제도의 실효성을 확보할 수 있는 장치가 잘 갖추어져 있기 때문이다. 예컨대, 미국에는 부패방지를 위한 수많은 감사기관이 작동하고 있다. 내부에서 회계감사를 하는 기관도 있고, 의회 소속의 감사원(GAO)은 사업(Program)에 대한 감사를 수행하기도 한다. 조달기관에는 대통령이 임명한 감사관(Inspector-General)이 있어 부패 혐의가 있는 사건을 법무부나 검찰에 회부하고 있다. 부패 관련자와는 계약을 중단하고, 성공적으로 계약을 이행한 뒤라도 계약금액을 모두 회수하기도 한다. 부패와 연관된 기업은 모든 연방조달사업에 입찰이 금지된다. 경우에 따라서는, 발주기관이 부패 혐의가 있는 회사의 모든 비용이나 가격산정 자료를 요구할 수 있는 권한을 법률에서 부여하고 있기도 하다. 부패사건에 연루된 정부 공무원 또한

157) 여기서 소개하고 있는 외국의 부패방지제도는 특별한 인용이 없는 한 John Linarelli, "Corruption in Developing Countries and in Countries in Transition: Legal and Economic Perspectives", Sue Arrowsmith & Arwel Davis(1998). ***Public Procurement: Global Revolution.*** Kluwer Law International 에서 인용한 것이다.

모든 행정적 · 형사적 처벌을 받게 된다.

미국이나 유럽과 같은 선진국에서는 입찰참가자가 조달관련 법령의 위반 여부를 다툴 수 있는 시스템(bid challenge or bid protest system)도 있다. 또한 이들 국가에서는 공개경쟁입찰이나 최저가 낙찰제를 강조하기 보다는 발주기관 공무원의 재량이나 신축성을 더 중시하고 있다. 반면에 건설 부패가 심한 나라들일수록 대체로 형식적인 공개경쟁입찰을 선호하고 있다. 선진화된 국가들일수록 장기간에 걸친 교육훈련을 통해 공무원들이 전문화되어 있는 데다가, 상대적으로 높은 보수를 지급하고 있어 공무원에게 재량이나 신축성을 부여해도 큰 문제가 없다는 것이다.

부패방지를 위해서는 실효성있는 처벌장치가 마련되어야 한다. 정부조달제도 그 자체는 부패방지를 위한 실효성있는 처벌장치가 아니다. 정부조달제도의 개혁에 앞서, 정부조달제도 바깥에 있는 법 · 제도의 개혁이 선행되어야 한다. 부패는 확실한 법적 제재가 없는 한 줄어드는 것이 아니기 때문이다.

1990년대 들어 정부조달시장의 개방과 함께 전세계적으로 공공조달제도의 공정성(probity or integrity)을 확보하기 위한 개혁도 광범위하게 이루어졌다. 정부조달과정에서 부패방지를 위한 활동은 국내만이 아니라 국제적 차원으로 확산되고 있다. 예컨대, OECD는 "국제거래에서 뇌물과의 전쟁에 관한 개정 권고안(1997)"에서 다음과 같이 권고하였다.

첫째, OECD회원국들은 정부조달의 투명성(transparency)을 제고하기 위한 WTO의 노력을 지원해야 한다.

둘째, 자국 공무원에게 뇌물을 제공한 외국업체에게는 제재를 가해야 하고, 그와 같은 제재는 외국 공무원에게 뇌물을 제공한 국내업체에 대해서도 동일하게 적용해야 한다.

셋째, OECD회원국들은 상호간에 부패방지와 관련된 법령을 요구해야 하고, 법령의 적절한 집행을 도모해야 하며, 부패와의 전쟁에 긴밀하게 협력해야 한다.

물론 이 같은 OECD의 권고안은 조약(treaties)이 아니며, 회원국 모두의 국내법으로 의무적인 적용이 이루어지는 것은 아니다. 하지만 미국의 경우는 자국 업체가 외국 공무원에게 뇌물을 제공했을 경우에도 처벌하는 연방법률[158]을 제정하기도 했다.

세계은행(World Bank)과 같은 국제기구도 차관대출이나 조달과정에서 부패방지를 위한

158) US Foreign Corrupt Practices Act를 말한다. 이 법률은 2가지 효과를 갖고 있다. 하나는 미국 기업들이 외국에서 부패행위에 연루되는 것을 금지하고, 다른 하나는 미국기업이 진입한 국가의 부패정도를 완화시킨다는 것이다.

노력을 강화하고 있다. 오늘날 세계은행은 각국의 정부조달시스템에 대한 평가, 국제경쟁입찰, 차관대출 절차, 입찰자의 비공식적인 항의, 반부패 규칙 설정, 회계감사 등과 같은 메카니즘을 통해 부패통제와 차관 지원의 효율성을 높이고 있다.

건설부패의 문제는 건설산업의 문제이기도 하지만, 뿌리깊은 사회구조의 문제로 보아야 한다. 건설부패를 뿌리뽑기 위해서는 건설제도의 개선만 필요한 것이 아니라 전문직업윤리(Professional Ethics)의 확립이 무엇보다 중요하다. 미국이나 유럽연합 국가를 방문할 때마다 공무원이나 전문가집단의 전문직업윤리에 대해서 놀랐던 적이 많다. 예컨대, 협상(negotiation)에 의한 계약이나 인센티브 계약, 혹은 기술이나 가격제안서에 대한 심사과정은 불가피하게 주관적 · 전문적 · 기술적인 판단이 수반된다. 한국에서는 이 같은 절차가 부패를 야기할 우려가 크다고 기피하지만, 미국을 비롯한 선진국의 공무원들은 부패 문제와 별개로 생각하는 경향이 많았다. 공공조달사업의 효율성을 위해서는 그와 같은 방식의 조달이 필요하고, 자신들은 전문가로서 투명하게 일하고 있다는 것이다. 건설업체와 협상을 할 때는 콜라 한잔도 얻어 먹지 않기 때문에 협상 결과에 대해 시비를 거는 일도 없다고 자랑스럽게 말하는 공무원도 만난 적이 있다.

그렇다면 외국인은 모두 도덕성이 탁월하기 때문에 그렇게 행동하는 것일까? 그렇게 생각하는 사람도 많다. 하지만 필자는 그렇게 보지 않는다. 기본적으로 부패행위를 적발하고, 처벌하는 확실한 법적 · 행정적 장치가 구축되어 있다는 사실을 인식하는 것이 중요하다. 미국 연방조달청(GSA)에서도 해마다 정부조달과 관련해서 부패행위와 연루되어 감옥에 가는 공무원이 있다고 한다. 미국에서는 뇌물수수 등의 부패행위를 심각한 '범죄(crime)'로 취급하여 엄격하게 처벌하고 있다는 것이다.

결국 건설 관련 부패방지를 위한 글로벌 스탠다드는 전문직업윤리와 부패행위에 대한 엄격한 처벌 장치의 확립이 핵심이라고 본다.

한국 : 전문직업윤리 실종, 형식적이고 실효성없는 처벌 조항

한국에서 건설산업은 '부패산업'으로 전국민에게 널리 인식되어 있는 것 같다. 이제는 이름을 국가청렴위원회로 바꾼 전(前) 부패방지위원회가 출범한 2002년 이후 지금까지 매번 부패인식도를 조사할 때 마다 건설 · 건축분야가 부패분야 1위를 빼앗긴 적이 거의 없었다. 건설 · 건축분야의 부패방지를 위한 대책은 여러 기관에서 지난 몇 년간만 해도 여러 차례에 걸쳐 수립되었지만, 아직까지도 건설 · 건축분야가 깨끗해 졌다고 생각하는 사람은 만나보기 힘들다. 그러다 보니 건설산업 선진화를 위해 아무리 좋은 정책이나 제도를 소개하더라도, 부패유발 가능성이 크다는 이유로 거부되기 일쑤다[159]. 아무튼 건설산업의 선진화를 위해서는 '부패' 라는 태산준령을 넘어서지 않으면 안된다.

그렇다면 왜 건설산업은 '부패산업' 으로 낙인이 찍혀 있는가? 산업적 속성 자체가 부패와 유달리 친한게 아닌가? 이런 의문이 든다. 사실 어느나라나 건설산업 분야의 부패문제는 다른 산업분야보다 심각한 것을 보면, 산업적 속성 자체에 부패유발 요인이 있다고 볼 수도 있다. 수주산업의 특성상 뇌물수수를 통한 공사수주 가능성이 상존하고, 속지적(屬地的) 성격의 산업이다 보니 지역 공무원이나 지역 정치권과의 유착도 다반사다. 공사수행과정에서 부실공사를 무마하기 위한 감리 · 감독관과의 부패문제나 설계변경 등을 둘러싼 부패문제도 어느 나라나 정도의 차이는 있을망정 없는 것이 아니다. 하도급자와의 부패문제도 있다. 산업적 속성만 따진다면 어느 나라를 막론하고 동일한 수준의 부패가 야기될 소지가 있지만, 나라마다 그 정도가 천차만별인 것은 정치 · 경제 체제와 사회구조의 차이가 크기 때문일 것이다. 그렇다면 왜 '한국' 에서는 유독 건설산업 분야의 부패문제가 심각한 것일까?

앞서 언급한 것처럼, 미국 등 선진국의 경우는 법 · 제도 이전에 전문직업윤리의 확립이 부패방지에 큰 역할을 수행하는 것으로 평가된다. 전문직업윤리는 '전문성' 과 '윤리성' 이란 두가지 축에 의존하고 있다. 그런데 한국의 정부 공무원들은 현실적으로 '전문성' 을 키우기 어렵다. 공무원 인사시스템 자체가 전문가(specialist)를 양성하는 것이 아니라 일반행정가(generalist)를 양성하는 구조다. 그러다 보니 공무원이 한 분야에서 오랫동안 근무하면서 전문성을 축적할 겨를이 없다. 길어야 3년 정도 한자리에 머무르고, '순환보직제' 에 따라 여기저기로 옮겨 다닌다. 이 같은 '순환보직제' 는 공무원이 같은 자리에 오랫동안 있다 보면 민원인과의 유착이 생겨서 부패를 유발할 수 있기 때문에 부패방지 차원에서 필요하다는 주장을 하는 사람도 많다. 그러다 보니 대부분의 공공기관에서도 3년 이내에 자리를 옮기는 관행이 보편화되어 있다.

'윤리성' 의 문제는 개인의 양심적인 윤리 문제가 아니라 '직업적인' 윤리를 의미한다. 그런데 한국에서는 정치권이나 인사권을 가진 고위 행정공무원으로부터 독립적인 위치를 법

159) 예컨대 미국이나 영국에서처럼 발주기관에게 재량권을 부여하고, 협상이나 입찰자의 기술제안에 대한 기술적 · 전문적 심사를 통한 계약 체결을 주장할 때마다 정부나 건설업계에서는 공무원에 의한 부패조장 가능성을 이유로 반대해 왔다.

적 · 제도적으로 확보하기 어렵다. 뿐만 아니라 오랜 정경유착(政經癒着) 구조의 존속으로 인하여 건설업계의 영향력으로부터 직업공무원이 자유스럽지 못한 경우도 많다. 지금도 심심찮게 공기업 사장이나 행정기관장에게 건설업체가 뇌물을 제공했다가 적발되었다는 언론보도를 접하고 있다. 이런 사회에서 건설현장의 부패행위도 여전하다.

전문직업윤리를 대학교수나 연구원과 같은 전문가 집단은 갖고 있지 않겠는가 하는 기대감도 깨진지 오래다. 설계 · 시공 일괄 및 대안입찰공사의 설계심의를 오랫동안 대학교수 중심의 전문가 집단에게 맡겨 봤지만, 전문가 집단의 전문직업윤리 또한 어디로 갔는지 행방이 묘연하더라는 평가가 지배적이다. 오죽하면 설계심의를 대학교수와 같은 전문가 집단에게 맡길 것이 아니라 죽이 되나 밥이 되나 공무원에게 맡기자는 주장을 건설업계에서 했겠는가? 실제로 2003년에는 이 같은 건설업계의 주장을 수용하여 대학교수 중심의 설계심의를 공무원 중심의 설계평가로 전환하는 일괄 및 대안입찰공사 설계심의제도의 개선이 이루어지기도 했다.

전문직업윤리의 확립은 법 · 제도 이전의 사회구조적 · 문화적인 문제로 보아야 한다. 하지만 법 · 제도와 무관한 것은 아니다. 선진국일수록 전문가 집단의 범죄행위에 대해서는 엄격한 처벌이 가해진다. 전문가 집단의 전문성에 상응하는 충분한 물질적 보상과 사회적 평가를 해주기도 하지만, 전문직업윤리를 위반했을 경우는 법 · 제도적인 처벌만이 아니라 엄청난 사회적 비난에 처하게 된다. 그러다 보니 전문직업윤리의 확립이 이루어지는 것이다. 하지만 한국에서는 부패문제건 전문직업윤리 문제건 간에 이들 모두를 개인문제로 취급하는 경향이 크다. 그러다 보니 '도덕적 훈계'를 하는 사람은 많지만 법 · 제도 문제로 접근하는 사람은 많지 않다. 이렇게 말하면 한국에도 부패방지나 부패행위자에 대한 강력한 처벌제도가 많지 않느냐는 반론을 하는 사람도 있을 것이다. 많긴 하지만 형식적이고 실효성이 없다고 본다. 예컨대, 국가계약법 시행령 제76조에는 입 · 낙찰 또는 계약의 체결 및 이행과 관련하여 관계공무원에서 뇌물을 준 자에 대해서는 '부정당업자' 제재와 같은 강력한 처벌조항이 있다. 1개월 내지 2년이하의 범위에서 공공공사 입찰참가자격을 정지시키는 제도다. 하지만 실제로 부정당업자 제재를 받은 사례는 거의 없다. 기껏해야 '국가경제에 큰 영향이 없는' 중소업체에 대해 부정당업자 제재를 한 사례가 몇 건 있을 뿐이다. 최근에는 좀더 강력한 입법안이 나왔다. 2005년 8월 27일부터 시행된 「건설산업기본법」 개정안이 여기에 해당된다. 이 법에서는 공사계약이나 시공과 관련하여 뇌물수수 행위를 한 개인만이 아니라 기업도 1년이하의 영업정지를 할 수 있도록 하였다. 외관상으로만 본다면 뇌물 수수행위가 적발되었을 때, 부당업자 제재건 영업정지건 간에 해당기업에는 사형선고가 될 수 있을 만큼 강력한 처벌조항이다. 하지만 처벌 규정의 강도가 높다고 해서 실효성이 있는 것은 아니다. 예컨대, 연간 수조원 내지 수천억원의 수주실적을 보이고 있는 대형 건설업체에게 몇백만원 내지 몇천만원 수준에 불과한 뇌물 수수 건만으로 영업정지를 내리기는 어렵기 때문이다. 비례(比例) 원칙과 같은 법률상의 기본원칙에도 어긋난다. 결국 죄와 벌의 형량을 무시한 채 일방적으로 처벌의 강도만 높인다고 해서 부패방지제도의 실효성이 있는 것은 아니고, 역설적으로 처벌 조항의 실효성을 소멸시키기도 한다. 이처럼 한국의 부패 관련 처벌 조항 대부분은 형식적이고, 실효성도 별로 없다. 어쩌다가 부패행위에 연루되어 처벌되는 사람은 '나쁜 사람' 이라기 보다는 '재수없는 사람' 으로 동정을 사기도 한다. 이런 사회에서는 건설업계 종사자의 반성을 이끌어 내지도 못한다. 부패행위가 '범죄(crime)' 라고 생각하지도 않는다. 일을 매끄럽게 처리하는데 필요한 "윤활유"라고 생각하는 경향이 더 많다.

부패행위에 대한 처벌 보다는 정부조달제도의 개선을 통해 부패문제가 발생되지 않도록 하겠다는 것도 한국의 독특한 부패방지 대책인 것 같다. 예컨대, 설계 · 시공 일괄 및 대안입찰공사의 설계심의를 둘러싼 부패문제가 매년 제기되고 있지만, 뇌물수수 행위자를 적발하여 처벌하는 것보다는 설계심의제도를 바꾸는데 주력해 왔다. 정부조달제도가 부패방지 제도 자체는 아니다. 그럼에도 불구하고 부패 문제의 해결을 위한 수단으로 해마다 입찰계약 관련 법령을 바꾸고 있는 것이 한국의 황당한 현실이다.

최근 정부조달제도 흐름에서도 명백하게 드러나고 있듯이, 전세계적으로 부패문제를 법 · 제도의 문제로 보고, 투명성과 공정성 및 경쟁성의 제고를 통해 부패방지나 부패수준의 완화에 주력하고 있다. 한국의 부패방지 대책도 글로벌 스탠다드를 지향해야 한다. 이를 위해서는 전문직업윤리의 확립과 함께, 형식적이고 실효성 없는 부패방지 관련 법 · 제도의 정비가 이루어져야 한다. 만약 부패청산이 이루어지지 않는다면, 건설산업의 선진화도 신기루에 불과할 것이다.

제4장

일본 건설제도와 한국 건설제도

01 일본 건설제도 = 한국 건설제도의 뿌리

대체로 식민지배를 겪었던 나라들은 자신을 지배했던 국가의 정치 · 행정 및 법률체계를 알게 모르게 답습하는 경향이 있다. 영국의 식민지배를 받았던 나라는 영국, 프랑스의 식민지배를 받았던 나라는 프랑스, 미국의 식민지배를 받았던 나라는 미국의 제도를 물려 받았다고 해도 지나친 말은 아닌 것 같다. 하물며 36년간이나 일본의 식민지배를 받았던 한국이 일본의 정치 · 행정이나 법률체계의 영향을 받지 않았다고 말하기는 어려울 것이다. 해방 이후, 특히 1960년대 이후 정치 · 경제 · 사회 등 모든 부문에서 미국의 영향이 압도적이었다지만, 정치 · 행정이나 법률체계의 근간은 여전히 일본의 그것을 탈피하지 못했다는 평가를 받고 있다(박동서, 1997).

다같이 식민지배를 겪었어도, 영국이나 미국의 식민지배를 겪었던 나라들은 영미법(英美法) 체계가 이식되면서 상대적으로 정부규제 또한 적은 편이다. 반대로 독일이나 프랑스의 식민지배를 겪었던 나라들은 이른바 대륙법(大陸法) 체계가 이식되면서 정부규제 또한 많다. 근대화 과정에 있던 19세기의 일본은 독일을 부국강병의 모델로 삼았고, 일본의 법률체계 또한 대륙법계를 수용하였기 때문에 한국에도 영미법이 아니라 대륙법이 이식되었다. 법률체계와 같은 형식만이 아니라 법률의 내용 또한 일본 식민지배 시절에 물려받은 것이 많고, 해방 이후에도 오랫동안 모방의 대상이 되어 왔기 때문에 일본의 법 · 제도는 한국과 대단히 유사하다.

일본과 한국의 법·제도가 유사한 배경에는 식민지배라는 역사가 결정적인 요인이긴 하지만, 다른 원인들도 있다. 아무래도 미국이나 영국보다는 정치·경제·사회·문화·의식구조 등 모든 면에서 일본은 한국과 유사하다. 과거에도 그랬지만 지금까지도 그런 것 같다. 사회구조의 유사성을 인정한다면, 법·제도의 유사성도 당연한 것으로 볼 수 있다. 한국과 다른 사회구조에서 형성된 법·제도를 도입하는데 대해서는 심리적인 저항도 크고, 실제로 미국·영국에서와 같이 성공적으로 착근하기 어려운 요소도 많다. 또한 일본은 분명 한국보다 앞선 선진국이다. 일본 사회의 후진성이나 쇠퇴 가능성을 운운하는 사람들도 많지만, 일본은 여전히 전세계가 손꼽아 주는 경제대국이다. 법·제도면에서도 한국보다 앞선 선진국이다. 그러다 보니 오랫동안 한국은 일본의 법·제도를 모방하는데 급급했다고 해도 과언이 아니다. 학계는 미국 유학파가 많아지다 보니 미국식 법·제도나 시장경제체제를 도입하고자 하는 사람들이 주류를 이루고 있는 반면, 정부를 비롯한 실무계에서는 기존의 법·제도를 근간으로 한 점진적인 변화를 선호하다 보니 일븐의 법·제도를 더 추종해 왔던 것 같다. 그러다 보니 한국의 법·제도는 일본의 법·제도를 근간으로 하면서, 미국·영국 등의 법·제도가 간간이 이식되었고, 거기다가 한국의 특수사정이 반영된 독특한 내용의 법·제도로 구성되어 있다.

건설제도의 글로벌 스탠다드를 도입하고자 하는 사람들은 미국이나 영국 사례를 들고, "현실론" 내지 "현상유지론"을 주창하는 사람들은 일본 사례를 들면서 대립하는 경우가 많다. 그런데 미국이나 영국 사례를 이야기하면 '이론적'이고 '이상적'인 사람으로 취급하는 반면, 일본 사례를 이야기하면 '현실적'이고 '실무적'인 사람인 것처럼 평가하기도 한다. 미국이나 영국제도를 도입하자고 하면, 한국과 다른 사회구조의 법·제도를 어떻게 도입하느냐고 반박한다. 미국이나 영국과 같은 '선진국'에서 운용하는 제도를 어떻게 '우리나라(와 같은 후진국)'에 당장 도입해서 시행할 수 있느냐는 비난이 그치지 않는다. 그러면서 일본에서는 어떻게 하고 있는지를 보라고 권한다. 정부 공무원만 그러는게 아니고, 건설업계도 그랬다. 건설업 면허제도, 예정가격제도, 입낙찰제도, 보증제도, 중소건설업체 보호제도 등 건설제도 한건 한건에 대해 제도개선을 논의할 때마다 부닥쳐 왔던 상황이다.

버블 붕괴 이후 일본경제가 '잃어버린 10년'이라는 장기불황을 겪다 보니, 최근에는 일본에 대한 부정적인 시각이 난무했다. 동남아 각국의 금융위기와 일본의 장기불황은 「아시아적 가치(Asian Value)」의 한계성을 드러낸 사건으로 평가되기도 했다. 아울러 글로벌 스탠다드는 역시 미국식 법·제도라는 인식이 널리 퍼지기도 했다. 그러다 보니 다른 한 극단에서는

「일본은 없다」던 베스트셀러와 마찬가지로, 일본의 법 · 제도에 대해서도 폄하하는 모습을 종종 보게 된다. 경제수준에 걸맞지 않는 후진적인 법 · 제도가 일본의 발목을 잡고 있기 때문에 한국이 일본의 법 · 제도를 따라가서 안된다는 주장을 하는 사람도 많아졌다. 그렇다면 일본의 법 · 제도는 우리가 쳐다 볼 필요도 없을 만큼 후진적일까? 천만에, 전혀 그렇지 않다. 예컨대, 예정가격제도만 해도 한국과 꼭같은 이름의 제도지만, 훨씬 더 정교하고 세밀하다. 또한 한국이 베껴오다시피 한 일본의 장기계속계약이나 계속비제도 및 국고채무부담행위는 이름만 같을 뿐, 구체적인 적용대상이나 내용은 큰 차이가 있다.

일본의 건설제도를 보고 있노라면, 한편에서는 한국 제도의 문제점을 개선하기 위한 시사점을 얻을 수 있고, 다른 한편에서는 한국에서 잘못 이해되고, 잘못 적용되고 있는 제도가 무엇인지도 알게 된다. 한국의 무자격 부실건설업체와 같은 '불량부적격업체' 퇴출이나 덤핑 방지 등 일본과 한국이 동시에 고민하고 있는 문제의 법 · 제도적 원인이 무엇인지에 대해서도 짐작할 수 있다. 건설산업 구조의 유사성은 물론이고, 법 · 제도의 유사성으로 인해 일본 건설제도의 개선방향은 한국 건설제도의 개선방향과 동일시할 수 있는 것들도 대단히 많다. 이렇게 보면 일본의 건설제도는 한국에서도 지속적인 관심과 연구가 이루어져야 할 대상이다.

일본인들 스스로는 일본의 건설제도에 대해서 어떻게 생각하고 있을까? 미국이나 영국 제도와 동등한 수준의 선진국형 건설제도 내지는 글로벌 스탠다드로 생각하고 있을까? 일본에서 발간되는 문헌자료를 보거나, 직접 일본인들을 만나보면, 전혀 그렇지 않다. 19세기 이후 일본은 근대화과정에서 '탈아입구(脫亞入歐)'를 기치로 내걸었다. 아시아를 탈피해서 서구(西歐)로 가자는 말이다. 제2차 대전 이후에는 미국을 따라 잡기(catch-up) 위해 노력했다. 그러다 보니 법 · 제도는 독일 · 프랑스 등의 대륙법계를 수용했고, 유럽대륙에서도 일본과 같은 지정학적 위치에 있던 영국을 벤치마킹했으며, 제2차 대전 이후에는 미국의 제도를 적극적으로 수용해 왔다. 지금도 일본은 미국과 서유럽 주요 국가의 건설제도를 지속적으로 연구하면서, 전세계적인 제도변화의 흐름에 뒤떨어지지 않기 위해 노력하고 있다. 의심스러우면 지금 당장 이 글을 읽는 독자들께서 일본 건설경제연구소의 홈페이지(http://www.rice.or.jp)를 방문해 보시라. 매년 미국과 유럽의 건설시장 현황 및 제도와 관련된 보고서[160]를 지속적으로 발간하고 있다. 그러면서 「새유럽연합지침(New EU Directives)」에 신설되어 2006년 1월부터 시행될 "경쟁적 대화 절차(competitive dialogue procedure)"와 같은 새로운 입찰제도[161]를 국토교통성에서 시범사업으로 진행하고 있기도 하다(鈴木一, 2004).

일본도 19세기 이래 끊임없이 건설제도의 글로벌 스탠다드를 수용하고자 하는 노력을 기울이고 있다. 일본의 건설업계나 학계에서도 미국식 이행보증제도 도입이나, 공개경쟁입찰 확대 및 입찰가격 외에 기술 등을 종합적으로 평가하여 낙찰자를 선정하는 종합평가 낙찰방식의 확대를 요구하고 있다. 또한 일본적 특성이 배어있는 중소건설업체 보호정책이나 입찰담합에 대한 비판적인 시각도 대단히 많다. 이런 모든 상황을 감안하면, 일본인들 스스로 자신의 건설제도가 글로벌 스탠다드가 아님을 인정하면서, 글로벌 스탠다드를 수용하고자 노력하고 있다는 사실을 알 수 있다.

이 책에서는 미국이나 영국과 다른 한국 고유의 건설제도로 인식하고 있는 것들의 대부분이 일본 건설제도에 뿌리를 두고 있다는 사실을 보여주고자 한다. 건설제도의 '코리안 스탠다드' 라는게 대부분 한국 고유의 제도가 아니라 일본 제도를 베끼거나 변형해서 운용하고 있다는 의미다. 물론 한국 제도와 어떤 차이가 있는지도 보여줄 것이다. 베낄때 제대로 못베꼈거나, 엉뚱하게 활용하는 사례도 예시할 것이다. 아울러 똑같거나 비슷한 이름의 제도라도 일본제도가 한국보다 선진화되어 있다고 볼 수 있는 점이 무엇인지도 지적할 것이다. 사실 해방이후 60년간이나 일본 건설제도를 모방해 왔지만, 여전히 한국은 일본에 뒤떨어져 있는 것 같다.

일본 건설산업이 안고 있는 문제가 어떤 제도적 맥락에서 야기되는지도 볼 필요가 있다. 한국도 비슷한 제도적 맥락에서 동일한 문제가 발생하고 있기 때문이다. 또한 일본의 건설제도 개선노력이나 방향도 소개하고자 한다. 대체로 그 방향은 미국이나 영국식의 글로벌 스탠다드를 지향하는 것이다. 끝으로 이 같은 논의의 종착점은 한국의 선택문제로 귀착된다. 한국의 건설제도를 선진화하기 위해 벤치마킹해야 할 대상은 일본 건설제도라기 보다는 미국이나 영국식의 글로벌 스탠다드일 것이다.

160) 2005년 8월말 현재까지 미국 조사보고서는 21차, 유럽 조사보고서는 20차까지 나왔다. 한국에는 아직까지도 정기적 · 장기적으로 미국 · 유럽 · 일본의 건설시장과 제도에 대한 조사나 연구보고서를 발간하는 기관이 없다.

161) 물론 일본에서도 설계 · 시공 일괄입찰이나 건설사업관리(CM)와 같은 새로운 발주방식은 아직 활용사례가 미미하다. 그 이유는 역시 미국이나 영국과 다른 일본 특유의 건설산업의 구조나 정치 · 행정 및 경제체제의 차이에서 기인하는 것일 게다.

02 일본의 건설시장, 산업구조 및 생산체계

일본 건설시장의 최근 동향

일본의 건설시장이나 산업구조 및 생산체계는 한국과 대단히 유사하다. 그렇기 때문에 건설정책이나 제도의 유사성도 높은 게 아닌가 싶다. 일본의 건설정책이나 제도에 앞서 건설시장과 산업구조를 먼저 보는 이유는, 어떤 맥락속에서 일본의 건설정책이나 제도가 만들어지고 집행되는지를 알기 위해서다.

일본 건설시장의 규모부터 보자. 일본의 건설투자는 버블경제와 각종 경기부양 대책에 힘입어 1992년에는 84조엔에 이르는 호황기를 누렸다. 하지만 버블붕괴 이후에는 정부의 적극적인 경기부양 대책에 힘입어 1998년까지 간신히 70조엔 규모를 유지해 오다가 1999년부터는 지속적으로 줄어 들고 있다.

1992년에 한국의 건설투자액은 57조원이었고, 일본은 약 840조원이었기 때문에 일본 건설시장은 한국보다 약 15배나 큰 시장이었다. 하지만 일본의 건설투자액은 지난 2004년에 약 53조엔(520조원)으로 줄었고, 한국은 같은 해에 약 146조원을 기록하였다. 시장의 크기는 3.6배 정도로 그 격차가 크게 줄어 들었다. 일본의 건설투자 규모는 2005년에 더욱 줄어 든 51조엔으로 전망되며, 1992년 대비 약 61% 수준에 머무를 것으로 일본 국토교통성에서 전망하고 있다.

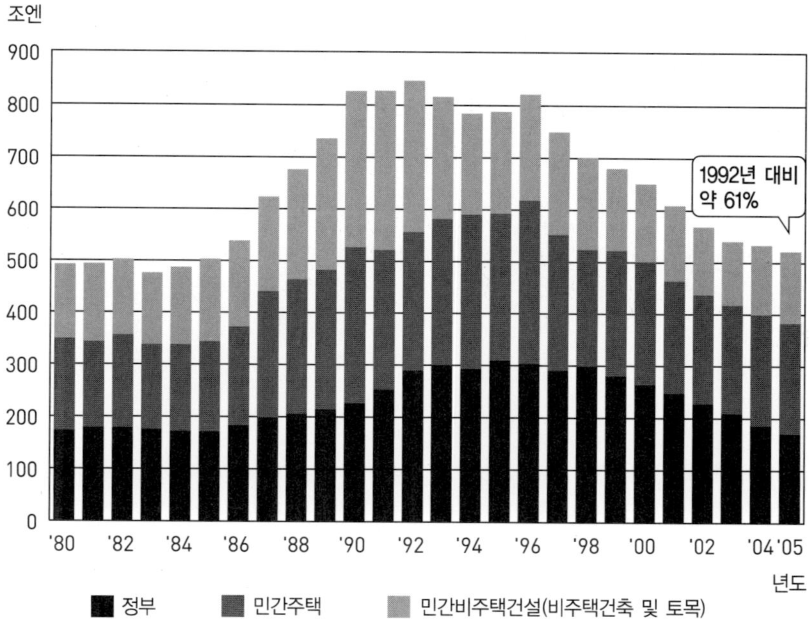

그림 4-1 일본의 건설투자(명목) 변화추이

주: 2004년도 이후는 전망치.
자료: 國土交通省

일본의 국내총생산(GDP) 대비 건설투자 비율은 1990년의 18.8%를 정점으로 감소하기 시작하여 2003년 이후에는 10% 수준으로 떨어지고 있다. 한국은 2004년에 국내총생산 대비 건설투자 비중이 18.8%를 기록했다.

일본의 건설산업 구조와 생산체계

일본의 건설업체 수는 약 55만개사(2004년)에 달한다. 이중 자본금 1억엔 미만의 중소기업이 전체 건설업체 수의 약 99%를 차지하고 있다. 한국은 일반과 전문건설업체외에 전기·통신공사업체 등까지 합하여 약 7만개사(2004년)로 추정하고 있다. 2004년을 기준으로 할 때 일본 건설시장의 규모는 한국보다 약 3.6배 정도 큰데, 건설업체 수는 약 7.9배 정도 많다. 시장규모 대비 건설업체 수는 일본보다 한국이 적은 편이다[162].

매년 ENR에서 선정하고 있는 세계 225대 건설업체에 포함된 일본 건설업체 수는 평균 17개사(2003~2005)였고, 한국은 같은 기간중 6개사에 불과하다. 하지만 같은 기간중 상위

100대 업체에 포함된 일본 건설업체 수는 평균 13.3개사였고, 한국 건설업체 수는 3.3개사에 불과하다. 세계 225대 건설업체에 포함된 일본 건설업체의 세계시장 점유비율은 2002년에 한때 3.1%수준으로 감소하였지만, 2003년에는 다시 8.9%를 기록함으로써, 일본 국내 건설시장의 침체와는 달리 해외건설 수주실적은 급증하는 모습을 보여주고 있다. 그 이면에는 일본 건설업체들이 세계적인 기술경쟁력을 보유하고 있는데다가, 불황기를 거치면서 가격경쟁력이 되살아 나고 있다는 사실과 연관된다.

일본도 한국과 비슷한 중층하도급 구조를 형성하고 있다. 대형 제네콘을 정점으로 수많은 중소 건설업체들이 중층적인 하도급관계로써 얽혀 있는 것이다. 한국에서는 일반건설업과 전문건설업이라는 이원적 구분에서 중층하도급이 형성되고, 재하도급이 제도적으로 금지되어 있음에도 불구하고 현실적으로 존재한다. 하지만, 일본의 경우는 건설업역간 겸업제한이 없고, 재하도급 금지제도 또한 없다.

162) 일본의 건설시장은 오랫동안 한국보다 10배 이상 더 큰 시장이었다. 다만, 최근 들어 건설시장의 축소로 인하여 한국보다 건설시장 규모 대비 건설업체 수가 늘었다고 볼 수 있다. "시장은 줄었고, 업체 수는 많다"는 한국 건설업자들의 푸념을 일본에서도 들을 수 있다. 하지만 2004년말 일본을 방문했을 때 만난 일본의 건설업체들은 더 이상 정부가 건설투자를 확대해 주기를 요구하지도 않았고, 국토교통성에서도 더 이상 건설투자를 확대할 계획이 없으며 불량 · 부적격업체 배제를 위해 노력하고 있을 뿐이라고 한다. 당분간 일본의 건설정책은 공사비 절감, 불량 · 부적격업체 퇴출 및 경쟁촉진 등과 같은 방향을 지향할 것으로 보인다.

03 일본의 건설제도와 '일본적' 관행

일본의 정부조달제도와 건설제도

일본에는 한국의 조달청과 같은 중앙조달기관이 없고, 철저한 분산조달제도를 운용하고 있다. 국가기관과 각 지자체 발주기관의 제도 내용도 기본적으로는 동일하지만, 세부 내용으로 들어가면 상당한 차이를 발견할 수 있다. 하지만 일본의 분산조달제도는 미국이나 유럽국가들처럼 발주기관마다 특색이 있는 것은 아니라고 한다. 공사발주에 따른 권한과 책임이 기관별로 분산되어 있다는 의미로 보이며, 제도의 내용은 큰 차이가 없이 획일화되어 있다고 평가되기도 한다[163].

일본의 정부조달과 관련된 법령은 회계법, 예산회계 및 회계령, 지방자치법, 계약사무규칙 등으로 구성되어 있다. 정부조달협정의 타결로 인하여 한국보다 1년 앞선 1996년에 건설시장 개방이 이루어졌고, 「국가의 물품 등 또는 특정역무(特定役務) 조달절차의 특례를 정한 정령(政令)」이나 「국가의 물품 등 또는 특정역무의 조달절차의 특례를 정한 성령(省令)」에 의해 정부조달협정상의 조달절차를 국내법령에 도입, 운영하고 있다. 여기에 더하여 각 정부

163) 가네모토(한국건설산업연구원 역, 2000)는 일본의 입찰 및 조달제도의 획일성에 대해 이렇게 기술하고 있다.

> (일본의) 입찰 · 조달제도는 메이지 시대 이후 거의 변하지 않았기 때문에 매우 획일화되어 있다, 연필, 컴퓨터, 전투기 구매에 이르기까지 모두 동일한 회계법, 예결법이 적용되고 있다. 이러한 획일성은 일본의 제도상에 나타나는 대표적인 특징이다. – (중략) – 반면 미국 및 유럽국가들에는 더욱 다양한 입찰 · 조달제도가 있어 조달하는 상품의 특성에 따라 입찰 · 조달방식을 택할 수 있다.

표 4-1 일본의 정부조달 관련 법령체계

구분	중앙정부			지방정부
국제협약			WTO 정부조달협정	
입법부	회계법			지방자치법
내각	예산,결산 및 회계령	예산, 결산 및 회계령 임시특례	정부물품, 서비스의 조달절차 에 관한 특례정령	지방자치법 시행령
각성청	계약사무 처리규칙	각성청의 내부규정	정부물품, 서비스의 조달절차에 관한 특례성령	각 지방자치 단체의 내부규정

자료: 조달청(2004).「일본의 공공조달제도」

기관은 조달절차의 세칙을 정한 계약규칙, 자격심사규정 등을 각각 정하고 있다.

한국과는 대조적으로, 일본에서는 50억엔(약 500억원) 이상 되는 대규모 공공공사를 찾아보기 어렵다고 한다. 그 이유는 중소건설업체의 입찰참가 기회를 확대하기 위해 분할발주 · 분리발주가 일상적으로 이루어지는데도 있지만, 분산발주제도와 연관되기도 한다.

일본의 공공공사 발주기관은 ① 국가기관(國), ② 공단(公團), ③ 도(都) · 도(道) · 부(府) · 현(縣) 및 ④ 시(市) · 정(町) · 촌(村)으로 구분된다. 일본 지바(千葉)대학의 스기야마 교수에 따르면(2005), 실제 공사발주를 담당하고 있는 기관은 발주기관의 말단에 있는 공사사무소(工事事務所)에서 발주하기 때문에 발주규모 자체가 작다는 것이다. 지바현(千葉縣)내에서만 해도 17개의 토목사무소가 있어 공사 발주가 각 사무소 단위로 이루어지기 때문에 공사 발주 규모가 작고, 그 결과 전체 공사비 절감이나 공공시설물 전체의 품질 향상이 이루어지지 못하는 비효율성이 내재되어 있다고 한다[164].

164) 스기야마 교수는 이 같은 발주기관의 문제와 더불어 일본 건설산업에는 "경쟁원리(競爭原理)"가 아니라 "공존원리(共存原理)"가 존재하고 있기 때문에 발주규모를 작게 해서 중소건설업체들이 많이 참여할 수 있는 기회를 만들어 주고 있다는 사실도 함께 언급하였다.

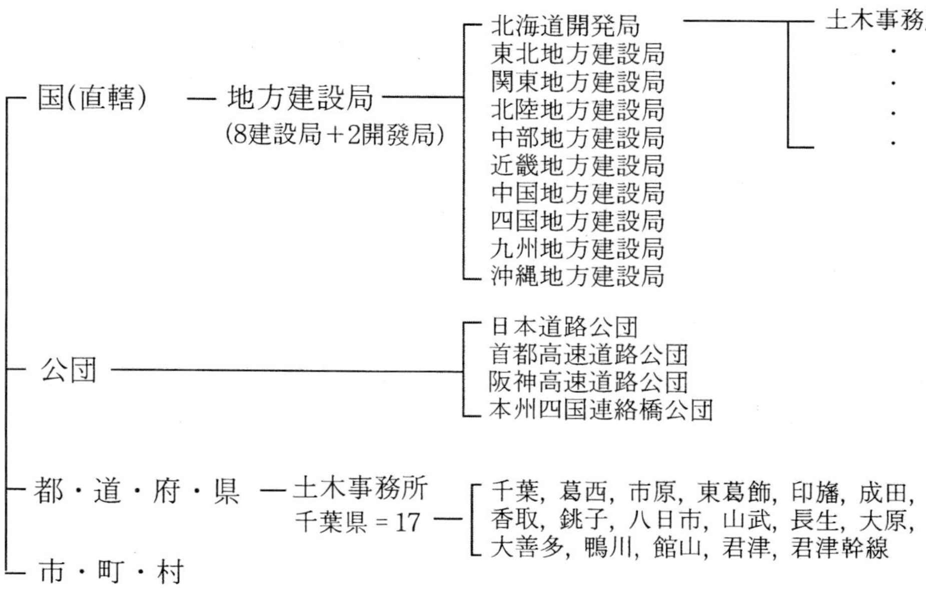

그림 4-2 **일본 공공공사 발주기관의 구조**

자료: 스기야마(2005). 「한국의 턴키제도와 일본제도의 비교분석」. 대한토목학회 토론회 발표자료.

일본 건설업계의 내부 관행

일본의 건설제도는 일본의 정치 · 경제 · 사회 · 문화구조와 연관해서 이해되어져야 한다. 제도 그 자체만 본다면, 일본의 건설제도는 상당히 후진적이고 획일적 · 경직적이라는 평가를 받기도 한다. 그렇다고 해서 일본의 건설제도가 운용상 큰 파탄이 일어나지 않은 원인은 "일본적 문화" 내지는 "일본적 관행"에 있다고 한다. 예컨대, 계약이행 책임을 중시하는 일본인 특유의 계약사상이나, '와(和)' 라고 부르는 사회구성원간 공존(共存)과 타협의 문화, 사회전반에 정착되어 있는 장인(匠人) 정신 등이 일본 건설제도의 문제점을 보완하는 일본적 문화나 관행일 것이다.

일본 건설업계의 관행중 건설제도와 관련해서 가장 큰 의미가 있는 것은 역시 담합(談合)일 것이다. 오랫동안 일본에서는 담합을 통해 정치인이나 관료들이 자원을 배분하고, 담합을 통해 수주한 공사물량에 따라 건설업체의 서열이 정해지는 것으로 알려져 있다. 조화와 질서를 중시하고 협조 · 협력이나 공존 · 공영을 미덕으로 삼고, 동질성을 추구하는 일본사회의 맥락에서 담합은 유용한 조정기능을 수행했다는 평가도 있다. 따지고 보면 한국 건설업계의 담합 관행도 해방 이전의 일본 식민지시절부터 유래된 것으로 볼 수 있다[165]. 오랫동안 일본 정부는 담합에 관대한 편이었지만, 1993년부터 일본 건설업체간의 담합은 외국업체에 대한 차별적인 관행으로 국제사회의 집중적인 비판 대상이 되었다. 1999년부터 OECD 뇌물방지협정이 발효되자 일본 정부는 정치권 및 관료와 건설업체간의 담합 고리를 끊기 위한 노력을 지속적으로 기울이고 있는 것 같다. 하지만 그 성과는 그다지 높지 않은 것으로 보인다.

일본의 건설제도는 담합을 전제로 만들어진 것이라는 시각도 있다. 예컨대 가네모토(한국건설산업연구원 역, 2000)는 다음과 같이 기술하고 있다.

> 일본의 제도가 담합을 전제로 짜여 있다고 생각하면 이해하기 쉽다. 입찰에 참여하는 기업이 담합에 참여하면 가격은 높아진다. 이를 방지하기 위해 발주자는 상한가격인 예정가격을 정하고 이를 엄격하게 지킨다. 이렇게 하면 기업이 담합하더라도 예정가격이라는 제동장치가 작동한다. 따라서 발주자는 전력을 다하여 예정가격 설정에 몰두하게 된다. 그러나 기업은 예정가격이라는 제동장치를 무용지물로 만들 수 있다. - (중략) - 발주자는 이러한 사태에 어떻게 대처해야 하는가? 여기에서 등장하는 것이 바로 발주자의 지명권이다. - (중략) - 기업은 부실공사를 하면 수익을 많이 낼 수 있다. 그러나 만약 그것이 발각되면 지명 정지를 피할 수 없게 될 것이며, 최악의 경우 도산도 각오해야 할 것이다. - (중략) - 이렇 듯 지명경쟁입찰제도(指名競爭入札制度)가 공사의 품질을 유지하는데 중요한 역할을 하고 있다. 이처럼 일본의 제도는 담합을 전제로 그 폐해를 최소화할 수 있는 구조로 되어 있었기 때문에 지금까지 겨우 연명할 수 있었다.

일본은 제도의 문제점이나 담합 관행에도 불구하고, 건설기술에 관한 한 세계적인 경쟁력을 보유하고 있다[166]. 그리고 한국과 달리 일본에서는 부실공사 문제가 심각하게 제기된 적이 거의 없었다. 일본에서 품질확보를 위한 특별한 제도적 장치가 없음에도 불구하고 대부분의 공공공사 품질이 유지된 이유중 하나는 지명경쟁입찰제도라고 하지만, 그 이면에는 일본인

165) 한국에서는 건설업계의 입찰담합을 '자율조정' 내지 '수습'이라고 표현하기도 했다. 정부가 정한 예정가격의 범위내에서 건설업체간 물량배분이 이루어지기 때문에 담합이 아니라고 강변하는 건설업체 임원들도 숱하게 보았다. 하지만 1998년 8월 이후 한국의 담합구조는 무너졌다. 그 이유는 외환위기를 맞이하여 건설업체의 입찰담합을 방지함으로써 국가예산을 절감하고자 하는 대통령의 의지와 담합업체에 대한 처벌이 병행되었기 때문이다. 반면에 일본에서는 지금도 입찰담합 관행이 유지되고 있는 것으로 알려져 있다.

166) 설계나 엔지니어링 등 이른바 소프트 기술력에 대해서는 그다지 평가가 높지 않다(가네모토, 2000). 하지만 실드 공법에 의한 터널 건설기술 등 건설하드기술은 세계에 자랑할만한 기술을 보유하고 있다고 한다.

특유의 계약이행에 대한 책임감이나 장인정신과 같은 의식적 · 문화적인 뿌리가 있기 때문이라고 보아야 할 것이다.

한국 건설제도의 뿌리가 일본 건설제도에 있다지만, 장인정신과 같은 일본적인 문화와 관행의 긍정적인 측면은 한국사회에 아직도 뿌리를 내리지 못한 것으로 보인다. 우리가 진정으로 벤치마킹해야 할 것은, 일본의 건설제도보다 세계적인 건설대국이 되는데 기여했던 의식과 문화, 혹은 관행이 아닐까 싶다.

04 건설업 허가제도

일본에서 건설업을 하기 위해서는 영업소를 설치하고, 한국과 마찬가지로 경미한 건설공사를 도급받는 경우를 제외하고는 「건설업법」에 따라 공사업종별로 허가(許可)를 받아야 한다[167]. 영업소를 한개의 도도부현(都道府縣) 내에만 설치할 경우는 해당 도도부현 지사의 허가가 필요하며, 영업소를 둘 이상의 도도부현에 설치할 경우에는 국토교통성대신(國土交通省大臣)의 허가가 필요하다. 허가업종은 일식공사(一式工事 ; 토목 · 건축공사업)외에 26개 전문공사업[168]으로 분류되어 있다.

일본의 건설업 허가는 하도급 금액에 따라 「일반건설업」과 「특정건설업」으로 구분하고 있다. 하도급 계약금액이 3,000만엔(건축은 4,500만엔) 미만인 경우는 「일반건설업」이고, 그 이상이면 「특정건설업」이다. 특정건설업 가운데 토목, 건축, 포장, 관, 전기, 조경, 강구조물 공사업 등 7개 업종에 대해서는 「지정건설업」이라고 부르며, 전임 국가자격자를 두어야 한다.

일본에서 건설업 허가를 받기 위해서는 「건설업법」 제7조에서 규정하고 있는 4개의 허가요건(경영업무 관리책임을 지는 유경험자 보유, 전임기술자 배치, 성실성, 재산적 기초)을 갖

167) 일본에서는 1949년에 「건설업법」이 제정된 이래 건설업 등록제를 시행해 오다가 1971년에 허가제로 전환하였다. 한국에서는 건설업 면허제를 1999년에 건설업 등록제로 전환하였다. 한국에서는 허가제가 면허제나 등록제보다 훨씬 더 강한 시장진입 장벽을 의미하는 용어로 사용되지만, 일본의 건설업 허가제는 한국의 건설업 등록기준보다 훨씬 미약한 시장진입 장벽이다.

168) 목공, 미장, 비계 · 토공, 석공, 지붕, 전기, 관, 타일 · 벽돌 · 블록, 강구조물, 철근, 포장, 준설, 판금, 유리, 도장, 방수, 내장 마무리, 기계 기구 설치, 열절연, 전기통신, 조경, 착정, 창호, 수도, 소방, 청소시설 공사업 등으로 구성되어 있다.

표 4-2 일본의 건설업 허가업자 수 추이

단위: 개사

구분	일반건설업자			특정건설업자			합계
	대신허가	지사허가	소계	대신허가	지사허가	소계	
2000	7,290	570,419	577,709	6,643	43,498	50,141	600,980
2001	7,295	555,597	562,892	6,642	43,360	50,002	585,959
2002	7,365	540,702	548,067	6,660	43,941	50,601	571,388
2003	7,212	521,769	528,981	6,514	43,922	50,436	552,210
2004	7,187	528,384	535,571	6,469	44,519	50,988	558,857

주: 일반건설업자와 특정건설업자의 합계가 전체 건설업 허가업자 수와 일치하지 않는 이유는 양쪽 허가를 모두 취득한 업자 수가 중복 계상되었기 때문임.

자료: 국토교통성(2004).

추어야 하고, 제8조에서 규정하고 있는 실격요건(예: 허가신청서나 첨부서류에 허위기재 사실 등)에 해당되지 않아야 한다.

일본의 건설업 허가업자는 한국과 달리 업종간 겸업제한 같은 규제가 없기 때문에 28개 업종중 한개 혹은 복수업종의 허가를 취득할 수 있다. 2004년의 경우, 1개 업종만 허가를 받은 건설업자 수는 298,256개사로 전체의 53.4%를 차지하고 있다. 복수업종 허가업자 수는 260,601개사로 전체의 46.6%를 차지하고 있지만, 매년 증가추세를 보이고 있다.

얼핏 보면 일본의 건설업 허가제도는 한국의 건설업 등록제도와 유사하지만, 구체적인 내용을 보면 상당한 차이가 있다.

첫째, 한국에서와 같은 일반건설업과 전문건설업의 구분 및 겸업제한 규제가 없다. 일본에도 「일반건설업」 허가가 있긴 하지만, 3천만엔 미만의 하도급계약을 체결할 수 있는 중소건설업체를 의미할 뿐이다. 또한 일본에서는 28개 업종가운데 몇 개 업종이든 얼마든지 자유롭게 겸업할 수 있다[169].

둘째, 한국과 달리 전기공사업, 정보통신공사업, 소방시설공사업 등도 건설업 허가업종에 포함되어 있다[170]. 따라서 한국처럼 전기나 정보통신공사를 토목 · 건축공사와 별도로 분리발주해야 한다는 식의 강제규정은 찾아볼 수 없다.

169) 그럼에도 불구하고 1개 업종만 허가를 받은 건설업체가 전체의 53.4%를 차지하고 있다. 겸업을 하더라도 대부분 5개 업종 미만이며, 평균 2.6개 정도에 불과하다. 일본의 중소건설업체들이 업종별로 전문화 되어 있다는 의미로 볼 수도 있을 것이다.

170) 한국의 전기공사업은 산업자원부 소관의 「전기공사업법」에서, 정보통신공사업은 정보통신부 소관의 「정보통신공사업법」에서, 소방시설공사는 행정자치부 소관의 「소방법」에서 제각각 별개로 규정하고 있다. 그리고 전기나 정보통신공사는 각 개별 법령에서 분리발주를 의무화하다 보니 통합적인 건설공사 관리가 어렵게 되면서 비효율성을 야기하고 있다.

셋째, 일본의 건설업 허가기준에 비하여 한국의 건설업 등록기준은 너무 과중한 편이다. 예컨대, 일본의 건설업 허가업자중 법인의 경우, 자본금 1억엔(약 10억원) 이하인 업체가 전체 건설업자의 75.1%(2004)를 차지하고 있다. 반면에 한국의 토목 · 건축공사업 등록기준에서 법인에게는 자본금 12억원 이상, 기술자 12명 이상을 요구하고 있다. 토목공사업의 경우는 자본금 7억원 이상, 기술자 수는 6명 이상이어야 한다. 그럼에도 불구하고 한국에서는 끊임없이 건설업 등록기준의 강화를 요구하고 있지만, 일본에서는 건설업 허가기준을 강화하자는 요구를 찾아보기 힘들다. 오히려 종합평가 낙찰방식의 도입 등과 같은 입찰제도 개선을 통해 불량 · 부적격업체의 시장퇴출을 촉진하고, 덤핑이나 담합을 방지하자는 요구를 일본의 중소건설업자 단체인 전국건설업협회(全國建設業協會. 2004)에서 요구하고 있다.

건설시장의 진입요건인 건설업 면허제도만 놓고 보면, 한국도 일본과 유사한 건설업종 분류체계를 갖고 있다는 것외에 별다른 공통점이 없어 보인다. 건설업 등록기준은 한국이 일본보다 과중하기 때문에 건설시장 진입장벽이 높다. 일반건설업과 전문건설업간 겸업제한도 여전하다. 2005년 들어서야 비로소 일반건설업과 전문건설업간의 겸업제한 폐지 여부를 둘러싸고 갑론을박(甲論乙駁)하고 있을 뿐이다. 일본처럼 전기공사업이나 정보통신공사업, 소방시설공사업을 건설업종으로 편입하는 작업은 정부 부처간 · 이해관계 집단간 대립으로 꿈도 꾸지 못하고 있다. 현재 한국에서 논의되고 있는 건설업역 제도 개선은 일반건설업과 전문건설업간의 겸업제한 폐지가 핵심이지만, 그나마도 몇 년은 걸릴 것으로 보인다.

Global Standard

05 건설공사 예산편성 및 공사비 산정제도

일본의 건설공사 예산편성제도의 명칭은 한국과 유사하다. 아마도 그 이유는 한국에서 「예산회계법」을 제정할 때 일본의 「회계법」을 많이 참조했기 때문일 것이다. 여기서 소개하고자 하는 일본의 건설공사 예산편성제도는 장기계속계약제도, 계속비제도 및 국고채무부담행위제도이다. 한국에도 똑같은 이름의 제도가 있지만, 명칭만 같지 적용대상이나 내용은 상당한 차이가 있다. 공사비 산정제도로서는 일본의 예정가격제도를 한국의 예정가격제도와 비교해 보고자 한다.

장기계속계약, 계속비, 국고채무부담행위

일본에도 한국에서와 같은 단년도 예산주의가 시행되며, 단년도 예산주의에 입각한 장기계속계약이 규정되어 있다. 그런데 「예산결산 및 회계령」에서는 장기계속계약의 적용 범위를 전기, 가스, 수도, 전기통신서비스에 한정하고 있다. 따라서 한국과 달리 일본의 장기계속계약제도는 사업기간이 2년 이상 소요되는 공사와 물품제조에는 적용되지 않는다.

한국의 국가계약법 제21조(장기계속계약)도 일본과 유사하게 규정되어 있다.

각 중앙관서의 장 또는 계약담당 공무원은 임차, 운송, 보관, 전기, 가스, 수도의 공급 기타 그 성질상 수년간 계속하여 존속할 필요가 있거나 이행에 수년을 요하는 계약에 있어서는 대통령령이 정하는 바에 의하여 장기계속계약을 체결할 수 있다. 이 경우에는 각 회계연도 예산의 범위안에서 당해 계약을 이행하게 하여야 한다

그런데 국가계약법 시행령 제69조(장기계속계약 및 계속비)의 ② 항 및 ⑤ 항에서는 다음과 같이 규정하고 있다.

② 장기계속공사는 낙찰등에 의하여 결정된 총공사금액을 부기하고 당해 연도의 예산의 범위안에서 제1차 공사를 이행하도록 계약을 체결하여야 한다.

– (중략) –

⑤ 계속비 예산으로 집행하는 공사에 있어서는 총공사와 연차별 공사에 관한 사항을 명백히하여 계약을 체결하여야 한다.

일본「회계법」에 규정된 장기계속계약제도처럼 한국의 국가계약법도 건설공사에 이 제도를 당연히 적용할 수 있는 것으로 예시하고 있지는 않다. 하지만 국가계약법 시행령에서는 장기계속공사에 대해 이 제도의 시행을 의무화하고 있다[171].

일본에서는 건설공사나 물품제조 등과 같이 장기간에 걸쳐 안정적인 예산집행이 요구되는 사업에 대해서는 계속비와 국고채무부담행위를 활용하여 예산이 편성된다(김재형 · 옥동석 · 이상호, 1999). 국고채무부담행위란 국가가 채무를 부담하는 행위를 의미하는데, 계속비제도와 국고채무부담행위에 대한 정의는 한국과 일본이 동일하다. 단, 일본에서는 국고채무부담행위로 인하여 지출할 수 있는 연한이 5개년인 반면, 한국에서는 그 연한이 별도로 규정되어 있지 않다는 차이가 있다. 현실적으로 한국에서는 국고채무부담행위의 연한이 1년으로 간주되기 때문에 '외상공사'의 의미만 있으며, 장기간이 소요되는 공사에는 적용하기 어렵다.

일본의 국고채무부담행위와 계속비의 가장 중요한 차이점은 일괄계약(단 한 차례의 계약) 여부에 있다. 단일 사업에 여러 개의 계약이 필요하면 계속비, 일괄적인 단일계약이 체결되면 국고채무부담행위가 이용된다는 것이다. 예컨대, 전함의 경우는 선체, 기관, 무기 등에 대한 여러가지 계약이 필요하기 때문에 계속비가 적용된다. 그리고 국고채무부담행위라는 명칭은 일괄계약에 따라 총사업비 만큼의 채무가 발생한다는 관점에서 붙여진 것으로 볼 수 있다.

171) 한국의 장기계속계약제도는 처음부터 건설공사에 적용된 것은 아니었고, 1978년부터 도입된 것이다(이상호 · 한미파슨스, 2003).

일본의 장기대형공사는, 전부는 아니지만 상당수가, 공사전체에 대하여 단 한번의 일괄계약을 하고 정부가 총사업비 전체에 대한 채무를 부담하면서 공사 진척도에 따라 그 채무를 차례로 지불하는 국고채무부담행위로 시행된다. 한국의 국고채무부담행위와 다른 점이 있다면, 일본은 공사진척도에 따라 채무를 지불하는데 반해, 한국에서는 일단 공사가 끝난 뒤에 채무를 지불하는 일종의 '외상공사' 제도로 운용되고 있다는 점이다.

이처럼 장기계속계약, 계속비, 국고채무부담행위는 일본이나 한국이나 동일한 명칭을 쓰고 있고, 규정도 대단히 비슷하지만, 실제 내용을 뜯어 보면 한국의 계속비와 유사한 제도는 일본의 계속비가 아니라 국고채무부담행위다. 아울러 일본의 장기계속계약은 건설공사에 적용하는 것이 아니라 전기, 가스, 수도 및 전기통신서비스에 한정적으로 적용된다. 앞서 미국의 장기대형사업은 「총액예산편성정책(full funding policy)」이 적용된다고 했는데, 일본도 국고채무부담행위를 통해 이 같은 정책에 근접한 장기계속공사의 예산편성이 이루어지고 있는 셈이다[172].

표 4-3 일본의 국고채무부담행위와 계속비 비교

구분	국고채무부담행위	계속비
계약체결 방식	일괄계약(사업 초년도에 단 한번 계약)하는 경우에 적용	수 개의 계약이 필요한 경우에 적용
현실적 적용범위	장기간의 공공사업 일체	방위청의 호위함, 잠수함 건조에 한정
부여하는 권한	국가에 차후년도의 채무를 부담시킬 수 있는 권한부여	당해년도 및 차후년도에 이뤄질 수 있는 세출권한 부여
세출예산의 계상 및 의결	매년도마다 지출액을 세출예산에 계상하여 의결	매년도마다 지출액을 세출예산에 계상하지만, 의결을 요하는 것은 아님
차기이월	조월명허비(한국의 명시이월비)로 계상되는 경우에 한해 가능	항상 가능

자료: 김재형 · 옥동석 · 이상호(1999). 「계속비제도에 대한 외국의 운용사례와 시사점」. 한국개발연구원.

일본 「회계법」과 한국 「예산회계법」 및 국가계약법의 규정을 대조해 보면, 한국의 장기계속계약이나 계속비 및 국고채무부담행위에 관한 규정이 일본으로부터 도입되었다는 것을 짐작할 수 있다. 하지만 시간이 흐르면서 이들 제도의 적용범위나 내용이 달라졌다. 아무튼 장

172) 한국 장기계속계약제도의 문제점에 대해서는 옥동석(1995) 및 이상호 · 한미파슨스(2003)에 상세하게 기술되어 있다.

기계속공사의 대부분에 장기계속계약제도를 적용하고 있는 한국보다는 국고채무부담행위를 적용하고 있는 일본의 건설공사 예산편성제도가 글로벌 스탠다드에 더 가깝다. 한국에서도 「공공건설사업 효율화 대책」을 수립하던 1998~1999년중 한때 장기대형사업의 예산제도를 계속비제도로 전환해야 할 필요성을 인식하고, 외국사례나 구체적인 방안을 검토한 적이 있다. 하지만 그 이후 별다른 논의없이 여전히 장기계속계약제도를 대부분의 장기대형사업에 적용하고 있는 것이 현실이다.

예정가격제도

한국의 예정가격제도는 일본의 예정가격제도와 거의 같다. 일본 예정가격제도의 기원은 사회기반시설의 정비가 본격화되기 시작한 메이지(明治) 시대로 거슬러 올라간다. 일본의 예정가격제도는 메이지시대에 프랑스 회계법에 있었던 예정가격을 당시 제도에 반영하였던 것이 기원이라고 하지만, 프랑스 회계법에는 없던 예정가격의 상한구속성(上限拘束性)[173]을 일본인들 스스로가 규정하였다고 한다(鈴木 一, 2004). 메이지 시대의 일본은 발주자가 공사계획과 설계 및 시공까지 담당하는 「직영 방식(直營 方式)」이 채택되었다. 당시 기술력은 공공부문이 민간부문보다 더 뛰어 났다.

일본에서 예정가격제도는 발주자가 비용을 산정하고, 그 이상의 가격으로는 낙찰이 불가능하도록 만든 제도를 의미한다(한국건설산업연구원 역, 2000). 따라서 공공발주자가 직영을 하던 시기에는 정확한 예정가격을 계산하기 위해 성능이나 사양을 계획단계에서부터 재료선택에 이르기까지 세분화하여 규정할 필요가 있었다. 이때 예정가격은 표준적인 기술력을 가진 업체가 표준화된 공법과 재료를 이용했을 때의 건설비용을 의미한다. 이렇게 산정된 예정가격의 범위내 최저 가격 입찰자를 낙찰자로 선정해 온 것이 일본의 최저가격 자동낙찰방식이다. 발주자가 작성한 예정가격의 상한구속성(上限拘束性)은 일본과 한국에만 있는 제도로 평가되며, 담합으로 인한 건설업체의 과다 이윤을 억제한다는 의미도 내포하고 있다.

일본의 예정가격제도는 시공자의 창의성을 제약한다는 문제점도 있고, 발주자가 공법이나 재료 등 건설공사에 관한 모든 것을 다 알고 예정가격을 작성한다는 의미에서 발주자의 '전지전능(全知全能)' 을 가정하고 있다. 하지만 지금은 모든 상황이 달라졌다. 발주자는 전지

173) 미국이나 유럽에서는 발주자 적산금액(Engineer' s Estimates)을 계약금액의 상한선으로 정하고 있지 않다. 다시 말해서 미국이나 유럽에서는 발주자 적산금액보다 높은 가격에서도 낙찰이 허용되지만, 한국과 일본에서는 예정가격 범위내에서만 계약체결이 가능하도록 법적으로 규제하고 있다.

전능하지 않고, 민간부문의 기술력은 공공부문보다 더 탁월하다. 일본 예정가격제도의 문제점은 한국 예정가격제도의 문제점이기도 하고, 상황변화의 추이를 보면 한국도 일본을 뒤따르고 있다.

한국의 표준품셈과 마찬가지로, 일본에서 예정가격을 산정하기 위한 기초자료로 활용되어 왔던 것은 '보괘(步掛)'였다. 일본에서도 한국의 표준품셈과 마찬가지로 보괘가 갖고 있는 여러 제약요인을 해결하기 위해 1990년대초부터 '시장단가' 방식을 도입하였다(김경래, 1997). 일본의 시장단가는 원칙적으로 종합건설업자와 전문공사업자 간에 교류되는 시공단위당 입찰가격과 전문공사업자에 의한 직영시공의 실행예산을 말한다. 일본의 시장단가를 한국식으로 표현하면 원도급자와 하도급자간의 공종별 실제 시장거래 단가를 의미한다.

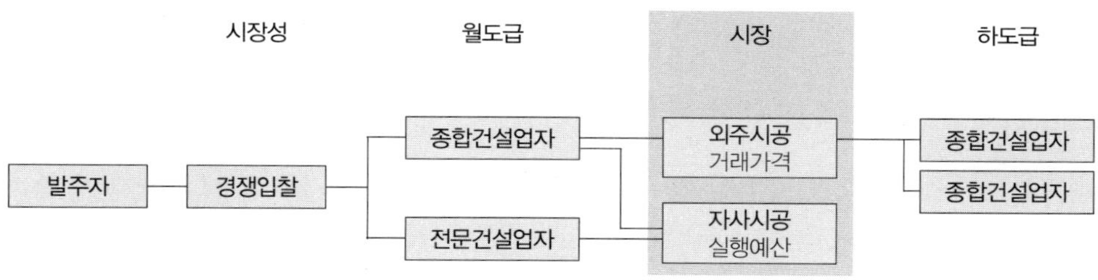

그림 4-3 일본의 공공공사 예정가격 산정과 시장단가의 개념

자료: 최석인 · 송병관 · 김윤주(2004). 「실적공사비제도의 합리적인 역할과 기능」. 한국건설산업연구원.

일본의 시장단가방식은 한국에서 2004년부터 도입한 실적공사비제도와 비슷한 것으로 인식되고 있다. 하지만 여기에도 상당한 차이가 있다. 예컨대, 일본에서는 전국 47개 도도부현(都道府縣)별로 시장단가를 설정하였지만, 한국의 실적공사비는 지역별 차이 없이 하나의 단가만을 공표하고 있다. 일본의 시장단가는 원도급자와 하도급자의 공종별 거래단가이지만, 한국의 실적공사비는 기본적으로 계약(낙찰)단가다. 일본의 시장단가 조사방법은 조사표를 이용한 통신조사와 조사대상업체를 직접 방문조사하는 면접조사의 2가지 방법을 병행하고 있지만, 한국은 일정기간 공공부문에서 수행된 계약실적을 바탕으로 설계단가와 계약(낙찰)

단가의 검토를 통해 단가가 일정범위 내에 속한 것을 스크린하여 결정하고 있다. 일본과 같이 정성적인 자료를 검토용으로 활용하거나, 시장동향 등에 대한 검증작업을 수행하는 절차 등이 명시적으로 제시되어 있지도 않다. 또한, 일본의 시장단가는 많은 보정계수를 활용하여 획일적인 실적단가가 아닌, 제한적이지만 지역별 · 현장조건별 특성을 반영해주고 있다(최석인 · 송병관 · 김윤주, 2004).

일본의 시장단가는 한국의 실적공사비에 비하여 세부 내용의 구체성, 다양성, 체계성 등에서 차이가 있으며, 일본 예정가격 산정의 기초인 보괘나 시장단가는 한국 품셈이나 실적공사비 보다 구체적이고, 현장조건이나 건설공사의 다양성을 반영하는데 보다 나은 자료라고 평가할 수 있다. 하지만 일본에서도 시장단가 방식의 적용은 그다지 활성화되지 못했고, 보괘가 안고 있는 한계도 여전하다. 한국과 마찬가지로 일본도 공사비 산정을 위한 근본적인 제도 혁신이 없는 상황에서 부분적인 개선이나 보완만으로는 기존 제도가 안고 있는 문제를 원천적으로 해결하기 어려울 것으로 보인다.

공공건설 공사비 절감 대책 추진

정책적인 면에서 볼 때, 최근 일본에서 지속적으로 추진되고 있는 것은 공공건설 공사비 절감대책이다. 그 배경은 건설투자 급감에 따라 한정된 재원을 효과적으로 활용하여 효율적인 공공사업을 집행하기 위한데 있다.

일본 정부는 1997년 1월에 각료를 구성원으로 하는 공공공사 코스트 절감대책 관계 각료회의를 설치하였고, 약 3개월간의 검토를 거쳐 「공공공사 코스트 절감대책에 관한 행동지침(이하 "행동지침")」을 마련했다. 국토교통성에서는 정부의 행동지침을 토대로 기존의 「공공공사 건설비 절감에 관한 행동계획('94.12)」의 내용을 보완한 「공공공사 코스트 절감대책에 관한 행동계획(이하 "행동계획", 97.4)」을 수립하였다.

공공공사 코스트 절감대책에 관한 행동계획과 행동지침의 대상기간인 1997년부터 1999년까지 3년간 각 성청이 협력해서 시책을 추진하였고, 목표 성과를 달성한 것으로 평가되고 있다. 2000년 9월에는 공공공사 코스트 절감대책 관계 각료회의에서 새로운 「공공공사 코스트 절감대책에 관한 신행동지침(이하 "신행동지침")」을 수립하였고, 이를 기본으로 공공공사를 담당하고 있는 각 부처에서 신행동계획을 마련하였다. 2001년 1월에는 정부조직개편에 따라 운수성 · 구 건설성 및 북해도개발청에서 책정한 신행동계획을 통합해 2001년 3월에 국토교통성에서 코스트 절감을 위한 구체적인 시책을 포함한 신행동계획을 마련하였다.

2003년 3월에는 신행동지침 및 신행동계획에 추가로 실시해야 하는 시책을 정리한 「국토교통성 공공사업 코스트 구조개혁 프로그램」을 수립해서 ① 사업의 신속화, ② 계획 · 설계부터 유지관리까지 각 단계의 최적화, ③ 조달의 최적화를 주검토대상(check point)으로 하여, 종합코스트 관점에서 공공사업을 재검토하는 「코스트 구조개혁」에 노력하고 있다.

일본의 공공건설공사비 절감대책의 단계별 주요 내용은 다음과 같이 요약해 볼 수 있다.

첫 번째 단계는 행동지침과 행동계획이 수립되어 추진된 1997년~1999년간의 시기다. 이 시기에는 공공공사비를 10% 절감하겠다는 수치목표를 제시하였고, 직접적인 공사비(=시공비) 절감에 주력하였다. 이 같은 수치목표를 달성하기 위한 세부시책으로서는 ① 공사계획 · 설계검토, ② 공사발주 효율화, ③ 공사구성요소 코스트 절감, ④ 공사실시단계에서의 합리

표 4-4 일본의 공공건설공사비 절감대책의 주요 내용

대책명	수립년도	수립주체	절감수치목표	분석시점 및 방법	비고
공공공사 코스트절감에 관한 행동지침	´97. 4	공공공사 비용절감 대책 관계각료 회의	10% 절감	´96년도 건설사업 비용과 비교 (´97년~´99년)	직접적인 공사 코스트 절감 목표
공공공사 코스트절감에 관한 행동계획	´97. 4	건설성 (현, 국토교통성)			
공공공사 코스트절감 대책에 관한 신행동지침	´00. 9	공공공사 비용절감 대책 관계각료 회의	구체적인 절감수치 목표를 명시하지 않음	´96년도 건설사업 비용과 비교 (´00년~´08년)	종합적인 코스트 절감 목표 (① 직접적인 공사 코스트 절감 + ② 시간적 코스트 절감 + ③ 시설의 내구성 향상에 의한 라이프싸이클 코스트 절감 + ④ 공사에 있어서의 사회적 코스트 절감 + ⑤ 공사의 효율성 향상에 의한 장기적 코스트의 절감)
공공공사 코스트절감대책에 관한 신행동계획	´01. 3	국토교통성			
국토교통성 공공사업 코스트 구조개혁 프로그램	´03. 3	국토교통성	15% 절감	´02년도 건설사업 비용과 비교 (´03년~´07년)	´03년부터 신행동계획의 목표에 ① 사업의 신속화, ② 설계의 최적화, ③ 조달의 최적화를 추가

자료: 한국건설기술연구원(2004).

화 · 규제완화 등 4가지가 제시되었다.

두 번째 단계는 신행동지침과 신행동계획을 수립하여 추진한 2000년~2002년간의 시기다. 이 시기에는 공공공사비 절감을 위한 수치목표를 제시하지 않았다. 이 시기에 특히 주목할만한 사항은 직접적인 공사비의 절감 차원을 넘어서 총생애주기비용(LCC)의 절감에 주력하였다는 점이다. 예컨대, 이 시기에는 종합적인 코스트 절감 목표를 ① 직접적인 공사 코스트 절감 + ② 시간적 코스트 절감 + ③ 시설의 내구성 향상에 의한 라이프싸이클 코스트 절감 + ④ 공사에 있어서의 사회적 코스트 절감 + ⑤ 공사의 효율성 향상에 의한 장기적 코스트의 절감 등으로 설명하고 있다.

세 번째 단계는 국토교통성에서 「공공사업 코스트 구조개혁 프로그램」을 수립한 2003년 이후의 시기다. 여기서는 공공사업비의 15% 절감을 수치목표로 제시하고 있다. 그 구체적인 내용은 다음 표와 같다.

표 4-5 일본 국토교통성의 공공사업 코스트 구조개혁 프로그램 개요

프로그램 위 상	① 공공사업의 모든 프로세스를 코스트관점에서 개선하여 공공사업 코스트 구조개혁 시책을 수립 ② 당장 실시할 수 있는 시책뿐만 아니라 관계기관과 검토 및 조정을 통해 실시할 수 있는 중장기적 시책도 포함 ③ 필요에 따라 시책을 추가하거나 프로그램 변경이 가능함
프로그램 대 상	① 국가 및 공단 등이 직접적으로 집행하는 공공사업 ② 지방공공단체에서 시행하는 사업
프로그램 내 용	① 사업의 신속화 : ⓐ 합의형성 · 협의절차의 개선, ⓑ 사업의 중점화 · 집중화, ⓒ 용지보상의 원활화 ② 계획 · 설계부터 관리까지 각 단계의 최적화 : ⓐ 계획 · 설계의 개선 ⓑ 자원순환의 촉진 ⓒ 범용품의 적극적 활용 ⓓ 관리의 개선 ⓔ 신기술의 활용 ③ 조달의 최적화 : ⓐ 입찰 · 계약의 개선 ⓑ 단가 등 적산방식의 개선
프로그램 추진방법	① 각 부처 및 산하기관이 시행하는 공공사업에 있어 정부프로그램을 반영하여 세부 시책을 직접 책정 ② 각 부처에 마련한 세부 시책은 독자적으로 실시하는 것이 가능
Follow-up	① 매년 추진실적과 계량적 목표를 비교하여 성과관리

자료: 국토교통성(2003).

한국에서도 한때 공공건설사업비 20% 절감을 목표로 한 「공공건설사업 효율화 종합대책(1999)」을 수립한 적이 있다. 하지만 한국의 종합대책은 성과 자체를 측정하기 어려운 종합적인 건설제도 개선방안을 내용으로 했고, 일본의 경우는 실제로 공사비 절감을 가져올 수 있는 구체적인 방안을 발굴하여 집행했으며, 그 결과 목표로 내세웠던 성과(공사비 10% 절감)도 달성했다는 평가를 내리고 있다.

한국의 「공공건설사업 효율화 종합대책」처럼 일회성 정책으로 끝난 것이 아니고, 지속적으로 새로운 대책을 수립하면서 그 범위를 확대해 나가고 있는 것도 눈여겨 보아야 한다. 특히 2000년대에 들어서는 직접적인 공사비의 절감만이 아니라 총생애주기비용(LCC)의 절감에 주력하고 있다는 사실도 중요하다.

가장 최근에 발표된 일본 국토교통성의 「공공사업 코스트 구조개혁 프로그램」은 최저가낙찰제를 도입한다든가, 가격경쟁을 촉진한다든가 하는 방식으로 공사비를 절감하는 것이 아니라, 전체적인 정부조달시스템을 개선함으로써 공사비를 절감하는 대책으로 구성되어 있다. 특히 조달의 최적화 방안으로 제시하고 있는 입찰계약제도의 개선방향은 민간의 기술력을 적극 활용할 수 있도록 기업의 기술력을 적정하게 평가하고, 기술제안을 중시하는 조달방식을 도입하는데 초점을 두고 있다.

06 건설공사 발주제도

설계/시공 분리발주와 일괄발주(Design-Build) 및 건설사업관리(CM at risk) 가운데 일본은 여전히 설계/시공 분리발주에 고착되어 있다. 건설공사 발주제도에 관한 한, 한국은 일본보다 과감하게 설계 · 시공 일괄발주를 확대하였고, 건설사업관리(CM)에 대한 논의도 활성화되는 등 다소 진일보한 입장을 취해왔다고 본다.

일본의 「입찰계약 적정화법 및 적정화 지침의 조치상황 조사결과」(2003.10.3, 국토교통성 · 재무성 · 총무성 공표)을 보자. 설계 · 시공 일괄발주 방식을 도입한 공공발주기관은 국가기관의 약 1/4, 도도부현 및 정령 지정도시는 1/5에 불과하고, 시 · 촌(市 · 村) 수준에서는 거의 도입되어 있지 않다(조달청, 2004). 일본 국토교통성의 경우 2003년에 발주된 설계 · 시공 일괄공사는 19건이었지만, 설계/시공 분리발주가 원칙인 가운데 설계와 시공방법이 밀접한 관계가 있는 경우(예: 도시내 교차점의 입체화 사업 등)에 설계 · 시공 일괄방식을 채택하고 있다고 한다(스기야마, 2005).

일본에서도 1990년대 초반부터 건설사업관리(CM) 방식의 도입이 논의되기 시작했다. 일본에서 CM도입의 필요성은 크게 2가지로 요약된다. 첫째는 CM이 발주자를 지원하는 시스템이라는 점이고, 둘째는 CM이 공사의 비용구조를 명확하게 보여준다는데 있다. 그러나 실제로 공공부문에서 CM을 활용한 사례는 극히 제한적이다. 민간기업 일부에서도 제한적으로 CM을 도입하였지만, CM 도입의 주된 목적은 공사비 절감에 있었다. 최근에는 공공부문이건 민간부문이건 간에 CM의 도입 및 활용에 대해서 긍정적인 반응을 보이고 있다. 예컨대, 일본 건설경제연구소(RICE)의 설문조사 결과에 의하면, 공공부문 발주자의 약 20%가 향후 자신들이 발주할 공사에 CM을 도입할 의사가 있다는 응답을 했다고 한다(Suzuki, 2003). 일본 국토교통성에서는 2002년 2월 「CM방식 활용 가이드라인」을 제정하였고, 지자체에서도 2002년 12월에 「지방공공단체 CM방식 활용 안내서」를 작성하여 확대를 추진하고 있으나 현재까지 별다른 성과를 거두지 못하고 있다[174].

일본에서 설계 · 시공 일괄발주나 CM활성화가 이루어지지 못하고 있는 이유는, 오랜 관(官)주도 발주체계에서 발주자 직영(直營) 방식이 주류를 이루다 보니 발주기관의 조직규모가 비대하다는 사실과도 연관된다. 일본에서는 발주자가 공공시설물을 직접 책임지고 '건설(建設)' 하는데 반하여, 설계 · 시공 일괄발주는 발주자가 건설된 공공시설물을 '구입(購入)' 하는 것이기 때문에 일본의 관(官)주도 발주체계에서는 그와 같은 '구입' 방식이 활성화되기 어렵다는 지적도 있다(스기야먀, 2005). 하물며 CM은 발주자의 건설사업관리업무를 민간 건설사업관리자에게 위탁하는 것인데, 일본과 같은 관주도 발주체계에서 민간위탁 발주방식의 수용이 쉽지 않으리라는 것도 충분히 짐작할 수 있다.

설계 · 시공 일괄발주나 건설사업관리와 달리, 일본에서는 VE(Value Engineering)가 활성화되어 있다. 공사입찰시 입찰참가자의 기술제안을 접수하여 발주자에게 승인을 받은 경우, 해당 제안을 한 입찰참가자가 자신의 기술제안을 토대로 입찰할 수 있는 「입찰 VE방식」은 2003년에 689건의 적용실적을 기록하였다. 공사계약 후에 수주자로부터 기술제안서를 접수하여 채택된 경우, 해당 제안에 따라 설계도서를 변경하고 수주자에게는 절감액을 일부를 지급하는 「계약후 VE방식」은 2003년에 2,272건의 실적을 기록하였다(스기야마, 2005). 이 같은 VE방식의 활성화도 '일본적 문화' 의 한 단면을 보여주는 것으로 생각된다. 설계 · 시공 일괄방식이나 건설사업관리 방식의 도입과 같은 발주체계의 근본적인 변화는 어렵지만, 기존의 설계/시공 분리발주 틀 속에서 점진적 '개선(改善)' 을 추구하는 방식은 쉽게 수용되고 있다는 점이다. 아무튼 VE활성화는 민간의 기술력을 활용하고자 하는 일본 공사발주제도의 변화 흐름으로 보아야 한다.

174) 한국에서는 「건설산업기본법」의 건설사업관리에 대한 용어정의상 "시공"이 빠져 있기 때문에 발주방식으로서의 건설사업관리(CM at risk) 방식은 허용되지 않는 것으로 해석되고 있다. 따라서 공식적인 공공부문의 건설사업관리(CM at risk) 발주실적은 1건도 없다.

07 건설업체 선별과 입찰제도

일본에서 건설사업을 수행하기 위해서는 먼저 건설업 허가를 받아야 하고, 다음으로는 경영사항심사를 받아야 한다. 경영사항심사제도는 일종의 입찰참가자격 사전심사제도(PQ)와 같은 기능을 수행하는 건설업체 선별장치로 볼 수 있다. 또한 일본의 건설업체들은 각 발주처별로 등록을 해야 한다. 등록한 업체들을 대상으로 지명경쟁이나 일반경쟁 등 입찰방식에 따른 입찰참가가 이루어진다.

경영사항심사제도와 등급제

일본의 경영사항심사제도는 건설업자의 규모나 경영상황에 대한 평가를 통하여 공공공사 입찰참가 업체를 선별하기 위한 제도이며, 한국의 시공능력평가제도와 유사한 것으로 인식되고 있다.

건설업체에 대한 경영사항심사는 지명경쟁입찰이 널리 활용되어 왔던 일본 건설산업에서 가장 중요한 제도의 하나로 자리잡고 있다. 일본 정부는 국내기업은 물론 외국기업에 대해서도 공공공사에 참여하기 위한 전제조건으로 경영사항심사를 실시하고 있다.

1994년에 제정된 일본의 「공공공사 입찰 · 계약 절차 개선에 관한 행동계획」에서는 일반경쟁입찰 참가자격에 대해서 매년 공종, 자격요건, 등록신청시기 및 방법, 자격의 유효기간, 자격 갱신 등에 관한 사항을 공시하도록 하고 있다. 이중 '자격요건'에는 소극적 자격요건(결격요건)과 적극적 자격요건이 있으며, 소극적 자격요건(결격요건)의 심사후에 적극적 자격요건 심사가 이루어진다. 일반경쟁입찰에서는 '객관적 사항' 만을 심사하고, 지명경쟁입찰에서는 '주관적 사항' 도 심사대상으로 하고 있다. 객관적 사항의 심사를 위해서 경영사항심사를 하고 있는데, 일본 「건설업법」에서는 공공공사 참여 희망자에게 자격등록 신청시 경영사항심사 결과를 첨부하도록 하고 있다.

2003년 6월에 일본의 「건설업법」이 개정되면서 경영사항심사제도는 다소 변화를 겪게 되었다. 종래에는 객관적 사항 전반에 대해 종합 평점을 매겼지만, 이제는 경영상황과 경영규모 및 기술적 능력 등의 객관적 사항에 대해서만 수치로 평가하도록 하였다. 경영사항 심사기관도 국토교통성대신에게 등록한 기관중 신청자가 선택할 수 있도록 하였다.

일본의 각 발주자는 경영사항심사 평점(객관적 사항)에 공사성적 등의 항목(주관적 사항)[175]을 추가하여 A부터 D, 또는 E등급까지 등급을 결정하고, 하위등급 업체가 상위등급 공사에 참여하거나 상위등급 업체가 하위등급 공사에 참여하는 것을 금지하고 있다[176]. 경영사항심사 점수에 기초한 등급제의 목적은 품질 확보, 적정한 경쟁 유도 및 수주기회의 공평성 확보 등으로 설명하고 있다.

표 4-6 일본 국토교통성의 등급별 일반토목 및 건축분야 발주금액 표준 예시

등급 \ 구분	종전(1999년 이전)	개정후(1999년부터 시행)
A	6억엔이상	7억2천만엔이상
B	2억5천만엔이상 ~ 6억엔미만	3억엔이상 ~ 7억2천만엔미만
C	6천만엔이상 ~ 2억5천만엔미만	6천만엔이상 ~ 3억엔미만
D	2천만엔이상 ~ 6천만엔미만	6천만엔미만
E	2천만엔미만	E등급은 삭제

자료: 일본 국토교통성(1999). 「중견 · 중소건설업자의 수주기회 확보대책」.

175) 주관적 사항의 내용은 발주기관별로 대단히 다양하다. 과거의 공사성적이 가장 중요한 것은 물론이지만, 그 외 ISO인증 취득, 지명정지경력, 우수공사 표창 유무, 당해 발주기관공사의 시공실적 유무, 장애자 고용 현황, 납세상황, 건설업 영업 년수, 건설기계 보유상황이나 시공체제 및 환경대책 상황 등이 활용되고 있다(鈴木一, 2004).

176) 대개의 경우 2등급을 뛰어넘는 공사참여는 금지하고 있다. 그 이유는 공사규모와 수주업체 규모가 상응해야 능률적이며, 대기업이 소규모 공사를 시공하면 간접비 지출이 소기업보다 많기 때문에 대기업은 대형공사를, 소기업은 소형공사를 전담하도록 한 것이다(해외건설협회, 1995). 그러나 이 제도는 기술적으로 간단한 공사도 금액이 크다는 이유로 중소업체의 입찰참여를 불가능하게 만들고, 중소기업 보호 차원에서 소규모 공사로 분할발주함으로써 당초 5억엔이던 도로공사비를 6억엔으로 증가시키는 결과를 초래하며, 납세자의 부담을 가중시키고 있다는 부정적인 평가를 하고 있다(한국건설산업연구원 역, 2000).

일본의 경영사항심사제도는 1950년에 신설되었고, 불량 · 부적격업체가 증가함에 따라 1994년부터 의무화되었다. 한국의 시공능력평가제도는 시공업체 규모별로 일정규모 이상의 공사는 도급받을 수 없도록 한 도급한도액제도(1961년 도입)를 계승한 것으로, 1996년 「건설산업기본법」 제정시 도입된 제도이다. 한국의 시공능력평가제도는 법적으로 의무화된 것은 아니지만, 입찰참가자격을 정하는 기준으로 활용되다 보니 사실상 공공공사 입찰참가업체에 대해서는 일본의 경영사항심사제도와 마찬가지로 의무화된 제도나 다를 바가 없다. 또한 일본에서 경영사항심사점수를 기준으로 건설업체의 등급을 구분하는 것처럼, 한국은 시공능력평가액을 기준으로 건설업체를 7개 등급으로 구분하여 해당 등급공사는 해당 등급업체만이 대표사가 될 수 있도록 하는 등급제한 입찰제도를 운영하고 있다. 일본의 등급제와 마찬가지로 그 취지는 중소건설업체의 수주 기회를 확보해주기 위한 것이다.

일본의 경영사항심사 및 등급제와 한국의 시공능력평가 및 등급제한 입찰제도는 유사성도 많지만, 실제 내용은 상당한 차이가 있다.

첫째, 한국과 달리 일본에서는 경영사항심사에 기초하여 발주기관별로 유자격자 명부를 작성하고 있다. 이때 각 발주자는 경영사항심사 점수를 받았다는 이유만으로 무조건 유자격자 명부에 등록시켜 주는 것이 아니다. 일반경쟁이나 지명경쟁입찰 참가를 위한 건설업체의 최소 필요자격을 정하여 신청 및 심사를 거친 후에 유자격자 명부에 등록한다. 실제로 2005년 12월 현재 일본 국토교통성 관동지방정비국의 등급별 업체수는 A등급 42개사, B등급 104개사, C등급 1,549개사, D등급 4,425개사라고 한다. 2004년 일본 건설업체 수가 55만개라는 사실과 대조해 보면, 7.2억엔 이상 공사의 입찰에 참여할 수 있는 A등급이나 B등급업체수가 얼마나 적은 지를 알 수 있다. 이런 사실에 기초해 보면, 경영사항심사에 기초한 일본의 등급제는 영국의 「Constructionline」 이나 미국 주정부 교통국(DOTs)의 「연간(annual) PQ」와 유사한 입찰참가자격 선별제도로 보아야 한다. 하지만 한국의 시공능력평가제도는 모든 건설업체를 "도급받을 수 있는 1건 공사의 최대금액"으로 서열화(序列化)하는 의미를 갖고 있는 것이지, 입찰참자자격자를 선별(selection)하는 제도가 아니다. 그렇기 때문에 한국에서는 시공능력평가제도외에 별도의 PQ제도가 필요하다. 그렇다고 해서 한국의 시공능력평가제도와 PQ제도가 다른가 하면 그렇지도 않다. 시공능력평가제도의 평가항목이 좀더 광범위하고, PQ심사항목과 비슷한 평가항목을 중복해서 활용하고 있는 실정이다.

둘째, 일본 국토교통성의 A등급업체가 입찰에 참가할 수 있는 금액과 한국의 조달청 1등급업체가 대표사로 입찰에 참가할 수 있는 공사 규모는 너무나 현격한 격차를 보여주고 있다. 일본 국토교통성의 A등급 업체가 입찰에 참가할 수 있는 등급제 공사는 7.2억엔(약 72억원) 이상이지만, 한국 조달청 1등급 업체가 대표사로 참가할 수 있는 등급제한 입찰공사(토목공사의 경우)는 700억원 이상이다. 약 10배 차이가 난다. 조달청 5등급~7등급업체에게 배정되는 등급공사가 일본 국토교통성의 B등급 공사에 해당된다. 이 같은 결과는 한편에서는 그만큼 일본 공공공사의 발주규모가 대단히 작기 때문이고, 다른 한편에서는 그만큼 입찰참가자격을 엄격하게 규제하고 있다는 의미로도 볼 수 있다.

일본의 경영사항심사제도와 등급제는 입찰참자격의 선별장치 역할을 하고, 발주기관별 유자격자 명부의 등록기준이 된다는 점은 한국의 시공능력평가제도나 PQ제도가 지향해야 할 방향이라고 본다.

입찰제도

일본은 1947년에 「회계법」을 제정한 이후 "일반경쟁입찰" 방식을 시행해 오다가, 불량 · 부적격업체의 입찰참가를 막기 위하여 1958년부터 "지명경쟁입찰"방식을 도입했다. 지명경쟁입찰은 자격심사를 마친 유자격자중에서 발주자가 입찰때마다 업자를 지명하여 입찰을 실시하는 방식이다. 일본의 지명경쟁입찰에 대해서는 지명기준의 불투명, 입찰참가업체의 고정화로 인한 담합 유발 등과 같은 많은 비판을 쏟아져 왔다.

일본의 지명경쟁입찰에서 발주자가 어떤 기준으로 입찰자를 지명하는지, 동경도(東京都)의 「공사청부 지명업자 선정기준(2001)」을 보자(조달청, 2004).

지명업체 선정시 판단사항은 ① 경영 및 신용상황, ② 지명 및 수주상황, ③ 관공청(官公廳) 공사의 실적 유무, ④ 기발주공사의 시행성적, ⑤ 발주공사에 대한 지리적 조건(영업소 소재지 등), ⑥ 발주공사 시행에 대한 기술적 능력, ⑦ 발주공사 내용에 적합한 전업성(專業性), ⑧ 시행중인 기발주공사의 진척상황 등이다.

이 같은 판단사항에 기초하여 등급별, 혹은 순위공사의 지명업체를 선정할 때, 다른 자에 우선하여 선정할 수 있다. 예컨대, ① 발주공사의 시행장소 부근에 영업소를 가진 자, ② 발주공사와 동종 공사를 전문으로 하는 자, ③ 기발주공사의 시행성적이 우수한 자, ④ 발주공사가 도로포장공사 · 하천공사 · 수도시설공사 · 하수도시설공사 · 일반토목공사인 경우에는 최근 3년간에 걸쳐 시행이 끝난 동일한 업종의 기발주공사나 시행중인 기발주공사, 타관공청공사 및 민간공사 등의 공사 시행자를 예시하고 있다. 이 같은 우선 지명업체 선정기준은 한국에서 과거 입찰담합시 「연고권(緣故權)」이라고 불렀던 것의 내용과 유사하다.

지명업체의 선정제한 기준도 규정되어 있다. 공사관계자의 조치요구에 따르지 않거나 하도급 계약관계가 부적절한 자, 경영상황이 두드러지게 불건전한 자, 같은 시기에 다른 발주공사 지명업체 선정이 예정된 자, 최근 3년간 완공된 기발주공사의 시행성적이 불량한 자 및 시행중인 기발주공사의 이행실적이 50%에 달하지 않는 자 등에 대해서는 지명업체 선정을 하지 않을 수 있다는 것이다. 이 같은 선정제한 기준을 보면, 발주자의 지명권한이 막강할 뿐만 아니라 과거의 공사수행 실적이 좋은 업체들을 대상으로 '골고루' 지명업체를 선정한다는 것을 짐작할 수 있다. 그리고 지명업자의 수는 10명 내외로 한정하고 있다.

일본의 지명경쟁입찰제도는 정부조달시장 개방을 앞두고 외국업체와 후발업체를 배제하기 위한 수단으로 이용된다는 문제가 제기되기도 했다. 이에 따라 1995년부터 다시 중앙정부와 관계기관이 시행하는 대규모 공공공사에 일반경쟁입찰 방식을 도입했다.

일본의 일반경쟁입찰도 건설업 허가를 받은 업체들에게 무조건적인 입찰참가를 허용하는 것은 아니다. 불량·부적격업체를 배제하기 위해 시공실적·경영상태·기술력 및 사회적 신뢰성 등과 같은 요소를 평가하여 입찰참가자격을 제한하는 것이 일반적이다. 일반경쟁입찰 공사의 평균 입찰참가자 수도 10개사 미만에 불과한 이유도 이 같은 제도적 여건이 전제되어 있기 때문이다.

정부조달시장 개방대상공사에 대해 일반경쟁입찰제도가 1995년부터 다시 도입되었다고 하지만, 여전히 일본의 입찰제도는 지명경쟁입찰이 근간을 이루고 있다[177]. 예컨대, 일본 국토교통성의 2002년도 입찰유형별 계약실적을 보더라도, 일반경쟁입찰 건수가 전체 계약건수에서 차지하는 비중은 1.1%에 불과하다.

최근 들어 일본에서는 새로운 형태의 지명경쟁입찰방식 도입이 확대되고 있다. "공모형 지명경쟁입찰", "공사희망형 지명경쟁입찰", "기타 지명경쟁입찰"등을 예로 들 수 있다. "공모형 지명경쟁입찰"은 발주자가 먼저 각 프로젝트별로 기술자료를 제출할 업체의 범위를 결정한 후 프로젝트 개요와 기술자료를 제출하고자 하는 업체의 자격에 대해 공표하고, 입찰에 참가하고자 하는 업체로부터 기술자료를 접수한 후 심사를 하여 입찰참가 업체를 지명하는

177) 그 이유는 분리·분할발주 등으로 인하여 공사발주 규모가 아주 작아 일반경쟁입찰이 적용되는 건설시장 개방 대상에서 제외되어 있기 때문으로 볼 수 있다.

방식이다. 국토교통성에서는 대개 2억엔~7억5천만엔 규모의 공사발주시 이 방식을 활용하고 있다. 최근 들어 공모형 지명경쟁입찰방식을 활용하는 발주기관이 늘어나고 있긴 하지만, 응모자 전원을 지명하는 발주자도 많아 사실상 일반경쟁입찰과 다를 바가 없다는 비판도 있다(일본 전국건설업협회, 2004.6).

"공사희망형 지명경쟁입찰"은 입찰참가자격 등록시 발주자가 각 시공회사로부터 입찰에 참가하기를 희망하는 공사의 종류에 대하여 명기한다. 이 방식으로 입찰할 경우 발주기관은 사전 등록한 업체중 10개~20개의 업체를 선정해 기술자료 제출을 요구하는데, 발주기관은 기술자료 내용을 검토한 후 최종 후보자를 선정하여 입찰서를 제출토록 한다. 국토교통성에서는 대개 1억엔~2억엔 규모의 공사 발주에 이 방식을 활용하고 있다.

"기타 지명경쟁입찰"은 시공회사의 공사실적과 발주기관의 시공자 순위결정 시스템에 의한 점수를 기준으로 발주기관이 입찰에 참가할 업체를 선정한다. 일반적으로 「발주기관내 선정위원회」가 선정업무를 담당한다. 이 방식은 소규모 사업에서 널리 사용되고 있다. 국토교통성에서는 대개 1억엔 미만의 공사에 이 방식을 채택하고, 지방공공단체도 중소규모 사업 및 특수한 건설공사 발주시 활용하고 있다.

일반경쟁입찰이건 지명경쟁입찰이건 간에, 일본 공공사의 평균적인 입찰참가자 수는 미국이나 유럽연합 각국에 비해 다소 많기는 하지만 10개사 내외에 불과하다. 경영사항심사에 기초한 발주기관별 유자격자 명부 작성과 등급편성을 거쳐, 입찰공고시에 또다시 입찰참가자격 요건을 제시하면서 입찰참가자를 선별하기 때문이다.

"공모형" 및 "공사희망형" 지명경쟁 입찰제도에서 눈여겨 볼 필요가 있는 것은 소규모 공

표 4-7 일본 국토교통성의 2002년도 입찰유형별 계약상황(건수)

	합계		지방정비국		관청영선부		국토기술정책총합연구소	
	건수	전년비	건수	전년비	건수	전년비	건수	전년비
일반경쟁입찰	174	-17.9%	169	-16.7%	4	-42.9%	1	-50.0%
공모형 지명경쟁입찰	2,036	12.7%	2,013	12.6%	23	15.0%	0	-
공사희망형지명경쟁입찰	2,642	8.9%	2,639	9.0%	3	-25.0%	0	-
통상형 지명경쟁입찰	10,160	-2.4%	10,132	-2.3%	11	-50.0%	17	-15.0%
수의계약	755	-4.5%	728	-1.4%	21	-56.3%	6	50.0%
합계	15,767		15,681		62		24	

자료: 鈴木一(2004).

사에 대해서도 기술자료의 제출을 요구하여 심사하고 있다는 점이다. 기술자료를 제출하는 데에는 상당한 입찰비용이 수반되고, 기술력이 없으면 현실적으로 낙찰되기 어렵다.

지명경쟁입찰방식 외에 일본에서는 공공공사의 품질 향상, 우수건설업체의 경쟁참가 촉진, 민간기술의 활용을 위한 새로운 입찰계약방식의 도입이 추진되고 있다(일본 전국건설업협회, 2004.6). 대표적인 예로서는 「VE(Value Engineering)」 방식이 있다. 건설업체로부터 새로운 기술제안이 기대되는 경우에는 '입찰전', '입찰시', '입찰후'의 모든 경우에 시공방법 등에 관한 기술제안을 받아 가격만이 아닌 투자효율성(value for money) 관점에서 평가를 하기도 한다. 「시공방법 제안형」 방식도 있다. 이 방식은 '표준공법 이외에 복수의 시공방법을 생각할 수 있는 경우', 수주자측에서 시공방법을 제안 받는 방식이다. 「성능규정방식」도 있는데, 발주자는 설계를 제시하지 않고 요구하는 성능만을 명확히 규정하고 재료, 시공방법 등의 사양(형상, 재질)에 대해서는 건설업체가 기술제안을 하도록 하는 방식이다.

최근 들어서는 「새유럽연합지침(New EU Directives)」의 "경쟁적 대화 절차(competitive dialogue procedure)"처럼 입찰계약과정에 협상(negotiation)을 활용하는 방식을 「경쟁적 교섭(競爭的 交涉)」방식이라고 부르면서 도입하고자 하는 시도가 이루어지고 있다(Hajime Suzuki, 2004). 아직까지 제도적으로 도입된 것은 아니지만, 국토교통성의 하네다공항 개발 프로젝트나 「회계법(會計法)」의 적용을 받지 않는 공기업(예: 나리타국제공항공사, 고속도로공사 등)에서 시범사업이 진행되고 있다.

한국에서는 1998년 이후 사실상 사라진 입찰담합이 일본에서는 여전하다는 이유로 일본을 부러워하는 사람도 있고, 일본의 입찰제도를 비웃는 사람도 있다. 하지만 한국의 일반경쟁입찰이나 등급제한 입찰은 1건 공사에 수십개, 수백개 입찰자는 보통이고, 소규모 전기공사의 경우는 2,000개~3,000개에 달하는 업체가 입찰에 참가하는 경우도 있다. 입찰자에게 기술제안을 요구하는 것은 설계 · 시공 일괄 및 대안입찰제도가 유일하다.

일본과 비교해 보더라도, 한국에 입찰자 선별시스템이 있는 지를 의심할 지경이다. 입찰비용도 전자입찰제도의 도입으로 사실상 거의 없다. 그러니 입찰참가자 수는 갈수록 늘어나고, 개별업체 입장에서는 낙찰확률이 갈수록 줄어든다.

일본에서는 최근 VE방식, 시공자 제안형이나 성능규정방식, 경쟁적 교섭방식 등 새로운 입찰계약제도의 도입을 위한 노력이 지속적으로 이루어지고 있다. 하지만 한국에서는 기껏해야 최저가 낙찰제 확대 여부나 적격심사제도의 고수 여부를 둘러싸고 핏대만 올리고 있다.

"경쟁적 대화 절차"와 같은 협상에 의한 계약방식의 도입을 모색하자고 하면, 현실과 동떨어진 사람 취급을 받는다. 그런 건 외국에서나 통하는 방식이지 한국에 어떻게 도입하느냐며 아예 논의조차 거부한다. 미국이나 유럽만이 아니라 일본도 그 방향으로 가고 있는데, 적격심사제도냐 최저가 낙찰제도냐만 놓고 입씨름하고 있는 것이 한국의 현실이다.

입찰제도의 혁신이 이루어지지 않은 것도 문제지만, 혁신을 하고자 하는 의지가 없는 것이 더 큰 문제다. 연구과정에서 만난 일본인이나 일본서적을 보면, 일본제도가 안고 있는 문제점을 솔직하게 지적하면서 미국이나 유럽의 제도에서 배우고, 새로운 제도를 일본에 도입하고자 하는 노력과 성과가 엿보인다. 그런 점도 한국이 일본에서 배워야 할 정신자세일 것이다.

08 건설보증제도

1995년까지만 해도 일본의 건설보증제도는 한국보다 그다지 나은 것으로 보기 어려웠다. 공공공사 계약보증제도의 근간은 한국의 시공연대보증인제도와 유사한 「공사완성보증인제도(工事完成保證人制度)」였고, 글로벌 스탠다드인 이행보증제도(performance bond)는 도입되지 않았다.

일본의 「공사완성보증인제도」는 도급자가 만일 공사를 완성하지 못할 경우, 다른 건설업자(=공사완성보증인)가 원래의 도급자를 대신해서 공사를 속행하고 완성을 보증한다는 역무적(役務的)[178] 성격의 보증제도였다. 따라서 발주자 입장에서는 특별한 경제적 부담없이 공사완성을 담보할 수 있다는 장점이 있다. 하지만 이 제도는 입찰담합이 공공연한 일본 현실에서 담합을 조장한다는 등의 비판이 많았다[179].

일본의 건설보증제도는 WTO 정부조달협정에 따른 건설시장 개방을 계기로 1995년에 공사완성보증인제도를 폐지하고, 1996년에 신이행보증제도(新履行保證制度)를 도입함으로써

178) 계약보증의 성격은 크게 금전적 보증과 역무적 보증의 2가지로 구분하고 있다. 계약불이행시 계약금액 대비 일정비율의 금전으로 보상하는 것이 금전적 보증이고, 완성공사보증인이나 한국의 시공연대보증인 등이 계약자를 대신하여 계약이행을 해주는 것이 역무적 보증이다.

179) 예컨대, 입찰담합에 가담하지 않거나, 담합질서를 깨뜨린 건설업자에 대해서는 공사완성보증인을 구할 수 없도록 함으로써 담합질서를 유지하는 수단으로 활용되었다는 것이다(한국건설산업연구원 역, 2000). 그밖에 지명경쟁입찰과 최저가격 자동낙찰 방식이 주로 적용되는 일본에서 동일공사 입찰자중 누군가가 공사완성보증인이 되어 대체시공을 하게 될 경우, 낙찰자보다 높은 가격에 입찰한 자가 공사를 인수해서 완공해야 하는 불합리성 등도 문제로 지적되었다.

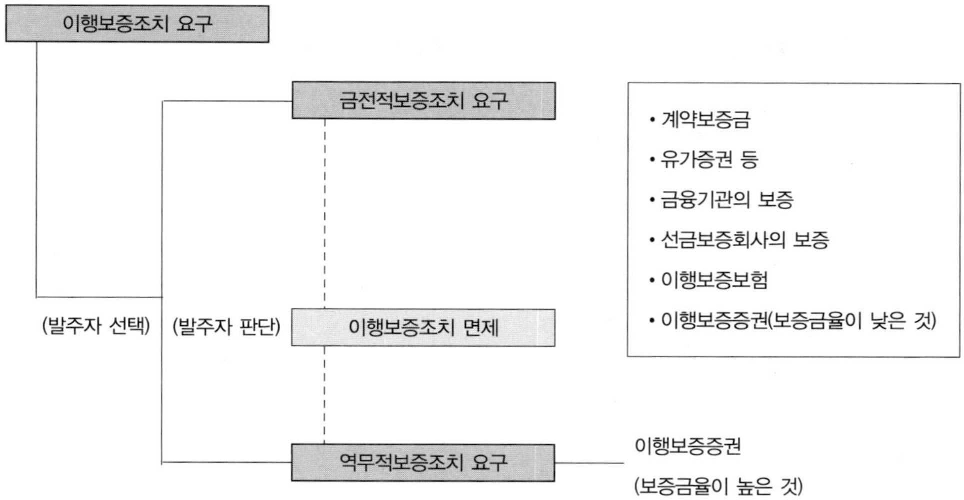

※ 발주자가 이행보증조치 등을 선택하는 경우의 사고방식

- 금전적 보증조치 : 경제적 손실 보전에 만족하는 경우(통상의 경우)
- 역무적 보증조치 : 발주자 체제가 불충분한 경우나 시설물 사용개시 시기 관계 등으로 경제적 손실의 보전만으로는 불충분한 경우
- 이행보증조치 면제 : 계약자의 채무 불이행 가능성이 낮거나, 채무불이행의 영향 등을 감안하여 이행보증조치가 불필요한 경우

그림 4-4 일본의 신이행보증제도 개요

자료: 草前耕造(2000).「公共工事契約と 新履行保證制度」. 日本評論社.

큰 변화를 겪게 되었다[180].

일본의 공공공사 계약보증제도는 금전적 보증을 원칙으로 하고 있다. 일본「회계법(會計法)」에서는 발주자가 금전적 보증조치를 요구할 때 계약보증금이나 담보가 되는 유가증권 등의 제공, 은행 또는 발주기관이 인정하는 금융기관의 보증, 선금보증회사의 보증, 이행보증보험 등으로 계약보증금을 납부해야 한다. 그리고 공공공사용 이행보증증권은 발주자가 입찰공

180) 일본 국토교통성에서는 1995년 11월 이후 토목공사는 2억엔, 건축공사는 1억엔 이상 공사를 대상으로 공사완성보증인 제도를 폐지하고 신이행보증제도를 도입하였고, 1996년 4월부터는 모든 공사에 신이행보증제도를 시행하고 있다.

고시 명시한 보증금율에 따라[181] 금전적 보증이나 역무적 보증을 제공해야 한다. 대개 경제적 손실 보전만으로 충분하다면 금전적 보증을 요구하고, 그렇지 못할 경우에는 역무적 보증을 요구하게 된다. 또한 계약자의 채무 불이행 가능성이 낮거나, 채무불이행의 영향 등을 감안하여 이행보증조치가 불필요한 경우에는 이행보증조치를 면제할 수도 있다.

표 4-8 일본의 공사계약 이행보증 상품 비교

구분	공공공사용 이행보증증권	이행보증보험	계약보증특약	금융기관 보증
보증기관	손해보험사	손해보험사	전불금보증회사	은행 등 금융기관
법적성격	민법상의 연대보증	상법상의 보험	민법상의 연대보증	민법상의 연대보증
계약형태	보증위탁계약 (손보사와 도급업자) 채무보증계약 (손보사와 발주자)	발주자를 피보험자로 하는 도급업자가 보험계약자가 되는 보험계약	보증위탁계약 (보증회사와 도급업자) 채무보증계약 (보증회사와 발주자)	보증위탁계약 (은행과 도급업자) 채무보증계약 (은행과 발주자)
보증금액	금전적 보증: 계약금액의 10% 역무적 보증: 계약금액의 30%	계약보증금 상당액 (계약금액의 10%)	계약보증금 상당액 (계약금액의 10%)	계약보증금 상당액 (계약금액의 10%)
보증요율	기본요율 A급공사: 0.78% B급공사: 1.11% C급공사: 1.44% 각종 할인, 할증	기본요율 A급공사: 0.78% B급공사: 1.11% C급공사: 1.44% 각종 할인, 할증	0.45%~0.72% (동일본건설보증주식 회사의 경우)	표준적인 요율 없음
보증내용	발주자가 이행청구를 하면, 손보사는 ① 공사의 완성 (역무적 보증) ② 보증금액 지불 (금전적 보증) 중 하나를 선택	손해배상 예정액인 보험금 지급	손해금액 상당액 지급	손해금액 상당액 지급

자료: 東日本建設保證株式會社(1996). 「契約保證の 案內」.

181) 일본의 「공공공사 표준 청부계약 약관」에서는 역무적 보증이 필요할 경우 보증금율(=계약금액 대비 보증금액)을 30%로 예시하고 있고, 금전적 보증의 보증금율은 10%로 예시하고 있다.

한편, 일본의 계약보증기관은 한국과 달리 그 수가 대단히 많다. 가장 큰 비중을 차지하고 있는 보증기관은 지역별로 선금 보증을 독점하고 있는 3대 전불금 보증[182]회사(북해도, 동일본, 서일본)들이다. 또한 공공공사용 이행보증증권은 손해보험사가 취급하고 있는데, 2000년의 경우 그 수는 외국계 손해보험사까지 합하여 41개가 있다. 그 외 은행 등의 금융기관도 보증기관 역할을 담당하고 있다. 한국과 달리, 일본에서는 선금보증 외에는 건설보증기관의 독과점적 지위가 인정되지 않고, 다양한 유형과 성격의 보증기관간 경쟁이 이루어지고 있다.

1998년도 일본의 정부발주공사중 신이행보증제도에 따른 보증건수는 전체의 48.8%였고, 금액은 전체의 78.0%였는데, 이중 선금보증회사에 의한 계약보증특약 건수는 전체의 36.7%를 차지하였다. 하지만 보증(보험) 금액이나 도급계약금약을 기준으로 하면, 손해보험사가 40.8%, 40.7%로 가장 큰 비중을 차지하였다[183].

표 4-9 일본의 신이행보증제도 활용 실적(1998년, 정부발주공사)

(단위 : 건, 억엔, %)

구분	금액			비중		
	건수	보증(보험)금액	도급계약액	건수	보증(보험)금액	도급계약액
전체	47.992	–	29,693	–	–	–
신이행보증제도	23.426	2,323	23,147	48.8	–	78.0
이행보증보험	2.601	199	1,962	11.1	8.6	8.5
공공공사용 이행보증증권	5.423	747	7,444	23.1	32.2	32.2
선불보증의 계약보증특약	8.606	682	6,803	36.7	29.4	29.4
은행보증	6.451	680	6,785	27.5	29.3	29.3

자료: 草前耕造(2000).「公共工事契約と 新履行保證制度」. 日本評論社.

글로벌 스탠다드나 한국과 달리, 일본에는 아직 입찰보증제도의 도입이 이루어져 있지 않다는 점도 특이하다. 앞서 설명한 것은 계약보증제도에 국한된 것이다. 아마도 그 이유는 일본에서는 경영사항심사제도가 입찰자의 공사수행능력에 대한 사전심사기능을 수행하고 있

182) 일본의 전불금(=선금) 보증은 공공공사 발주자가 전불금을 지급하는 경우에 보증회사가 전불금에 대한 손실 부분을 대신 지급할 것을 보증하는 제도를 말한다. 당해 계약자가 공사채무를 이행하지 않아 공사계약이 해지되었을 경우, 보증회사가 발주자에게 전불금의 손실 부분을 지급한다.

183) 지방공공단체의 경우는 건수로 보나 금액으로 보나 3개 전불금보증회사의 비중이 가장 크고, 그 다음이 손해보험사 및 은행 순이다. 지역별로 선금보증을 독점하고 있는 전불금보증회사들이 지방건설업체들에 대해 선금보증에 부대하여 계약보증특약을 취급한다는(즉, 이행보증과 선금보증을 함께 취급한다는) '이용상의 편리성'이 가장 크게 작용한 것으로 평가되고 있다(草前耕造, 2000).

고, 지명경쟁입찰방식이 일반적이기 때문에 특별한 입찰보증을 요구하지 않는 것으로 보인다. 하지만 최근에는 미국식의 「입찰Bond」제도를 도입하자는 주장이 일본에서 제기되고 있다(全國建設業協會, 2003.7; 2004.6). 그 배경은 다음과 같이 요약할 수 있다.

일본의 입찰 · 계약제도에서는 공사수주액이 많으면 많을 수록 경영사항심사에서 높은 점수를 받을 수 있고, 더 많은 공사 수주기회를 갖게 된다. 하지만 미국에서는 보증제도 때문에 건설업체의 규모에 걸맞는 여신범위가 설정된다. 이에 따라 건설업체마다 자신의 능력을 초과하는 일정규모 이상의 공사에 입찰하기 어렵다. 미국의 보증회사는 특정업체의 공사 건별 보증한도 및 보증한도 총액을 미리 정해 놓고, 건설업체가 저가 낙찰을 할 경우 이익이 감소할 것이기 때문에 다음 입찰에서 받을 수 있는 보증한도를 줄이기도 한다. 미국은 이 같은 입찰보증제도를 통해 건설업체의 재무건전성을 평가하고, 리스크를 회피하고 있다. 따라서 일본도 미국식의 입찰보증제도를 도입하여 경영사항심사를 보완하자는 것이다. 보증기관과 건설업체간의 관계는 민간기관 대 민간기업간의 관계이기 때문에 시장원리에 맞는 심사가 가능할 것이라는 기대감도 있다.

이처럼 일본의 건설보증제도는 미국에 비하면 크게 낙후되어 있고, 미국식의 이행보증제도나 입찰보증제도의 도입을 위한 노력이 전개되고 있다. 하지만 한국과 비교해 보면, 여러가지 측면에서 훨씬 더 선진화되었다고 평가할 수 있는 측면이 많다.

첫째, 한국에서 여전히 널리 활용되고 있는 시공연대보증제도와 유사한 공사완성보증인제도가 일본에서는 1995년에 폐지되었고, 1996년 이후 공사이행보증제도로 전면적인 전환이 이루어졌다는 사실이다. 한국에서는 이행보증제도 도입이 1995년의 국가계약법 제정을 계기로 이루어지긴 했지만, 처음 시행된 시기는 정부가 강제적으로 최저가 낙찰제 공사에 공사이행보증제도 적용 의무를 부과한 2001년부터였다. 지금도 한국의 공사이행보증제도는 최저가 낙찰제 공사외에 활용되는 사례가 거의 없고, 대부분의 계약보증에서 시공연대보증제도가 활용되어 왔다.

둘째, 일본의 경우 건설보증기관간의 경쟁체제가 형성되어 있고, 이행보증상품도 보증기관별로 다양하다. 하지만 한국에서 건설보증시장은 공사이행보증시장을 민간은행에 개방한 것 외에는 현재까지 특별한 변화가 없다. 공사이행보증상품도 국가계약법에서 규정하고 있는 것 밖에 없다.

셋째, 일본의 공사이행보증증권은 발주자가 금전적 보증과 역무적 보증중 어느 것을 선택할 것인지를 결정한다. 아울러 이행보증이 필요없다고 발주자가 판단할 경우는 면제해 주기도 한다. 하지만 한국에서는 보증의 유무 및 보증방식의 선택에 관한 발주자의 재량권이 대단히 제한적이다. 예컨대, 계약보증 면제조항은 없고, 최저가 낙찰제 공사에 대해서는 무조건 공사이행보증을 요구해야 한다고 국가계약법 시행령 제52조에서 규정하고 있다.

일본인들 스스로가 인정하듯이 일본의 건설보증제도는 후진적이다. 하지만 한국보다는 더 선진화되었고, 미국식의 보증제도를 도입하고자 하는 논의도 활발하다. 이런 마당에 우습게도 한국에는 일본의 건설보증제도를 본받자는 사람들이 많다. 그래봤자 일본식 보증제도를 거쳐서 미국식 보증제도로 가는 수순일테고, 그럴바에야 처음부터 건설보증제도의 글로벌 스탠다드를 도입하는 것이 더 낫지 않겠는가?

09 건설공사 낙찰제도

최저가 낙찰제와 저가심의제

일본의 국가기관이나 지방공공단체 낙찰제도는 원칙적으로 "예정가격 제한범위 내에서 일정 사양에 관한 최저가격 입찰자를 낙찰자로 선정"하는 이른바 「최저가격 자동낙찰방식」이 오랫동안 활용되어 왔다. 하지만 일본의 최저가 낙찰제도 역시 미국처럼 입찰가격만으로 낙찰자를 선정하는 것은 아니다. 경영사항심사, 발주기관별 유자격자 명부 등록을 거쳐 일반경쟁입찰이나 지명경쟁입찰을 거쳐야 하기 때문이다. 아울러 입찰가격에 대해서도 덤핑방지를 위해 「저입찰가격조사제도(低入札價格調査制度)」와 「최저제한가격제도(最低制限價格制度)」를 운영하고 있다.

저입찰가격조사제도란 각 발주자가 일정한 가격(예정가격의 66~85%) 미만의 입찰자에 대해서 필요한 가격조사를 하고, 적정한 공사의 수행이 어려운 것으로 판단될 경우에는 실격시키고, 그 다음 낮은 가격으로 입찰한 자와 계약할 수 있는 제도를 말한다.

최저제한가격제도는 심사능력 부재 등을 고려하여 지방공공단체에만 인정되는데, 미리 최저제한가격을 설정하고(예: 예정가격의 80%), 당해 가격 이상으로 입찰한 자중 최저가격으로 입찰한 자와 계약할 수 있는 제도를 말한다. 한국에서 자주 활용해 왔던 「제한적 최저가 낙찰제」와 같다. 그런데 최저제한가격제도는 입찰가격에 대한 실질적인 심사가 이루어지지 않으며, 최저제한가격기준보다 1엔 높거나 낮은 이유로 낙찰이 좌우된다거나, 동일한 입찰가격을 제시한 업체들은 추첨을 통해 낙찰자가 결정되는 사례가 종종 발생하게 되었다. 이에 따라 일본 정부는 최저제한가격제도 대신 저입찰가격조사제도로의 이행을 촉구하고 있다. 실제로 대부분의 지방공공단체들도 공사규모가 크거나, 시장개방 대상공사 등에 대해서는 저입찰가격조사제도를 도입하고 있다.

표 4-10 일본 지방공공단체의 저입찰가격조사제도 및 최저제한가격제도의 적용범위

지방공공단체명			저입찰가격조사제도	최저제한가격제도
			적용범위	적용범위
도도부현	1	홋카이도	조건부 및 제한부 일반경쟁입찰, 입찰시 VE대상공사	500만엔이상(예정가격)
	2	아오모리현	5000만엔이상(설계금액)	좌측대상이외
	3	니가테현	조건부 일반경쟁입찰이상	좌측대상이외, 발주자판단에 의함
	4	미야기현	1천만엔이상	좌측대상이외
	5	아키다현	1억엔이상	좌측대상이외
	6	야마가타현	4000만엔 이상	좌측대상이외
	7	후쿠시마현	일반경쟁입찰, VE대상공사	좌측대상이외
	8	이바라키현	1억엔이상	좌측대상이외 토목 · 건축은 3000만엔이상
	9	토치기현	일반경쟁및 공모형지명경쟁입찰	좌측대상이외
	10	군마현	일반경쟁입찰, 공모형지명경쟁입찰, 입찰시 VE대상공사	계약담당자 판단에 의함
	11	사이타마현	1000만엔이상(설계금액)	–
	12	치바현	일반경쟁입찰, 공모형지명경쟁입찰	2억엔미만
	13	도쿄도	건축5억엔이상, 토목4억엔이상, 설비1.2억엔이상, VE대상공사	좌측대상외 (예정가격 250만엔이상)
	14	카나가와현	WTO대상공사, 해체공사 1000만엔 이상	토목 2000만엔 이상, 건축 1000만엔 이상
	15	니이가타현	3억엔이상(의향심사형 지명경쟁입찰이상)	좌측대상외(예정가격 250만엔이상)
	16	토야마현	500만엔이상	–
	17	이시가와현	WTO대상공사	지명경쟁입찰
	18	후쿠이현	2억엔이상(예정가격)	좌측대상이외
	19	야마나시현	WTO대상공사	좌측대상이외
	20	나가노현	250만엔이상	–
	21	기후현	전부 경쟁입찰	–
	22	시즈오카현	5000만엔 이상	좌측대상외(예정가격 250만엔이상)
	23	아이치현	전부 경쟁입찰	–

	24	시가현	토목1억엔, 건축1.3억엔 이상	좌측대상이외
	25	교토부	대부분 5억엔이상(일반경쟁입찰, 공모형지명경쟁입찰)	좌측대상외(지명경쟁입찰, 간이공모형지명경쟁입찰)
	26	오사카부	토목1.8억엔, 건축3.5억엔이상, 전기 · 관 1억엔이상, 승강기 설비 전부	좌측대상이외
	27	효고현	1억엔 이상	좌측대상이외
	28	나라현	WTO대상공사	5000만엔 이상
	29	와카야마현	5천만엔 이상	좌측대상이외(원칙)
	30	토토리현	2억엔 이상(원칙)	좌측대상이외(원칙)
	31	시마네현	2억엔 이상(일반경쟁입찰, 공모형지명경재입찰)	좌측대상이외
	32	오카야마현	3000만엔 이상, 설계금액 사전공표공사 (일반경쟁입찰외 시행)	좌측대상이외
	33	히로시마현	1억엔 이상(예정가격)	좌측대상외(250만엔 이상)
	34	야마구치현	500만엔 이상(예정가격)	–
	35	토쿠시마현	1억엔 이상(예정가격)	좌측대상이외
	36	카가와현	5,000만엔 이상(설계금액)	좌측대상이외
	37	에히메현	전부 경쟁입찰	좌측대상이외
	38	코우치현	1억엔 이상	좌측대상이외
	39	후쿠오카현	WTO대상공사	좌측대상이외
	40	사가현	WTO대상공사	좌측대상이외
	41	나가사키현	1억엔 이상(설계금액)	좌측대상이외
	42	구마모토현	WTO대상공사	좌측대상이외
	43	오이타현	1억엔 이상	좌측대상이외
	44	미야자키현	WTO대상공사	좌측대상이외
	45	가고시마현	WTO대상공사	좌측대상이외
	46	오키나와현	WTO대상공사	좌측대상외(예정가격 250만엔이상)
정령지정도시	47	삿포로시	2억엔 이상(설계금액)	좌측대상이외
	48	센다이시	1000만엔 이상(예정금액)	–
	49	치바시	1억엔 이상(설계금액)	좌측대상이외(원칙)
	50	요코하마시	WTO대상공사	좌측대상이외
	51	가와사키시	대략 1.5억엔 이상	좌측대상이외
	52	나고야시	일반경쟁입찰공사(원칙)	–
	53	오사카시	건축7.5억엔, 기타 6억엔 이상 (일반경쟁입찰, 공모형지명경쟁입찰)	좌측대상이외
	54	고베시	5,000만엔이상(예정가격)	좌측대상이외

	55	히로시마시	전부 경쟁입찰	–
	56	키타큐슈시	일반경쟁입찰, 공모형지명경쟁입찰 (토목 · 건축등 11공종)	통상지명경쟁입찰 (토목 · 건축 포함 11공종)
	57	후쿠오카시	전부 경쟁입찰	전부 경쟁입찰

자료: 일본 건설경제연구소(2002.10). 「2002년도 도도부현 · 정령 지정도시에 있어서 입찰 · 계약제도등에 관한 조사」.

일본 지방공공단체의 저가심의제도 운용실태를 보면, 일본의 정부조달제도가 얼마나 다양하며, 복잡한 지를 짐작할 수 있을 것이다. 그런데, 일본의 저가심의제 시행성과에 대해서는 일본인들 스스로가 그다지 높게 평가하고 있지 않다. 저입찰가격조사제도의 경우만 하더라도 조사대상공사의 90%이상이 심사를 통과하였고, 최저제한가격제도의 경우는 사실상 입찰가격에 대한 심사가 이루어지지 않고 있기 때문이다.

표 4-11 일본 지자체 발주공사의 저입찰가격조사 대상공사의 계약현황

2001년				
조사실시공사 ①	계약공사 ②	전 대상공사 ③	①/③	②/①
660건	609건	17,077건	3.9%	92.3%
2002년				
조사실시공사 ①	계약공사 ②	전 대상공사 ③	①/③	②/①
335건	303건	6,241건	5.4%	90.4%

주: 2002년도는 상반기 기준
자료: 全國建設業協會(2004.6). 「入札契約制度のあり方について」.

비록 저가심의제의 실효성이 미흡하다고 하지만, 일본의 최저가 낙찰제 공사 낙찰률은 한국이 아니라 미국과 비슷하다. 예컨대, 2002년중 일본의 10개 주요 광역자치단체가 발주한 공공공사의 평균 낙찰률은 96.9%였다고 한다(鈴木一, 2004). 그 이면에는 건설업체들간의 입찰담합 관행이 작용했을 것으로 보인다. 하지만, 최근 일본에서는 건설투자가 급감하면서 경쟁이 심화되고, 덤핑 문제도 심각하게 제기되고 있다. 예컨대, 국토교통성이 직접 발주하는 공사에서도 저가심의 대상 건수비율은 2000년 1.7%에서 2001년 2.4%로, 2002년에는 3.1%로 증가하였다.

표 4-12 일본 국토교통성의 부 · 국별 저가심의 대상 건수 및 비중

	1999	2001	2000	2002
저가심의 대상건수	252건	282건	353건	463건
비율(%)	-	(1.7%)	(2.4%)	(3.1%)

자료: 鈴木一(2004).

일본 나가노현 발주공사의 경우, 2003년도 평균 낙찰률은 예정가격 대비 73.1%수준으로까지 줄어 들었다. 요코하마나 요코스가 같은 다른 지자체도 나가노현의 경우나 별다를 바가 없었다(Nikkei Construction, 2004.8.27).

일본에서도 지나친 저가 낙찰은 바람직하지 않은 것으로 평가하고 있다. 저가 낙찰 공사는 정상적인 시공이 어렵고, 기업경영 파탄, 품질 결함, 안전 미비, 하도급대금 미지급 등으로 이어진다고 본다.

법률적으로는 「우월적 지위 남용」과 「부당염매」라고 평가하고 있다. 예컨대, 일본 「건설업법」 제19조의3에서는 “주문자는 자기의 거래상의 지위를 부당하게 이용하여 그 주문한 건설공사를 시공하기 위하여 통상 필요하다고 인정되는 원가에 못미치는 금액을 도급대금의 금

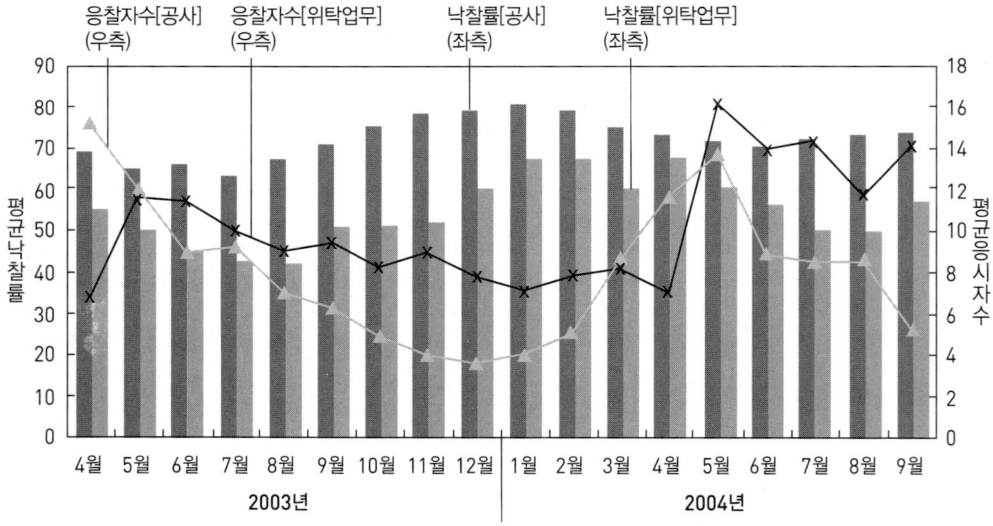

그림 4-5 일본 나가노현의 공공공사 평균 응찰자수와 평균낙찰률의 월별 추이

자료: Nikkei Construction(2004.8.27).

액으로 도급계약을 체결해서는 안된다"고 규정하고 있다. 다시 말해서 하도급자와의 관계에서 터무니없는 저가하도급을 강제하고 있다면, 원도급자는 하도급자에 대하여 「우월적 지위 남용」을 하고 있다고 볼 수 있다. 이런 경우는 「건설업법」 규정(부당하게 낮은 하도급 대금 금지)에 저촉되듯이, 발주자와 원도급자 사이에도 동일하게 적용되어야 하는 것이 「우월적 지위 남용 금지」의 원칙이다. 다른 한편, 정당한 이유없이 공사도급에 필요로 하는 비용을 현저하게 밑도는 대가로 계속적으로 수주하고, 다른 사업자의 사업활동을 어렵게 할 우려가 있는 불공정한 거래방법을 「부당염매(不當廉賣)」라고 부른다. 저가 낙찰을 통한 수주는 부당염매(=덤핑)에 해당한다고 볼 수 있는데, 이 같은 부당염매 행위는 여타 사업자의 대항적인 염매행위를 초래하게 되는 부당한 거래행위라는 것이다.

표 4-13 일본 건설업계의 덤핑수주 배제를 위한 요구대책

	검토를 추진해야 하는 사항	실시하면서 그 내용에 충실을 도모해야 하는 사항	실시해야 할 사항
입찰단계	ㅇ가격만에 의하지 않는 경쟁입찰 제도 도입 ㅇ입찰실시 이전단계에서 적절한 시공업자 선정		ㅇ최저제한가격등의 사전공표 폐지 ㅇ공사비내역서 제시 ㅇ저가낙찰업자 공표
낙찰자결정(계약)단계	ㅇ조사기준가격 인상	ㅇ저입찰가격조사의 적절하면서 엄격한 실시 - 엄격한 조사 실시 - 조사체제의 확립 - 조사체제가 불비한 경우 최저제한가격 제도로 이행	ㅇ최저제한가격제도 또는 저입찰가격조사제도 활용 ㅇ이행보증 입보비율 인상 ㅇ전불금 감축
시공단계		ㅇ저입찰가격조사결과, 실격으로 하기 위한 판단기준의 명확화 - 판단기준 명확화 - 판단기준 세분화	ㅇ시공단계에 있어서 감독 검사 체제 강화 ㅇ준공검사의 엄격화 ㅇ전임기술자 증원 ㅇ매공사별 코스트 조사실시
기타	ㅇ독점금지법에 따른 부당염매 배제 ㅇ설계 정밀도 향상 ㅇ하자담보책임의 방향 검토		

자료: 全國建設業協會(2003). 「ダンピング受注を 排除するための 方策について」.

최저가 낙찰제에서 덤핑이 초래할 손실이나 법률적인 문제에 기초해서 일본의 중소건설업자 단체인 전국건설업협회(全國建設業協會)는 덤핑 방지를 위해 저가심의제만이 아니라 종합적인 건설제도의 개선을 요구하고 있다.

종합평가 낙찰제도의 도입과 확대

일본의 회계법령이나 지방자치법령에는 가격에 의해 계약자를 선정하는 것이 원칙으로 되어 있다. 하지만, 가격 이외 요소를 중시하는 필요가 있는 경우에는 기술이나 성능과 같은 조건도 포함하여 가격과 함께 종합적으로 평가하고, 발주자에게 더욱 유리한 자를 계약자로 선정하는 방식도 있다. 이 같은 낙찰자 선정방식을 「종합평가 낙찰방식」이라고 부른다. 일본 국토교통성에서 시행하고 있는 종합평가 낙찰방식은 입찰자가 제출한 성능, 기능, 기술 등 '가격이외의 요소'를 점수로 평가하고, 성능 등의 향상에 필요한 비용을 고려하며, 제시된 성능 등에 대한 득점과 비용을 고려하여 제안의 우열을 평가한 뒤 최종적으로는 평가치(=득점/비용)가 가장 높은 자를 낙찰자로 선정하는 방식이다(國土交通省 國土技術政策綜合研究所, 2003.7).

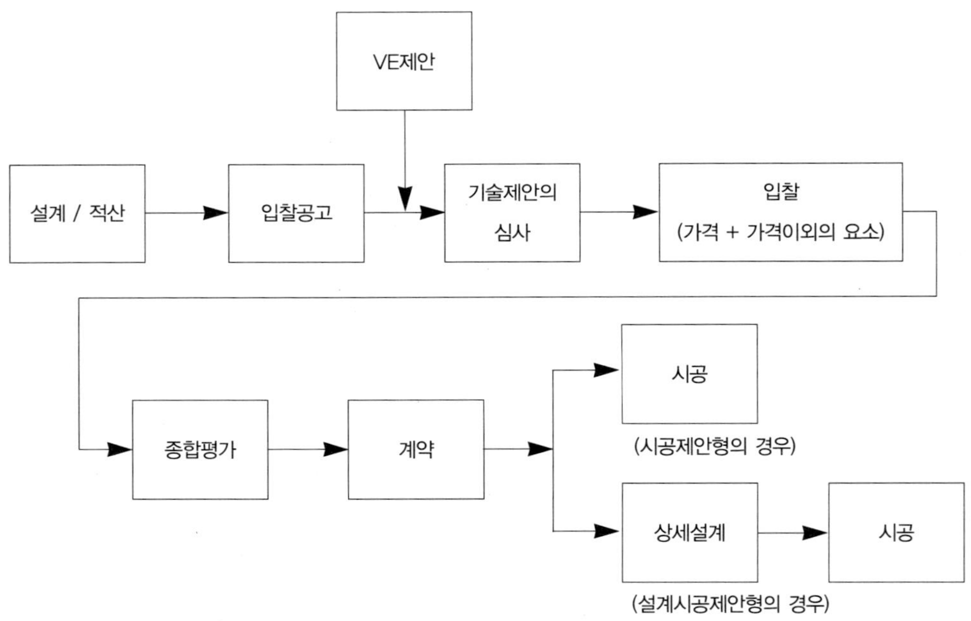

그림 4-6 일본 국토교통성의 종합평가낙찰방식 개요

자료: 國土交通省 國土技術政策綜合研究所(2003.7).「公共工事における綜合評價落札方式の手引き・事例集」.

일본에서 종합평가낙찰방식은 1999년에 처음 도입된 이후 2002년부터 급증하였고, 국토교통성에서도 확대할 계획이며[184], 지방공공단체에도 도입되어 시행되고 있다[185].

표 4-14 일본의 다양한 입낙찰방식별 건수 추이(국토교통성)

구분	1997	1998	1999	2000	2001	2002
종합평가 낙찰방식	–	–	2	5	34	450
설계 · 시공 일괄발주방식	2	1	1	4	14	15
입찰시 VE	35	17	18 (2)	16 (2)	54 (14)	393 (377)
계약후 VE	101	134	282	320	1,585	2,011
성능규정발주방식	–	2	14	28 (3)	69 (20)	179 (73)
메니지먼트기술 활용방식	–	–	–	1	5	6

주: ( )안의 숫자는 종합평가 낙찰방식이 적용된 건수를 의미함.
자료: 鈴木一(2004).

일본에서 현재 시행되고 있는「종합평가 낙찰방식」에 대해서도 여러 가지 문제가 지적되고 있다(全國建設業協會, 2004.6). 평가방법이 복잡하고, 대상공사가 대규모공사나 특수한 기술을 요구하는 공사로 한정되어 있으며, 기술제안이나 기술력의 평가가 좁은 범위로 한정되는 경향이 문제라고 한다. 또한 대부분의 경우 '가격의 최고 낮은값'으로 응찰한 자가 낙찰되는 경향이 많고, 입찰자들은 기술제안 등에 따른 비용이 많이 소요되며, 예정가격의 상한구속성(上限拘束性)이 존재하기 때문에 기술제안에는 한계가 있다는 점도 지적되고 있다. 지방공공단체의 기술제안에 대한 평가능력도 의문시된다.

여러 가지 문제점에도 불구하고, 최근 일본에서는 2005년 4월부터 시행된「품질확보법」에 따라 향후에는 종합평가 낙찰방식을 기본으로 삼고, ① 경쟁참가자 선정기준의 명확화, ② 기술적 능력심사의 적절한 실시, ③ 기술제안의 적절한 심사 · 평가의 실시, ④ 중립적이고 공평한 심사 · 평가의 확보, ⑤ 공사의 감독, 확인, 심사, 평가 등의 적절한 실시, ⑥ 발주관계사무의 환경정비, ⑦ 조사 및 설계의 품질확보, ⑧ 발주관계 사무를 적절히 실시할 수 있는 자의 활용, ⑨ 단계적 또는 계획적인 시책의 추진 등과 같은 방향으로 제도 개선을 추진중이라고

184) 일본 국토교통성의「입찰계약 적정화를 위한 당면의 방책(2003.4)」에서 "종합평가낙찰방식에 대하여는 전 발주금액의 20% 이상을 목표로 시행 확대를 꾀하는 동시에 – (중략) – 지방공공단체에의 보급을 염두로 사례집 작성을 한다」라고 기술하고 있다.

185) 지방공공단체 조사결과(2003)에 의하면, 종합평가 낙찰방식을 도입 · 시행한 단체가 16개, 도입예정인 단체가 1개로 전체 지방공공단체의 1/30이하 수준이지만, "정형적인 안건에 대해서는 사무량 증가로 부적절하지만, 고도의 기획력 · 기술력을 요구하는 안건에 있어서는 반수를 점하였다"고 한다.

한다(스기야마, 2005). 이중 특히 눈길을 끄는 것은 경쟁참가자 선정과 관련하여 "공사내용에 비추어 필요없다고 인정되는 경우외에는 경쟁참가자로부터 기술제안을 요구"하도록 하고, "시공상 품질향상 등에 관한 고도의 기술제안을 넓은 범위에서 구하도록" 하되, 중립적이고 공정한 심사 · 평가를 실시하자는 내용이다. 이처럼 일본도 미국이나 영국과 마찬가지로 최저가 낙찰제에서 최고 가치의 획득을 추구하는 종합평가 낙찰방식을 기본으로 삼는 방향으로 낙찰제도의 전환이 이루어지고 있다.

비록 입찰담합 관행은 사라졌다고 하지만, 낙찰제도에 관한 한 한국은 일본보다도 대단히 후진적이다. 기본적인 정책방향부터 한국은 최저가 낙찰제를 지향하고 있다. 500억원 이상 PQ공사에만 적용하고 있는 최저가 낙찰제는 2006년에 300억원 이상 공사로 확대하고, 참여정부의 임기가 종료되는 2008년 이전까지 100억원 이상 공사로 확대하겠다는 것이 정부의 방침이다.

최저가 낙찰제 공사에 대한 입찰가격의 적정성 심사제도만 해도 한국은 일본의 저입찰가격조사제도와 비교조차 하기 어렵다. 최저제한가격제도와 같은 사실상의 '제한적 최저가 낙찰제' 만 그동안 여러 차례 시행해 왔을 뿐이다. 사실 일본의 최저제한가격제도나 한국의 제한적 최저가 낙찰제도는 요행에 의한 최저가 낙찰자 결정방법에 불과하다. 미국식의 저가심의제도가 아니라 일본에서 시행하고 있는 정도의 발주기관에 의한 저입찰가격조사제도만 도입하자고 해도, 선뜻 하겠다는 발주기관을 찾아볼 수 없다. 정책기관이건 발주기관이건 간에 '한국적 현실' 을 운운하면서 발주기관에 의한 입찰가격의 적정성 심사 자체를 거부하고 있다. 그저 지금처럼 입찰참가자의 공종별 평균 입찰금액에 기초해서 통계적으로 일정비율을 벗어나면 탈락시키는 "요행에 의한 낙찰방식"을 가미한 저가심의제가 한국 현실에 적합하다고 강변하기도 한다. 한국 건설업체들도 발주자가 실질적인 심사 · 평가를 통해 낙찰자를 선정하는데 대해서 강한 거부감을 갖고 있다. 그래도 일본 정부는 최저제한가격제도를 저입찰가격조사제도로 이행하고, 낙찰제도는 종합평가 낙찰방식을 근간으로 삼겠는다는 명확한 정책방향을 제시하면서, 그 방향으로 나아가고 있다.

Global Standard

10 지역 · 중소건설업체 보호제도

유럽이나 미국과 달리 유달리 지역 · 중소건설업체 육성을 위한 제도가 많은 나라가 일본이다. 한국의 지역 · 중소건설업체 보호 · 육성제도 또한 일본과 유사하다. 그러다 보니 지역 · 중소건설업체 문제가 불거질 때마다 일본 제도를 들먹거리면서 한국에도 그런 제도를 도입하자거나, 일본처럼 강화하자고 주장하는 사람들을 숱하게 많이 보아왔다. 일본의 지역 · 중소건설업체 보호제도는 「공존원리(共存原理)」를 중시하는 일본 특유의 문화적 산물로 볼 수 있다. 하지만 정작 일본인들은 이 같은 지역 · 중소건설업체 보호제도를 어떻게 평가하고 있을까? 담합(談合)과 마찬가지로 실제 현실에서 널리 활용되고 있긴 하지만, 대체로 비판적인 평가를 하고 있다. 한국에서도 비슷한 제도를 운용하고 있기 때문에 한국과의 차이도 함께 살펴보자.

관공수법(官公需法)에서 중소기업과의 계약목표 설정

일본과 한국의 중소기업 기준은 동일하다. 둘다 상시종업원 수가 300인 이상이거나 자본금 규모가 30억원 이상인 기업을 대기업으로, 그렇지 못한 기업을 중소기업으로 정의하고 있다.

중소기업 보호제도로 가장 유명한 일본의 법률은 1966년에 제정된 「관공수에 대한 중소기업의 수주기회 확보를 위한 법률(약칭 '官公需法')」이다. 이 법률은 미국 연방조달규정(FAR)과 마찬가지로 중소기업과의 계약목표액을 설정하고 있는데[186], 매년 중소기업과의 계약목표액을 전체 계약액의 40%수준으로 설정해 왔다. 실제로 국가기관에서는 1997년 이후부터 40%라는 중소기업과의 계약목표 비중을 초과 달성하였고, 지방자치단체는 70~80%이상 중소기업과 계약을 체결해 왔다.

한국에도 유사한 법률이 있다. 「중소기업 진흥 및 제품구매 촉진에 관한 법률」이 바로 그것인데, 제10조 제1항에서는 이렇게 규정하고 있다.

> 대통령령이 정하는 공공기관의 장은 예산 및 사업계획을 참작하여 중소기업제품의 구매증대를 위한 계획을 작성한 후 이를 중소기업청장에게 통보하여야 한다. 이 경우 구매증대를 위한 계획에 대통령령이 정하는 비율 이상의 중소기업제품 구매목표를 제시하여야 한다.

이 법률에 따라 구매계획을 수립해야 하는 기관은 42개 국가기관, 32개 지자체, 14개 정부투자기관, 23개 특별법인, 8개 지방공기업 등 총 119개 공공기관들이다. 그리고 중소기업청에서는 중소기업제품 총구매목표 최소 비율을 공공기관 전체 구매액의 60%이상으로 설정·운영할 계획이며, 구매 목표비율은 ① 물품, ② 공사, ③ 용역 등 구매특성별로 작성하도록 하였다[187].

그렇다면 한국의 공공기관에서 실제로 중소기업과 계약을 체결하는 비중은 얼마나 될까? 일본은 40%를 조금 넘는 수준이지만, 한국은 2002년에 65.3%였고, 2003년에는 63.1%였으며, 2004년에는 69.7%로 늘어났다. 중소기업청에서는 이 같은 통계자료를 제시하면서 향후에도 중소기업과의 공공구매 최소비율을 60%이상으로 설정하여 운영할 계획이라고 한다. 미국 연방조달청의 23%, 일본 관공수법의 40%와 비교하면 대단히 높은 중소기업과의 구매목표 수치다[188]. 구매목표 비율이나 실제 계약액 비중만 본다면 한국의 중소기업 보호수준이 가장 높다.

가네모토(한국건설산업연구원 역, 2000)는 일본의 관공수법(官公需法)이 '중소기업=약자' 라는 발상에서 보호정책을 강구하는 중소기업 정책의 대표적인 예라고 지적하면서, 일본 행정개혁위원회(1994~1997)가 총리에게 제출한 최종의견 가운데 다음과 같은 지적사항을 인용한 바 있다.

186) 미국 연방조달규정(FAR Part 19)에서는 중소기업과의 계약목표액을 전체 계약액의 23%로 정하고 있다.

187) 이와 관련한 상세한 내용은 중소기업청(2005.5). 「중소기업제품 공공구매제도 - 구매통계 작성요령 및 구매목표비율제도 도입」에 소개되어 있다.

188) 유럽연합의 경우는 이 같은 법률이 없고, 중소기업과의 계약액이 전체 공공계약에서 차지하는 비중은 15.3%에 불과했다는 사실은 이미 언급하였다.

'중소기업=약자' 라는 경직된 보호정책을 강구하는 것은 효율성 추구를 저해하고, 많은 비용을 초래하며, 반드시 중소기업 전체에게 이익이 돌아가는 것이 아니다. 예를 들어 공공공사에서 나타나는 것과 같이, 중소기업에게 가능한 한 균등하게 일이 분배되도록 하는 구조는 일견 공정하게 보이지만, 사업자의 자유로운 경쟁을 억제함과 동시에 비용 절감 노력을 하지 않는 사업자를 존속시킬 수 있으며, 더욱이 이러한 사업자의 신규 진입을 촉진하는 결과를 낳는다. 그리고 결과적으로 성실히 노력하여 성장하는 능력있는 중소기업과 의욕에 넘치는 창업기의 중소기업의 성장기회를 빼앗아 중소기업 전체가 활력을 잃을 수도 있다.

일본 총리에게 제출한 행정개혁위원회의 최종의견에 담긴 이 같은 지적은 한국의 중소기업 보호제도가 당면한 문제점이기도 하다. 한국 건설산업에서와 같이 '중소기업 보호 · 육성정책을 강화하면 할수록 더 보호 · 육성되지 못하는 역설(paradox)' (이상호 · 한미파슨스, 2003)이 일본에서도 발생하고 있는 것 같다. 물량 확보 · 수익성 보장을 근간으로 하는 중소건설업체 보호 · 육성정책은 불량부적격업체(일본)나 무자격 부실건설업체(한국)의 시장진입 촉진 및 퇴출 가능성 저하를 초래함으로써 중소건설업계 전체의 경쟁력 저하, 수주 기회 축소 및 수익성 저하를 가져오게 되는 것이다.

공동기업체 장려

일본의 공동기업체[189]는 원칙적으로 대규모 공사나 기술적 난이도가 높은 공사 등 공사의 규모나 성격에 비추어 필요한 경우에 조직된다. 하지만 실제 일본의 공동기업체 제도는 중요한 지역 · 중소건설업체 보호 · 육성정책의 하나로 기능하고 있다. 특히 지방공공단체에서 지역 · 중소건설업체 보호를 위해 공동기업체 형성을 요구하는 경우가 많다.

일본의 공동기업체는 '시공능력 보완' 이라는 제도의 원래 취지보다 사실상 공동기업체 참가 기업들에게 이익배분을 하는데 그치고 있다. 예컨대, 일본 동경도의 「수주기회증대를 위한 공동기업체에 대한 건설공사의 발주취급 요강」에서는 공동기업체의 성격과 목적을 "특히 중소기업자의 수주기회 증대를 도모하기 위한 공사분배형"이라고 명시하고 있다. 이 같은 목적을 달성하기 위해 동경도에서는 공사규모별로 공동기업체 결성방법도 정해 놓고 있는데, 공사규모가 클 경우 대기업자, 중견업자 및 지역중소업자 등 각 1명씩 공동도급체를 결성하도

189) 일본의 공동기업체는 「경상건설공동기업체」와 「특정건설공사공동기업체」라는 2가지 유형이 있다. 여기서는 개별 공사입찰시 결성되는 특정건설공사공동기업체를 중심으로 기술하고 있다.

록 하고 있다. 그리고 일본에서 공동기업체에 참여하는 업체 수는 대개 3개사로 한정된다. 또한 일본에도 한국에서처럼 이름만 걸어 놓고 실제 시공에는 참여하지 않는 사례도 발생한다고 한다.

일본에서 공동기업체를 통한 공사 수주사례는 얼마나 될까? 해마다 공동기업체와의 공사계약이 늘어난다고 하는데, 정작 그 비중은 2001년의 경우 전체 공공공사 계약건수의 약 4.5%, 전체 공공공사 계약금액의 약 30%에 불과했다(鈴木一, 2004).

일본의 공동기업체 제도는 한국과 대단히 흡사하다. 한국에서는 일본과 달리 공동도급 구성 여부를 입찰업체의 자유의사에 맡긴다고 하지만, 사실상 강제되어 있다. 예컨대, PQ심사기준에서는 지역 · 중소건설업체와 공동도급시 시공경험, 기술능력 및 경영상태 항목별 점수의 10~12%에 해당하는 가산점을 주고 있다. 불과 0.1점의 점수 차이로도 낙찰이 좌우될 수 있는 한국의 입낙찰제도에서 10~12%에 달하는 가산점은 엄청난 점수이기 때문에 결국 공공공사 입찰업체들은 지역 · 중소건설업체와 공동도급을 체결하지 않을 수 없다. 지방자치단체 발주공사는 아예 「지방자치단체의 공동계약집행기준」이라는 행정자치부 예규에서 지역업체 참여비중을 40%이상으로 규정하고, 입찰공고시 명시하도록 의무화하고 있다.

일본과 차이가 있다면, 한국에서는 일반건설업과 전문건설업간 겸업제한 및 일반건설업체간 하도급 금지 등의 규제로 인하여 일반건설업체중 대기업과 중소기업간의 공동도급만 허용되며, 대기업인 일반건설체와 중소기업인 전문건설업체간의 공동도급은 제도적으로 허용되지 않는다. 그리고 일본의 공동기업체 구성원 수는 대부분 3개사 이내인데 반하여, 한국의 공동도급체 구성원 수는 명시적인 법령으로 정해 놓지 않아 발주기관마다 차이가 있지만, 일본보다는 그 수가 많은 편이다.

공동기업체를 통한 공공공사 계약실적이 2001년의 경우 전체 공공공사 계약 건수 대비 4.5%, 계약 금액 대비 30%에 불과하다는 사실도 강조하고 싶다. 한국에서도 걸핏하면 중소기업 보호대책으로 공동도급 활성화를 주장하는 사람들이 많고, 그때마다 일본 사례가 '선진국 사례' 로 인용되기 때문이다. 하지만 공동도급제도에 관한 한, 한국만큼 중소기업 보호대책으로 활용하고 있는 나라가 없다. 한국의 공공공사 계약건수중 공동도급계약 건수가 차지하는 비중은 약 30%이고, 금액비중은 약 65%에 달한다(국토연구원, 2003).

중소기업 보호대책으로 활용하고 있는 일본의 공동기업체 제도는 원래 목적에 비추어 볼 때 지극히 일본적으로 변형된 운용시스템이라고 한다(한국건설산업연구원 역, 2000). 원래 미국에서 시작된 공동도급(Joint Venture: JV)에는 중소기업 보호대책의 의미가 없었고, 융자능력 증대나 위험 분산, 기술 확충 강화 등을 위해 발전된 것이기 때문이다. 하지만 일본에서는 1962년부터 중소건설업 진흥과 중소기업의 수주 기회 확보를 목적으로 활용되고 있다. 따라서 미국의 Joint Venture가 일본의 공동기업체제도로, 한국의 공동도급제도로 전수되었다고 볼 수 있는데, 한국의 공동도급제도는 미국이 아니라 일본 제도를 모방한 셈이다. 한국 공동도급제도의 뿌리는 일본의 공동기업체 제도인 것이다.

분할 발주 활성화

분할 발주와 관련하여, 일본의 관공수법(官公需法)에 근거한 「2003년도 중소기업자에 관한 국가 등의 계약 방침」(각의결정)은 "국가 등은 물품 등의 발주에 -(중략)- 가격면, 수량면, 공정면 등으로 보아 분리·분할하여 발주하는 것이 적절한가를 충분히 검토하여, 가능한 분리·분할하여 발주하도록 노력하여야 한다"고 규정하고 있다. 이중 특정 공종의 분리발주 여부는 중소기업 대책이 아니라 발주자의 설계, 공사감독 및 검사체제 등에 따라 선택되는 면이 강하고, 표면적인 효율성 문제만으로 말하기 어렵다고 본다. 하지만 공종이 같은 1건 공사를 2건 이상으로 나누어 발주하는 분할 발주의 경우는 사정이 다르다. 일본의 「建設産業政策大綱(1995)」에서는 다음과 같이 분할 발주의 문제점을 지적하고 있다.

> (분할 발주는) 사업 집행의 효율성을 저해할 뿐만 아니라, 원가상승의 원인이 되고, 불량 부적격업자 또는 비용 절감노력이 부족한 기업의 존재나 참가를 허용하게 되어, 진지하게 노력해서 성장하고자 하는 중소기업에게 있어 압박요인이 될 수도 있는 점이 우려된다. 따라서 우량 중소기업을 육성하고자 하는 중소기업기본법의 정신은 견지하되, 중소기업대책으로서도 정당화할 수 없는 지나친 분할발주에 대해서는 재검토해 볼 필요가 있다.

분할발주의 정도가 지나쳐 필요 이상으로 발주단위가 세분화되다 보니 일본의 건설업계에는 '상도급(上請)'과 '마루나게(丸投)'라고 부르는 일괄하도급이 빈번하다고 한다. 지역·중소기업 보호를 위해 공사를 분할하여 발주했으나, 수주한 지역·중소건설업체가 직접 시공할 능력이 없어 자기보다 큰 대기업에게 하도급을 주는 경우를 '상도급(上請)'이라고 부른다. 이때 공사의 일부를 주는 것이 아니라 전부를 모두 떠맡기는 일괄하도급을 가르켜 '마루나게(=모두 떠맡긴다)'라고 부른다. 일본에서도 일괄하도급은 「건설업법」 위반행위고, 불법행위다. 이 같은 '상도급(上請)' 과 '마루나게(丸投)' 의 직접적인 발생계기는 「중소기업기본법」과 「관공수법(官公需法)」의 제정이라고 한다(한국건설산업연구원 역, 2000). '상도급(上請)' 과 '마루나게(丸投)' 가 판을 치게 되면, 누구나 수주만 하면 일정한 이윤 확보가 가능하기 때문에 입찰브로커 역할만 하는 신규 업체가 늘어나게 된다. 이에 따라 기존의 건전한 중소기업도 시공능력없는 신규 업체의 진입증가로 어려움을 겪게 되고, 도덕성 저하와 개별기업 및 산업의 발전에도 장애가 된다. 일본 정부도 '상도급(上請)' 과 '마루나게(丸投)' 실태를 조사하고, 방지하기 위한 대책을 여러 차례 수립했다.

일본의 지나친 분할발주는 대규모 공사발주에 비해 비효율적이라는 비판도 많다(한국건설산업연구원 역, 2000)

> (일본에서는) 중소기업을 보호하기 위해 공사를 작게 나누어 입찰을 하는 경우가 많다. 예를 들어 1km 도로를 건설하는데 5억엔이 소요된다고 하자. 이 건설공사는 B등급 이상의 기업만 수주할 수 있다. 그러나 100m씩 나누어 5,000만엔짜리 공사 10개로 발주하면 D등급의 기업도 수주가 가능하므로 중소건설업체에 공사를 나누어 줄 수 있다. 물론 공사를 세분하면 할수록 일괄구매와 효율적인 건설 기기 이용이 어려워짐으로써 비용이 많아진다. 그 결과 당초 5억엔이던 도로 공사비가 6억엔으로 상승하는 경우도 발생한다. 최종적으로 그 부담은 납세자에게 돌아간다.

이처럼 발주단위가 필요 이상으로 세분화될 경우에는 누가 시공하더라도 비용이 증가한다는 것이다. 또한 특수한 기자재나 공법을 필요로 하는 공사에서 시공능력을 보유한 업자가 입찰단계부터 배제되면 낙찰업자에 의한 일괄하도급을 유발 · 조장하는 수가 있고, 지역요건의 설정이나 등급제 등과 함께 과도한 분할발주가 이루어질 경우에는 입찰참가업자가 고정화되어 담합을 유발 · 조장하는 문제가 발생한다는 것이다.

한국은 일본과 달리 국가계약법 시행령 제68조에서 "동일구조물 공사 및 단일공사로서 설계서등에 의하여 전체 사업내용이 확정된 공사"는 분할계약을 금지하고 있다. 예외적으로 공사의 성질이나 규모 등에 비추어 분할시공이 효율적인 경우에는 허용한다. 그러다 보니 건설업계 일각에서는 이 같은 분할계약 금지조항을 삭제해야 한다는 요청이 많다.

기본적으로 분리 · 분할계약 여부는 발주기관의 건설사업관리 역량과도 결부되어 있다. 일본의 경우는 발주자 조직이 비대하고, 사실상 직영(直營)을 해 왔던 과거의 유산이 지금도 내려 오다 보니 분리 · 분할발주가 활성화되어 있다. 따라서 한국의 발주기관도 충분한 건설사업관리 능력을 갖고 있거나, 능력있고 깨끗한 민간 건설사업 관리자(Contruction Manager)의 활용이 가능하다면, 분리발주나 분할발주의 활성화를 반대할 이유가 없다. 다만, 일본 사례에 비추어 볼 때, 분리 · 분할발주의 정도 문제는 고민해 보아야 할 것이다.

등급(Rank)제 시행

일본의 국가기관이나 지방공공단체에서는 품질 확보와 적정한 경쟁 및 수주 기회의 공평성 확보를 위한다는 명분으로 등급제를 운용하고 있다. 등급의 설정은 경영사항 평가점수와 공사성적 등을 토대로 이루어지며, 등급에 따라 입찰에 참가할 수 있는 공사규모가 한정된다. 예컨대, 하위등급 공사에 상위등급 업체의 입찰참여는 금지되며, 상위등급 공사에 하위등급 업체의 입찰참여도 허용되지 않는다. 큰 공사는 큰 업체가, 작은 공사는 작은 업체가 수주하도록 하는 정책이라고 볼 수 있다.

일본의 등급제는 발주기관마다 차이가 있다. 예컨대, 국토교통성, 동경도, 오사카부 및 나가노현의 사례를 보자. 토목공사의 경우 등급수는 4~6개로 발주기관마다 다르다. 등급별 공사규모도 최고등급의 13.5억엔 이상(오사카부)에서부터 1,500만엔(나가노현)에 이르는 등 큰 차이가 있다. 최저등급의 경우도 마찬가지다.

표 4-17 일본의 토목공사 발주표준금액 대비 등급제 운영 사례(2003)

<table>
<tr><th></th><th>국토교통성</th><th>동경도</th><th colspan="2">오사카부</th><th>나가노현</th><th>요코스가시</th></tr>
<tr><td>AA</td><td>-</td><td>-</td><td></td><td>13.5억엔 이상</td><td>-</td><td rowspan="7">등급제 폐지</td></tr>
<tr><td>A</td><td>7.2억엔 이상</td><td>3.2억엔 이상</td><td></td><td>3.5억엔 이상~13.5억엔미만</td><td>1,500만엔 이상</td></tr>
<tr><td rowspan="2">B</td><td rowspan="2">3억엔 이상 ~7.2억엔 미만</td><td rowspan="2">1.5억엔 이상~3.2억엔 미만</td><td>B1</td><td>1.8억엔 이상~3.5억엔 미만</td><td rowspan="2">8백만엔 이상~8천만엔 미만</td></tr>
<tr><td>B2</td><td>9천만엔 이상~1.8억엔 미만</td></tr>
<tr><td>C</td><td>6천만엔 이상~3억엔 미만</td><td>4천만엔 이상~1.5억엔 미만</td><td></td><td>9천만엔 미만</td><td>3천만엔 미만</td></tr>
<tr><td>D</td><td>6천만엔 미만</td><td>1천만엔 이상~4천만엔 미만</td><td rowspan="2"></td><td rowspan="2">2천만엔 미만</td><td>1,500만엔 미만</td></tr>
<tr><td>E</td><td>-</td><td>1천만엔 미만</td><td>8백만엔 미만</td></tr>
</table>

자료: 鈴木一(2004).

일본의 등급제에 대해서는 일본인들 스스로가 오래전부터 경쟁을 제한하고, 공사비 상승을 초래하는 비효율적인 제도라는 비판을 제기해 왔다(한국건설산업연구원 역, 2000).

> (등급제에서는) 기술적으로 간단한 공사라도 금액이 크면 하위등급 업체는 입찰이 불가능하다. 한편, 상위 등급의 대형건설업체가 금액이 작은 공사에 입찰하는 것도 불가능하다. 이렇듯 경쟁을 제한하는 효과를 가지고 있다.

일본의 등급제는 중소건설업자가 일정한 공사물량을 확보할 수 있도록 하는 한편, 대규모 공사에 대해서는 능력없는 업자를 입찰 이전 단계에서 체크하는 기능을 갖고 있다고 한다. 그런데, 각 발주기관의 등급제 운영실태를 보면, 등급의 수나 금액이 발주기관별로 다르다. 그 결과 동일한 건설업체가 발주기관에 따라 큰 공사를 수주할 수도 있고, 그보다 더 작은 공사는 수주할 수 없는 경우가 있다. 또한, 인위적으로 설정된 등급제의 경계선 상하에 위치한 건설업체는 수주할 수 있는 공사 규모가 전혀 다르게 된다. 그렇기 때문에 일본의 등급제는 건설업체간의 경쟁을 제한한다고 평가하고 있는 것이다(鈴木一, 2004).

일본의 등급제는 한국의 유자격자 명부에 의한 등급제한 입찰제도와 도급하한제도를 합한 것처럼 보인다[190]. 하지만 제도의 내용은 상당한 차이가 있다.

첫째, 일본의 등급제는 발주기관이 발주하는 모든 공공공사에 적용되지만, 한국의 등급제한 입찰제도는 PQ대상이 아니고, 실적제한 대상공사가 아닌 기술적 난이도가 낮은 일반공사를 대상으로 중소건설업체 보호 · 육성 차원에서 등급별로 나누어 주는 제도다. 그리고 대기업의 소규모 공사 수주를 막기 위해 조달청 1등급업체는 자기 시공능력평가액의 1% 미만 공사를 도급받을 수 없도록 한 제도가 도급하한제도다.

둘째, 일본의 등급제와 달리, 한국의 등급제한 입찰제도는 해당 등급업체만이 해당 등급 공사의 대표사가 될 수 있다. 따라서 등급제한 공사의 입찰참가는 대 · 중 · 소기업을 가릴 것 없이 대표사 자격만 제한이 있을 뿐, 공동도급사로 어떤 공사건 입찰에 참여하여 수주할 수 있다.

셋째, 2004년 현재 국토교통성의 최고등급인 A등급업체가 참여할 수 있는 공사규모는 7.2억엔(약 72억원)이상인데, 한국의 조달청 1등급업체에 배정되는 공사 규모는 700억원 이

190) 한국의 등급제한 입찰제도나 도급하한제도의 구체적인 내용에 대해서는 이상호 · 한미파슨스(2003)에서 소개하였다.

상이다. 그만큼 한국의 공사발주 규모가 크고, 일본은 분리 · 분할발주로 인하여 공사발주 규모가 작다.

넷째, 2005년 12월 일본 국토교통성 관동지방정비국의 A등급업체 수는 42개사, B등급업체 수는 104개사, C등급업체 수는 1,549개사, D등급업체 수는 4,425개사라고 한다(NIKKEI CONSTRUCTION, 2005.12.9). 한국의 조달청 1등급업체 수는 168개사, 2등급은 331개사, 3등급은 658개사, 4등급은 696개사, 5등급은 880개사, 6등급은 1,206개사로 구성되어 있다. 일본과 비교해 보면, 상위등급 업체 수는 한국이 월등하게 많다. 그만큼 '중견건설업체' 가 많다는 의미도 될 수 있고, 중견건설업체 보호정책이 강하다는 의미도 된다.

일본의 많은 국가기관과 지방공공단체에 등급제가 채용되고 있지만, 일부 지방공공단체는 경쟁촉진을 위해 등급수를 삭감하거나 등급제 자체를 아예 폐지한 사례도 있다. 한국에서는 등급제한 공사 입찰시 시공실적 평가기준을 완화하여 더 많은 중소건설업체가 해당등급 공사에 참여할 수 있도록 해 달라는 강력한 요구가 지속적으로 제기되어 왔다. 나아가 설계 · 시공 일괄이나 대안입찰공사도 등급제를 실시하여 중소기업의 수주 기회를 늘려달라는 요청을 하기도 한다.

지역요건 설정 및 지역업체에 대한 하도급 요구 등

많은 지방공공단체에서 지역기업 육성을 위해 입찰참가자격으로 "현내(縣內)에 본점 또는 영업소"를 가질 것을 요구하고 있다. 경쟁입찰 참가자격을 지역업자에 한정하는 제도를 채용하고 있는 것이다. 또한 지역경제 활성화를 위해 입찰참가업자 또는 낙찰업자에게 지역업체에 대한 하도급을 요구하거나, 해당 지역생산품의 이용을 요구하는 경우도 있다.

일본 건설경제연구소(RICE)가 2001년에 실시한 「도도부현 · 정령 지정도시에 있어서 공공공사의 입찰 · 정령지정도시에서 공공공사의 입찰 · 계약제도 등에 관한 실태조사(2001.10)」에 의하면, 모든 공사에 대해 일률적으로 「지역요건」을 설정하고 있는 단체는 적지만, 공사의 내용이나 공사 건별로 설정하고 있다는 응답이 70% 수준에 달했다(鈴木一, 2004). 조사대상인 도도부현 및 정령 지정도시는 공사 내용에 따라 지역요건을 설정하지만, 모든 공사에서 '본사' 나 '본사 또는 영업소' 가 소재하는 업자에 한정한다는 지자체는 소수였다. 다만, 시 · 정 · 촌에서는 그런 사례가 많다고 한다.

일본에서는 대체로 이 같은 '지역요건' 설정에 대해 비판적인 입장을 보여주고 있는 것 같

표 4-18 일본의 지역요건 설정기준에 대한 실태조사 결과

		도도부현		지정도시		합계	
①	모든 공사에서 「본사」를 지역내에 둔 업체에 한정하여 입찰참가자격을 주는 경우	0	0.0%	2	16.7%	2	3.4%
②	모든 공사에서 「본사나 영업소」를 지역내에 둔 업체에 한정하여 입찰참가자격을 주는 경우	7	14.9%	1	8.3%	8	13.6%
③	공사 내용(공사난이도, 지역 등)에 따라 적절하게 설정	35	74.5%	8	66.7%	43	72.9%
④	공사금액(예정가격)에 따라 설정	1	2.1%	0	0.0%	1	1.7%
⑤	기타	3	6.4%	1	8.3%	4	6.8%
미응답		1	2.1%	0	0.0%	1	1.7%
합계		47	100.0%	12	100.0%	59	100.0%

자료: 일본 건설경제연구소(2001.10). 「도도부현 · 정령 지정도시에 있어서 공공공사의 입찰 · 계약제도 등에 관한 실태조사」.

다. 예컨대 「공공공사 입찰계약 적정화지침」에서는 "소위 지역요건의 설정은, 지역의 중소 건설업자의 육성외 – (중략) – 과도하게 경쟁성을 저하시키는 운용이 되지 않도록 유의하도록 한다"고 규정하고 있다. 또한, 일본 공정거래위원회(2002.6)는 "입찰참가자에 대해 지역요건을 붙이는 지역우선발주 정책의 필요성을 한번에 부정할 수 없지만, 경쟁입찰에 의해 입찰을 행하는 이상 – (중략) – 일정수 이상의 입찰참가가 기대되는 경우에 한해 지역요건을 부과하는 등 입찰참가업자의 고정화 방지와 충분한 입찰참가업자 수의 확보를 배려하여 유연하게 운용할 필요가 있다"고 한다.

한국에서는 국가기기관이 발주하는 50억원 미만 공사와 지자체가 발주하는 70억원 미만 공사에는 지역제한입찰제도가 적용된다. 조달청 적격심사기준에서는 100억원 이상 공사에 대해 해당 지역업체에 대한 의무하도급제도를 운용하고 있다. 그런데 일본에서도 지역요건을 운용하고 있긴 하지만, 한국에서처럼 공사금액을 기준으로 획일적 · 의무적인 지역요건을 설정하는 사례는 드물다. 가장 보편적인 경우는 공사 내용에 따라 발주기관이 지역요건을 설정하고 있다는 것이다. 이렇게 보면 한국의 지역제한입찰제도는 일본의 '지역요건' 설정과 동일한 것이 아니고, 공사금액을 기준으로 한 획일성과 강제성을 감안해 보면 일본보다 더 후진적이라고 평가할 수도 있다.

Global Standard

11 어떤 제도를 벤치마킹할 것인가?

일본은 의심할 여지가 없는 선진국이다. 건설제도 또한 한국보다 더 선진화되어 있다. 지금까지의 논의를 토대로, 일본 건설제도 가운데 한국보다 앞서 있다고 생각되는 부분들을 먼저 보자.

일본은 전통적으로 분산발주체제를 유지해 왔다. 중앙조달기관이 없다는 의미에서만이 아니라, 각 발주기관별로 제각각 독특한 조달관행을 발전시켜왔다. 「회계법」과 「지방자치법」의 적용을 받긴 하지만, 한국의 국가계약법이나 지방재정법만큼 획일적으로 적용되는 것은 아니다. 발주기관별로 최저가 낙찰제 공사에 저입찰가격조사제도와 최저제한가격제도중 어떤 것을 어떤 대상공사에 적용하고 있는지만 봐도, 일본의 조달제도가 얼마나 다양한지를 알 수 있을 것이다.

비록 건설업 허가(許可)제도 라고 하는 시장진입 규제가 있긴 하지만, 한국보다 시장진입 장벽은 훨씬 낮다. 업종간의 겸업제한과 같은 규제도 없다. 대신에 경영사항 심사 및 발주기관의 유자격자 명부에 등록하는 과정에서 건설업체의 공사수행능력과 과거 성과에 대한 선별작업이 이루어진다. 그리고 발주자가 지명입찰자를 선정하는 과정에서 또 한번의 선별작업이 이루어진다. 한국식의 책임감리제도 같은 것은 없지만, 부실공사가 발생하면 발주자로부터 지명을 받을 수 없기 때문에 설사 적자를 보더라도 공사 품질은 확보하지 않을 수 없다(가네모토, 2000). 다시 말해서 미국이나 영국과 제도 내용은 다르지만, 시장진입규제의 강도는 대단히 미약하고, 입낙찰과정에서 부실업체가 걸러지는 것이다[191].

개별 구체적인 제도 하나하나를 보면, 한국과 유사하면서도 상당한 차이가 있다. 예컨대, 꼭같은 이름의 장기계속계약, 계속비제도 및 국고채무부담행위가 있기 하지만, 일본은 2년 이상이 소요되는 장기계속공사에 대해서는 국고채무부담행위를 활용하고 있다[192]. 예정가격 작성과정에서 실적공사비제도의 도입도 한국보다 앞섰고, 시장가격을 반영하고자 하는 노력도 지속적으로 이루어졌다. 공공사업 코스트 절감을 위한 종합적인 대책도 계속 시행되고 있다. 한국의 등급제한 입찰제도와 비슷한 등급제를 시행하고 있긴 하지만, 경영사항 심사점수와 발주기관의 주관적 평가점수에 기초한 선별작업이 이루어진다. 입찰제도는 민간건설업체의 기술력을 활용하기 위한 방향으로 움직이고 있다. 일반경쟁입찰이건 지명경쟁입찰이건 입찰참가자 수는 대개 10개사 이내에 불과하다. 낙찰제도는 최저가격 자동낙찰방식에서 종합평가 낙찰방식으로 바뀌고 있다. 최저가격 자동낙찰방식에서도 최저제한가격제도 대신 저입찰가격조사제도의 활용도가 높다. 수십개의 손해보험사와 민간은행 등을 통한 공사이행보증제도가 운용되고 있고, 한국의 시공연대보증인제도와 유사한 공사완성보증인제도는 1995년에 폐지되었다. 중소건설업 보호대책만 해도 지역요건의 설정기준은 공사내용 등을 감안하여 발주기관에서 정하고 있지만, 한국처럼 공사금액을 기준으로 획일적 · 강제적으로 정해 놓은 것은 아니다. 공동기업체를 통한 공공공사 수주실적도 한국보다 비중이 훨씬 적다.

다른 한편, 한국에서는 1998년 이후 거의 사라진 입찰담합 관행이 여전히 일본에 상존하고 있다는 지적이 많다. 「공존원리(共存原理)」에 기초한 지나친 분리 · 분할발주 활성화는 비효율성을 초래하고 있다는 비판을 받기도 한다. 지역 · 중소건설업체에 대한 유별난 과보호정책도 비난의 대상이 되어 왔다. 예정가격제도나 최저가격 자동낙찰방식 및 최저제한가격제도 또한 글로벌 스탠다드와 동떨어진 제도라는 비판을 받았다. 오랫동안 비대한 공공발주기관의 직영(直營) 관행으로 인하여 설계 · 시공 일괄입찰이나 건설사업관리(CM) 방식의 활성화가 이루어지지 못한 것도 문제로 지적된다. 세계적인 시공기술을 보유하고 있으면서도, 설계 · 엔지니어링 등 소프트 기술력과 가격측면에서 국제경쟁력이 떨어진다는 지적도 많았다. 대형제네콘의

191) 물론 일본에서도 건설경기가 위축되면서 한국의 무자격 부실업체들처럼 공사 수주뒤 일괄하도급하는 「불량부적격업체」가 최근 들어 많이 늘었고, 이들을 배제하기 위한 여러 가지 대책방안이 수립되어 추진되기도 했다. 하지만 한국에서 만큼 '입찰브로커' 역할만 수행하는 불량부적격업체가 그렇게 많다고는 보기 어렵다.

192) 일본의 국고채무부담행위는 우리나라의 계속비제도와 유사하다. 일본도 단년도 예산주의로 인한 폐해를 지적하는 문헌이 많지만, 다년간의 기간이 소요되는 계약에 국고채무부담행위의 활용을 더 확대하자는 주장이 많다.

해외매출 비중이 낮은 원인도 그만큼 국제경쟁력이 떨어지기 때문이라는 시각도 많다.

최근의 일본 건설제도 동향을 보면, 미국이나 영국식의 글로벌 스탠다드를 추구하는 모습을 보여주고 있다. 투자효율성(Value for Money)의 확보를 중시하면서 최저가격 자동낙찰방식보다 종합평가 낙찰방식을 더 선호하고 있다. 2006년 1월말부터 유럽연합 가맹국에 적용될 「새유럽연합지침(New EU Directives)」에 등장한 "경쟁적 대화 절차(competitive dialogue procedure)"를 「경쟁적 교섭(競爭的 交涉)」방식이라 부르면서 국토교통성을 비롯한 공기업 등에서 시범사업을 수행하고 있다. 덤핑방지를 위한 수단으로 미국식의 「입찰 본드(bid bond)」제도를 도입하자는 목소리도 높다. 한국보다는 미흡하지만, 건설사업관리(CM) 방식이나 설계 · 시공일괄입찰방식의 도입과 활성화를 주창하기도 한다. VE(Value Engineering) 등 민간건설업체의 기술력을 활용하기 위한 새롭고 다양한 입낙찰제도의 활용도 증가하고 있는 추세다. 일본은 「탈아입구(脫亞入歐)」를 외치던 100년전이나 지금이나 여전히 일본적인 것을 고수하기 보다는 끊임없이 글로벌 스탠다드를 지향하고 있다.

우리는 어떤 제도를 본받아야 할 것인가? 답은 명백하다고 본다. 일본의 건설제도가 아니라 미국이나 영국식의 글로벌 스탠다드를 본받아야 할 것이다. 일본 또는 일본식 제도의 도입으로 인해 건설산업의 선진화가 더디다는 비판적인 평가를 하는 사람도 있다.

외국과 우리나라의 건설환경은 다르며, 우리나라 실정에 맞는 제도가 필요하다는 식의 주장을 하는 「신토불이(身土不二)」사상가들은 '우리 것'이라고 하는 건설제도와 관행의 뿌리가 무엇인지부터 생각해 볼 필요가 있다. '우리' 건설제도와 관행의 뿌리는 36년간이란 오랜 세월에 걸친 일본의 식민지배(植民支配)를 받으면서 형성된 것이 아닐까? 광복 60년이 되었지만, 여전히 일본적인 건설제도와 관행의 뿌리에 피상적인 미국식 건설제도와 관행을 끼워 놓고 땜질해 둔 것이 '우리' 건설제도와 관행의 본질(本質)이 아닌가? 그 와중에 한국 건설산업이 세계적인 위상을 차지하게 된 원인이라면, 우수한 기능인력과 탁월한 기업가 정신을 꼽을 수 있고, 정부주도의 개발연대를 거치면서 보호 · 육성정책 덕을 본 탓도 있을 것이다. 특히 간과해서 안될 사항중 하나는, 미군(美軍) 공사나 월남전에서의 공사 경험, 세계은행 등 국제기구의 원조자금에 의한 국내 초대형 공사의 시공 경험을 통해 글로벌 스탠다드를 경험한 적이 있다는 사실이다. 만약에 글로벌 스탠다드를 체험할 기회가 한번도 없었더라면, 해외건설시장에서 한국 건설업체들이 지금까지 거두었던 성과는 상상하기 어려웠을 것이다.

한국 건설의 미래창조

제5장 코리안 스탠다드에서 글로벌 스탠다드로

01 기본 전략과 방향

점진적 개선이 아니라 총체적 혁신 지향

"이 세상에 완벽한 제도는 없다. 특정한 제도는 특정한 사회의 구조나 문화 및 가치관을 반영하기 마련이다. 어떤 제도건 밝은 면과 어두운 면이 공존하기 마련이다. 글로벌 스탠다드건 아니건 간에 제도 그 자체보다는 제도를 운영하는 사람이 더 중요할 수 있다."

이처럼 상대주의적인 관점에서 제도를 바라본다면, 특정한 제도의 우월성을 주장하는 것은 우습거나 하찮게 보일 수 있다. 한국 건설제도가 미국이나 영국과 다르다고 한들, 그게 무슨 문제냐고 반문하기도 한다. 이런 시각에서는 우리 제도를 근간으로 그때그때 상황변화에 따라 필요한 만큼 '점진적(漸進的)으로 개선' 하는 것이 바람직하다는 입장을 취할 때가 많다. 이 같은 「점진적 개선론」은 덜 급진적이고, 덜 과격하면서, 더 타협적인 모습을 띠고 있는데다가, 우리 사회나 제도의 고유성 · 특수성과 주체성(主體性)을 강조하고 있기 때문에 옹호자도 많다. 특히 실무를 담당하는 정부공무원이나 기존 제도에서 기득권을 누리고 있는 집단일수록 「점진적 개선론」을 옹호하는 경향성이 높다.

사실 한국의 건설제도는 '점진적 개선' 이 꾸준히 이루어져 왔다. 예컨대, 1997년 1월의 건설시장 개방을 전후한 시기를 보자. 우루과이라운드 협상이 한참 진행되던 1990년대 초반부터 한국 건설제도를 글로벌 스탠다드로 전환해야 한다는 목소리가 높아지기 시작했다. 특히 국가계약법과 건설산업기본법의 제정배경은 건설시장 개방에 대비하여 정부조달협정

(GPA)의 내용을 국내법에 반영하고, 국내 건설제도를 글로벌 스탠다드와 일치시키기 위한 목적이었다고 볼 수 있다. 외견상으로 본다면, 건설제도의 글로벌 스탠다드 도입을 위한 법률제정이 이루어진 셈이다. 하지만 제도 하나 하나를 자세히 뜯어보면, 모두가 기존 제도에서 조금씩의 변형만 가했을 뿐, 여전히 기존 제도의 연속선상에 있다는 사실을 알게 된다. 더구나 그 제도 또한 심도 있는 연구 및 준비 없이 졸속으로 만들고, 무지한 상태로 겉모양만 도입되어 제도의 후진성을 가속시키는 결과를 가져왔다.

대표적인 예로 건설업 면허제도를 보자. 1975년부터 신규면허 발급이 중단되어 있던 건설업 면허는 건설시장 개방에 대비하여 1989년에 13년만에 다시 신규 발급할 수 있도록 했다. 이때 신규 건설업 면허를 발급하는 주기는 3년으로 정했다. 1994년에는 신규 건설업 면허발급 주기가 1년으로 단축되었고, 1997년에야 수시발급으로 바뀌었다. 건설업 면허발급 주기가 3년에서 수시발급으로 바뀌는데만 약 10년의 세월이 걸린 셈이다. 그 뒤 1999년에 건설업 면허제도가 등록제로 바뀌고, 면허갱신제도는 폐지되었다. 하지만 건설업 면허기준은 2000년 7월의 공제조합 가입 및 출자의무제도가 폐지되기 전까지는 미미한 수준의 면허기준 완화가 이루어졌을 뿐이다. 아무튼 2000년 7월에 공제조합 가입 및 출자의무제도가 폐지되면서 갑작스럽게 건설업체 수가 급증하였고, '입찰브로커' 역할만 하는 무자격 부실건설업체 수도 급증하게 되자, 또다시 2001년에는 공제조합 가입 및 출자의무제도를 대신한 보증가능금액 확인제도를 도입하는가 하면, 건설업 면허갱신제도를 건설업 등록사항의 주기적 신고제도라는 이름으로 부활시키고, 삭제했던 사무실 보유기준도 재도입했다. 2004년에는 또다시 보유기술자 수를 일반건설업 등록업종별로 1~2명씩 더 늘렸다. 1989년부터 2000년 7월까지 '점진적으로' 건설시장 진입장벽을 낮춰가다가, 2001년부터 또다시 '점진적으로' 진입장벽을 높이는 방향으로 선회한 셈이다.

정부조달협상 과정에서 폐지 요청을 받았던 도급한도액제도는 1996년말에 시공능력평가제도로 탈바꿈했다. 1건 공사를 도급받을 수 있는 최대한도의 금액을 의미하던 도급한도액의 개념은 시공능력평가액이라는 이름으로 대체되었을 뿐이다. 평가기준이 그때그때 필요에 따라 조금씩 바뀌었고, 건설업 등록업종별로 공시한다는 부분적인 차이는 있다. 과거의 도급한도액제도와 달리 시공능력평가는 의무적인 사항이 아니라고 하지만, 입찰참가기준 및 도급하한의 설정기준으로 사용되기 때문에 사실상 의무화되어 있다.

PQ제도나 적격심사제도와 같은 입낙찰제도는 도입된 이래 거의 해마다 바뀌지 않은 적이 없다. 하지만 기본적인 틀의 변화 없이 세부평가기준의 항목이나 점수만 미세하게 바뀌었을 뿐, PQ심사의 변별력 문제나 적격심사제도의 "요행"에 의한 낙찰구조 문제는 지금까지 별다른 변화가 없다. 사실 1998년 이전까지 입낙찰제도의 문제가 그다지 심각하게 제기되지 않았던 것은 건설업체간에 관행적으로 '자율조정'이 이루어졌기 때문이지, 입낙찰제도가 훌륭해서 그랬던 것은 아니었다. 1998년부터 '자율조정' 구조가 무너지고, 입낙찰제도에 따라 공사수주가 좌우되자 해마다 몇 차례씩 '개선'이란 이름의 제도변경이 이루어졌지만, 제도변경 이전보다 나아졌다고 말할게 별로 없는 것이 오늘의 현실이다.

이처럼 실제 '점진적인 제도개선'이 이루어진 사례를 보고 있노라면, 「점진적 개선론」의 한계가 무엇인지를 생각하게 된다.

첫째, 점진적 개선으로는 달성하고자 하는 목표를 얻지 못할 수 있다. 점진적 개선을 추진하다 보면, 과정을 중시하면서 상대적으로 달성해야 할 결과를 소홀히 하는 데서 발생하는 문제가 아닌가 싶다. 한계단 두계단 밟고 올라가서 궁극적으로 밟고자 하는 정상에 올라가는 것이 아니라, 옆길로 새거나, 오르락내리락만 반복하면서 '제도 피로(制度 疲勞)' 만 누적시키기도 한다. 예컨대, 건설업 면허기준은 한동안 완화되다가 다시 강화되는 모습을 보여주고 있고, 경쟁촉진을 통한 효율성의 제고보다는 무자격 부실건설업체 난립이라는 새로운 문제를 던져 주었다. PQ나 적격심사제도와 같은 입낙찰제도는 일년에도 몇 차례씩 숱하게 바꾸어 왔지만, 결과적으로 달라진 게 무엇인지 알 수 없다.

둘째, 「점진적 개선론」은 제도 상호간의 연계성에 대한 인식이 부족한 것 같다. 예컨대, 건설업 면허기준을 점진적으로 완화하기로 결정했다면, 시장진입 이후 보증제도나 입낙찰제도의 정상화를 통한 무자격 부실건설업체의 선별메카니즘은 강화되었어야 한다. 하지만 실제로는 서로 다른 부처 소관의 서로 다른 법률에 근거하여 건설업 면허제도와 입찰계약제도가 별개로 논리와 상황에 따라 움직여 왔다.

셋째, 점진적 개선을 통해 원하는 성과를 얻는 데는 장구한 시간이 소요된다. 그 과정에서 정치 지형의 변화나 이해관계 집단의 저항에 부닥치면, 더 이상 진전하지 못한 채 제자리걸음을 하거나 다시 되돌아가는 수도 많다. 앞서 예를 든 건설업 면허제도가 그렇고, 최저가 낙찰제의 단계적 확대나 건설보증시장의 단계적 개방도 그렇다고 볼 수 있다.

넷째, 점진적인 개선전략은 대개 기존의 제도에 뿌리를 두고 출발하는 것이기 때문에 기존 제도가 훌륭하다면 모르겠지만, 그렇지 않다면 또다른 왜곡된 결과를 초래할 수 있다. 예컨대, 최저가 낙찰제나 PQ 및 적격심사제도, 그리고 설계 · 시공 일괄입찰이나 대안입찰제도의 점진적인 개선방안은 대부분 기존의 제도 틀 속에서 극히 일부분만 바꾸는 일이 잦다 보니 근본적인 문제점의 개선은 못하면서 새로운 문제만 자꾸 일으키게 되는 것과 같다.

이처럼 점진적인 제도개선 전략을 통해서는 한국 건설산업의 선진화라는 궁극적인 목표를 달성할 수 있을지가 의문시된다. 설사 달성할 수 있다고 하더라도 장구한 세월이 소요될 것이기 때문에 효율적인 전략이라고 보기 어렵다.

한국 건설산업의 선진화를 위해서는 건설제도의 점진적 개선이 아니라 제도 혁신(革新)이 필요하다. 제도 혁신을 위해서는 과거 제도의 연장선상에서 조금 조금씩 개선하는 것이 아니라, 제도의 틀과 기본적인 내용 자체를 바꾸어야 한다. 예컨대, 적격심사제도의 틀 속에서 낙찰하한율을 조정한다든가, 경영상태 평가항목을 바꾸는 식의 변화는 잘해봤자 점진적인 개선에 불과하다. 하지만 적격심사제도를 폐지하는 대신 최저가 낙찰제나 최고 가치(best value) 낙찰제를 도입하는 것은 낙찰제도의 혁신에 해당한다. 시공연대보증제도를 운영하면서 보증수수료를 조정하는 식의 변화가 아니라, 아예 시공연대보증제도를 폐지하고 이행보증제도를 도입하는 것이 혁신에 해당한다.

글로벌 스탠다드의 도입과 정착을 가능하도록 하기 위해서는 점진적 개선이 아니라 제도 혁신이 필요하다. 점진적 개선으로는 빠른 시일 내에 한국 건설산업의 선진화를 달성하기 어렵다. 하지만 건설제도의 혁신에 대해서는 회의적인 시각도 많다. 그동안 숱하게 개혁이니 혁신이니 하는 이름으로 제도 실험(實驗)을 감행했지만, 제대로 성공한게 있느냐는 비판도 대단히 많다. 예컨대, 글로벌 스탠다드를 따른다고 과감하게 건설시장에 대한 진입규제를 완화한 결과 무자격 부실건설업체의 난립만 초래했다는 비판의 목소리가 높다. 한국 건설산업의 선진화를 위한답시고 도입한 건설사업관리(CM)제도는 아직도 표류하고 있다. 한국에서 흔히 '턴키' 라고 부르는 설계 · 시공일괄입찰제도는 글로벌 스탠다드와 너무나 간격이 크다. 처음부터 입낙찰제도의 글로벌 스탠다드를 지향한다는 명분으로 도입한 최저가 낙찰제는 '요행에 의한 저가 낙찰제' 로 변질되어 있다. 2001년부터 시행된 공사이행보증제도만 해도 미국에서 와는 전혀 딴 판으로 운영되고 있다. 그 이유는 새로운 제도를 도입할 때 졸속으로 만들고, 새로운 제도 그 자체에 대해 너무나 무지(無知)한 상태에서 대충 만들거나, 기존의 기득권 구조에 사로잡혀 왜곡(歪曲)시키는 경향이 많았기 때문이다.

이 같은 시각에서 보면, 개혁이니 혁신이니 하는 거창한 구호만 떠들 일이 아니다. 실제로 현재의 제도에서 한걸음이라도 더 나아갈 수 있는 개선방안을 찾는 일이 더 중요하다고 주장할 수 있다. 하지만 지금은 개방사회다. 다른 나라가 어떻게 하건 말건, '우리 것[193]'을 유지해야 한다는 식의 쇄국주의(鎖國主義) 사고는 나라와 산업을 망하게 하는 원동력이 될 수 있다. 글로벌 경제체제를 외면하고 국내 건설시장에만 안주해서는 건설산업의 미래도 없다. 그리고 세계건설시장에서 경쟁력을 갖추기 위해서는 국내 건설시장에서부터 글로벌 스탠다드를 체험하도록 해야 한다. 글로벌 스탠다드는 특정 국가의 제도라기보다는, 전세계적으로 건설산업의 효율성을 높이기 위해 널리 활용되는 제도로 이해되어져야 한다. 전세계적으로 널리 활용되는 가장 효율적인 건설제도가 있다면, 비효율적인 건설제도를 '우리 것'이라는 명분으로 고수해야 할 필요는 없다. 글로벌 스탠다드가 우리 제도와 다르다면, 과감한 혁신을 통해 과거의 잘못된 제도와 관행에서 탈피해야 한다.

그런데 왜 지금까지 개혁이나 혁신이란 이름으로 도입한 새로운 제도들이 제대로 정착되지 못했거나, 실패했을까? 그 이유도 여러 가지일 것이다. 이해관계 집단의 저항도 있었을 것이고, 강력한 정치적 지원을 못받은 탓도 있을 것이다. 여기서는 특히 「제도상호간의 의존성」을 간과한 것이 혁신의 실패를 가져온 중요한 원인이라는 사실을 지적하고 싶다. 예를 들어보자.

건설업 면허기준 완화와 등록제 전환, 공제조합 가입 및 출자의무 폐지와 같은 건설시장 진입장벽의 완화는 건설업체 선별메카니즘의 강화와 함께 추진되었어야 했다. 하지만 '요행에 의한 복권당첨식 낙찰제도'나 건설보증제도의 개선은 이루어지지 못한 채 시장진입 규제만 완화되다 보니, 무자격 부실건설업체의 난립이 이루어진 것이다.

입·낙찰제도의 글로벌 스탠다드를 도입하겠다는 거창한 명분으로 2001년에 도입한 최저가 낙찰제는 미국식의 공사이행보증제도와 감리 강화를 보안대책으로 제시했다. 하지만 최저가 낙찰제는 그보다 훨씬 많은 제도와 직접적인 연관성을 갖고 있다. 일단 미국에서는 보증제도외에 PQ제도 등 발주자에 의한 선별 메카니즘이 충분히 작동하고 있다. 입찰자의 기술능력에 대한 철저한 검증이 이루어지고, 입찰가격의 적정성에 대해서도 검증절차가 확립되어 있다. 공사 수주업체에 대해서는 대부분 직접시공의무가 부과된다. 이 같은 제도 틀 속에서 입찰이 이루어지다 보니 입찰참가자 수는 평균적으로 3~5개사에 불과하다. 우리나라처럼 30~50개사가 입찰에 참가하는 것은 지극히 예외적인 경우다.

건설공사 계약보증제도는 시공연대보증제도를 없애는 대신 미국식의 공사이행보증제도

193) 우리 제도로 생각하는 것들의 대부분이 일본 건설제도라는 사실도 알고 있었으면 한다.

를 도입하여 확대하기로 하였다. 하지만 우리나라에서는 아직도 시공연대보증제도가 근간을 이루면서 공사이행보증제도는 최저가 낙찰제 공사에만 의무화되어 있다. 도입된 공사이행보증제도의 내용 또한 미국의 공사이행보증제도와 거리가 너무 멀고, 부실건설업체의 수주기회를 제약하는 기능은 거의 없다. 손해보험사 등에 대한 건설보증시장의 전면개방과 같은 정책방침은 여전히 구두탄(口頭彈)에 불과하다.

이처럼 「제도상호간의 연계성」에 대한 인식 부족이나, 특정한 제도의 운용기반을 구성하고 있는 건설제도의 전체적인 모습을 이해하지 못한 것이 그동안 개혁이니 혁신이니 하는 이름으로 추진해 온 제도개선 작업의 성과가 저조한 원인중 하나다. 혁신을 한다고 해서 달랑 최저가 낙찰방식 하나만 도입한다든가, 공사이행보증제도 하나만 도입하는 식이 되어서는 실패할 가능성이 대단히 높다. 제도상호간의 연계성과 제도의 운용기반을 감안한 「총체적 혁신」을 추구해야 성공가능성이 높아진다. 총체적 혁신을 위해서는 글로벌 스탠다드가 전체적으로 어떻게 구성되어 있는 지부터 알아야 한다. 앞서 글로벌 스탠다드의 주요 내용을 우리제도와 비교하면서 다소 장황하게 기술한 이유도 여기에 있다.

공급자 규제에서 발주자 규제로 정책방향 전환

우리나라 건설정책과 제도의 역사는 처음 「건설업법」을 제정하던 1957년으로 거슬러 올라간다. 「건설업법」의 제정배경은 "부실 · 무자격업체가 난립하고 공사입찰과 시공에 있어서도 담합입찰 그리고 부실시공, 부당하도급, 노임체불 등 문란한 1950년대의 건설업 질서를 바로잡기 위한 것"이라고 기술하고 있다(건설교통부 건설경제국, 2003.5). 이처럼 출발점부터 건설정책과 제도는 공급자인 건설업체를 규제하기 위해 도입된 것이다. 1975년에 제정된 「해외건설촉진법」도 해외건설에 대한 육성과 지원책을 담고 있기는 하지만, 역시 공급자인 해외건설업체를 규제하기 위한 법률이다. 「건설기술관리법」도 건설기술인력 관리와 설계 · 감리 · 건설사업관리 등을 수행하는 건설기술용역업체를 규제하기 위한 법률이다. 건설업체나 기술인력을 관리하기 위한 법률이야 원래 그렇다 치지만, 법률의 성격상 국가기관 내부의 행정절차와 목표를 제시하고, 국가기관간의 관계를 규율하는데 초점을 두어야 할 국가계약법령도 공급자인 계약상대자를 규제하는 내용이 대단히 많다. 구체적인 사례를 몇가지 들어 보자.

영국, 프랑스, 독일과 같은 유럽 국가에는 건설업 면허제도가 없다. 그렇다고 해서 미국처럼 건설보증제도가 입찰 · 계약과정에서 큰 영향을 주는 것도 아니다. 하지만 대부분의 유럽

국가들은 지명경쟁입찰이나 수의계약을 체결하는 과정에서 발주자가 건설업체의 기술능력에 대한 엄격한 심사를 통해 능력있는 업체를 선별하고 있다. 영국에는 통상산업부(DTI)에서 운용하고 있는 'Constructionline' 이라고 부르는 유자격자 명부도 활용된다. 하지만 우리나라에서는 오랫동안 건설업 면허제도가 발주자에 의한 입찰참가자 선별기능을 대체해 왔다고 해도 지나친 말이 아니다. 하지만 건설업 면허제를 등록제로 전환하고 등록기준을 완화하면, 시공능력없는 수준미달 업체가 건설시장에 진입할 수 있다는 가능성은 인지했을 것이다. 이런 상황에서 발주자는 입찰참가자의 계약이행능력에 대한 심사기능을 강화했어야 하지만, 그렇지 못했다. 그 결과 1건 공사 입찰참가자 수가 수백개, 수천개를 헤아리게 되었던 것이다. 수많은 입찰자 중에서 누가 계약이행능력이 있는지를 선별할 수 있는 제도적 장치를 강구하기보다는, 무자격 부실건설업체의 난립 문제가 심각하게 대두하자 정부는 또다시 2001년부터 건설업 등록기준 강화로 돌아섰다. 하지만 이제는 시장에 진입한 수많은 건설업체들을 등록기준 강화만으로 줄일 수 없는 시대로 바뀌었다. 이제는 건설업 등록기준만 주물럭거리고 있을게 아니고, 발주자가 제대로 된 건설업체를 선별할 수 있도록 하는 제도적 장치를 갖추도록 규제해야 한다.

최저가 낙찰제 공사의 저가심의제도를 보면, 책임회피를 위해 노력하는 발주자의 모습이 적나라하게 드러나 있다. 왜 최저가 낙찰제를 하면서 입찰가격의 적정성을 심사해야 하는가? 그 이유를 발주자인 정부는 "지나치게 싼값에 낙찰이 되면 부실공사가 우려된다"는 데서 찾고 있다. 그렇다면 발주자는 부실공사가 우려될 만큼 낮은 가격에 입찰한 업체와 계약체결을 해서는 안될 것이다. 아무리 최저가 낙찰제라도 최소한의 공사품질을 확보할 수 있는 수준에서 계약금액이 결정되어야 한다는 것이 저가심의제의 전제라고 할 수 있다. 그런데 우리나라의 저가심의제도는 "심의없는" 심의제도다. 공종별 입찰평균금액의 일정비율 미만인 공종을 부적정 공종으로 간주하고, 부적정 공종이 일정비율 이상이면 낙찰대상에서 배제된다. 발주자가 입찰가격의 적정성을 심의하는 것이 아니라 입찰자의 공종별 평균입찰금액이 낙찰여부를 좌우한다. 이 같은 구조에서는 입찰자간의 공모(共謀)를 통해 공종별 평균입찰금액이 올라가면 낙찰률도 올라간다. 발주자도 내심으로는 이런 가능성을 눈감아 주면서 낙찰률을 올리고 싶어 했는지도 모르겠다. 어쨌건 현행 저가심의제도에서는 낙찰률이 높건 낮건 그것은 발주자 책임이 아니라 입찰자 책임이다. 이런 제도를 운영하면서 낙찰률이 50%대로 떨어지기라도 하면 발주자는 저가 낙찰로 인해 부실공사가 우려된다며 호들갑을 떤다. 그럴 바에야 차

라리 발주자가 직접 입찰가격의 적정성을 심의해서 지나친 저가 입찰자를 낙찰대상에서 배제하면 되지 않겠는가? 하고 요구하면, 대부분의 공공기관 발주자들은 일제히 한목소리로 반대한다. 입찰자들이 발주자의 심의결과를 믿지 않고 소송을 걸 것이기 때문에 사업추진이 어렵게 된다거나, 발주자에 대한 입찰자의 과도한 로비 때문에 곤란하다는 이유를 들이댄다. 심지어는 그러니까 "우리 현실에서는 적격심사제도와 같이 일정한 낙찰률을 보장해주고, '운(運)' 에 의해 낙찰자가 결정되는 제도가 딱 맞다"고 자조 섞인 강변을 하는 사람들도 많다. 최저가 낙찰제 공사에서 입찰가격의 적정성에 대한 심사를 하는 것이 글로벌 스탠다드라고 주장하면서도, 정작 실질적인 심사를 기피하고 있는 발주자에게 어떤 인센티브를 주고, 어떻게 규제해야 할 것인지를 고민해야 할 때다.

말썽 많은 설계 · 시공 일괄입찰공사의 설계평가위원 선정문제도 마찬가지다. 현재 설계평가위원의 자격은 4급이상 공무원이거나 5급이하 공무원의 경우는 기술사나 박사학위 소지자 등으로 구성되어 있다. 이 같은 자격요건을 갖춘 자 중에서 누가 특정 공사의 설계평가위원으로 적정한 지를 발주자가 판단해서 선정하는 것은 아니다. 건설교통부 훈령에 정해진 설계평가위원 자격요건을 갖춘 사람들에게 심의건별로 등록을 요구하고 있을 뿐이다. 그러다 보니 정말 능력 있는 전문가들 중에서는 아예 등록을 기피하는 사람도 많다. 수백명 내지 천명을 넘어서는 등록자 가운데 상당수는 설계평가위원으로 참여를 요청해도 응하지 않는다. 그렇다면 왜 등록하는가? 직접 설계평가위원으로 참여하면 건설업체의 로비 등으로 시달리거나, 재수 없는 경우 부패사범으로 걸릴 수 있기 때문에 아예 참여하지 않는 것이 속편하다. 하지만, 일단은 설계평가위원으로 참여할 수 있는 대상자 리스트에 수시로 이름을 얹어 놓아야 건설업체로부터 대접을 받지 않겠는가? 이런 속셈 때문에 설계평가에 참여할 의사도 없으면서 부지런히 설계평가위원으로 등록하고 있다고 말한다면, 지나친 억측일까? 이러나저러나 설계평가위원에 대한 자격요건만 설정해두고, 등록한 사람들을 대상으로 무작위로 추첨해서 설계평가를 맡기는 행위는 형식적인 공정성은 있어 보인다. 그렇지만, 전문성 있는 설계평가위원을 선정해서 제대로 된 입찰자를 선별해야 하는 발주자의 권한과 책임은 스스로 포기한 것이나 다를 바 없다. 당해 발주기관에서는 단 한명도 설계평가위원으로 참여하지 않으면서, 타부처 공무원들로만 설계평가위원회를 구성하는 발주자도 있다. 설계평가위원 대상자들이 서로 간에 '품앗이' 를 해주는 격이다. 이런 게 "무책임 행정" 아니겠는가?

건설분야의 부패문제가 심각하다는 것은 하루 이틀 지적된 것이 아니다. 건설산업의 선진화를 위해서는 우리도 '부패' 라는 이름의 '태산준령(泰山峻嶺)' 을 넘어서야 한다. 부패방지를 위한 정책적 · 제도적 노력도 강화되어야 한다. 하지만 건설업체에 대한 처벌만 강화한다고 해서 부패를 근절시킬 수 있을까? 뇌물을 요구하는 발주기관 공무원은 한명도 없을까? 부패의 근본적인 원인이 건설업체에만 있는가, 아니면 정부에도 있는가? 물론 부패행위에 연루된 기업인과 기업은 처벌을 받아야 한다. 하지만 부패문제는 건설업체만 족친다고 해서 근절될 일이 아니다. 공무원에 대한 지속적인 교육과 공직(公職) 윤리 확립, 공무원의 뇌물수수 행위에 대한 처벌 강화가 더 우선시되어야 할 핵심 현안과제라고 본다.

한국에 세계적인 건설업체는 있다. 주베일 항만공사, 리비아 대수로 공사 등 세계 건설사상 기념비적인 공사도 숱하게 완공했다. 한국의 담수화 플랜트부문 기술력은 세계 최고로 평가받고 있다. 최근에는 중동의 두바이에서 세계 최고층빌딩을 수주하기도 했다. 이미 한국의 건설업체는 생존경쟁을 거치는 과정에서 세계화(Globalization)되었고, 세계적인 기술과 관리능력 보유를 위해 혈안이 되어 있다. 하지만 한국의 발주자는 전세계 시장이 어떻게 돌아가는지에 상관없이 '우리 현실' 을 운운하면서 쇄국주의(鎖國主義) 정책을 고수하고 있는 경우가 대부분이다. 현안과제가 제기될 때마다 발주자 혁신이 아니라 공급자인 건설업체 규제를 통해 대처하는 경향이 압도적이다. 전통적인 관존민비(官尊民卑) 사상의 유산이기도 하고, 정부주도 경제성장 과정의 후유증이기도 한 것 같다. 발주자는 자기혁신에 대한 의지도 없이 건설업계에 일방적인 훈계를 늘어놓기에 앞서, 자신의 기능과 역할에 대해 깊은 성찰이 필요하다.

이제 우리도 공급자 규제에서 수요자인 발주자 규제로 접근방법을 한번 바꿔 보자. 무자격 부실건설업체를 적발하느라 전국 방방곡곡의 건설업체 사무실을 돌아다니면서 실태조사를 한다든가, 등록기준을 높여서 건설업체 수를 줄이겠다고 안간힘을 쓸 것이 아니라, 발주자가 PQ심사기준과 입찰제도 및 보증제도의 정상화를 통해 '입찰브로커' 역할만 하는 무자격 부실건설업체의 수주기회를 없애는 방향으로 노력하는 것이 바람직하다. 건설업체더러 왜 기술개발하지 않느냐고 훈계(訓戒)만 할 것이 아니라, 발주자가 기술력 있는 건설업체를 선별하도록 해보자. 건설업체더러 터무니없이 낮은 가격에 입찰하지 말라고 할 것이 아니라, 너무 낮은 가격에 입찰하는 업체에 대해서는 발주자가 입찰가격의 적정성을 엄격하게 심사해서 낙찰대상에서 배제하도록 하자. 설계 · 시공 일괄입찰공사의 설계평가위원은 최고의 전문가를 엄선하고, 발주자 책임으로 낙찰자를 선정하도록 해보자. 건설부패 방지를 위해서는 건설업체에 대한 처벌강화보다 공직(公職) 윤리의 확립부터 먼저 강도 높게 추진하자. 이처럼 공급자 규제 대신 발주자인 정부를 먼저 개혁하고 규제하는 것이 유럽연합이나 영국 및 미국의 공통된 건설제도 개혁수순이었고, 글로벌 스탠다드였다.

건설업역 재편과 정부조달제도 혁신의 병행 추진

건설제도 혁신은 어디서부터 출발해야 할 것인가? 많은 사람들이 건설공사 입 · 낙찰제도부터 시작하자고 할 것 같다. 건설산업은 수주산업이고, 수주는 입 · 낙찰제도에 의해 결정되기 때문에 건설업체에 직접적인 영향을 미치는 입 · 낙찰제도의 혁신에서 실타래를 풀어보자는 주장도 일리는 있다. 하지만 입 · 낙찰제도는 건설제도의 한 부분이다. 우리나라 건설정책과 제도는 입 · 낙찰제도보다 건설업 면허제도가 좀더 근본적이고 광범위한 기반을 제공해 주고 있다. 또한 우리나라 특유의 제도(=코리안 스탠다드)는 대부분 건설업 면허제도에서 출발했다고 본다. 특히 외국 어느 나라에서도 찾아보기 어려운 것이 건설업 면허제도에 기초한 배타적인 건설업역이다. 건설생산체계나 건설공사 발주제도의 선진화가 현실적으로 어려운 이유도 배타적인 건설업역 때문이라고 본다.

일반건설업과 전문건설업, 전기공사업, 정보통신공사업 등 외국뿐만 아니라 우리나라 표준산업분류체계에서도 '건설업' 에 한꺼번에 들어가 있는 것들이 제각각 다른 부처의 다른 법률에 들어가 있다. 일반건설업과 전문건설업간의 겸업은 금지되어 있다. 전기나 통신공사는 반드시 분리 발주해야 한다. 건축사 사무소의 고유 업역인 건축설계업도 시공업과의 겸업이 사실상 불가능하다. 각각의 면허업종별로 사업자단체와 공제조합이 하나씩 만들어져 있고, 이들은 업역 보호를 위한 투쟁의 선봉에 서 있기도 하다.

건설현장의 생산체계를 구성하고 있는 공동도급이나 하도급 구조도 배타적인 건설업역의 기반위에 형성되어 있다. 건설사업관리(CM) 발주가 어려운 이유도 파편화된 건설업역에 기인하는 면이 크다. 다양한 발주방식, 다양한 입낙찰제도는 현재와 같은 배타적인 건설업역 구조에서 기대하기 어렵다.

그런데 우리나라 특유의 배타적인 건설업역 구조는 이미 한귀퉁이가 무너졌다. 건설업역 생성의 배경이 된 건설업 면허제는 등록제나 신고제로 전환되었고, 등록기준도 상당히 낮아졌다. 업종을 가릴 것 없이 시장진입 장벽의 완화와 함께 업체 수가 늘어나면서 겸업제한과 같은 배타적인 건설업역 구조의 재편을 요구하는 목소리도 높아지고 있다. 물론 손해를 본다고 생각하는 측에서는 죽을 힘을 다해 「현상유지를 위한 투쟁」에 나서고 있다. 문제는 그렇다고 한둘 소수의 업체만 시장에 남아서, 모두가 먹고 살만큼 넉넉한 먹거리를 챙겨갈 수 있는 면허제도 도입 초기의 황금시절로 되돌아 가는 것이 불가능하다는 현실이다. 그러기에는 이미 너무 많은 업체가 시장에 들어와 있다. 여전히 건설업체들은 건설업 면허를 「식권(食券)」으로 생각하는 경향이 크고, 건설업 면허를 가졌으면 정부가 먹고 살도록 해 줘야지, 그러지 않을 바에야 왜 면허를 줬냐고 큰소리치기도 한다. 이런 업자들에게 배타적인 건설업역은 사수(死守)해야 할 먹거리다. 하지만 이미 발주자나 일반국민들은 면허 보유를 충분한 시공능력 보유의 증거물(signal)로 생각하지 않는다. 면허 보유만 갖고는 불충분하며, 기술능력이나 경영상태에 대한 별도의 검증을 필요로 한다. 건설업 면허는 「최소한의 자격」이고, 그보다는 「실제 보유한 능력」이 더 중요한 것이다. 이처럼 건설업 면허제도와 배타적인 건설업역 구조가 재편된다면, 그와 동시에 건설업체의 계약이행능력을 선별하는 입·낙찰제도 등 조달제도의 개선도 함께 추진할 수밖에 없다. 만약 현재까지 알려진 정부의 건설제도 개선방안이 실행에 옮겨진다면[194], 건설업역 구조의 재편작업은 이미 시동이 걸린 것으로 볼 수 있다.

전세계의 수많은 국가들에게 강제적으로 적용되는 법률과 같은 글로벌 스탠다드가 있다면 정부조달에 관한 국제규범들이다. 예컨대, 유럽연합지침(EU Directives)이나 정부조달협정(GPA)이 가장 대표적이다. 유럽연합 각국과 미국에서 건설제도의 개선이 본격적으로 추진된 시기도, 따지고 보면 이들 국제규범의 제정 시기와 거의 일치한다. 전세계의 정부조달시장에 공통적으로 적용될 국제규범이 제정되고, 정부조달시장이 개방됨에 따라 자국의 산업을 가장 효율적이고 경쟁력 있는 산업으로 만들기 위해서는 자국 정부조달제도의 혁신이 필요했던 것이다.

한편, 건설업 면허제도가 없는 나라에서 건설정책이나 제도는 주로 건설 관련 계약법과 정부조달정책 및 제도를 의미하기도 했다. 특히 미국이나 유럽에는 대부분 한국의 「건설산업기본법」과 같은 특정산업에 대한 규제법률이 없고, 건설업 면허제도가 아예 없거나(영국·프랑스·독일 등), 일부 주에 있는 정도(미국)다. 따라서 건설업 면허제도에 기초한 배타적인 건설업역이란 것도 없다. 이들 국가에서는 면허 보유와 같은 「법정 자격」이 아니라 「경험과 능력」이 중요하고, 발주자는 경험과 능력을 갖춘 업체를 선별할 수 있는 제도적 장치를 갖추는

194) 예컨대, 국무조정실 규제개혁기획단에서는 2006년부터 일반건설업과 전문건설업간 겸업제한 폐지 및 건설업종의 재편, 건설보증시장 개방, 최저가 낙찰제 확대 및 최고가치낙찰제 도입, 전기/통신공사 분리발주 의무제도 개선 및 건축설계업과 시공업의 겸업허용 등을 추진하고 있다.

일이 중요했다.

수주산업의 특성상 발주자의 선호가 표현된 정부조달제도는 공급자인 건설업체들이 공사 수주를 위해 반드시 따라야 할 가장 중요한 제도일 수 밖에 없다. 그렇기 때문에 건설산업의 혁신을 위해서는 입·낙찰제도를 핵심으로 하는 정부조달제도 혁신이 필수적으로 요구된다. 지금은 붕괴된 옛 소련에서 실제 있었던 사례를 보자(김정호 편역, 2004).

> 옛 소련체제에서는 한때, 생산된 유리의 무게를 기준으로 유리공장 경영자와 노동자의 경영성과를 평가한 적이 있다. 그 결과 대다수 유리공장에서는 무게가 많이 나가도록 두꺼운 유리만을 생산하게 되었다. 어찌나 두꺼웠든지 그 유리를 통해서는 밖을 내다볼 수도 없을 정도였다고 한다. 이런 문제가 생기자 계획당국은 평가기준을 면적으로 바꾸었다. 유리생산 면적이 넓을수록 좋은 점수를 주는 방식이었다. 그러자 정반대 현상이 발생했다. 유리공장들은 유리를 최대한 넓게만 만들려고 했고, 그 결과 유리가 너무 얇아져서 작은 충격에도 쉽게 깨지는 문제가 생겼다.

이 사례에서처럼 일차적인 조달수요자인 발주자가 무엇을 요구하느냐에 따라 공급자인 건설업체들은 발주자 요구를 충족시키기 위한 행위를 하게 된다. 발주자가 최저 가격 입찰자를 낙찰자로 선정하고자 한다면, 건설업체들은 가능한한 낮은 가격에 입찰할 수 밖에 없다. 발주자가 최고의 품질을 요구한다면, 건설업체들은 품질을 높이는 방법을 강구해야 한다. 발주자가 신기술·신공법을 개발하여 적용할 것을 요구한다면, 건설업체들은 신기술·신공법을 개발하여 적용할 수 밖에 없다. 그래야 수주할 수 있으니까.

그렇다면 우리나라 발주자는 정부조달제도를 통해서 무엇을 요구하고 있을까? 기술·가격·품질·공기 중 어느 것을 중시하는가? 정부조달제도의 혁신을 위해서는 글로벌 스탠다드가 지향하는 가치를 우리 조달제도에 도입하고, 그와 같은 가치를 구현할 수 있는 구체적인 세부방안을 갖추어 나가야 한다. 조달행정조직의 재편과 더불어 공무원의 역량 강화가 필수적으로 수반되어야 한다.

시범사업(Pilot Program)을 통한 글로벌 스탠다드 확산

어느 나라, 어느 사회를 막론하고 개혁이나 혁신을 반대하는 저항세력이 있기 마련이다. 개혁이나 혁신에 따라 기존의 기득권 구조가 변경된다면, 손해를 보는 이해관계 집단의 저항은 당연한 것으로 생각할 수 있다. 어떻게 개혁이나 혁신에 따른 저항을 극복할 것인가?

성공적으로 평가되는 영국의 혁신사례를 보면, 많은 시사점을 얻을 수 있다. 영국 건설산업의 전 부문에 걸친 혁신운동(Rethinking Construction) 실천을 주관했던 Movement for Innovation(M4I)는 1998년에 설립되었는데, 이 기관에서 채택한 전략중 하나는 "시범사업으로 도출되는 성과를 정량적으로 평가하고, 시범사업을 통해 나타나는 경험과 지식을 공유한다"는 것이다(김한수 · 한미파슨스, 2002). 시범사업이란 Rethinking Construction 운동의 취지에 공감하는 조직이 자발적으로 M4I에 등록한 건설사업을 말한다. M4I에서는 시험적으로 시행되는 건설사업이 아니라 실제로 수행되고 있는 건설사업을 시범사업으로 지정한 뒤, Best Practice 실천을 통해 나타난 혁신의 성과와 방법론을 심사한다. 심사결과 성과가 인정되면 성공사례로 발표된다. M4I 설립 2주년인 2000년 11월을 기준으로, 시범사업 건수는 약 170여건(약 8조원)에 달했다고 한다.

영국의 지방자치단체에서 강제경쟁입찰(Compulsory Competitive Tendering: CCT)제도를 폐기하고 최고 가치(Best Value) 방식을 도입하는 과정에서도 시범사업이 이루어졌다(Nicholas Dobson, 2000). 1998년 4월 이후 38개의 시범사업이 추진되면서, 최고 가치 방식의 구체적인 방안을 만드는데 큰 기여를 했다. 시범사업의 추진기간 동안 워윅경영대학(Warwick University Business School)이 정부를 대신해 시범사업을 평가하고 지속적으로 점검했다.

혁신의 성과에 대해서는 모두가 불안하다. 제대로 된 준비 없이 한꺼번에 바꾸었을 때, 엄청난 혼란이 초래될 수 있다. 설사 아무리 오랜 기간동안 철저한 준비를 했다 할지라도, 실행과정에서는 예기치 못했던 문제가 발생하기 마련이다. 시범사업은 혁신의 전면적인 추진에 따른 리스크를 줄여 주고, 혁신전략의 세부 실천방안을 보완해 줄 수 있고, 성공사례를 통해 이해관계자들이 혁신운동에 동참할 수 있는 계기를 제공해 줄 수 있다. 특히나 민주사회에서 강압을 통한 혁신은 기대하기 어렵다. 혁신의 필요성을 느낀 주체들이 자발적으로 동참할 수 있도록 해야 한다. 시범사업을 통한 성공사례의 창출은 자발적인 혁신운동을 유도할 수 있다. 이런 방식으로, 이런 제도로 건설사업을 수행했을 때 예산절감도 되고, 공기단축이나 품질확보도 가능하며, 건설업체가 더 많은 수익을 창출할 수 있다면, 또한 실제로 그와 같은 성과가 시범사업을 통해 증명되었다면, 왜 그와 같은 방식이나 제도의 선택을 주저하겠는가? 시범사업의 성공적인 추진을 통해 기대하는 효과가 여기에 있다.

하지만 우리나라에서 지금까지 개혁이나 혁신이란 이름아래 행해진 건설제도의 변화는 시범사업 단계를 거친 경우가 별로 없었던 것 같다. 예컨대, 1993년에 도입된 민간책임감리제도는 부실공사 방지를 명분으로 50억원 이상되는 모든 공공공사에 의무적으로 도입되었다. 하지만 수많은 문제가 지적되면서, 1999년에는 100억원 이상 PQ 대상공사 정도로 의무적용 대상을 축소했다. 2001년에 새로 도입한 최저가 낙찰제는 1,000억원 이상 PQ공사에 의무적으로 적용되었고, 2002년에 500억원 이상, 2003년에 100억원 이상 공사로 확대할 계획이었다. 이 또한 저가 낙찰 문제 등이 심각하게 제기되면서 2005년말 현재까지 500억원 이상 PQ공사에만 적용되고 있다.

드물긴 하지만, 시범사업을 시행한 경우도 있다. 가장 최근의 건설사업관리(CM) 시범사업을 대표적인 사례로 꼽을 수 있다. 하지만 이 사례는 우리나라의 시범사업이 얼마나 왜곡된 것인지를 적나라하게 보여주는 사례로 인용될 것 같다. 2002년에 선정된 CM시범발주 대상공사는 건설교통부 산하 지방청 2건, 정부투자기관 3건으로 총 5건이었다. CM이란 간판은 달았지만, 실제로 CM의 업무 내용은 감리가 대부분이었다. 게다가 건설교통부 산하 지방청이나 한국도로공사, 대한주택공사에서 CM시범발주가 뭐냐는 지적도 많았다. 이들 기관이야말로 정부를 대신해서 CM사업을 하는 기관인데, CM기관에게 CM발주를 하라는 모순이 아니냐는 것이다. 기왕 시범사업 대상기관을 선정하려면 기술인력이나 건설사업관리능력이 부족한 지방자치단체 등을 선정했어야 한다는 것이다. 대상공사만 해도, 한국도로공사는 주된 사업인 고속도로 건설공사가 아니라 휴게소 건설공사의 건설사업관리 업무를 민간에 위탁했다. 또한 CM에게 주는 업무가 감리업무 위주다 보니, 정작 CM전문업체 대신 감리업체들이 입찰에 참가해서 건설사업관리 업무를 수행했다. 한마디로 제대로 된 CM을 해보겠다는 의지가 있는지를 의심하게 만든 시범사업이었다. 그렇기 때문에 이런 엉터리같은 시범사업을 토대로 CM의 성과가 어떠니 하는 평가는 한심하기 짝이 없는 일이다.

건설사업관리(CM)나 설계 · 시공 일괄입찰(Design-Build)이 전세계적으로 활성화되었고, 우리나라 건설산업의 선진화와 국제경쟁력 제고를 위해서도 활성화가 필요하다면, CM이나 디자인빌드 공사의 글로벌 스탠다드를 도입해야 한다. 전면적인 도입을 추진하기에 앞서 시범사업을 추진하고자 한다면, 시범사업부터 글로벌 스탠다드를 적용하자. 입 · 낙찰제도의 선진화를 위해 우리나라에서도 최고 가치(best value) 방식의 낙찰제도를 도입하고자 한다면, 글로벌 스탠다드를 적용한 시범사업부터 시작하자. 이렇게 글로벌 스탠다드를 적용한 제대로 된 시범사업의 추진과정을 지속적으로 점검(monitoring)해가면서 구체적인 제도보완

방안을 강구하고, 성과 평가를 토대로 성공사례를 널리 전파하여 제도혁신의 길에 자발적으로 동참하는 발주자와 건설업체가 늘어나게 만들어야 한다. 글로벌 스탠다드를 도입하는 방법론도 글로벌 스탠다드를 따르자.

Global Standard

02 건설제도의 글로벌 스탠다드 수용

글로벌 건설시장의 도래와 글로벌 스탠다드의 적극적인 수용

글로벌 스탠다드로 전환해야 할 건설제도는 모두라고 해도 과언이 아니다. 그렇다고 해서 우리나라의 모든 건설제도가 잘못된 것이고, 비효율적이었다는 뜻은 아니다. 폐쇄경제체제에서, 건설업체라고 할 만한 업체도 없었고, 주택을 비롯한 거의 모든 사회기반시설물에 대한 만성적인 초과수요속에서 정부도 경제성장을 하는 과정에서 기존의 건설제도(=코리안 스탠다드)는 그 나름대로 큰 역할을 했고, 효율성을 가졌다고 평가해 줄 수 있는 여지도 많다. 하지만 지금의 건설산업 환경은 과거와 근본적으로 다르다.

이미 1997년부터 정부조달시장은 개방되었다. 정부조달협정(GPA)과 같은 강행규범 성격의 글로벌 스탠다드도 우리나라 정부조달제도에 반영하지 않을 수 없었다. 글로벌 건설시장의 도래와 더불어 글로벌 스탠다드의 수용은 불가피한 것이다. 이에 따라 가장 먼저 건설업 면허제도가 무너졌다. 하지만 건설생산체계나 입·낙찰제도 등 건설업 면허에 기반한 건설업역 구조와 직접적인 연관성을 지닌 다른 수많은 건설제도는 여전히 굳건한 생명력을 자랑하고 있다. 글로벌 스탠다드를 도입한다는 명분으로 이런 저런 제도들을 수입하긴 했지만, '한국식 영어'를 의미하는 콩글리쉬처럼 '한국적 현실'이 가미된 한국식 건설제도(=코리안 스탠다드)에 불과할 뿐이었다.

이미 한국 경제는 개발연대의 고도성장이 아니라 안정적인 저성장 기조로 바뀌었다. 한국의 건설시장도 개발연대처럼 급속하게 커지기만 하는 것이 아니다. 국내총생산(GDP)에서 차지하는 비중도 줄어 들 가능성이 높다. 정부도 재정부족을 시인하면서, 공공연하게 중장기적으로 SOC예산 비중을 줄이겠다는 발표를 하고 있다. 건설경기가 침체국면을 보인다고 해서, 더 이상 과거처럼 건설투자를 확대하겠다고 호들갑을 떨 것 같지도 않다. 시설물에 대한 수요도 이미 양(量)적인 것에서 질(質)적인 것으로 바뀌었다. 무조건 값싼 주택을 많이 짓고, 값싼 도로를 많이 만드는 것을 좋아하지 않는다. 사회 전반에 불고 있는 「참살이(wellbeing)」 바람처럼, 양질의 주택, 양질의 시설물을 원하고 있다. '투자효율성(value for money)' 이니 '최고 가치(best value)' 니 하는 단어들도 어느새 우리에게 친숙해 졌다.

여기에 덧붙여, 건설업체들도 지속적인 성장과 생존을 원한다면 국내 건설시장에 안주할 수 없게 되었다. 적극적으로 해외시장을 개척해야 한다. 그러기 위해서는 국제경쟁력을 가져야 한다. 그나마 국제경쟁력을 보유하고 있다는 시공기술외에 설계 · 엔지니어링기술이나 건설사업관리기술과 같은 소프트 기술력도 국제경쟁력을 지녀야 한다. 단순도급공사는 이미 중국 같은 후발국의 경쟁상대가 되지 않기 때문에 고부가가치 영역으로 사업의 축을 옮겨야 한다. 그러기 위해서는 건설업체들부터가 기업경영의 글로벌 스탠다드를 도입해서 실천해야 한다. 다행스럽게도 1970년대의 해외건설시장 진출을 계기로 상당히 많은 건설업체들이 글로벌 기업으로 탄생할 수 있었다. 만약 국내 건설경기가 장기적인 침체국면으로 돌입하게 되면, 더 많은 건설업체들이 생존을 위해 해외시장을 넘보지 않을 수 없을 것이다. 지속적인 성장을 위해서도 해외시장의 적극적인 개척이 필요하다.

이처럼 건설업체들은 싫건 좋건 「생존과 성장」을 위해서 글로벌 건설시장에 걸맞는 글로벌 경영을 실천하지 않을 수 없다. 문제는 정부다. 기존 제도로 인해 형성된 이해관계의 틈바구니 속에서 혁신을 위한 의지도 별로 없고, 인센티브도 없다. 건설산업의 환경이 1950년대나 1970년대와 판이하게 달라졌는데도 불구하고, 1950년대와 1970년대에 만들어진 법 · 제도를 거의 그대로 유지하고 있다. 1957년에 제정된 「건설업법」은 「건설산업기본법」이란 이름으로 지금도 막강한 영향력을 행사하고 있다. 1975년에 만들어진 일반건설업과 전문건설업간의 이원적 면허제도 역시 마찬가지다. 건설시장 개방과 면허기준의 완화로 인하여 이들 법 · 제도가 만들어지던 시대상황과 판이하게 다른 환경에 처해 있음에도 불구하고, 한번 만들어진 법 · 제도는 좀처럼 폐지되지 않는다. 오히려 끊임없이 뭔가가 추가되고, 덧칠이 이루어지면서 왜곡되는 경향도 많다. 불필요한 규제는 과감하게 폐지하고, 왜곡된 국내 제도를 글로벌 스탠다드로 대체하자고 주장하면, "한국적 현실을 감안하여 안되는 이유"를 들이댄다[195]. 특히 글로벌 스탠다드의 도입을 주장하는 사람은 대체로 "현실을 모르는 이론가"들로 배척되기도 한다. 맹목적으로 미국이나 영국을 동경하는 쓸개빠진 인간 취급을 받기도 한다. 반면에 일본 건설제도의 도입을 주장하는 사람들은 환영받는 일이 많다. 우리와 비슷한 제도적 환경인데다가, 도입을 주장하는 내용도 대체로 지역 · 중소건설업체 보호 · 육성제도들이다 보니 정치적인 옹호세력이 많은 편이다. 이미 앞에서 일본의 건설제도가 어떤 내용이고, 우리와 비교해서 어떤 문제가 있는 지를 상세하게 설명했기 때문에 여기서는 이 문제에 대해서 더 이상 말할 필요가 없다.

아무튼 기업경영의 글로벌 스탠다드는 강제하지 않아도 글로벌 건설기업이 되기 위해서는 도입하지 않을 수 없다. 하지만 건설제도의 글로벌 스탠다드는 어느 발주자도 환영하지 않는다. 건설제도의 글로벌 스탠다드를 실천하기 위해서는 발주자가 먼저 바뀌어야 하고, 제도변화에 따른 기득권의 재배분이 불가피하기 때문에 손해를 보는 이해관계 집단과의 충돌이 야기되기도 한다. 그렇기 때문에 글로벌 스탠다드를 도입해서 실천하기 위해서는 강력한 정치적 리더십의 지원이 있어야 한다[196]. 글로벌 스탠다드를 도입해서 실천하는 발주자에 대해서는 인센티브도 주어야 한다. 더 중요한 것은, 왜 글로벌 스탠다드를 도입해야 하며, 무엇이 건설제도의 글로벌 스탠다드인지를 알아야 한다는 것이다.

이 책은 한국의 건설제도를 글로벌 스탠다드로 혁신해야 하는 이유와 건설제도의 글로벌 스탠다드가 무엇인지를 보여주기 위한 목적에서 쓴 것이다. 여기서는 지금까지의 논의를 종합정리하여 우리나라의 주요 건설제도 가운데 글로벌 스탠다드로 전환해야 할 필요성이 있는 것들을 뽑고, 글로벌 스탠다드의 내용이 무엇인지를 간략하게 정리해 보자. 여기서 제시한 내용은 예시적인 것에 불과하다. 글로벌 스탠다드로 전환이 필요한 제도는 여기서 제시하고 있는 것 이상이다. 그렇다면 언제, 어떻게 글로벌 스탠다드로 전환할 수 있을까? 이 문제는 글로벌 스탠다드로 한국 건설제도를 혁신하기 위한 로드맵(Road Map)을 만드는 작업과 관련된다. 그 작업은 이 책의 범위를 넘어서 있다. 물론 조만간 한국 건설제도의 혁신을 위한 로드

195) 물론 그 이면에는 기존 제도의 틀 속에서 기득권을 누리고 있는 시대착오적인 기업집단이나 이해관계 집단이 도사리고 있는 경우가 많다.

196) Cynthia Walker(2003)는 정부조달제도 개혁을 위한 제1단계로 강력한 정치적 지원을 손꼽고 있다. 또한 EU나 WTO와 같은 국제기구의 힘을 빌리는 것도 한 방법이라고 한다. 국제규범의 준수가 불가피하다는 사실을 인식시킴으로써 혁신에 따른 저항을 극복할 수 있다는 것이다.

맵(Road Map) 작성에 도전해 볼 생각은 있다. 다만, 이번에는 한국 건설제도의 혁신을 위한 글로벌 스탠다드의 내용을 살펴봄으로써 로드맵 작성시 지향해야 할 방향성을 얻는데 주력하였다.

건설업 등록제도 및 배타적 업역구조 재편

건설업을 하는데 허가 · 등록 · 신고를 필수요건으로 하는 나라는 많지 않다. 한국과 일본이 바로 그런 예외적인 나라에 속한다. 영국 · 프랑스 · 독일에는 아예 건설업 면허제도라는게 없다. 미국도 일부 주에서 면허를 요구할 뿐이다. 면허를 요구하는 나라의 면허기준도 우리나라 등록기준보다 훨씬 낮다. 일본의 허가기준만 해도 그렇다. 일반건설업(General Contractor)과 전문건설업(Specialty)이란 구분이 있긴 하지만, 건설업 면허제도에 의한 구분이 아니라 시장에서의 역할에 따른 구분에 불과하다. 따라서 외국에서 건설업체는 대개 대기업과 중소기업으로 구분되며, 중소기업은 대기업과 공동도급자가 아니라 하도급자로서 전문적인 협력관계를 형성하고 있다.

우리나라의 건설업 등록기준은 다시 강화되는 추세를 보여주고 있다. 하지만 외국에서는 일반적으로 시장진입 장벽은 대단히 낮은 반면 발주자에 의한 선별시스템이 잘 형성되어 있다. 이것이 우리나라와 다른 글로벌 스탠다드의 핵심적인 내용이다. 건설업 면허라고 하는 「법정 자격」이 중요한 것이 아니라 「경험과 능력」이 더 중요하기 때문에 경험과 능력을 발주자가 검증하는데 주력하고 있다는 것이다. 우리나라에서도 현재의 건설업 등록기준을 더 이상 높이는데 주력할 것이 아니라, 입찰자의 경험과 능력을 제대로 평가할 수 있는 시스템을 갖추도록 해야 한다.

일반건설업과 전문건설업간의 겸업제한이나 건축설계업과 시공업간의 사실상의 겸업제한 같은 배타적인 건설업역 구조는 우리나라만의 독특한 건설제도인 것 같다. 그 결과 수직적 · 중층적인 원하도급구조나 일괄하도급 · 재하도급 등으로 인한 비효율적인 건설생산체계의 고착화, 주계약자형 공동도급제도 등 다양한 입낙찰제도 도입 곤란, 설계 · 시공의 연계 미흡, 위장직영이나 위장계열사 설립과 같은 불법 · 탈법행위의 만연 등 수많은 문제가 야기되고 있다. 건설제도의 글로벌 스탠다드 전환을 위해서는 겸업제한 폐지 등 배타적인 건설업역 구조의 재편이 이루어져야 한다. 그래야 건설생산체계의 효율성 제고나 새로운 발주제도 및 다양한 입 · 낙찰제도의 도입이 활성화될 것이다.

투자효율성(VFM) 획득을 위한 건설사업 수행절차 확립

우리나라의 총사업비 관리제도는 총사업비의 증액을 억제하는데 목적을 두고 있다. 미국이건, 영국이건 공공건설사업의 수행절차를 법제화한 목적은 시설물의 총생애주기비용(whole life cycle costs: LCC)이란 관점에서 투자효율성(value for money)을 획득하기 위해 Best Practice를 소개하고 전파하는데 있다. 이를 위해 철저한 사업기획, 비용/편익 분석, 효율적인 재정지원 원칙 확립, 합리적인 리스크 관리방안 등을 제시하는데 주력하고 있다. 아울러 사업참여조직간의 적대적 관계를 해소하고, 하나의 팀으로서 팀워크를 형성하여 협력적으로 일하는 프로젝트관리조직(Integrated Project Team: IPT)을 만드는데 주력하고 있다.

우리나라도 총사업비의 증액을 억제하겠다는 목적에서 탈피하여 총생애주기비용의 관점에서 '비용' 개념을 다시 생각해야 한다. 미국이나 영국에서 총생애주기비용(LCC)으로 비용개념이 바뀐 이유는 최저가 낙찰제의 폐해와 연관된다. 시공비만 저렴하다고 해서 능사가 아니다. 품질 저하나 공기 지연이 발생하면, 시공비에서 절감한 것보다 더 많은 비용을 치를 수 있다. 수십년, 수백년의 생애주기를 가진 시설물의 유지관리비는 시공비보다 훨씬 크기 때문에 이 같은 비용도 함께 고려해야 한다. 그러다 보니 미국이나 영국에서는 최저가 낙찰제가 아니라 최고 가치(best value)를 지향하는 낙찰방식으로 전환한 것이다. 우리나라도 시대착오적인 최저가 낙찰제의 환상을 벗어나 글로벌 스탠다드인 최고 가치 낙찰방식의 도입을 모색해야 한다. 아울러 투자효율성을 얻기 위한 Best Practice를 우리나라에서도 시범사업에 도입하여 그 성과를 측정하고, 활용도를 높여가야 한다.

건설공사 예산편성 및 공사비 산정제도의 합리화

우리나라의 건설공사 예산은 단년도 예산원칙하에 편성되어 집행된다. 사업기간이 2년 이상 소요되는 장기대형사업들도 대부분이 장기계속계약을 체결하여 매년 예산을 편성하고 집행하는 방식으로 추진된다. 공사비는 표준품셈에 기초한 원가계산방식으로 산정해 오다가, 2004년부터 실적공사비 적산제도를 일부 도입하여 활용하고 있다.

사업기간이 2년 이상 소요되는 장기대형공사에 대해서도 우리나라처럼 장기계속계약제도에 기초한 단년도 예산편성방식을 적용하는 사례를 찾아보기 어렵다. 미국에서는 아예 「총액예산편성(full funding policy)」을 재정원칙으로 정해두고 있다. 사업 초기년도에 전체 사업의 완성에 필요한 예산을 한꺼번에 배정해야 한다는 원칙이다. 우리나라의 계속비제도와 유사하다. 비록 일본 「회계법(會計法)」에도 장기계속계약이 있고, 우리나라에서 그 법령을 베껴온 것처럼 보이기도 하지만, 일본에서도 사업기간이 2년 이상 소요되는 건설공사는 장기계속계약이 아니라 국고채무부담행위를 활용하고 있다. 우리도 장기대형사업에 대해서는 장기계속계약이 아니라 계속비 제도를 적용하는 방향으로 건설공사 예산편성제도를 전환해야 한다.

표준품셈에 기초한 원가계산방식으로 정부예정가격을 작성해서 계약금액의 상한으로 활용하고 있는 나라는 일본과 한국밖에 없는 것으로 알려져 있다. 이 같은 공사비 산정제도 및 예정가격제도는 시장가격이나 신기술 · 신공법이 제대로 반영되기 어렵고, 발주자의 전지전능(全知全能)을 가정하고 있으며, 발주자 직영(直營)체제에서나 어울리는 공사비 산정제도로 평가받고 있다. 일본도 한국보다 앞서 공사비를 현실화하기 위해 실적공사비 적산제도를 도입했고, 한국도 2004년부터 도입해서 확대할 계획이지만, 한국의 실적공사비 적산제도는 낙찰하한률에 맞춘 적격심사공사의 엉터리 내역서에 기초한 계약단가를 실적공사비라고 우기는 이상한 제도를 운영하고 있다. 발주기관별로 준공단가를 실적공사비로 축적하되, 계약금액의 상한이 아니라 발주자의 예산관리 내지 입찰가격의 평가를 위한 참고자료로 활용하고 있는 글로벌 스탠다드를 도입해야 한다.

건설공사 발주제도의 글로벌 스탠다드 도입

2001년 이후 설계 · 시공 일괄 및 대안입찰공사 발주가 늘었다고 하지만, 그 비중은 전체 공공공사 계약실적의 20%에 불과한 수준이다. 하지만 미국에서는 2005년 현재 비주거용 건설공사의 40%가 일괄입찰방식으로 발주되고 있다. 건설사업관리(CM)의 경우, 우리나라에 책임형 건설사업관리(CM at risk)는 제도 자체가 없다. 미국에서는 현재 6개 주정부를 제외하고는 44개 주정부에서 모두 건설사업관리(CM at risk) 및 설계 · 시공 일괄입찰(Design-Build) 제도가 도입되어 있다(ENR, June 13 2005). 전세계적으로 용역형 건설사업관리(CM for fee), 책임형 건설사업관리(CM at risk), 설계 · 시공 일괄입찰 등은 모두 그 비중이 증가하는 추세를 보여주고 있다.

전통적인 설계/시공 분리발주 방식외에 새로운 발주방식의 도입과 활성화가 미흡하다는 것 자체도 문제겠지만, 더 큰 문제는 그나마 도입된 용역형 건설사업관리나 설계 · 시공 일괄입찰제도가 글로벌 스탠다드와 무관하게 심한 왜곡현상을 보이고 있다는 사실이 더 큰 문제다. '한국적 현실' 이 너무 많이 반영된 결과, 용역형 건설사업관리건 설계 · 시공 일괄입찰이건 간에 외국에서의 성과와 나란히 비교를 하는 것 자체가 불가능하다. 그러다 보니 용역형 건설사업관리는 '감리형 CM'으로 부르기도 하고, 설계 · 시공 일괄입찰은 '디자인빌드'가 아니라 '턴키(Turn-Key)'라고 부르면서 설계심의를 둘러싼 잡음이나 시민단체의 공격이 계속되는 양상이다.

왜 건설사업관리나 디자인빌드를 활성화해야 하는가? 그 이유는 전세계적으로 이들 발주방식이 확대되는 추세이며, 우리나라도 세계건설시장에서 경쟁력을 갖추어야 하기 때문이라고 한다. 그런 이유라면, 국내에서부터 세계건설시장에서 활용되고 있는 것과 같은 새로운 발주제도의 글로벌 스탠다드를 도입해야 할 것이다. 지금과 같은 '한국식' 발주제도를 가지고 세계건설시장에서 국제경쟁력을 높이기는 어렵다.

건설업체 선별 및 입찰제도의 변별력 강화

한국에서도 건설업 면허제도가 더 이상 건설업체의 능력을 선별하는 제도로 기능하기 어렵다는 사실은 명확하다. 그렇다면 건설업 면허제도가 없거나, 있더라도 별다른 기능을 하지 못하는 유럽 각국이나 미국 등에서 어떻게 건설업체를 선별하고, 입찰과정을 거쳐 적합한 낙찰자를 결정해서 계약을 체결하는지를 볼 필요가 있다.

건설업 면허는 없지만, 영국의 Constructionline처럼 발주기관이 유자격자 명부를 운영하는 사례가 많다. 미국의 주정부 교통국(DOTs)도 마찬가지다. 일차적으로 이들 발주기관에 입찰참가를 원하는 사람은 발주기관에 등록해야 하고, 이때 업체에 대한 상세한 조사가 이루어져 선별적으로 등록을 허용한다. 이들 중에서 일정한 능력을 갖추고 있다고 인정되는 자에 한해서 입찰초청을 하고, 입찰과정에서 발주자는 시공경험이나 기술능력에 대한 엄격한 심사를 수행한다. 영국의 경우, 이런 과정을 거쳐 입찰가격을 제시할 수 있는 입찰자 수를 3~4개사로 제한하기도 한다. 그런 제한이 없어도 대부분의 경우 입찰참가자 수는 3~5개사에 불과한 나라가 대부분이다. 발주자에 의한 계약이행능력의 심사과정에서 탈락될 것이 뻔한 업체는 아예 입찰참가부터 하지 않는다.

한국의 시공능력평가제도나 PQ 및 적격심사제도는 글로벌 스탠다드 수준으로 변별력을 높여야 한다. 시공능력평가제도는 건설업 면허업자들에 대한 정보를 제공할 수 있도록 공종별로 상세한 자료를 집대성해서 공시하는 정도면 된다. PQ나 적격심사와 관련해서는 현재와 같은 공사건별 심사를 탈피하여, 영국의 Constructionline이나 미국 주정부 교통국의 연간

(annual) PQ처럼 운용되는 공종별 유자격자 명부제를 도입할 필요가 있다.

일반경쟁입찰이라도 아무나 입찰을 볼 수 있는 것이 아니라, 미국처럼 모든 서류상의 요건을 다 갖추고, 충분한 계약이행능력을 갖춘 입찰자(responsible and responsive bidder) 인지를 평가해야 한다. 입찰자로부터 기술제안을 받는 방식도 전세계적으로 활성화되고 있는데, 건설기술의 발전을 위해서는 건설업체의 기술력을 활용할 수 있는 입찰제도를 도입해야 한다. 이 같은 건설업체의 선별이나 입찰제도의 운용책임은 발주자에게 있다. 제대로 된 건설업체 선별제도 및 입찰제도가 구비되면, 건설업 등록기준이 아무리 낮아져도 무턱대고 건설시장에 진입하지 않을 것이다. 무자격 부실건설업체나 '입찰브로커'의 창궐도 방지할 수 있다. 건설업체 선별제도 및 입찰제도의 글로벌 스탠다드 도입이 이루어져야 이 같은 결과를 기대할 수 있다.

건설보증시장과 제도의 선진화

한국의 건설보증제도는 건설업종별로 독점적인 공제조합을 중심으로 운용되어 왔다. 공제조합은 조합원들의 출자로 만든 기관이며, 조합원인 건설업체들은 고객이면서 주주이기도 하다. 이 같은 지배구조에서 엄격한 신용평가나 담보를 기준으로 보증서를 발급하는 것은 불가능하다. 적어도 지금까지는 조합원의 출자한도에 따라 거의 자동적으로 보증서가 발급되는 구조였다. 건설공사 계약보증은 일본처럼 시공연대보증인제도가 근간을 이루었다.

외국, 특히 미국에서 건설보증제도는 건설산업에서 큰 역할을 수행하고 있다. 공사입찰시 입찰보증서(bid bond)를 제출해야 하는데, 보증기관은 건설업체에 대한 철저한 보증심사를 통해 보증서 발급 여부를 결정한다. 발주자도 입찰업체의 기술능력 등을 철저하게 점검하지만, 보증기관에서도 재무상태를 중심으로 실질적인 계약이행능력을 점검하고 있다. 미국의 보증기관 수는 한국과 달리 약 500여개에 달한다. 보증기관간에 경쟁이 이루어지면서도, 엄격한 보증심사를 통해 부실건설업체의 입찰 · 계약을 방지하는 역할을 수행한다. 일본에서도 이 같은 미국식 보증제도를 도입하자는 목소리가 높다. 한국에서도 2001년의 최저가 낙찰제 도입을 계기로 미국식 이행보증(performance bond)을 도입하고자 하는 시도가 이루어지고 있다. 하지만 여전히 이름만 이행보증일 뿐, 미국의 이행보증제도와는 거리가 멀다.

한국의 건설보증시스템도 느리긴 하지만 조금씩 바뀌고 있다. 건설업종별 공제조합에서 독점하던 건설보증시장은 점점 과점체제로 바뀌었다. 비록 손해보험사를 비롯한 모든 금융기관에 건설보증시장이 완전개방된 것은 아니지만, 서울보증보험(주)에 뒤이어 2004년에는 민간은행에까지 공사이행보증시장이 개방되었다. 만약 건설업역간 겸업제한이 폐지된다면, 건설업종별로 독점적인 지위를 차지하고 있는 공제조합간의 경쟁도 불가피하다. 여기에 손해보험사까지 건설보증시장에 진출한다면 건설시장의 경쟁구조는 미국이나 다를 바 없이 치열하게 될 것이다.

건설보증제도의 글로벌 스탠다드는 건설업체를 선별하는 기능을 수행하는 것이다. 부실 건설업체를 가려내고, 발주자나 하도급자에게 만약의 경우 입을 수 있는 손실을 보전하는 것이다. 한국의 건설보증제도 또한 1960년대처럼 자본력과 신용도가 취약한 건설업체의 보호 · 육성을 위한 신용창출이란 기능을 탈피하여, 건설보증제도의 글로벌 스탠다드가 수행하는 기능을 담당해야 할 것이다.

최저 가격 대신 최고 가치(best value) 낙찰제도 지향

2000년대에 들어서면서부터 한국에서는 최저가 낙찰제가 입낙찰제도의 글로벌 스탠다드라는 주장이 많이 제기되었다. 하지만 전세계적인 입낙찰제도의 글로벌 스탠다드는 1990년대 중반 이후부터 최저가 낙찰제에서 최고 가치(best value) 낙찰방식으로 바뀌었다. 그리고, 최저가 낙찰제의 글로벌 스탠다드만 하더라도 지금 한국에서 시행되고 있는 최저가 낙찰제와는 판이하게 다르다.

최저가 낙찰제의 글로벌 스탠다드에서는 입찰참가자의 계약이행능력에 대한 엄격한 선별이 전제되었고, 입찰가격의 적정성에 대한 심의가 수반되는 것이다. 미국에서는 보증기관이나 발주자의 입찰참가자격에 대한 사전심사 (PQ)등을 통해, 영국에서는 발주기관별 유자격자 명부나 지명경쟁입찰과정을 통해, 3~5개의 건설업체만이 입찰가격을 제시할 수 있었다. 비정상적으로 낮은 가격으로 입찰한 업체(abnormally low bidder)는 낙찰대상에서 배제하였다. 입찰가격의 적정성을 심사하는 과정에서는 공종별 입찰내역서가 중요한 역할을 수행한다. 발주자는 발주자대로 실적공사비에 기반한 자신의 내역서를 기준으로 입찰자의 공종별 내역서와 비교 · 평가해서 발주자의 잘못이 있으면 적산기준을 수정하기도 한다. 이런 과정을 거치다 보니 외국에서는 최저가 낙찰제라도 터무니없이 낮은 가격에 낙찰되는 사례를 찾아보기 어렵다. 그럼에도 불구하고 외국에서는 최저가 낙찰제가 품질 저하, 공기 지연 등을 초래했고, 사업참여 조직간에 적대적 관계를 형성함으로써 투자효율성(value for money)을 달성하는데 실패했다는 평가를 내리고 있다(NAO, 2001).

이미 입 · 낙찰제도의 글로벌 스탠다드는 최고 가치(best value)를 지향하고 있다. 입찰가격이 낮은 것만 능사가 아니다. 총생애주기비용을 절감하는 것이 더 중요하기 때문에 시공비는 수용가능할 정도(an acceptable price)면 된다. 가격외에 기술이나, 품질 등 복합적인 요소를 종합적으로 감안하여 발주자에게 가장 유리한 조건을 제시한 입찰자를 낙찰자로 선택하고 있다. 전통적인 경쟁입찰과정에 협상(negotiation)을 도입하는 방안도 전세계적으로 널리 확산되고 있다. 미국의 경우는 말할 것도 없고, 유럽연합에서도 2006년 1월부터 "경쟁적 대화절차(competitive dialogue procedure)"란 이름으로 협상에 의한 계약이 도입될 예정이다.

기왕에 입 · 낙찰제도의 글로벌 스탠다드를 도입하고자 최저가 낙찰제를 도입했다면, 최저가 낙찰제의 글로벌 스탠다드를 도입해야 한다. 현재 한국에서 시행되고 있는 최저가 낙찰제는 한국식의 최저가 낙찰제일 뿐이지, 글로벌 스탠다드가 아니다. 1990년대 중반이후에는 최고 가치(best value) 낙찰제도나 협상(negotiation)에 의한 계약의 활용도가 높아지고 있다. 일본도 이 같은 입 · 낙찰제도의 글로벌 스탠다드를 도입하기 위해 전통적인 최저가격 자동낙찰방식에서 종합평가 낙찰방식으로 전환하고 있으며, 「경쟁적 교섭(競爭的 交涉)」방식이란 이름으로 협상에 의한 계약방식을 도입하기 위한 시범사업을 추진하고 있다. 한국도 최저가 낙찰제만을 고집할 것이 아니라, 최고 가치를 지향하는 입 · 낙찰제도의 글로벌 스탠다드를 수용해야 할 것이다.

경쟁지향적 지역 · 중소건설업체 보호 · 육성정책

미국 연방조달규정(FAR)에서는 중소기업과의 계약목표액을 23%로 설정하고 있다. 간신히 그 정도 목표치를 달성하고 있다고 한다. 일본의 「관공수법(官公需法)」에서는 중소기업과의 계약목표액을 40%로 설정해 두고 있다. 해마다 40%를 조금 넘는 수준의 실적을 보여주고 있다. 유럽연합의 경우는 아예 지역 · 중소기업 보호제도 자체가 없다. 한국의 경우는 「중소기업 진흥 및 제품구매 촉진에 관한 법률」에 근거하여 중소기업과의 계약목표액을 60%로 설정하고 있다(중소기업청, 2005). 실제로는 60%를 상회하는 실적을 보이고 있다. 지역제한제도나 지역의무공동도급제도를 전국적으로 강제하는 나라는 한국밖에 없는 것 같다[197]. 공동

197) 유럽연합에서는 이 같은 지역업체 우대제도를 1990년대 초반부터 폐지하였고, 미국이나 일본에서도 지자체 등의 독자적인 판단에 따라 지역업체 우대제도와 방식을 결정하는 것이지, 한국처럼 법률에 획일적인 강제규정을 두고 있는 것은 아니다.

도급만 해도, 일본의 공동기업체 계약실적 건수는 전체 공공공사의 약 4.5%(2001)수준에 불과한데, 한국의 공동도급 계약건수는 전체 공공공사 건수의 30%를 상회하고 있다. 이렇게 보면, 한국만큼 지역 · 중소건설업체 보호 · 육성책을 강력하게 시행하는 나라를 찾아보기 어렵다. 그렇다면 한국의 지역 · 중소건설업체들은 스스로 보호받고 있다고 생각할까? 아마도 지역 · 중소건설업자들은 전혀 그렇지 않다고 펄쩍 뛸 것 같다.

한국의 지역 · 중소건설업체들은 한국의 건설제도가 대기업 위주로 만들어져 있다는 피해의식을 보이는 경우가 많다. 그 이유중의 하나는 입찰기회나 수주기회를 좌우하는 결정적인 변수가 대기업에 유리한 공사실적이라는 것이다. 사실 발주자가 입찰자의 능력을 제대로 변별력있게 평가하지 못하다 보니, 공사실적과 같은 정량적(定量的) 요소가 낙찰여부를 결정하는데 있어서 너무 큰 비중을 차지하는 것은 문제다. 이 점에 대해서는 지역 · 중소건설업체들의 시각에 동의한다. 과거 실적으로 낙찰자를 결정한다면, 신규업체나 중소업체는 영원히 중소업체가 될 수 밖에 없기 때문이다. 외국에서와 같이 발주자는 기업규모는 작지만, 충분한 기술능력과 건설사업관리능력을 갖춘 지역 · 중소건설업체를 제대로 평가할 수 있는 시스템을 갖추어야 한다. 이를 위한 방법중의 하나는 입찰과정에서 기술제안(technical proposal)을 요구하고, 기술제안이 수용된 업체간의 가격경쟁을 유도하는 것이다. 이 같은 방법을 활용하게 될 경우, 과거 실적이 많다고 해서 낙찰가능성도 높아지는 것은 아니다,

지역 · 중소건설업체 보호 · 육성제도의 글로벌 스탠다드는 '무조건 보호 · 육성'이 아니다. 기본적으로는 기술경쟁을 시키거나, 가격경쟁시 입찰가격 평가에서 일정비율 우대하는 방식이다. 물론 경우에 따라서는 아예 지역 · 중소건설업체만이 입찰에 참여할 수 있는 영역을 떼어 놓기도 한다. 하지만 어떤 경우든 경쟁없이 수주한다거나, 수익성을 제도적으로 보장해주는 사례는 없다. 디자인빌드 공사와 같이 중소업체가 처음부터 참여하기 어려운 공사는 하도급자로 참여해서 일단 경험을 쌓고, 점점 역량이 쌓이면 원도급자로 나서라고 권고하기도 한다.

지역 · 중소건설업체 보호 · 육성정책의 목적은 모든 건설업체가 꼭같은 수주실적이나 매출실적을 갖도록 만드는 것이 아니다. 대기업은 대기업에 걸맞는 규모와 성격의 일을 하고, 지역 · 중소건설업체는 지역 · 중소건설업체의 규모와 성격에 맞는 일을 하도록 하는 것이 중요하다. 특히 중소건설업체일수록 시공의 전문성을 유도해야 하고, 대기업일수록 초대형 · 고난도 공사의 자금조달이나 건설사업관리 능력을 배양할 수 있도록 해야 한다. 아울러 고도의

건설사업관리 능력을 갖춘 중소규모 엔지니어링회사나 건설사업관리회사의 성장과 발전의 토대를 마련해 주는 일도 한국 건설산업의 선진화를 위해 반드시 필요하다.

규제완화, 투명성 제고, 공직(公職)윤리 확립을 통한 부패방지

건설산업의 부패를 보는 시각이나 부패방지의 방법론에 대해서도 글로벌 스탠다드의 도입이 필요하다. 지금까지 한국에서는 부패행위를 건설사업자가 '부정한 청탁'을 통해 이득을 취하려 하는 행위라고 보고, 건설사업자에 대한 처벌이나 규제를 강화하는 데 주력해 왔던 것 같다. 부패행위의 원인이 사업자의 이윤추구 동기에 있고, 따라서 사업자에 대한 처벌을 강화하면 부패를 줄일 수 있다고 보는 것이다. 물론 이 같은 시각이나 방법론의 타당성은 어느 정도 인정할 수 있다. 하지만 부패원인을 너무나 좁은 시각에서 보고, 부패방지 대책 또한 사업자 처벌에만 초점을 두는 편파적인 발상으로 일관하고 있다.

부패 원인의 상당부분은 과도한 정부규제에 있다는 것이 국제적인 상식이다. 후진국일수록 형식적인 규제가 많고, 부패도 심하다. 선진국일수록 환경 · 안전과 같은 사회적 규제(social regulation)는 강하지만, 경제행위를 제약하는 경제적 규제(economic regulation)는 미약하다. 규제완화는 부패방지를 위해서도 필수적이다.

법 · 제도 운영의 공개성(openness)과 투명성(transparency) 확보도 선진국의 부패방지를 위한 기본전략이다. 공무원에게 막강한 재량권을 부여하더라도 법과 제도 운영의 공개성과 투명성이 확보된 사회에서는 부패 소지가 줄어들기 마련이다.

규제완화나 법 · 제도 운영의 투명성이 확보되더라도 부패문제가 완전히 해소되는 것은 아니다. 또한 선진국이라고 해서 부패행위가 전혀 없는 것은 아니다. 하지만 그 정도는 심하지 않다. 그 이면에는 민간부문의 전문직업윤리(professional ethics)와 더불어 공무원의 공직(公職) 윤리도 확립되어 있기 때문이다. 특히 공무원의 부패행위는 중대한 범죄행위로 인식되고 있으며, 엄격한 처벌이 이루어진다. 공무원의 부패행위에 대한 내부 · 외부 감시체제가 잘 갖추어져 있기도 하다.

한국 건설산업의 부패원인중 상당부분은 건설업자를 '범법자(犯法者)'로 만들 수 밖에 없는 과도한 정부규제에 있다. 지킬 수도 없고, 지키고자 하는 의지도 없는 형식적인 규제가 너무 많다. 법 · 제도 운영 또한 공개성과 투명성의 정도가 미흡하고, 자의적인 운영이 이루어지는 사례가 빈번하다. 이런 사회구조에서 부패행위가 만연하는 것이다. 특히 전문직업윤리나 공직 윤리의 실종도 부패원인의 한 축이다. 부패행위를 범죄행위로 인식하는 것이 아니라, '윤활유' 로 인식하는 경향이 아직도 강하다.

규제완화, 법 · 제도 운영의 공개성과 투명성 확보, 전문직업윤리와 공직 윤리의 확립이야말로 한국 건설산업의 선진화를 위한 부패방지 대책의 방향이고, 부패방지대책의 글로벌 스탠다드다. 건설업자에 대한 처벌 강화 못지 않게 공무원에 대한 감시체제를 더 강화하고, 공직 윤리를 확립하는데 더 많은 노력을 기울여야 한다. 공무원의 부패행위는 심각한 범죄행위이기 때문에 엄한 처벌이 필요하다. 정치인의 부패행위는 더 엄격하게 단죄되어야 한다.

다른 한편, 꼭 지켜야 할 규범은 엄정하고 철저하게 준수하도록 해야 한다. 만약 그와 같은 규범을 어겼을 때에는 엄청난 손실을 보거나, 심지어 기업이 망할 수도 있다는 실례를 보여줄 필요도 있다.

03 장애요인과 과제

한국의 건설제도를 글로벌 스탠다드로 바꾸는데는 많은 장애요인이 있다. 가장 큰 장애요인은 현행 제도에서 기득권을 보유한 이해관계 집단의 저항일 것이다. 건설업역의 재편이건, 입·낙찰제도 개선이건, 건설보증제도의 개선이건 간에 곳곳에 기득권을 가진 이해관계 집단이 있고, 제도 변화는 기득권의 변화를 의미하기 때문에 상충되는 이해관계의 대립과 충돌이 불가피하다. 이런 '한국적 현실'이 글로벌 스탠다드로 가는 길을 가로막고 있다. 이 같은 '한국적 현실' 때문에 글로벌 스탠다드를 도입하기 어렵고, 설사 도입하더라도 '현실'을 감안해서 '한국화'할 필요가 있다는 주장을 하기도 한다. 그런데, 이 문제는 이렇게도 한번 생각해보자. 미국이나 영국이라고 해서 제도 혁신을 추진하는데 반대하는 이해관계 집단이 없었을까? 틀림없이 많이 있었을 것이다. 하지만 그렇다고 해서 제도혁신을 이루지 못한 것은 아니다. 왜, 어떻게 제도혁신이 가능했을까? 우리가 배워야 할 포인트는 여기에 있다.

대처와 레이건 시대의 영국과 미국, 클린턴과 토니 블레어 시대의 미국과 영국에서 제도혁신이 어떻게 추진되었는지에 대해서 많은 사실들이 알려져 있다. 국가의 최고 정치지도자들부터 규제완화(deregulation), 민영화(privatization), 정부재창조(reinventing government), 최고 가치(Best Value) 등과 같은 제도 혁신의 방향성을 제시했다. 반대하는 이해관계 집단에 대해서는 때로는 강압적인 방법을 쓰기도 했지만, 대개는 제도 혁신의 성과를 전파하고, 자발적인 참여를 유도하는데 주력했다. 「비전 제시→구체적인 제도혁신 프로그램 제시→시범사업 실시→성과 측정→성과 홍보를 통한 설득과 자발적 참여 유도→혁신의 확산」과 같은 과정을 통해 이해관계 집단의 반발을 무마하고, 제도 혁신에 성공한 것이다.

미국이나 영국의 제도 혁신과정을 보고 있으면, 우리가 안고 있는 문제의 핵심은 이해관계 집단의 반발이 아니라, 이들을 설득하고 제도 혁신에 동참할 수 있도록 비전과 방법론을 제시할 수 있는 정치적 리더십이 없다는 사실이다. 이쪽도 아니고 저쪽도 아닌 듯, 이런 것 같기도 하고 저런 것 같기도 한 애매모호한 태도를 취하면서 이해관계 집단 사이를 줄타기하는 고위공직자나 정치인은 「처세술의 달인」일지는 몰라도, 진정한 의미의 지도자는 아니다. 그런 「처세술의 달인」들이 대체로 '한국적 현실'을 감안해서 글로벌 스탠다드의 도입을 반대하거나, 글로벌 스탠다드를 코리안 스탠다드로 왜곡시키는 장본인 역할을 맡기도 한다. 이해관계 집단의 반발을 어설픈 절충안으로 무마시키는데 급급할 것이 아니라, 비전을 제시하고 혁신과정에 자발적으로 동참할 수 있도록 유도할 수 있는 정치적 리더십이 필요하다.

'산업화', '민주화', '정보화'에 뒤이어 「선진화」가 한국사회의 키워드로 등장했다. 한국 건설산업의 선진화를 위해서는 건설제도의 혁신이 필요하고, 제도 혁신의 방향은 글로벌 스탠다드를 도입하는 것이라고 본다. 그런데 글로벌 스탠다드의 내용은 무엇인가? 이 책에서 소개한 내용은 빙산의 일각에 불과하다. 정부만이 아니라 대학이나 연구기관 및 건설업계에도 건설제도의 글로벌 스탠다드를 잘 아는 전문가는 찾아보기 어렵다. 외국의 건설제도를 체계적·지속적으로 연구하고 있는 기관은 한국에서 찾아볼 수가 없다. 건설관련 법을 전공하는 학자도 없다. "외국 사례와 시사점"은 한국 정부의 정책수립 과정이나 연구자들의 연구보고서에 빠지지 않는 부분이지만, 수박 겉핥기식이거나 과거에 남이 쓴 자료를 돌려 가면서 베낀 것들이 많다.

대개 무지(無知)는 왜곡(歪曲)을 동반한다. 미국에서는 이렇다고 하더라, 영국에서는 저렇다고 하더라는 식의 '유언비어(流言蜚語)'가 많이 남발되어 있다. 일본에 대해서는 한편에서는 제도 자체가 시원찮다고 무시하는 사람이 많은가 하면, 다른 한편에서는 일본 제도를 도입하자는 사람도 많다. 특히 지역·중소건설업체 보호제도와 관련해서는 한국의 일부 사업자단체나 전문가라는 사람들도 악착스럽게 도입을 주장해왔다. 그 내용과 문제점이 무엇인지는 앞에서 이미 상세하게 설명했기 때문에 여기서는 더 이상 언급할 필요가 없다. 아무튼 글로벌 스탠다드에 대한 전문가집단과 공무원의 무지(無知)나 왜곡(歪曲)은 이해관계 집단의 반발 못지않게 글로벌 스탠다드를 도입하는데 큰 장애가 된다. 건설사업관리(CM)제도, 설계·시공 일괄입찰(Design-Build)제도, 감리제도, 최저가 낙찰제도 등 수많은 건설제도가 한편에서는 이해관계집단의 반발과 다른 한편에서는 전문가집단이나 공무원의 무지로 인해 글로벌 스탠다드와 달리 왜곡된 형태로 운영되고 있다. 전문가집단은 글로벌 스탠다드에 대한 지식기반(knowledge base)부터 축적해야 하며, 궁극적으로 국가적인 지식경영(knowledge management) 체계를 구축하는데 앞장서야 한다.

왜 한국 건설산업의 선진화가 필요한가? 한국 경제에서 차지하는 비중이 가장 크고 중요한 산업이기 때문이다. 국내총생산(GDP)에서 차지하는 비중도 한국의 건설산업은 전기·전자산업이나 자동차, 조선산업보다 더 크다. 건설산업 종사자 수는 여전히 200여만명에 육박한다. 건설산업이나 건설업자에 대해 좋아할 수도 있고, 싫어할 수도 있다. 특히나 지금 한국의 건설산업에 대한 국민적 이미지는 대단히 부정적이다. 그렇다고 해서 내버려 둘 것인가? 부실과 부패를 내버려 두고, 후진적인 건설제도와 관행을 방치하게 되면 그 피해는 건설업자에게만 전가되는 것이 아니라, 결국 국가와 국민에게 되돌아오기 마련이다. 만약 건설산업의 선진화를 통한 경쟁력 확보로 총건설투자비의 10%만 절감하더라도 연간 수조원에 달하는 예산절감이 가능하다.

개발연대는 끝났고, 이제 한국의 건설산업도 선진국처럼 국내 경제에서 차지하는 비중이 갈수록 줄어 들 것이라고 주장하는 사람들도 많다. 이처럼 건설산업의 중요성이 줄어 들 것이라고 보는 사람들의 입장에서는 건설산업의 선진화가 무슨 국가적 과제가 될 수 있겠냐고 할 수도 있다. 하지만 교과서를 보지 말고, 한국의 현실을 보자. 말도 많지만, 행정중심 복합도시 건설, 공공기관 지방 이전, 기업도시 건설, 신도시 건설 등 수년 내에 가시화될 초대형 건설사업만해도 어마어마하게 많은 건수가 기다리고 있다. 건설시장의 수요도 선진국과 마찬가지로 양(量)에서 질(質)로 바뀌었다. 주택이나 SOC시설물의 질적인 고도화, 첨단화, 유비쿼터스화가 요구된다. 기존 주택이나 시설물의 단순한 개·보수 정도로는 어림도 없다. 그러다 보니 미국에서도 1990년대 중반 이후부터 건설투자가 다시 급증하고 있는 추세다. 전세계적으로 건설시장의 개방 폭은 갈수록 확대되고 있다. 건설산업의 비중이나 중요도가 국내외적으로 커지다 보니, 미국이나 영국도 건설산업을 국가전략산업으로 인식하고, 건설산업의 혁신을 국가차원에서 이끌어 가고 있다.

한편, 어느 나라 건설업체건 '생존과 성장'을 위해서는 건설시장의 환경변화나 수요변화에 적응하지 않을 수 없다. 한국의 건설업체라고 해서 다를 바가 없다. 국내 건설시장의 위축이 예상되면 보다 적극적으로 해외건설시장 진출을 모색하고, 시설물에 대한 수요가 양에서

질로 바뀌면 양질의 시설물을 공급하지 않을 수 없다. 문제는 정부다. 건설시장의 환경변화나 수요변화에 즉각적인 반응을 보여야 할 인센티브가 별로 없다. 그러다 보니 투자효율성을 높이기 위해서 남이야 제도 혁신을 하든 말든, 새로운 발주방식을 얼마나 활용하건 말건 별로 관심 없다. 국내 언론이나 정치권, 특히 요즘은 시민단체에서 떠드는 문제에 대해 어떻게 대처하느냐에 더 많은 힘을 소진하고 있는 것 같다. 한국 건설산업의 선진화를 위한 국가적 비전을 제시하기 보다는 그때그때 당면한 현안에 대처하기 위해 각종 대책을 남발하고 있다. 그 결과 과도한 규제 양산, 글로벌 스탠다드의 왜곡을 야기하는 일도 많다.

아무리 건설업체가 환경변화나 수요변화에 맞추어 변신하고자 해도, 정부의 법 · 제도가 바뀌지 않는 이상 한계가 있다. 예컨대, 건설업체가 품질향상을 위한 신기술을 개발했다고 치자. 하지만 정부가 오로지 입찰가격만으로 낙찰자를 선정하는 최저가 낙찰제를 고집한다면, 건설업체로서도 품질향상을 위한 신기술의 개발 필요성이 없다. 그렇기 때문에 정부도 사회경제적 환경의 변화나 건설산업의 환경 및 시장수요에 부합할 수 있는 법 · 제도를 운영해야 한다.

한국 건설산업의 법 · 제도는 글로벌 스탠다드를 지향해야 한다. 건설제도의 글로벌 스탠다드는 전세계적으로 투자효율성(value for money)을 확보하는데 가장 효과적인 것으로 증명된 법 · 제도를 말한다. 그와 같은 의미의 글로벌 스탠다드에 가장 가까운 것으로 평가되는 것이 미국이나 영국의 법 · 제도이다 보니, 다른 나라에 비해 상대적으로 미국이나 영국사례를 많이 인용했다. 또한 글로벌 스탠다드는 항구불변의 것이 아니다. 입 · 낙찰제도의 글로벌 스탠다드만 보더라도, 1990년대 중반 이전까지는 최저가 낙찰제였지만, 1990년대 중반이후에는 최고 가치(best value)를 지향하는 방향으로 바뀌었다. 이처럼 우리보다 앞선 선진국이라고 평가하는 미국이나 영국에서도 끊임없이 법 · 제도의 혁신이 이루어지고 있다.

한국에서는 개발연대에 만들어진 1960년대와 1970년대의 법 · 제도가 21세기라는 지금도 끈질긴 생명력을 과시하고 있다. 건설산업에 대한 '관리'와 '규제' 일변도의 국가정책이 운영되어 온 결과, 한국의 건설제도 글로벌 스탠다드와 간격이 크게 벌어져 있다.

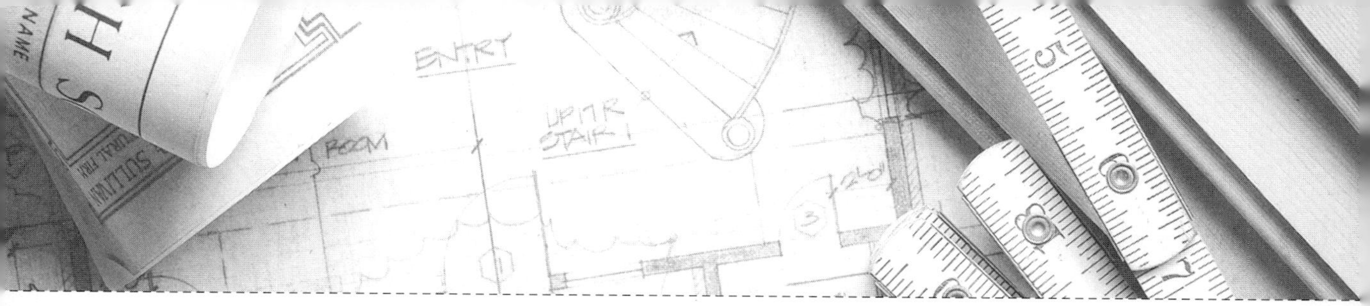

한국 건설산업의 선진화와 미래창조를 위해서는 정부혁신과 더불어 건설제도의 코리안 스탠다드를 글로벌 스탠다드로 전환하는 것이 무엇보다 시급하고 중요한 과제다.

참고
문헌

국내 문헌

- 건설교통부(1999). 「공공건설사업 효율화 종합대책」.
- 건설교통부(2000). 「뉴밀레니엄시대의 건설산업 발전방안」. 공청회 자료.
- 건설교통부(2004). 「건설산업 선진화 전략」.
- 국토연구원(2000). 「건설보증제도 발전방향 연구」. 건설교통부.
- 국토연구원(2000.4). 「공사수행능력 평가체계에 관한 연구」. 건설교통부.
- 국토연구원(2003.11).「공동도급 계약제도의 개선에 관한 연구」. 건설교통부.
- 김명수 외(2005). 「건설생산체계 개편에 대비한 발전전략 연구」. 전문건설공제조합.
- 김수삼 외(2003). 「한국의 건설산업, 그 미래를 건설하자」. 삼성경제연구소.
- 김선규(2005). "지속적인 CM시장발전을 위한 CM 발주방식 개선방안." CM Forum 발표자료. 한국건설관리학회.
- 김예상 · 한미파슨스(2003). 「미국 건설산업 왜 강한가?」. 보성각.
- 김한수 · 한미파슨스(2002). 「건설산업의 효율성 및 생산성 향상 전략」.
- 김한수 · 한미파슨스(2003). 「영국 건설산업의 혁신전략과 사례」. 보성각.
- 김재홍(2002). 「진입규제의 이론과 실제」. 한국경제연구원.
- 김재형 · 옥동석 · 이상호(1999). 「계속비제도에 대한 외국의 운용사례와 시사점」. 한국개발연구원.
- 김정호 편역(2004). 「7천만의 시장경제 이야기」. 자유기업원.
- 김한수(2002). 「건설산업의 효율성 및 생산성 향상 전략」. 한미파슨스.
- 남충희 외(1995). 「우리나라 건설업 면허제도의 개선안과 추진전략」. 한국건설업체연합회.
- 대한건설협회(1994). 「시장개방과 건설산업」.
- 박동서(1997). 「한국행정론」. 법문사.
- 스기야마(2005). "경쟁사회에 있어서 한국의 턴키제도와 일본제도의 비교분석". 「건설산업과 턴키 · 대안제도, 그 성과와 과제」. 대한토목학회 세미나 발표자료.

- 유진근 외(2001). 「건설업역구조 변화에 관한 연구」. 한국건설산업연구원.
- 옥동석(1995). 「정부대형사업의 선택과 예산편성」. 한국개발연구원.
- 옥동석 · 최영출(1999). 「공공부문의 시장성테스트제도 도입방안 연구」. 기획예산처.
- 이규방 · 이재우(1991). 「건설산업구조 및 건설업 면허체계에 관한 연구」. 국토연구원.
- 이복남 · 이영환(2003). "해외건설시장 경쟁패러다임의 변화와 시사점". 「건설산업동향」. 한국건설산업연구원.
- 이복남 · 장철기(2005). "입찰참가자 수가 낙찰률에 미치는 영향."「건설산업동향」. 한국건설산업연구원.
- 이복남 · 최석인 · 장현승(2005). 「국내 용역형 CM/PM시장 활성화를 위한 개선 방안」. 한국건설산업연구원.
- 이상호(1995). 「한국정부의 해외건설정책 추진과정에 관한 연구」. 서울대 행정학박사학위 논문.
- 이상호(1998). "공공공사 입찰담합의 제도적 메카니즘과 개선방안". 「공공공사 입찰담합에 관한 연구」. 한국건설산업연구원.
- 이상호(2000). 「최저가 낙찰제 도입 및 정착방안 연구」. 한국건설산업연구원.
- 이상호(2001). "최저가 낙찰제 도입동향과 향후 정책과제."「건설산업동향」. 한국건설산업연구원.
- 이상호(2003). 「건설산업의 경쟁력 강화를 위한 국가계약제도 개선방안」. 재정경제부.
- 이상호 · 김혜원(2004). "DDA협상의 추진경과와 대응방향."「건설산업동향」. 한국건설산업연구원.
- 이상호 · 이승우(2004). "최저가 낙찰제 시행성과와 향후 과제".「건설산업동향」. 한국건설산업연구원.
- 이상호 · 빈재익(2005.3). 「건설보증제도의 선진화 방안」. 건설공제조합.
- 이상호 · 이홍일(2005.7). "부실건설업체수 추정 및 퇴출시 개선효과". 「건설산업동향」. 한국건설산업연구원.
- 이상호 · 이승우(2005.6). 「최근 외국의 입낙찰제도 운용현황 및 우리나라 입낙찰제도 개선방안 연구」. 재정경제부.
- 이유섭(2005). "턴키 · 대안공사의 비용효과". 「건설산업과 턴키 · 대안제도, 그 성과와 과제」. 대한

토목학회 세미나 발표자료.

- 이재우(1997). 「경쟁과 담합」. 한국경제연구원.
- 조달청(1997). 「조달청 50년사」.
- 조달청(2001). 「전자입찰백서」.
- 조달청(2002). 「공사수행 최저비용 보장을 위한 낙찰가격 심의제도 도입방안」.
- 조달청(2003). 「공공전자조달 성과 및 향후 발전방향」. 한국구매조달학회 세미나 발표자료.
- 조달청(2004). 「미국 지방정부의 조달제도」.
- 조달청(2004). 「일본의 공공조달제도」.
- 조달청(2004). 「조달행정 환경변화예측 및 영향분석과 중장기 조달행정 운용방향 연구」.
- 중소기업청(2005.5). 「중소기업제품 공공구매제도–구매통계 작성요령 및 구매목표비율제도 도입– 」.
- 정주영(1998). 「이 땅에 태어나서」. 솔도서출판.
- 총무처 직무분석기획단(1997). 「신정부혁신론」. 동명사.
- 최병선(1992). 「정부규제론」. 법문사.
- 최석인 · 송병관 · 김윤주(2004). 「실적공사비제도의 평가 및 개선방안」. 한국건설산업연구원.
- 한국건설산업연구원 역(1995). 「일본 건설산업정책대강」.
- 한국건설산업연구원 역(1995). 「유럽연합의 건설공사 입찰계약제도」.
- 한국건설산업연구원 역(2000). 「일본의 건설산업」.
- 한국건설산업연구원(2001). 「통계로 본 한국의 건설산업」.
- 한국건설산업연구원 역(2004.5). 「건설공사 발주방식」.
- 한국건설산업연구원 역(2004.12). 「독일 건설공사 발주 및 계약 규정」.
- 한국산업관계연구원(2004), 「순수내역입찰제도 도입방안 연구」. 재정경제부.
- 해외건설협회(1996). 「세계 주요국의 건설진출 제도분석」.
- 해외건설협회(2004). 「해외건설 진흥계획 수립연구」. 건설교통부.

해외 문헌

- 東日本保證株式會社(1996).「契約保證の 案内」.
- 入札制度問題研究會 編(1997).「新公共入札・契約制度 實務」. 大成出版社
- 建設經濟研究所(1998).「海外における 公共工事 契約・保證制度に 關する 調査研究報告」.
- 金本良嗣 編(1999).「日本の 建設産業」. 日本經濟新聞社.
- 草前耕造(2000).「公共工事契約と 新履行保證制度」. 日本評論社.
- 全國建設業協會(2003).「ダンピング受注を 排除するための 方策について」.
- 國土交通省 國土技術政策綜合研究所(2003.7).「公共工事における綜合評價落札方式の手引き・事例集」.
- 全國建設業協會(2004).「入札契約制度の あり方について」.
- 鈴木 一(2004). 變わる建設市場と建設産業について考える. 建設綜合サービス.
- Nikkei Construction.

- Arrowsmith, Sue and Arwel Davis(eds.) (1998). Public Procurement: Global Revolution. London: Kluwer Law International.
- Arrowsmith, Sue and Martin Trybus(eds.) (2003). Public Procurement: The Continuing Revolution. London: Kluwer Law International.
- Bovis, Christopher(1998). The Liberalisation of Public Procurement and its Effects on the Common Market. Dartmouth: Ashgate Publishing Company.
- Brown, Ernest C.(1999). California Public Works Projects.
- CMAA(2001). A Survey of Construction Management Costs in 2000.
- Central Unit on Procurement(1995). Introduction to the EC Procurement Rules. HM Treasury

- Chuck Kluenker(January 2001). "Risk vs Conflict of Interest- What Every Owner Should Consider When Using Construction Management." CM eJOURNAL.
- CII(1997). Project Delivery Systems: CM at Risk, Design-Build, Design-Bid-Build.
- Collender, Stanley(1992). "The Federal Budget as a Second Language," In Albert C. Hyde(ed.). Government Budgeting: Theory, Process, and Politics. Pacific Grove. California: Brooks/Cole Publishing Company.
- Dobson, Nicholas(2000). Best Value: Law and Management. Jordan Publishing Ltd.
- Eagan, J.(1998). Rethinking Construction. DETR.
- Federal Transit Administration(1992). Contractor Prequalification of the Muni Metro Turnaround Project.
- FHWA(2005). Contract Administration Core Curriculum Participant's Manual and Reference Guide 2005.
- FHWA(http://fhwa.dot.gov). Guidelines on Contract Procedures with Emphasis on Bid Reviews and Evaluation.
- FHWA(2004.7). Guidelines on Preparing Engineer's Estimate, Bid Reviews and Evaluation.
- GSA(http://www.gsa.gov). Federal Acquisition Regulations.
- Harbuck, R. H.(2004.6). Competitive Bidding for Highway Construction Projects. 2004 AACE International Transaction.
- HM Treasury(2000). Government Construction Procurement Guidance.
- Hunja, Robert R.(1998). "The UNCTRAL Model Law on Procurement of Goods, Construction and Services and its Impact on Procurement Reform." Sue Arrowsmith & Arwel Davis. Public Procurement: Global Revolution. Kluwer Law International.
- Linarelli, John(1998). "Corruption in Developing Countries and in Countries in

Transition: Legal and Economic Perspectives." Sue Arrowsmith & Arwel Davis. Public Procurement: Global Revolution. Kluwer Law International.

- Latham, M.(1994). Constructing the Team. HMSO.
- Levene, P.(1995). Construction Procurement by Government: An Efficiency Unity Scrutiny. HMSO.
- Martin, Jose M. Fernandez(1996). The EC Public Procurement Rules: A Critical Analysis. Oxford: Clarendon Press.
- Molenaar, K.R., Songer, A.D. and Mouji Barash, (1999), "Public Sector Design/BuildEvolution and Performance," Journal of Management in Engineering.
- NAO(2001). Modernising Construction.
- Official Journal of the European Union(http://www.ogc.gov.uk). New EU Directives.
- Office of Government Contracting(2003). Goaling Guidelines for the Small Business Preference Programs: For Prime and Subcontract Federal Procurement Goals & Achievements.
- OGC(http://www.ogc.gov.uk). Achieving excellence.
- OGC(2003). Building on Success: The future strategy for Achieving excellence in Construction.
- OMB(1997). Capital Programming Guide.
- OMB(1999). Budget System and Concepts of the United States Government.
- OMB(2003). Circular No. A-11: Part 7 section 300-planning, budgeting, acquisition, and management of capital assets.
- Russell, Jeffrey S.(1999). Constructor Prequalification. ASCE Press.
- Russell, Jeffrey S.(2000). Surety Bonds for Construction Contracts. ASCE Press
- Songer, Anthony D. and Keith R. Molenaar(1997). "Project Characteristics for

Successful Public Sector Design–Build." Journal of Management in Engineering.

- State of Iowa(1998), Budget Practices Part1: Promoting a Multi–year Perspective(http://www.state.ia.us).
- Suzuki, Hajime(2004). Current State of the Public Procurement System, and Related Issues.
- Warne, Tom and Associates, LLC(May 2005). Design–Build contracting for Highway Projects: A Performance Assessment.
- Trepte, Peter(2004). Regulating Procurement. Oxford University Press.
- UNCITRAL(http://www.uncitral.org). Uncitral Model Law on Procurement of Goods and Construction.
- U.S.DOC NIST(2002.11). Measuring the Impacts of the Delivery System on Project Performance: Design–Build and Design–Bid–Build.
- U.S. Government Printing Office(1994). Budget System and Concepts of the United States Government.
- VDOT(2005). Prequalification Instructions for Completing the Prequalification / Certification Application(Form C–32).
- World Bank(1995). Standard Bidding Documents: Procurement of Works.
- WTO(http://www.wto.org). Government Procurement Agreement.

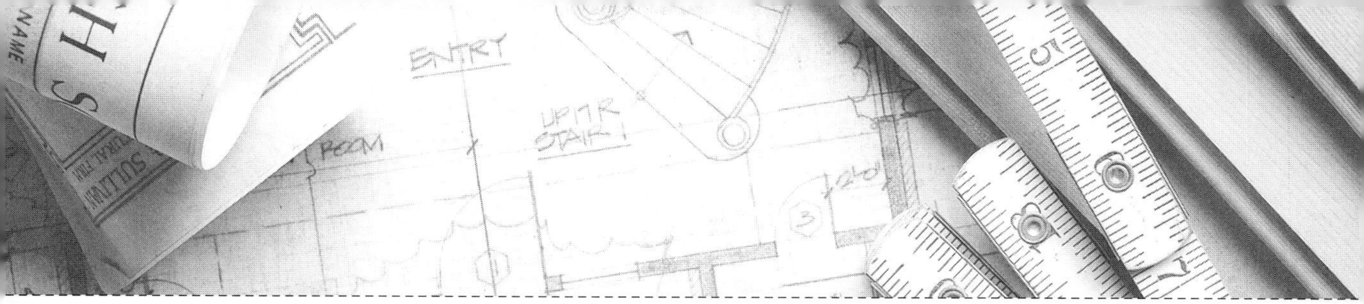

웹사이트

국제기구

- http://www.europa.eu.int – European Union(EU)
- http://www.wto.org – World Trade Organization
- http://www.ebrd.org – European Bank for Reconstruction and Development
- http://www.adb.org – Asia Development Bank
- http://www.worldbank.org – World Bank

미국

- http://www.arnet.gov
- http://www.gsa.gov – General Services Administration
- http://www.whitehouse.gov/omb – Office of Management and Budget
- http://www.dbia.org – Design Build Institute of America
- http://www.sba.gov – Small Business Agency

영국

- http://www.ogc.gov.uk. – The Office of Government Commerce
- http://www.ogcbs.gov.uk. – OGC.Buying.solutions
- http://www.constructionline.co.uk – Constructionline
- http://www.constructingexcellence.org.uk – Constructing Excellence

일본

- http://www.rice.or.jp – 日本 建設經濟硏究所

방문기관

미국

- Office of Federal Procurement Policy(OFPP) : 연방조달정책실
- General Services Administration(GSA) : 연방조달청
- Federal Highway Administration(FHWA) : 연방도로청
- Virginia Department of Transportation(VDOT) : 버지니아 교통부
- Design Build Institute of America(DBIA) : 미국디자인빌드협회
- The Surety Association of America(SAA) : 미국보증협회
- The Associated General Contrators of America(AGC) : 미국건설협회
- State of California Department of General Services : 미국 연방조달청 캘리포니아지부

영국

- Highways agency : 도로공사
- Partnership UK : 파트너십 UK
- Royal Institution of Chartered Surveyors : 왕립적산사협회

프랑스

- Ministere de l'Equipement des Transports du Logement du Tourisme et de la Mer : 조달건설교통부
- Federation Nationale des Travaux Publics : 공공공사 연합
- Conseil General des Hauts-de-Seine : 프랑스 지자체

이탈리아

● Public Works Authority(PWA) : 공공사업위원회

벨기에

● Federation de l'Industrie Europeenne de la Construction : 유럽건설연합

일본

● 國土交通省

● 建設經濟研究所

● 全國建設業協會

● 建設情報總合センター(JACIC)

● 建設業情報管理センター(CIIC)

● 國土技術政策總合研究所